丛书主编：刘　坚　蔡金法

新世纪数学课程与教学研究丛书

TANJIUXING JIAOSHI DE CHENGZHANG

探究型教师的成长

蔡金法　刘　坚◎主　编

北京师范大学出版集团
BEIJING NORMAL UNIVERSITY PUBLISHING GROUP
北京师范大学出版社

图书在版编目(CIP)数据

探究型教师的成长/蔡金法主编. —北京：北京师范大学出版社，2021.3

ISBN 978-7-303-26246-5

Ⅰ. ①探… Ⅱ. ①蔡… Ⅲ. ①数学教学—教学研究

Ⅳ. ①01-4

中国版本图书馆 CIP 数据核字(2020)第 158179 号

营 销 中 心 电 话　010-58802216　58802815
北师大出版社基础教育教材网　http://www.100875.com.cn

出版发行：北京师范大学出版社　www.bnup.com
北京市西城区新街口外大街 12-3 号
邮政编码：100088

印　　刷：北京京师印务有限公司
经　　销：全国新华书店
开　　本：730 mm×980 mm　1/16
印　　张：30.5
字　　数：420 千字
版　　次：2021 年 3 月第 1 版
印　　次：2021 年 3 月第 1 次印刷
定　　价：105.00 元

策划编辑：胡　宇　　　责任编辑：胡琴竹　胡　宇　邵艳秋
美术编辑：王　蕊　　　装帧设计：李尘工作室
责任校对：陈　民　　　责任印制：孙文凯

谨将此书献给所有的一线教师和教研员！

谢谢您教我们的孩子——未来的工人、农民、教师、

艺术家、金融家、设计师、教授、工程师、

医生、企业家……

您辛苦了！

以研究者的眼光面对小学数学课堂

目前，新世纪小学数学研究与实践正处在一个新的活跃期，广大小学数学教师纷纷投入数学教育实践研究，开展数学教育改革，积累了非常可贵的经验。特别是借助新世纪小学数学杰出人才发展培养工程高级研修班(简称“高研班”)的平台，集中提高部分优秀教师的教学研究能力，有力地促进了教师教学观念的转变和研究能力的提升。打开这本论文集，我们可以看到“高研班”的老师开展教育实践研究的勃勃生命力。

著名数学教育家蔡金法教授是第三届“高研班”的导师，他对老师们的研究做了精心的指导，老师们的研究水平都有了显著提高。透过本书的每一篇论文，我们可以看到新世纪小学数学优秀教师在教学改革进程中的进步和成长。作为新世纪小学数学教材实验的一个参与者，我为新世纪小学数学教材实验给教师专业发展和数学教育实践提升带来的巨大变化感到欣喜。从这些论文中我们可以看到以下特点。

第一，在新世纪小学数学教材实验的过程中，一支专家型的教师队伍正在逐渐壮大。“高研班”的实践，为新世纪小学数学教材实验培养了一批具有较强研究能力的数学教师，他们是研究型和反思型的教师。“高研班”的学习过程，也是优秀教师快速成长的过程。在研究过程中，“高研班”的老师们以研究者的眼光面对小学数学课堂，用实践反思的方法研究各种在实践中出现的数学教育问题。许多老师不断进行课堂案例的研究，创造了许多新的教法，他们坚持开展行动研究，记录研究过程，总结研究成果，已经成为专家型的数学教师。

在“高研班”的学习过程中，老师们主动寻找研究问题，与专家和同伴互动，特别是在蔡金法教授的指导下，他们感到受益匪浅。在研究过程中解决实践问题，使他们感受到了教育事业成功的欣喜。可以说，在研究过程中，一批新的教育家正在成长。本书的许多文章反映了新世纪小学数学实验区教师重要的研究成果。

第二，在教学实践过程中，教师的教学观念发生了极大的变化。“高研班”的学习过程，也是老师们建构和实践新课程理念的过程。从本书的文章中，我们可以看到，在老师们的实践中体现了新的教学观，他们把学生看成学习的主体，充分研究学情，充分发挥学生学习的主动性和积极性，注意培养学生的独立人格和创造性思维。老师们逐步形成了课程意识，把教材作为一种重要的课程资源，注重“以学为本”的课堂实践，改变了“以本为本”的教学模式。

第三，通过研究与实践，数学课堂发生了可喜的变化。首先，小学数学教学过程不仅仅是“传授—吸收”的过程，还是教师引导学生开展丰富数学活动的过程；小学数学教学过程是学生对有关数学学习内容进行探索、实践与思考的学习过程，学生是学习活动的主体。教师引导学生开展观察、操作、比较、猜想、推理、交流等多种形式的活动，使学生通过各种数学活动，掌握基本的数学知识和技能，初步学会从数学的角度去观察事物和思考问题，产生学习数学的欲望和兴趣。其次，教师是学生数学学习活动的组织者、引导者与合作者。教学中，教师调动学生的学习积极性，激发学生的学习动机。当学生遇到困难时，教师成为一个鼓励者和启发者；当学生取得进步时，教师充分肯定学生的成绩，树立其学习的自信心；当学生获得结果时，教师要鼓励学生进行回顾与反思。同时，教师注重了解学生的想法，有针对性地进行指导，起到“解惑”的作用；鼓励不同的观点，参与学生的讨论；教师不断评估学生的学习情况，以便对自己的教学作出适当的调整。

总之，在学习和研究过程中，新的教学方法不断产生，使得数学课堂教学的方式经历了一次次深刻的变化。数学教学是数学活动的教学，是师生交往、共同发展的过程。在新世纪小学数学的课堂上，人们更多地看到了学生的“自主探索”“合作交流”“动手操作”“创新思考”，学生对数学的兴趣明显提高。

孔企平（华东师范大学）

序二

为了更好地学习：教师进行研究的终极价值

似乎新世纪小学数学教材的编写团队还有着更多的使命：希望能够通过这套教材的使用，促进教师更新教育观念；希望通过这套教材的使用，促进教与学方式的改变；还希望通过这套教材的使用，培养一支有着共同教育信念、扎实学识和研究功底的教师队伍。所以，从一开始，我们这套教材的编写，并没有停留在编写一套教材、满足于撰写几本教学参考书上。

伴随着新世纪小学数学教材的编写和每年的教材培训，开始了一个连续不断的人才培养行动计划，那就是“高研班”。一批批优秀教师从各地推送到“高研班”参与研修，读书、研讨、与导师对话、撰写案例等，成为日常教学之外的一项重要工作。他们带来了鲜活的一线经验，在这里共同分享、碰撞、聚合、突变，又带回到各自的教学实践中，通过重组、积累、反思、提升的研究环节，形成了一个个带着田野芳香的教学案例。

我们看到这些案例如此丰厚，也很全面。从教学内容到教学方式，从教师的教到学生的学，研究主题的选择涵盖面比较广泛，为一线教师提供了鲜活而又具体的研究案例。从计算能力的培养到数学思维的发展，从直观模型的应用到解题策略的形成，从活动经验的积累到作为教育任务的教学，每一个案例都给读者呈现了聚焦于这个“点”的系列研究和深度思考。相信这本案例集也是广大一线教师乐意学习的，可作为案头书随时翻看。

通过行动研究促进教师的专业成长，已经是一个大家公认的有效路径。因为研究的过程中，老师们需要阅读文献、观察学生、琢磨设计、反思教学、比对数据，分析片段的场景和撰写案例等。经历了这些过程之后，老师们会脱离那种仅仅依靠感觉、说教、大量练习的原始教学方式，开始寻找解释教学的“缘由”，即学生的认知水平在哪里；开始寻找支撑教学的“理由”，即学生的学习为何会是这样的，“我”还能够怎么样；开始寻找支持教学的“对策”和另一种“可能”，即学习的方法和解决问题的策略。这就是教师的研究。所以，我说，书中的这些案例都是老师们对于自己教学现象的生动解释，这些“解释”书本上没有现成答案，每一个“解释”就是自己最好的教育实践言说，也是积攒自己的教学智慧的开始，寻找更高远的教育价值的愿望也由此开始生根。

以《探究型教师的成长》作为书名，关注点在于“成长”。从研究者的角度看，“高研班”学员完成的这些研究，只是开启了自己职业生涯专业探寻的大门，走进去，还有很多“你的”问题、“我的”问题和“大家”的问题，这些问题无论“有解”还是“无解”，无论是“唯一解”还是“多个解”，都需要在研究中求证。研究，就是让我们把这些问题转化成研究的课题。于是，我们发现，每天经历的教学场景似乎更加诱人，着迷于一节节课、一个个内容、一个个想不到的学生思路，不断去探寻，坚持做下去，你会突然感悟到，这个“求解”过程的价值远远大于获得“答案”。因为，研究赋予了老师们更为专业的自信和力量。

再回到自己的教学实践中，老师们懂得了好的学习过程是需要设计的；懂得了在相同的设计下，应该如何引导学生用各自的方式去理解数学；懂得了儿童对数学现象的理解表现出稚嫩、不成熟是非常自然的，也为学生在学习中呈现的具有个性的表达创造了机会和可能，相信学生今天粗糙的理解和表述会逐步走向精细的、对数学真正的理解和表达。

教师专业和学术上的引领示范，加上学习过程中宽松民主的氛围，思考、分享、互动，创设了一个饱满的学习过程，学习的“附加值”得以实现最大化。

为了更好地学习，是研究赋予我们每一个人的现实价值。

刘可钦（北京市海淀区中关村第三小学）

前　言

探究型教师的成长

本书是《新世纪数学课程与教学研究丛书》的第三本，它是全国新世纪小学数学杰出人才发展培养工程第三届高级研修班全体学员的成果。我们之所以把第三届高研班33名学员的结业论文全部收录在本书之中，是为了弥补在做本套丛书的第二本书《探究型教师的实践》时的一个缺憾。《探究型教师的实践》选择了前两届部分高研班学员的研究成果，由于篇幅的限制，没有将每一位学员的文章都收录进来（尽管每篇文章都值得收录），只能忍痛割爱。本书则克服了这一困难，把所有学员的文章都收录了。

同时，本书沿用了第二本书的特色——每篇文章的后面都写了“成长寄语”，目的是为广大小学教师今后的教学研究做一点拓展性的指导。我们的“成长寄语”主要基于两方面的考虑。

第一，学员们的文章都是经历了一种非常好的、很严格的研究过程，所以，学员们在具体的实践中有很多收获和改进，我们指出了文章的独特性和值得学习的方面。

第二，尽管学员们的研究都非常注重过程，每篇文章的结论、案例都很好，但是，文章还有可以改进和扩展的空间，所以，我们就在每篇文章的后面写了“成长寄语”。这些“成长寄语”，既是针对本篇文章的改进意见，也是对相近研究的期待，可以供更多的读者去借鉴。

主编本书的过程中，我们有一些忐忑，也有一些期待。忐忑的是从真正数学教育研究的角度来评判，这33篇文章还显得有些稚嫩。正如前面所述，每篇文章还可以有继续生长的点，均以“成长寄语”的形式在文后有所体现。然而让我们期待的是，这些研究来自一线数学教师，反映了他们多年数学教学过程中的困惑，为了剖析问题、解答困惑，他们查阅文献，进行课堂教学实践，分析相关数据，尝试得出结论。这样的过程既难能可贵，又是我们每一位数学教师都可以学习和复制的。只要你愿意，你也可以从事这样的研究，形成这样的成果，逐渐成为探究型教师。从普通教师到探究型教师，需要的应该就是这样一种不断观察和思考、发现和提出问题、收集和分析数据、解释现象并尝试检验和反思的精神。所以，我们期待着每一位数学教师，都能像本书中的学员们一样，成为一名探究型教师，这是一个美好的理想，只要走在这条路上的人越来越多，我们中国的数学教育的发展就会越来越向前迈进。

在本书出版之际，我们要祝贺第三届高研班学员们，他们是：

冯利华、哈继武、何晓娜、何雄燕、黄碧峰、蒋向阳、焦会泳、金毅、靳学军、李博、李丽娟、廖敏、刘义生、牛小永、宋君、苏晗、汤其鸣、王昌胜、王丽萍、王丽星、王晓青、王耀东、位惠女、吴丽英、谢光玲、徐双莲、杨敏、杨薪意、姚冬梅、叶建云、张堃、张维国、张辛欣。

本书的出版过程中，很多人付出了辛苦，在此表达最衷心的感谢！

感谢新世纪小学数学教材编委会举办的高级研修班，让优秀教研员和教师有了更进一步成长的平台。

感谢王明明、侯慧颖、殷莉莉、黄利华、位惠女、吴琼、任景业七位老师前期的阅稿工作，使得本书向出版更进一步。

感谢孔企平老师和刘可钦老师对第三届高研班学员的关注并为本书写序。

最后，向所有的教师和教研员致敬！谢谢你们的参与、阅读，也希望大家能够对本书提出宝贵的意见与建议。

刘　坚（北京师范大学）

蔡金法（西南大学，美国特拉华大学）

目　录

第一篇
数

如何用好直观模型认识并感受“千”

何雄燕（湖北省潜江市熊口小学）

一 问题提出

自然数的认识是学生理解数的意义、进行数的运算的基础。在小学阶段，自然数认识的教学占有很大比例，是教学的重点，也是教学的难点。

史宁中教授在题为“小学数学基本思想理解与把握”的报告中指出：数是对数量的抽象，数的本质是大小关系。最初用对应的方法抽象出数，去掉物理属性，同时也抽象出数量关系，即从数量的多少到数的大小，再用内涵的方法定义自然数——通过加1的方式得到一个较大的自然数。

刘加霞教授在“熟悉而又陌生的‘十万’——解读‘大数的认识’教学难点”一文中指出：表示自然数，目前使用的计数系统是十进位值制计数系统，十进位值制计数法是最美妙的发明之一[1]。

综上，自然数的认识最根本的是理解计数法，认识自然数的无限性。基于自然数的意义对学生数学发展的重要性，我们研究团队梳理了新世纪（北师大版）小学数学教材中对自然数认识的整体编排，发现教材在自然数认识中平行、系统地使用了不同的直观模型，每个阶段的侧重点不同：10

以内数的认识以实物和模型雏形为主；100 以内数的认识则以小棒和计数器为主；万以内数的认识以计数器和小方块为主；万以上数的认识以较为抽象的数位顺序表和数线为主。这样使用直观模型逐步使学生的思维由形象思维向抽象思维过渡。

在自然数的认识中，“千”是大数认识的开端。赵艳辉老师在刘艳萍执教的“认识 1 000”的课后点评中提到，认识“千”是渗透位值制、理解计数法的好时机[2]。因此，我选择了新世纪（北师大版）小学数学教材二年级下册“数一数（一）”第 1 课时，以认识并感受“千”作为研究内容。

“千”的认识到底认识什么？教材为什么重视运用计数器和小方块等直观模型帮助学生理解数的关系与意义？我们在教学中应该怎样用好直观模型？带着这样的疑惑，我开始对“千”的认识进行研究。

二 研究过程

（一）梳理并读懂教材

新世纪（北师大版）小学数学教材在万以内数的认识内容的编排方面，非常重视充分利用计数器、小方块等直观模型，帮助学生认识大数的意义并体会位值概念和“满十进 1”的道理。

如图 1，教材用问题串的形式，以数数活动为明线，从序数、计数单位和抽象地数数多角度开展活动，把学生对自然数的认识由直观向抽象推进。同时，三个活动都紧紧围绕结合直观模型理解“满十进 1”这一条暗线进行，在活动中逐步加深对计数法核心概念的理解。

为什么在“千”的认识内容的学习中，如此重视直观模型？

张丹教授在“例谈直观模型在计算教学中的作用”一文中指出：直观模型是对应数的结构建立起来的模型，它让抽象的数具有了直观性和可操作性[3]。丁群艳老师在“自然数概念的形成与发展”一文中强调自然数认识的教学要重视“齐性”“结构性”学具的价值，文中认为：自然数的认识不是教师教会的，必须经过实际操作，在操作中感悟、体验。因此，教学

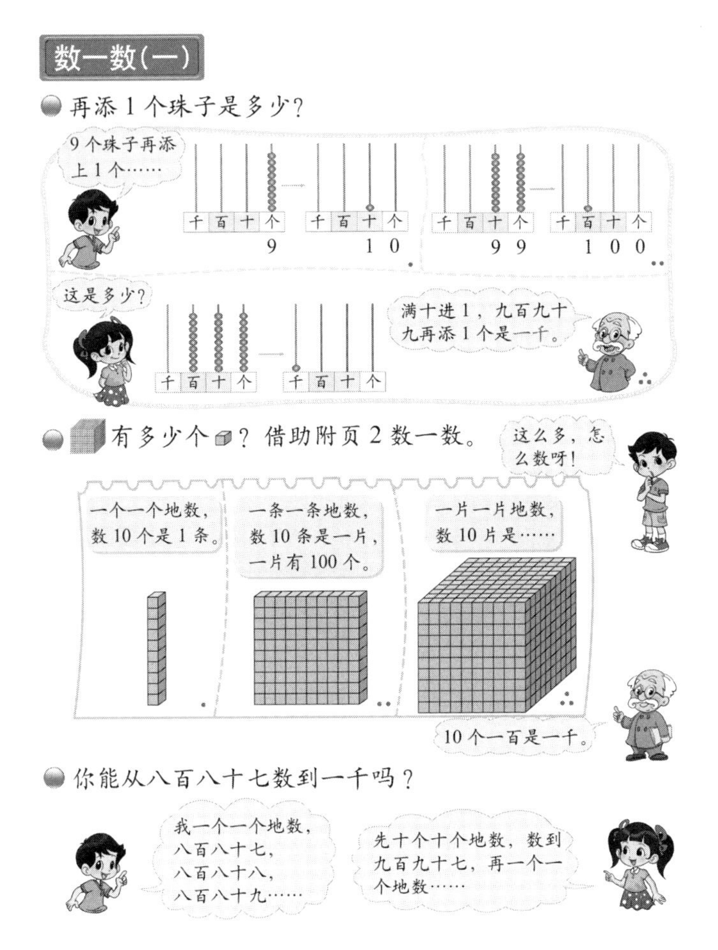

图 1

中为学生提供可操作的、直观化的模型非常重要[4]。刘加霞教授认为:直观、齐性、无结构的模型与位值无关,比如,零散的小棒、方块等,直观、齐性、有结构的模型才能体现十进关系,促进对位值的理解。

综上,我认为直观模型对于认识自然数的作用在于:

(1)让抽象的数具有了直观性和可操作性。

(2)利用直观、齐性、有结构的模型帮助学生形成数的结构表象,理解抽象的数概念,进而理解十进制计数法表示出来的自然数。

那么，学生如何能够用好直观模型认识并感受“千”呢？

（二）调研并读懂学生

2014年3月，我从湖北省潜江市3所学校7个班中选取了40名学生，以问卷调查、个别访谈与观察相结合的方式，对学生进行了“百”的认识、“千”的认识、对直观模型的喜爱情况的调研。

1. 调研背景（如表1）

表1

<table>
<tr><th>调研学校</th><th>学校基本情况</th><th>调研班级</th><th>受访学生情况</th></tr>
<tr><td>潜江市实验小学</td><td>市区百年名校</td><td>二（7）班</td><td>共访谈10名学生：5名数学资优生，5名中等程度学生。</td></tr>
<tr><td rowspan="4">潜江市熊口小学</td><td rowspan="4">普通乡镇学校</td><td>二（1）班</td><td rowspan="4">共访谈20名学生：每班5名学生，分别为1名数学资优生，3名中等程度学生，1名数学学习稍弱的学生。</td></tr>
<tr><td>二（2）班</td></tr>
<tr><td>二（3）班</td></tr>
<tr><td>二（4）班</td></tr>
<tr><td rowspan="2">潜江市周矶办事处逸夫小学</td><td rowspan="2">普通乡镇学校</td><td>二（1）班</td><td>共访谈4名学生：2名数学资优生，2名中等程度学生。</td></tr>
<tr><td>二（2）班</td><td>共访谈6名学生：3名数学资优生，2名中等程度学生，1名数学学习稍弱的学生。</td></tr>
<tr><td>合计</td><td colspan="3">3所学校，7个班，40名学生，其中：14名数学资优生，21名中等程度学生，5名数学学习稍弱的学生。</td></tr>
</table>

2. 调研题目

（1）请你用数数、语言、画图、算式或者其他你喜欢的方式来描述学过的“百”。

了解学生对计数单位“百”的认识情况。

（2）你听说过“千”吗？请你用数数、语言、画图、算式或者其他你喜欢的方式来描述“千”。

了解学生对计数单位“千”的认识程度，是否具有迁移推理的能力。

（3）你会数超过100的数吗？如果会，请数出这堆小方块的个数。如果数数的过程中有困难，可以用计数器、数位顺序表、小方块模型或数线来帮助你数数。你最喜欢用哪种模型，最不喜欢哪种模型？（最喜欢的画“√”，最不喜欢的画“×”）说一说你的理由。

A. 计数器　B. 数位顺序表　C. 小方块模型　D. 数线

①了解学生数 1 000 以内数的情况及困难点。

②了解学生利用直观模型克服数数困难的情况和对模型取舍的态度。

3. 结论及分析

(1) 绝大多数学生对“百”和“千”的认识非常丰富（如表 2）。

表 2

表示方式	数数/人	语言/人	画图/人	算式/人	不能表示/人
百	2	8	12	18	0
千	0	9	16	14	1

学生能够运用各种形式表示自己对“百”和“千”的理解。

学生 A：在表示“百”的时候，使用了“数数”的方法。(如图 2) 在表示“千”的时候，因为“千”太多了，“数数”会比较麻烦，所以，改为使用“画图”的方法。(如图 3)

5, 10, 15, 20, 25, 30, 35, 40, 45, 50, 55, 60, 65, 70, 75, 80, 85, 90, 95, 100

图 2

图 3

在使用画图表示的时候，有学生已经有意识地使用结构化的图示及按群计数的表示方法。

图 4 是学生 B 的作品。

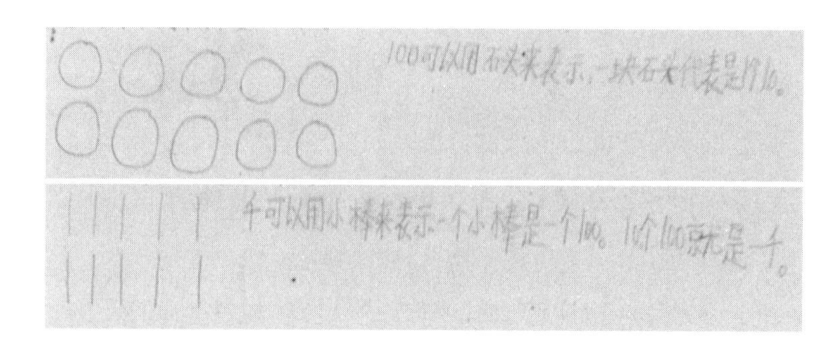

图 4

图 5 是学生 C 的作品。

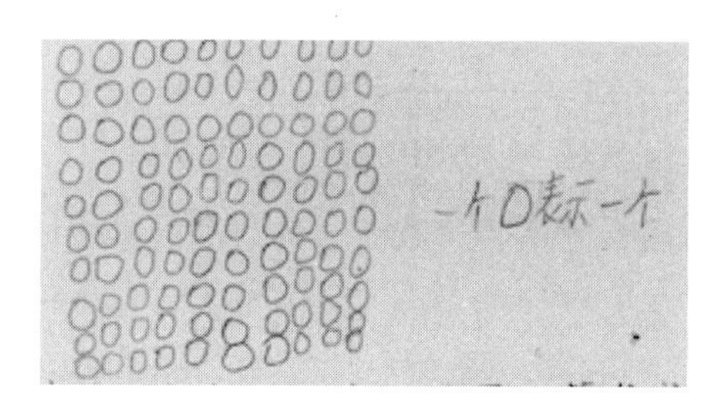

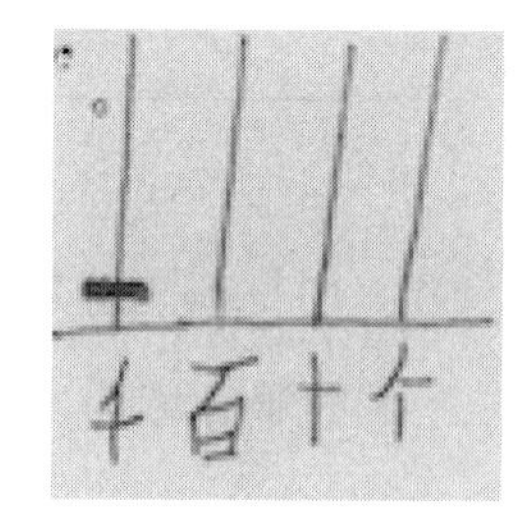

图 5

(2) 个别学生对“百”和“千”的理解仍然存在迷思。

40 名学生中，有 6 名学生不能正确地表示“百”或“千”，占比为 15%。比较典型的迷思举例如下。

学生 D：对“百”和“千”都不能正确理解。(如图 6)

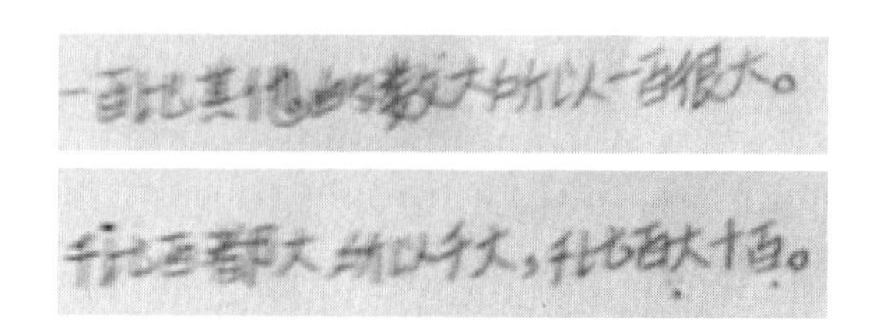

图 6

学生 E：将“百”理解为整百数，而不是“一百”。(如图 7)

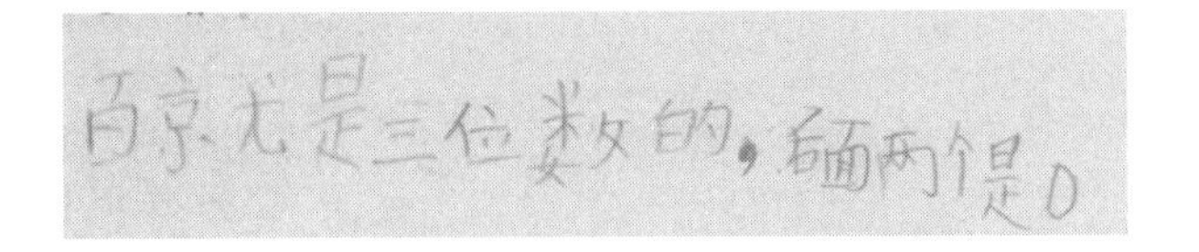

图 7

学生 F：试图用“满十进 1”来表达对“百”和“千”的理解，但不能正确表达。(如图 8)

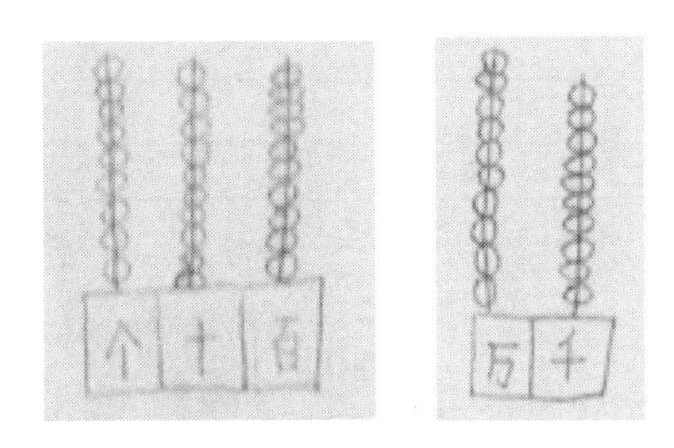

图 8

学生 G：选择用算式表示“百”。(如图 9) 在画图表示“千”的时候，与学生 F 呈现相同的迷思。(如图 10)

图 9

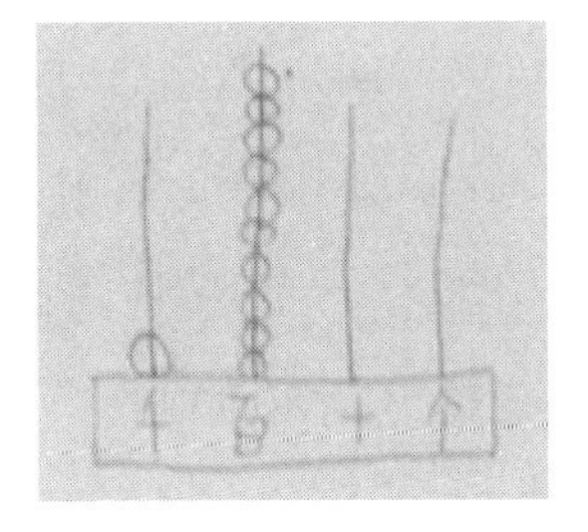

图 10

(3) 学生更喜欢使用自己熟悉的、好用的模型。

在学生对待模型态度的调研中，30 名学生选择最喜欢计数器，因为觉得熟悉、简单、方便，只需要拨珠子，画起来很快。23 名学生把最不喜欢的模型投票给了小方块，主要是因为不好用、麻烦。(如图 11)

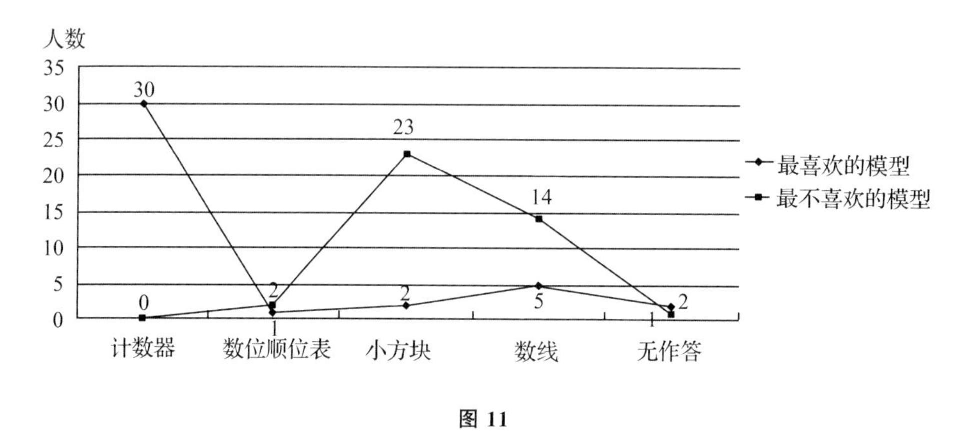

图 11

(三) 在读懂教材、读懂学生的基础上，进行教学设计

关于“千”的认识，很多教师都有过很好的课例与经验，例如，“追寻教学的厚度　扎实建立数概念——‘千以内数的认识’一课教学设计与评析”(杜春联，《小学教学参考 (数学版)》2014 年第 14 期)；“数什么？怎么数？——三度磨课‘千以内数的认识’的经历与思考”(舒孝翠，《中小学数学 (小学版)》2012 年第 Z2 期)；“数感从哪里来——以‘认识千以内的数’的教学为例”(崔蝶，《小学教学研究》2015 年第 28 期)；“借助方块模型 迈过那道坎——‘1 000 以内数的认识’教学片段剖析”(刘晓华，《中小学数学 (小学版)》2013 年第 3 期)；“‘数一数’教学实录与评析”(郑晓婧、卓和平，《小学数学教育》2013 年第 9 期)。

与其他课例和经验有所不同，本节课将关注的重点放在大部分学生已经知道并能够表示“千”的前提下，如何用好模型来认识和感受“千”，尤其是如何用好学生觉得“不好用、麻烦”的小方块模型，帮助学生真正建立对“千”的理解。因此，确定本节课的学习目标如下。

(1) 经历小方块模型从“一”到“千”的形成过程；

(2) 结合小方块模型和计数器模型，发展对“千”的认识，丰富数数的经验和感受。

三 教学实践及反思

(一) 学生情况说明

课堂实践的学生为潜江市实验小学二(7)班学生，全班共有 64 名学生，受直观模型数量及教师观察精力等方面的限制，上课将学生分为 3 批进行，每批 20 人左右，在选择各批学生时，努力做到 3 个批次的学生学业情况基本均衡。三次执教的教师均为潜江市实验小学的许娅莉老师。

(二) 三次教学实践的教学片段

1. 第一次教学实践

教材的第一个问题为“再添 1 个珠子是多少”。在这个环节，通过同桌互动、师生演示互动、师生集体互动三个游戏活动，教师引导学生发现计数器拨数的规律，进而合情推理出“九百九十九再添 1 个是一千”。活动开展得热热闹闹，对“千”的得出显得非常自然。

但在第二个问题(如图 12)的教学中，通过观察学生数数的过程，教师发现了存在的问题。

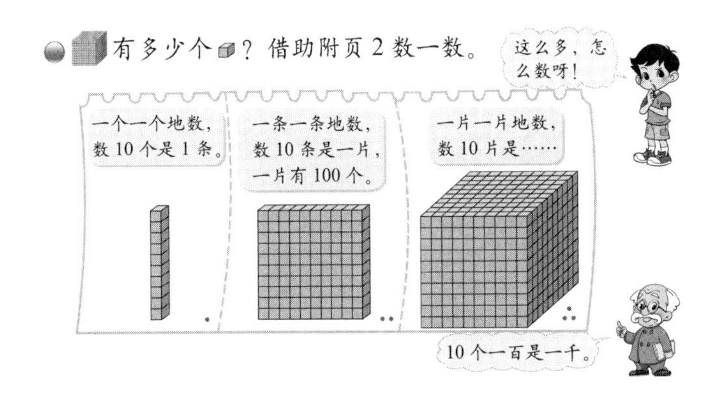

图 12

师：同学们两人一组，每一组都有一盒小方块，大约是 1 000 个，请同学们两人一组分工合作数一数，到底有多少个？

(板书：数一数。)

并提出数数要求：

(1) 同桌之间先看着这些小方块想一想：怎样数才能又对又快？

(2) 按照你们想好的方法，左边的同学数，右边的同学监督和帮助。如果记录的过程有困难，可以请计数器来帮忙。

(3) 一遍数完就请停下来，想一想：怎样摆放能让同桌很快地检查数得是否正确？

学生按照要求数数、拨数，很投入，很多学生热衷于把小方块拼在一起。比如，一名学生在数数时，先把小方块 10 个 10 个地拼成 1 条 1 条的，拼到六七条的样子，又回过来检查数 1，2，3，…，6，7，拼了 7 条，又接着再拼，后来感觉拼得太慢，就直接把小方块 10 个 1 条或 1 堆放在一起，直到老师要求大家停下来，一共数了 380 个。

师：请同学们停下手中的活动，你们现在数出了多少个小方块呢？

(学生整理并复核已经数出的小方块个数。)

学生依次按小组汇报：170，380，300，452，460，…

【反思】从课堂观察看，这个环节主要存在以下两个问题。第一，部分学生在数数过程中无法将 10 个 1 条的小方块拼摆成 1 面；第二，学生没有自主完成数出 1 000 的任务。

(1) 为什么学生在数数过程中无法将 10 个 1 条的小方块拼摆成 1 面？

第一个环节“再添 1 个珠子是多少”，学生的活动热热闹闹，能够很顺畅地完成各个数位在计数器上的拨数，认识到“满十进 1”。既然认识到了“满十进 1”，学生理应能够主动将 10 条小方块摆成 1 面来加快数数的速度，可学生为什么不这样做呢？

再次回顾需要达成的学习目标，我们发现，我们忽略了很重要的一点，即教材希望能利用直观模型发展学生的思维能力，而我们只注重了直观模型的操作，并没有利用直观模型促进学生思维的发展。如何利用直观模型发展学生的思维呢？

《美国学校数学教育的原则和标准》在学前期至二年级标准中指出：具体的实物能够帮助学生表征数量并发展数概念，也有助于学生使用书面的数字符号，并有利于学生形成位值概念。不过使用实物本身，尤其是机械地使用实物，并不能保证学生能够理解。教师应当尽力使用材料，通过提问来激发他们思考与推理，发现他们的想法[5]。

由此看来，我们的操作活动仅仅是单一的、机械的操作活动，学生对“满十进 1”只会操作，并没有理解、融会贯通，因此，在数数中并不能灵活应用。

(2) 怎样让学生在课堂上自主完成数 1 000 的任务？

学生不能自主完成数 1 000 的任务，主要原因有哪些呢？从课堂观察来看，主要有以下两点。

①学具的构造特点，造成学生总是要把它拼在一起，才算完成任务，影响数数的速度。

②千的数目比较大，一个一个地数，确实需要较长时间。

研究团队针对以上问题进行了研讨，形成了第二次设计：为学生提供不同类型（有单个的、有 10 个 1 条的、有 100 个 1 面的）的学具，让学生自由选择从中数出 1 000 个小方块。

带着怎样用好直观模型的思考，我们进行了第二次设计与实践。

2. 第二次教学实践

教师指导学生自主选择小方块模型，并明确活动要求。

师：老师为大家准备了很多小方块，有拼成 1 片 1 片的，有拼成 1 条 1 条的，还有 1 个 1 个的，请同学们两人一组，选择小方块，合作数一数，尽快数出 1 000 个。

(1) 同桌之间先商量：你们计划选择拼成哪种形式的小方块来数。

(2) 小组选派 1 人来取小方块。

(3) 数的时候，把数的过程在计数器上拨出来。

（教师进一步强调取小方块时注意谦让，如果你想取的小方块没有了，就用其他的代替。学生在取小方块时，都争抢着选择整片整片的，教室里显得有些混乱。2 分钟后，有的学生兴高采烈地到座位上数小方块了，拿着零散小方块的学生则嘟囔着极不情愿地回到座位上。）

教学中，在引导学生进行教材第二个问题的学习时，执教教师在操作中不断追问，力图帮助学生思考并理解“满十进 1”的实际意义。

师：（调出学生边数小方块边拨计数器的录像）第三小组的两位同学是在十位上拨的，第五小组的同学又是在百位上拨的，这是为什么？

第三小组：我们没办法，选择的小方块都是拼成 1 条 1 条的，需要 10 个 10 个地数，所以，我们只能拨十位了。

第五小组：我们选择的是 1 片 1 片的，需要 100 个 100 个地数，所以，在百位上拨。

教师追问第三小组生 1：在十位上的记录，十位满十了，你为什么要在百位拨 1？

第三小组生 1：一个数位满十要向前一位进 1 呀。

教师追问第三小组生 2：百位拨 1，你在数数中又该怎么做？

（第三小组生 2 不能回答。）

第三小组生 1：我要数出 10 条方块。

教师追问：她拨 1，你数 10，怎样看出你也是 1 呢？

第三小组生 1：把 10 条合起来不就是 1 了吗？

第三小组的生 2 点了点头，似乎懂了一点点。

师：（接着问第五小组的同学）百位满十了，你们为什么要在千位拨 1？

第五小组生 1：百位满十，要向千位进 1。

师追问：千位拨 1 个珠子，数数中又该怎么办呢？

第五小组生 1：我应该把 10 片小方块摞成 1 个大正方体。

教师顺势把 10 片小方块摞成 1 个大方块，并揭示 10 个 100 就是 1 000（板书）。

【反思】教师在交流环节运用信息技术，利用场景再现的形式，通过追问，数出来的10和拨出来的10对应，拨出的1又和数出的1对应，在拨出的10和1转换的同时，数出的10也就自然地和数出的1实现了转换（如图13），在思考与操作的结合中，数和拨之间就联系起来了。

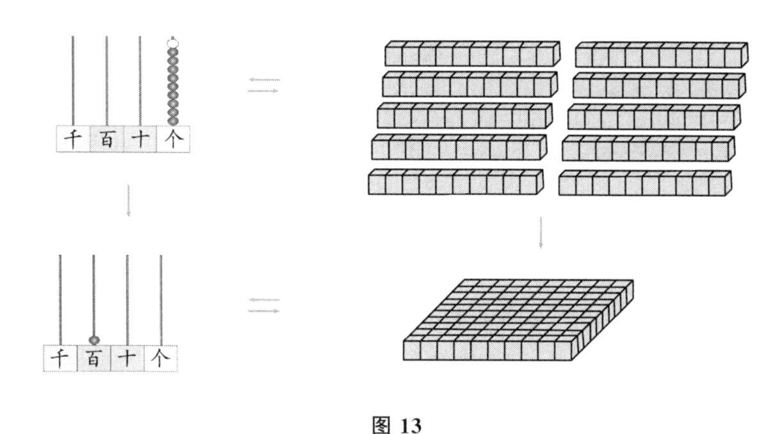

图 13

在模型的直观对应中，学生理解了“满十进1”的实际意义，自主地实现了小方块模型的结构化，真正建立起计数单位“十”和“百”的联系。

可是，为什么学生数零散的小方块不容易想到用大的单位计数，而一旦给了较大的单位，就会毫不犹豫地选择大单位呢?

刘加霞教授认为，零散的小方块是一种齐性、无结构的学具，它无法让学生体会到位值概念，而有结构的方块才能让学生体会位值概念，也就是说，有结构的直观模型对学生使用计数单位是有促进作用的。我们应该如何让学生体会到小方块这种结构的作用呢?

经过研讨，我们一致认为：在选择学具时，应该让学生经历一个从无结构到有结构的学习的过程。为此，我们又进行了第三次设计与实践。

3. 第三次教学实践

在本次实践中，教师首先指导学生有策略地选择模型。

师：老师为每组同学都准备了一个学具盒，里面是小方块（全是零散的），请同学们数出1 000个，不够的可以到老师这里再取。

学生一个一个地数（约 2 分钟）。

师：数到现在你们有什么感受？

生 1：数得太慢了，要数到 1 000 得多少时间呀。

生 2：要是成串成串地数起来就快多了。

师（抓住时机）：我这里为大家准备了另外一种形式的小方块，有需要的同学可以上来领取。

学生自主领取 10 个 1 条的小方块，到座位上接着数（约 2 分钟）。

师：现在数得怎么样啦？感觉如何？

生 3：还是太慢了。

生 4：老师，还有没有一次更多一点的小方块呀？

师：有啊，你需要吗？

生 4：当然需要啦！

师：请和这位同学有同样需要的同学上来领取。

教师顺势拿出 100 个 1 片的小方块，分发给部分同学。

【反思】让学生先用较小单位数数，当学生体会到用小的单位数数太费时间，再让学生根据需要选择数数的单位，这样的选择使学生在对比中体验到了不同的计数单位对于数数与计数快慢的作用，也更好地控制了教学的时间，提高了教学效率。

经过三次教学实践，我们在不断的对比中进行改进，最终较好地达成了预期的教学目标，让学生在经历小方块模型的形成过程中积累了自然数的活动经验，理解了“满十进 1”的实际意义，感受了位值在自然数中的作用，利用直观模型促进学生的思维进一步向纵深发展，学生在游戏和自主选择的过程中也体会到了数学学习的快乐。

四 收获与思考

1. 大数认识的核心是“位值”和“满十进 1”，围绕这一核心展开的思考与实践才能真正促进学生理解大数的意义，发展位值概念。而用好直观模型恰恰是帮助学生建立大数概念非常好的方法与手段，如何用直观模型，本身就是一个极具挑战与价值的课题，值得每一位数学教育工作者思考与研究。

2. 学生喜欢熟悉的、好用的、方便的直观模型，如何让直观模型熟悉、好用、方便，需要教师精心设计与引导。

以小方块模型为例，小方块模型不仅具有小棒的直观特点，能够体现数位之间的十进关系，还具有结构化的特征，并能够在未来与面积、体积的知识建立关系，立体化强，直观效果好。但在课前，学生并没有意识到方块模型的优越性。通过三次设计及教学实践，不断探索如何恰当地使用小方块模型，让学生对小方块模型由陌生到熟悉、由疏淡到亲近，找到了一条合适的、以小方块为模型帮助学生认识与感受“千”的良好路径。

3. 如何用好多种直观模型，帮助学生丰富对数概念的理解？

经历计数器直观模型的形成过程有利于理解计数单位和数位概念，帮助克服两个概念建立的难点，经历小方块模型的形成过程能够丰富对位值概念的体验，那么数位顺序表、数线等模型的使用是否也能从不同角度帮助理解自然数概念？如果是，会是怎样呢？

参考文献

[1] 刘加霞，孙庆辉．熟悉而又陌生的“十万”——解读“大数的认识”教学难点 [J]．小学教学（数学版），2010（1）：22—23.

[2] 刘艳平，赵艳辉．认识 1 000 教学设计与点评 [J]．小学教学（数学版），2008（5）：13—14.

[3] 张丹．例谈直观模型在计算教学中的作用 [J]．小学教学（数学版），2010（7—8）：9—11.

[4] 丁群艳．自然数概念的形成与发展 [J]．新世纪小学数学，2013（4）：11—12.

[5] 全美数学教师理事会．美国学校数学教育的原则和标准 [S]．蔡金法，孙伟，等译．北京：人民教育出版社，2000.

对于儿童数概念的发展来说，学生在认识新的计数单位“千”的时候，由于这样的内容本身比较抽象，学生在实际生活中，对于上“千”的数接触又较少，原有的生活经验在这里已经显得较为单薄，需要进一步体会位值概念和“满十进1”的道理。因此，如何帮助学生直观地认识“千”，让抽象的数能够看得见、摸得着，就显得格外重要。正如何雄燕老师在文章中所说：“关于‘千’的认识，有很多老师都有过很好的课例与经验。”与这些老师相同，何雄燕老师也将他关注的目光投向这里。虽然何雄燕老师的研究同样落脚在课堂教学，他选择的却是“如何用好直观模型”这样的角度。在他的课中，把学生“不喜欢”的小方块模型和“喜欢”的计数器有机地结合在一起，显化了从直观到抽象的过程；而且在第三次设计中，通过数1 000个小方块的任务，让学生体会到1个1个地数太慢，10个10个地数也慢，100个100个地数才过瘾，丰富了学生经历对“数位”概念的体会，也为千、万的形成的必要性奠定了基础。我们经常说，一线教师在做研究的时候，最大的困惑往往不是怎样做研究，而是结合自身的优势，研究什么样的问题。何雄燕老师对研究问题精准的选择，既独辟蹊径、具有新意，又确有其研究的必要性，而且通过他的研究，能够给其他教师以启发，这样的着眼点，让我们为之眼前一亮。

实际上，随着课程改革的深入推进和课程改革理念的植入人心，老师们已经普遍地意识到了借助模型为学生的学习提供直观支撑的重要性。但是，在具体的某一节课中如何使用模型以更好地达到预期的学习效果，这样的研究还比较鲜见。何雄燕老师在充分研读教材和了解学生的基础上，先后三次进行课堂实践，最终探索出了在“千”的认识中，何时、怎样使用小方块模型能够既达到为学生的数概念的发展提供形象直观的解释和支撑的效果，又能够让学生结合具体的操作活动，意识到需要引入更大的计数单位，进一步理解“满十进1”。这样的研究和教学实践，既呈现了背后的“理”，也给了老师们可操作的“法”，还呈现出相对完整的研究过程供一线老师们参照。对于学生的调研分析，三次执教，不断思考和调整的过程，以及最后形成的收获和反思等，都颇为可圈可点。当然，如果何雄燕老师能够在他的研究中再增加一些教学效果的评价反馈，如对学生进行后测和访谈的设计，通过前测和后测的比较，来说明教学活动设计的效果，这节课会更具有借鉴性。

再进一步，何雄燕老师的研究也带给我们一些思考：学生关于数概念的建立，到底需要经历哪些阶段？教师如何从高观点理解概念，设计教学活动，让学生能够自己建构起数的概念？包括何雄燕老师最后所提及的问题，如何使用不同的直观模型以帮助学生从不同角度理解数的概念？我们非常期待何雄燕老师以及有更多的老师思考和研究这些问题。

学生数学素养发展为导向的课堂教学

——以“生活中的负数”为例

杨薪意（四川省成都市行知小学）

一 研究缘起

2013年，一篇名为“数学恐惧症低龄化严重，根源系课堂教学有问题”的文章引发热议。文章称“抽样调查显示，80%左右的人都做过与考试有关的噩梦，而考试的噩梦中又有70%左右是考数学的。这群人被称为‘数学恐惧症’患者。美国芝加哥大学心理学系伊恩·莱昂斯博士说，全世界大约每5个人就有1个数学恐惧症患者”。

数学作为人类智慧的结晶，为什么会带给人们这样的感受？作为数学教师，我们要教给学生什么样的数学？好的数学教育不仅要传递数学知识，更要传承数学思想和数学精神。对学生来说，学过的数学知识也许会随着时间的流逝而逐渐淡忘，但是通过数学学习而获得的文化品质和精神应该成为一种生命的力量伴随人的一生，对此，我们称之为“数学素养”。究竟什么是数学素养呢？如何展开数学素养发展为导向的课堂教学？

二 文献综述

(一) 数学素养的界定

1. 国外研究者对数学素养的界定

早在 20 世纪 80 年代，科克罗夫特认为数学素养包含两个方面：第一，个人在日常生活中具有运用数学技能的能力，能够满足个人每天生活中的实际数学需求；第二，能正确理解含有数学术语的信息（如阅读图表或表格等)。①

国际学生评估项目（Programme for International Student Assessment，简写为 PISA）定义数学素养是个体确定并理解数学在这个世界中所起作用的能力，能够作出有根据的数学判断和从事数学活动的能力，以符合个体在当前和未来生活中作为有创新精神、关心他人和有思想之公民的需要。②

2. 国内研究者对数学素养的界定

在我国，“数学素养”首次出现在 1992 年的《九年义务教育全日制初级中学数学教学大纲（试行)》里，在以后的《全日制义务教育数学课程标准(实验稿)》和《义务教育数学课程标准（2011 年版)》中也陆续引入了这个概念。但遗憾的是，在这些大纲和标准中，都没有给出“数学素养”的明确定义，只是明确要培养学生的数学素养。

国内很多学者对数学素养的内涵给出了描述。王子兴认为，“数学素养”就是指“数学科学方面的素质”，它是数学科学所固有的内蕴特性，是在人的先天生理基础上通过后天严格的数学学习活动获得的、融于身心中的一种比较稳定的状态，只有通过数学教育的培养才能赋予人们的一种特

---

① 潘小明．关于数学素养及其培养的若干认识［J］．数学教育学报，2009（5）：23－27.

② 刘喆，高凌飚．西方数学教育中数学素养概念之辨析［J］．中国教育学刊，2011（7）：40－43，57.

殊的心理品质。[①] 张奠宙教授认为，数学素养就是数学思维能力，亦即数学运算能力、逻辑思维能力和空间想象力，其核心则是逻辑思维能力。[②]

（二）数学素养的构成

1. 国外研究者的认识

在 PISA 中，数学素养包括：①数学思考与推理；②数学论证；③数学交流；④建模；⑤问题提出与解决；⑥表征；⑦符号化；⑧工具与技术。[③]

美国国家教育与科学委员会的负责人 Steen（2001）给出的数学素养包括：①对数学的自信；②文化欣赏；③解释数据；④逻辑思考；⑤决策；⑥情境中的数学；⑦数感；⑧实践技能；⑨必备的知识；⑩符号感。

2. 国内研究者的认识

张奠宙教授认为数学素养应包括数学意识、问题解决、逻辑推理和信息交流四个部分。[④]

孔企平教授认为数学素养包括逻辑思维、常规数学方法、数学应用，并提出应该用有数学素养的方法来教数学，引导学生用数学的方法甚至是运用更综合的方法来思考问题。[⑤]

蔡上鹤教授认为数学素养是由“知识技能素养”“逻辑思维素养”“运用数学素养”“唯物辩证素养”构成的。[⑥]

顾沛教授认为数学素养就是把所学的数学知识都排除或忘掉后，剩下的东西。

（三）文献思考

综上所述，数学正在改变着这个世界。数学素养是社会发展变化对公

---

① 王子兴．论数学素养［J］．数学通报，2002（1）：6—9.

② 张奠宙，李仕锜，李俊．数学教育学导论［M］．北京：高等教育出版社，2004：54.

③ JAN DE LANGE. Mathematical literacy for living from OECD－PISA Perspective［J］. Tsukuba Journal of Educational Study in Mathematics，2006，25：13—35.

④ 数学教育研究小组．数学素质教育设计要点［J］．数学教学，1993（3）：2.

⑤ 孔企平．西方数学教育中“Numeracy”理论初探［J］．全球教育展望，2001（4）：56—59.

⑥ 蔡上鹤．谈谈数学素养［J］．人民教育，1994（10）：38.

民提出的一个新要求，是国际数学教育研究的一个新趋势、一个新课题，是我国在新一轮基础教育课程改革中必须重视的一个研究问题。

阅读文献，我发现尽管目前国内外对“数学素养”已经有了大量的研究成果，但是，这些研究大多停留在理论和思辨的层面上，鲜少来自学校的调查和研究，尤其是来自一线课堂的教学实例。基于社会发展对未来人才的需求，基于《义务教育数学课程标准（2011年版)》的理念，基于数学学科的特点，我决定立足课堂，从一线教师的层面对“数学素养”在日常教学中的具体实施尝试进行阐释。希望通过关注“数学思考、数学体验以及数学表达”，帮助学生经历“从头到尾”思考问题的过程，积累丰富的学习经验和活动经验，灵活地运用数学的表达方式合情合理地描述生活中的一些现象，解决简单的实际问题，发展学生的数学素养。

课前思考

蔡宏圣老师认为，核心概念即使是“初步认识”，也不能是经验层面上的肤浅认识，必须是从本质层面上的直观认识。一如胚胎，虽然初级，却蕴藏了日后发育为成熟器官的所有生长点。这使得我对每一次数系的扩充、新数的引入都充满了“敬畏感”。在上本节课之前，我思考了三个问题。

问题一：小学引入负数的学习，学到什么程度合适？

问题二：如何帮助学生在经历负数抽象的过程中，体会正负数是表示具有相反意义的量？

问题三：为什么在现行的小学数学教材中，唯有新世纪（北师大版）小学数学教材在负数的引入前增加“温度”作为正负数的现实模型？（如图1）。

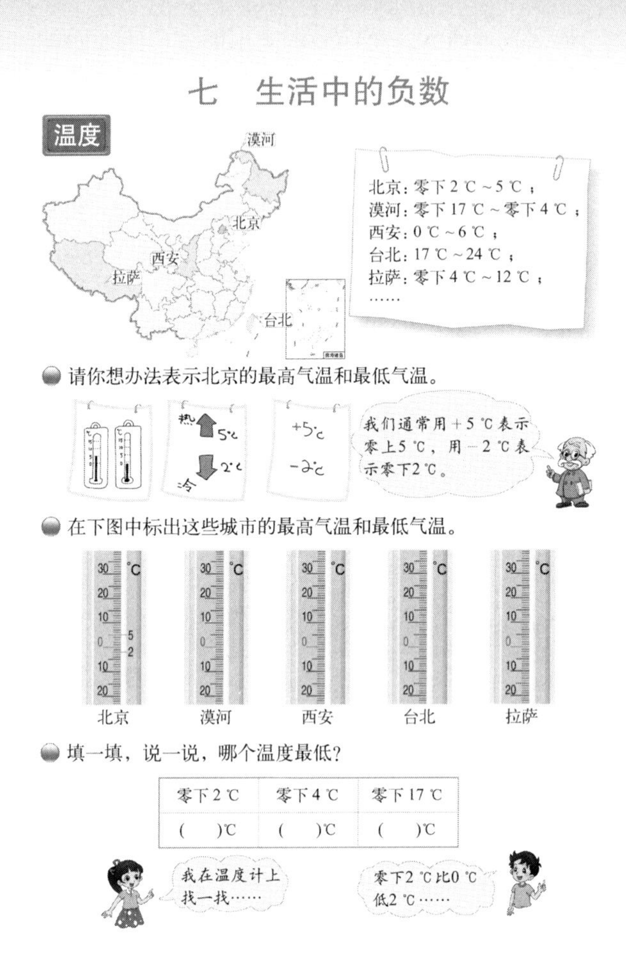

图 1

通过研读《义务教育数学课程标准（2011年版)》，我明确了本单元的学习“尺度”，“从具体情境中抽象出数的过程，了解负数的意义”“在熟悉的生活情境中，了解负数的意义，会用负数表示日常生活中的一些量”。

通过阅读数系的扩充史，我确定了本单元的学习“深度”，学生只需要了解0既不是正数，也不是负数；符号“＋”和“－”不仅仅是表示“加”“减”的运算符号，还可以是表示正负数的性质符号，所以，本节课的突破点在于“重新认识0”。

因为“温度”是学生生活中常见的一个概念，所以，教材把“温度”作为本单元的第一课时，旨在让学生经历创造图形或符号表示“零上 5 ℃”和“零下 2 ℃”的过程，体会引入带“＋”“－”的数表示“零上”“零下”两种相反意义的量的必要性和简洁性。温度计作为数轴的现实模型（横着放就是数轴），可以通过在温度计上标记零上温度和零下温度的活动，帮助学生理解零上温度、零下温度与 0 ℃之间的关系，认识 0 ℃是区分零上温度和零下温度的“基准”。

综上，我找到了本节课教学的落脚点和生长点，但是，仍有如下困惑有待解决。

(1) “温度”虽然是生活中常见的一个概念，但是在温度计上找不到“＋”“－”符号，用它作为引入负数学习的模型是否贴近学生的认知？

(2) 仅仅通过温度帮助学生体会带“＋”“－”符号的数是现实生活的需要，是否会显得有些单薄？

(3) 按照学生以往对数的认识经验，新数从“形”上认识了，自然会涉及“怎么读”的问题。而教材没有安排认读负数，仅借助智慧老人的一段话，说明用带“＋”的数表示零上温度，用带“－”的数表示零下温度(如图 2)，学生要不要读出负数，写出负数？

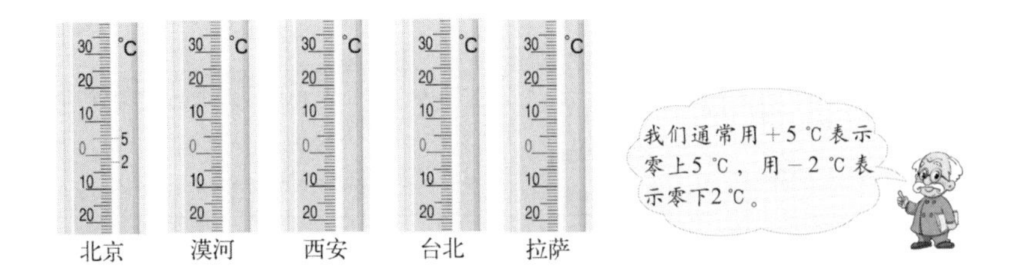

图 2

面对这些困惑，我选择先去了解学生的想法，在读懂学生的过程中，再寻求问题的答案。下面是让学生完成的一份前置任务。

前置任务

第一项：自主阅读（教科书 P84～87，尝试回答以下问题）。

1. 我会写（负数）。

负十五（　　）　正一百八十（　　）　负一点五（　　）

2. 我会读（负数）。

－8（　　）　－2.43（　　）　＋20（　　）

3. 我发现（负数）。

生活中，你在哪儿见过负数？

4. 我会画（负数）。

你能把你在生活中看到的负数情境画一画吗？

第二项：自我评价。

通过阅读，我初步了解（　　　），我还想了解（　　　）。

我选取了四川省成都市某区一所中等程度学校四年级 50 名学生进行测试，结果如表 1、表 2。

表 1

第一项 自主阅读 （P84～87）	我会写 （负数）	正确率 96％	错误率 4％	主要原因是所有数字后面带“℃”
	我会读 （负数）	正确率 98％	错误率 2％	主要原因是“＋”读作“加”
	我发现 （负数）	温度 17 人次	电梯 34 人次	其他（如游戏） 13 人次
	我会画 （负数）	借助温度画出示意图 8 人次	借助电梯画出示意图 38 人次	发现其他（如游戏）画出示意图 1 人次

表 2

<table>
<tr><td rowspan="2">第二项
自我评价</td><td>我初步了解</td><td>负数读法
15 人次</td><td>负数写法
27 人次</td><td>负数由来
2 人次</td><td>负数意义
8 人次</td><td colspan="3">其他
7 人次</td></tr>
<tr><td>我还想了解</td><td>负数意义
14 人次</td><td>负数运算
9 人次</td><td>负数由来
20 人次</td><td>大小比较
2 人次</td><td>与其他数的关系
11 人次</td><td>当日温度
4 人次</td><td>必要性
10 人次</td></tr>
</table>

由表1我了解到，96％～98％的学生能正确完成负数的读、写问题，能至少例举出一个生活中的负数现象。其中，例举电梯的人次是例举温度人次的2倍；画电梯示意图解释负数的人次大约是画温度示意图人次的5倍。这说明了在学生的眼中，地下楼层比零下温度更具有负数的代表性。但是，通过对前置任务第二项“我初步了解”的数据分析（如表2），我发现该班学生能比较清楚地讲清负数意义的只有8人次，知道负数由来的仅有2人次。因此，在“我还想了解”的调查中，该班学生表现出了极大的求知欲望，想了解和知道的知识点呈多元化。数据整体反映出该班学生具有一定的阅读能力，对生活中的负数有一定见识，会借助示意图解释负数的意义。但是，学生整体归纳、提炼的水平不够，对负数的认识普遍局限在直观的“形态”认识上，所提出的问题也处于浅层的认知表层，不能体会负数产生的必要性，也不能清楚地解释负数的意义，感受不到负数的价值。

于是，我思考：关注数学素养的教学应关注哪些方面？教师在教学中如何培养和发展学生的数学思考、数学体验和数学表达呢？

四 课堂实践

为了有效地帮助学生认识负数，顺学而教，根据实际学情，在把握负数本质概念的基础上，我结合新世纪（北师大版）小学数学教材，进行了简单的单元整体建构。在第一课时，为学生提供了关于负数的不同情境，在充分发挥“温度”情境原有的优势下，帮助学生积极思考“如何记录零下温度？如何记录海平面以下的高度？如何记录比赛中的失分？如何记录超市亏损的情况？如何记录存单中的支出款项？……”这类实际问题，以满足不同学生的探究兴趣，使学生按个体需求选择自己最感兴趣的情境进行主动探究。而在解决这些亟须解决的实际问题的过程中，学生自然而然地就感受到现实生活中，我们“已有的数”已经不够用了，我们必须扩充数的范围，进而创造出各种“个性化”符号来满足需求，解决问题之后，理解引入符号“＋”和“－”来统一表示正负数的必要性亦可水到渠成。

上课伊始，首先组织学生交流已经学习的自然数、小数、分数，回顾引入小数和分数的必要性，唤醒学生已有的学习经验，为本节课数系的再一次扩充做好认知准备，让学生感受到数系扩充的合理性。接着，引出数字“0”，引导学生交流“0”在生活中有哪些作用。

师：看来，小小的“0”在生活中作用可真不小！听到大家这么夸“0”，数字“0”可神气了。它得意扬扬地对其他数字说：“只要我站在你们后面，我就能让你们扩大到10倍。可如果我和小数点站在你们前面，你们就得缩小到原来的$\frac{1}{10}$。你们想扩大还是缩小都由我决定！”大伙儿见“0”这么骄傲，都生气地走了。剩下一个“0”孤零零的，比谁都小。

思考：0真的比谁都小吗？

【设计意图】“认识负数”的关键是找准“0”的位置，通过对数字“0”已有认知的回顾以及趣味童话故事的介入，帮助学生感受“0”在数学和生活中的应用价值。故事末尾激趣的思考“0真的比谁都小吗”促进学生对“0”再认识，为接下来打破学生原有的认知平衡、经历负数抽象的过程及体会正负数是表示一对相反意义的量做足铺垫。

教师依次在黑板上出示：

①天气预报表；②海拔高度图；③抢答比赛情境；④超市经营记录表；⑤家庭记账单。(如图3)

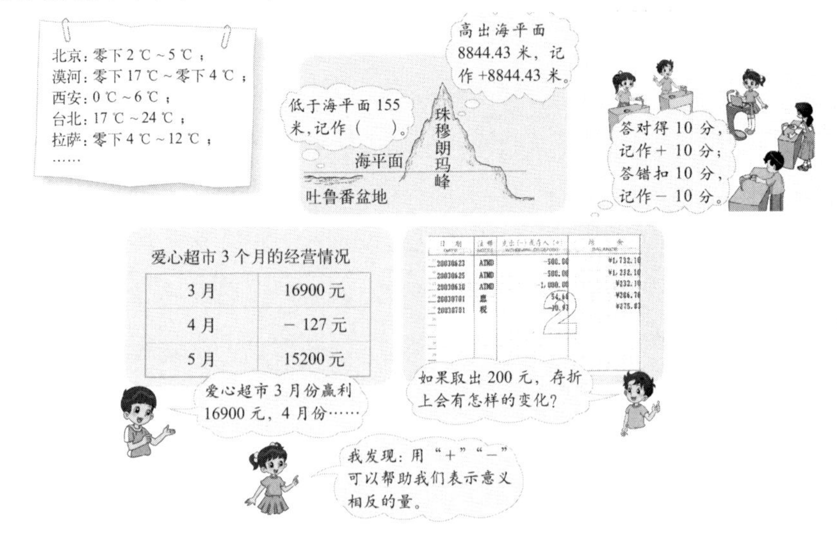

图3

先请学生仔细观察：有哪些数学信息？

师：在这些情境图中，你们能把看到的数报出来，这不算本事。在每一幅图中都藏着一个相同的数。如果你们能把这个数找出来，才牛！

哇，在这些不同的情境中居然藏着一个相同的数？这令学生十分诧异，个个都睁大了眼睛重新观察这几幅熟悉的图表。几分钟后，有的学生得意地露出笑脸。

生1：我在天气预报中，发现了“0 ℃”。

生2：抢答比赛时，有时会出现“0”分。

生3：海拔高度的图中，海平面可以看作“0”米。

生4：如果家庭记账单取出的钱和存入的钱一样，就会是“0”元。

生5：超市经营情况也有可能是“0”元，不赚钱也不亏钱的时候。

【设计意图】根据课前对学情的分析，学生对负数的认识普遍局限在直观的“形态”认识上，他们说不清楚负数产生的必要性和价值，对负数的意义也只能意会，不能表达。为了帮助学生从本质上认识负数，充分发挥对“0”的已有认知经验和生活经验，通过在不同的情境中，让学生尝试“找出藏着一个相同的数”，来促进学生重新认识“0”，凸显负数产生时，“0”的作用功不可没。

师：同学们相当了不起，观察得很仔细。我还要告诉大家的是，在每一幅图中不仅藏着“0”这个数，还藏着一对“反义词”。你们还能把这对“反义词”找出来吗？

什么？在这些不同的情境中居然还藏着一对“反义词”？这令学生再次好奇起来，再次睁大了探究的眼睛。随即，纷纷兴奋地高高举起手。

生：找到了，找到了，我找到了！零上和零下，高于和低于，得分和扣分，盈利和亏损，存入和取出。

老师随着学生的汇报，把这些“反义词”板书出来（没有数量）。

师：同学们太能干了！现在，我们把刚才发现的数字写在每一组反义词的后面。像这样的一组数，在数学里，我们就称为……（有学生抢话：

反义数）对！就是这个意思，它们表示意义相反的量。

师：可是，全世界每个国家都有自己的语言。怎样才能让全世界的每一个人都能看懂“反义数”呢？你能创造一种简洁的“反义符号”吗？

【设计意图】认识负数的另一个关键就是理解负数是表示与正数意义相反的量，这对于小学生来讲是有一定难度的。而建立联系的最好途径就是唤醒学生已有的学习经验和生活经验。本环节充分顺应小学生好奇、乐于助人的天性，借助语文学习对反义词的理解，通过“寻找反义词—认识反义量—创造反义符号”的教学策略，既激活了学生的研究兴趣，培养了学生的创新意识，又帮助学生体会到了正负数是表示一对相反意义的量，加深对负数意义的初步理解。

五 研究反思

1. 以学定教、适时追问，丰富学生的数学学习体验

“生活中的负数”这节课笔者曾经执教过多次研讨课，本次研读教材时，我对教材为什么把“请你想办法表示北京的最高气温和最低气温”作为本单元的第一个问题有了新的认识。教材希望通过动手操作，让学生在创造“新”数的过程中经历数系扩充的过程，感受负数概念的本质以及数学与生活的密切联系。基于这样的认识，我意识到教学过程中最重要的应该是凸显“数学思考、数学体验、数学表达”，产生了此次“寻找 0，重新认识 0—寻找反义词，理解反义量—创造和统一反义符号—认识正负数”的整体设计。而在整个实际教学过程中，教师应该通过不断的追问，引发学生的数学思考、好奇心和探究欲，激活学生的创新意识，丰富学生的数学学习体验。

2. 多个情境下理解负数，强调数学与生活的密切联系

本节课的教学中，我选择了在多个情境下理解负数的教学路径。由于情境的丰富，使得学生的课堂生成也同样丰富多彩，学生的数学思考、数学体验、数学表达有了更大的空间，数学知识的生长和发展更有生命力，

我们认为，学生这样的状态，正是数学素养的显性表现。

3. 数学素养的发展需要教师有见微知著的眼光与格局

提及素养，必然不可能一蹴而就，更无法拆分开来，这节课培养了哪些素养，那节课培养了哪些素养。但作为教师，不能着眼于完成一个一个的知识点，而应关注学生的未来发展，胸怀为人的终身发展而教的教育理想。只有这样，才能够在每一节的课堂教学实践中，以学生的数学素养发展为导向，关注学生对数学的兴趣和情感，将数学思想和数学精神沁润于每一个学生，使他们成为一群有批判精神和自我反思的创造者，一群积极的而不是被动的学习者，数学素养不再停留在学者们研究和分析的理论文章中，而是在每一节课堂中灵动的体现。

当然，我在这里呈现的仅仅是在一节课中的研究与思考，在关注“人的发展”的大背景下，“以学生数学素养发展为导向的课堂教学”涉及方方面面更多的影响因素，需要所有一线教师为此付诸努力。

参考文献

[1] 蔡金法．中美学生数学学习的系列实证研究——他山之石，何以攻玉［M］．北京：教育科学出版社，2007.

[2] 刘坚，孔企平，张丹．义务教育教科书·数学 教师教学用书（四年级上册）[M]. 北京：北京师范大学出版社，2014.

[3] 中华人民共和国教育部制定．义务教育数学课程标准（2011 年版）［S］．北京：北京师范大学出版社，2012.

成长寄语

近年来，学生核心素养的发展在国际教育界得到了广泛的关注，学科核心素养的内涵以及具体的发展，成为当前教育研究与实践的热点问题。实际上，关注学生的核心素养绝非是对潮流的追风，在 21 世纪之初启动的课程改革中，明确提出了“以学生为本”的理念。《全日制义务教育数学课程标准（实验稿）》和《义务教育数学课程标准（2011 年版）》都特别重视数学学习过程对人的发展的作用。

然而，正如杨薪意老师所说，一方面，我们强调在数学教育中促进“人的发展”，另一方面，仍然有一部分学生对数学不喜欢甚至是畏惧，原因何在？我们猜想，或许与学生在数学课堂中的知识导向的学习过程和方式有关。那么，以学生数学素养发展为导向的课堂教学应该是什么样子的呢？在这篇文章中，杨薪意老师呈现给我们她的研究与实践：在“负数的认识”的学习过程中，教师要关注数学素养的内涵，要了解学生的学习基础，要分析教材提供的教学路径，要在教学中注意知识的生长和发展，要激发学生的学习兴趣，要让学生乐于思考和表达，要让学生充分发挥创造性，经历数学知识发生发展的过程……

实际上，所有的数学知识的学习都是循序渐进的，无论是哪一个内容的学习，学生都一定会有思维基础，在遇到新知识的挑战时，学生都会努力去探索问题的答案，在同伴和老师的帮助下，寻求到问题的答案。只有建立了这样的教学观，才能够把发现的机会留给学生，让学生的潜能得以激发和释放，学生的数学学习过程才能够内化为自身数学素养的形成。对此，杨薪意老师“生活中的负数”一课的教学，做出了可贵的尝试。

需要说明的是，任何研究都有局限性，杨薪意老师的研究当然也不例外。基于学情的调研和分析是否具有典型代表性？采用的情境前置的教学路径对于学生认识负数的帮助效果如何？是否可以对学生的学习效果进行科学的评测？以数学素养发展为导向的课堂教学，应该具备哪些特征？等等，都值得我们进一步思考和研究。正如杨薪意老师自己所言：研究即成长，研究应融入教师的日常教学。期待有更多的一线教育实践工作者，加入以学生数学素养发展为导向的课堂教学研究中，让更多的学生不再畏惧数学，从而爱上数学。

丰富活动经验　经历感悟提升

——以“分数的再认识”为例培养学生思维品质的两次教学

黄碧峰（浙江省丽水市莲都区中山小学）

一　研究背景

分数是小学数学中的一个核心概念。在新世纪（北师大版）小学数学教材中，三年级下册主要以元、角、分的模型为主，借助直观操作，初步认识分数。五年级上册则将感性认识上升到理性认识，概括出分数的意义，从分数与除法的关系等方面加深对分数意义的理解，进而学习并理解与分数相关的基本概念。[①]

在五年级“分数的再认识”的教学中，何谓“从感性认识到理性认识”？学生会遇到什么样的困难与挑战？学生对分数的再认识要认识到什么程度？带着这些问题，我尝试从许多知名教师的相关案例和文章寻找答案。

黄爱华老师执教的“分数的再认识”一课五个环节环环相扣。第一个环节从感知$\frac{1}{4}$入手，唤醒学生旧知，通过分1个苹果和4个苹果的情境将单

① 刘坚，孔企平，张丹．义务教育教科书·数学　教师教学用书（五年级上册）[M]．北京：北京师范大学出版社，2014.

位“1”进行拓展；第二个环节和学生一起理解$\frac{2}{3}$，让学生分别说一说 3 条金鱼、6 瓶可乐、9 朵花的$\frac{2}{3}$表示的意义，进一步理解单位“1”，初步感知单位“1”不同时，相同的分率所对应的数量也不相同；第三个环节为深化几分之一，用 12 朵花作为研究对象，让学生涂出其中的一部分，并用分数表示涂色的花是整体的几分之一，通过这一活动感知分数单位，利用几何直观理解分数单位的意义；第四个环节，研究几分之几，引导学生通过“分一分、画一画、说一说”等活动理解分数的意义；第五个环节，小结与质疑，在这个环节中，师生对话精彩，将学生对分数的认识推向一个新的境界。

华应龙老师执教的“分数的再认识”则独辟蹊径，从单位的角度理解分数。他认为“单位是分数概念的关键，是否产生分数取决于单位，而分数就是先分后数的数，先分创造了分母，也就是创造了分数单位，再数就单位的个数就是分数”。①

不同的教师对如何带领学生再次认识和理解分数的含义有着不同的思考。到底应该如何展开“分数的再认识”的教学？我也进行了思考与实践。

二 文献综述

“分数”在拉丁文中是打破、断裂的意思，因此，分数也曾被人叫作“破碎的数”。在汉语中，“分”有分开、部分的意思。人类历史上最早产生的数是自然数，以后在度量和平均分时往往不能正好得到整数的结果，就产生了分数。

我国是最早使用分数的国家，比其他国家要早出一千多年。我国春秋时期（前 770～前 476 年）的《左传》中，规定了诸侯的都城大小：最大的不可超过周文王国都的三分之一，中等的不可超过五分之一，小的不可超过九分之一。秦始皇（前 259～前 210 年）时代的历法规定：一年的天数为

① 华应龙．分数：先分后数——“分数的意义”教学新路径［J］．人民教育，2011（6）：37－39.

“三百六十五，四分之一天”，即 $365\frac{1}{4}$ 天；一年的月数是“一十二，十九分之七月”，即 $12\frac{7}{19}$ 月。每个月的平均天数是：$365\frac{1}{4}\div 12\frac{7}{19}=\frac{1461}{4}\div\frac{235}{19}=29\frac{499}{940}$。[①]

张奠宙教授认为，用份数的定义来引入分数是非常自然的。但这样说还没有体现引进分数的本质：分数是一个不同于自然数的新数。份数定义还停留在“几份”的思考上，还没有越出自然数的范围。1份、3份，是分数还是自然数？因此，必须尽快过渡到分数的“商”的定义：分数是正整数 a 除以正整数 b 的商，记为 $\frac{a}{b}$。用 a 除以 b，当除得尽时（整除），答案仍是“老朋友”——自然数。关键在于除不尽的情况，这时得到的商就是我们要结识的新朋友——分数。这个概念我们现在注意得不够，而这恰恰是我们学习分数的本质所在。[②]

史宁中教授认为，分数本身是数而不是运算。分数的本质在于真分数，即分数的分子小于分母。这样分数有两个现实背景：一个是表达整体与等分的关系，一个是表达两个数量之间整数的比例关系。我们把后者称为整比例关系。

三、《义务教育数学课程标准（2011年版）》中分数的内容分析

（一）关于分数学习的课程目标分析

我对《义务教育数学课程标准（2011年版）》中与“分数”相关的目标进行了梳理，如表1。

---

① 李绪军．卓越的记数方法 领先的计算技术——谈我国古代分数计算的优越性［J］．新世纪小学数学，2012（1）：11－14．

② 张奠宙，唐彩斌．关于小学“数学本质”的对话［J］．人民教育，2009（2）：48－51．

表 1

知识技能	第一学段	经历从日常生活中抽象出数的过程，初步认识分数和小数。
	第二学段	体验从具体情境中抽象出数的过程；理解分数、小数、百分数的意义。
数学思考	第一学段	发展数感。
	第二学段	初步形成数感和空间观念，感受符号和直观几何的作用。

根据表 1，我们可以发现，学生在不同学段中学习分数的行为动词发生了变化。第一学段是“经历”“初步认识”“发展”；第二学段中则是“体验”“理解”“初步形成”，对学生的认识水平提出了新的要求。

（二）关于分数学习的课程内容分析

分数的内容属于“数与代数”领域。在《义务教育数学课程标准(2011 年版)》中，相关的内容如表 2。

表 2

学段	板块	内容
第一学段	数的认识	(1) 能结合具体情境初步认识小数和分数，能读、写小数和分数。 (2) 能结合具体情境比较两个一位小数的大小，能比较两个同分母分数的大小。 (3) 能运用数表示日常生活中的一些事物，并能进行交流。
	数的运算	(1) 会进行同分母分数（分母小于 10）的加减运算以及一位小数的加减运算。 (2) 经历与他人交流各自算法的过程。 (3) 能运用数及数的运算解决生活中的简单问题，并能对结果的实际意义作出解释。

续表

学段	板块	内容
第二学段	数的认识	(1) 结合具体情境，理解小数和分数的意义，理解百分数的意义；会进行小数、分数和百分数的转化（不包括将循环小数化为分数）。 (2) 能比较小数的大小和分数的大小。
	数的运算	(1) 能分别进行简单的小数和分数（不含带分数）的加、减、乘、除及混合运算（以两步为主，不超过三步）。 (2) 能解决小数、分数和百分数的简单实际问题。 (3) 经历与他人交流各自算法的过程，并能表达自己的想法。

由上可以看出，无论是第一学段还是第二学段，都强调“结合具体情境”认识和理解分数。但在第二学段中，不仅要在第一学段“初步认识分数”的基础上“理解分数的意义”，还要与其他知识关联起来，能够进行小数、分数、百分数的转化，学习的深度与广度进一步增加。

四 新世纪（北师大版）小学数学教材“分数的认识”内容编排体系的设计

新世纪（北师大版）小学数学教材对分数概念教学进行了系统设计，设计了分数意义教学的五个阶段，“显性”和“隐性”相结合，其中有两个阶段是“显性”认识分数：第一阶段分数的初步认识和第二阶段分数的意义，其他三个阶段通过“平均分”等活动经验的积累、运算中丰富理解和沟通分数、除法与比的关系等促进学生丰富、完善对分数概念的理解。这五个阶段各有侧重、相互渗透、相互补充，共同帮助学生实现对分数意义理解的不断发展和整体建构。教材具体安排如表 3。[①]

① 朱德江．为学生的分数概念建构设计合适的学习路径——北师大版教材中“分数的认识”编排体系与编写特点［J］．小学教学（数学版），2015（4）：23－25.

表 3

学习路径	教材安排	主要内容
第一阶段："平均分"等活动经验的积累。	二年级上册：除法的认识和用口诀求商。	经历四次"分一分"的活动，充分体验"平均分"的意义，为学生初步认识分数积累经验。
第二阶段：体会分数的产生，直观认识部分与整体的关系，初步认识分数。	三年级下册：分数的初步认识。	(1) 结合具体情境和直观操作，体会分数的产生的必要性，从部分与整体关系的角度初步理解分数的意义，能读、写分数，会比较两个简单分数的大小。 (2) 结合解决简单的实际问题，探索并掌握同分母分数（分母小于10）的加减运算。
第三阶段：再次体会分数产生的必要性，并从比率、度量、运作、商四个方面理解分数的意义。	五年级上册：分数的意义。	(1) 结合具体情境与直观操作，再次体验分数产生的实际背景，从部分与整体、部分与部分等角度认识分数，认识真分数与假分数，学习分数的基本性质，进一步从比率、度量等方面理解分数。 (2) 理解分数与除法的关系，进一步从运作和商等方面理解分数。 (3) 学习分数的大小比较；学习约分和通分；解决一些简单的实际问题，体会分数与现实生活的联系，促进学生对分数意义的理解。
第四阶段：在分数运算和解决问题中丰富学生对分数的理解。	五年级下册： (1) 分数加减法与解决问题。 (2) 分数乘除法与解决问题。 六年级上册： (1) 分数混合运算与解决问题。 (2) 百分数的认识及其应用。	(1) 结合分数的意义和直观操作活动等理解分数加减法和乘除法的算法、算理。 (2) 在结合分数运算解决问题的丰富背景中，鼓励学生综合运用对于分数意义理解的多个维度。 (3) 结合实际情境理解百分数的意义，解决有关百分数的简单实际问题，学习百分数与小数、分数之间的互化，促进学生对分数的理解。
第五阶段：沟通分数、除法和比的关系。	六年级上册：比的认识。	经历从具体情境中抽象出比的过程，理解比的意义及其与除法、分数的关系，进一步完善对分数的理解。

五 两次教学实践

（一）第一次教学实践

在第一次教学实践中，我将重点放在了引导学生理解整体“1”，体会一个分数对应“整体”不同，所表示的具体数量也不同，即分数的相对性，并试图求新、求变，力求与其他老师执教的方法有所不同。

环节 1　在具体的操作活动中理解分数的相对性。

出示问题：请拿出每个铅笔盒里铅笔总数的$\frac{1}{2}$（3 个铅笔盒，分别装有 6 支、10 支、6 支铅笔）。

学生动手操作后教师追问：

（1）你是怎样拿出这盒铅笔总数的$\frac{1}{2}$的？

（2）都是拿出$\frac{1}{2}$，为什么拿出的铅笔支数有的相同，有的不同？

生 1：就是把铅笔总数平均分成 2 份，拿出其中的 1 份。

生 2：因为每个铅笔盒里装的铅笔总数有的相同，有的不同，所以拿出的$\frac{1}{2}$也是有的相同，有的不同。

【设计意图】通过这样的一个活动，让学生感受到，对同一个分数来说，整体的数量不同，对应部分的数量也不同，从相对量的角度理解分数意义中的部分和整体的关系。

环节 2　结合具体情境，由部分到整体从逆向的角度理解分数的意义。

出示情境：淘气和小东正在看书。

提出需要学生讨论的问题：淘气看了一本书的$\frac{1}{3}$，小东也看了一本书的$\frac{1}{3}$。

①____________________ 情况下，淘气和小东看的页数一样多；

②＿＿＿＿＿＿＿＿＿＿情况下，淘气看的页数多；

③＿＿＿＿＿＿＿＿＿＿情况下，小东看的页数多。

学生小组讨论后汇报交流。

生1：两本书总页数相同的情况下，淘气和小东看的页数同样多。

生2：淘气看的书总页数多的情况下，淘气看的页数多。

生3：小东看的书总页数多的情况下，小东看的页数多。

【设计意图】学生在环节1的基础上，理解整体的总量多少，决定了分数所表示的部分量的多少。

环节3　独立尝试，丰富对分数的体验。

出示问题：如图1，在括号里填上合适的分数。

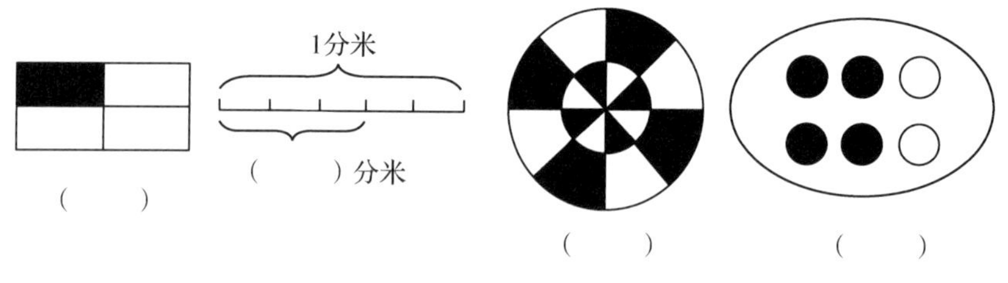

图1

基于三年级认识分数的经验，前两题大部分学生没有问题，后两题由于答案的不唯一性，部分学生在理解、拼凑后有点困难，因此，借助于动画演示很有必要。

【设计意图】通过这道题的练习，让学生知道了不仅仅是一个物体可以看成单位“1”，几个物体也能看成整体“1”。

环节4　回顾与延伸。

（1）课件重放，回顾学习过程。

（2）理解意义，感受整体“1”。

（3）学生尝试解决下面的问题：

一个图形的$\frac{1}{4}$是□，这个图形有（　　　　）个□。

一个图形的$\frac{1}{4}$是□□，这个图形有（　　　　）个□。

一个图形的$\frac{1}{5}$是□□，这个图形有（　　　　）个□。

一个图形的$\frac{2}{5}$是□□，这个图形有（　　　　）个□。

【设计意图】希望借助这样的问题，让学生对分数中分子分母的含义理解得更加深刻。

一节课过后，教师教得吃力，学生学得费劲，问题到底出现在哪里呢？我结合本节课的内容，进行了深刻的反思。

1. 内容安排的层次不清晰，没有考虑学生的基础

这次教学中创设的“拿铅笔”“看书”的问题情境，希望帮助学生体会和理解一个分数所对应的“整体”不同，所表示的具体数量也不同，丰富学生对分数的认识，使学生进一步理解分数的意义。但本节课是学生在三年级初步认识分数时隔一年半之后再次认识分数，在教学的第一个环节就给学生提供这个问题，对于很多学生来说，没有对原来知识的温习和过渡，学起来一头雾水。

2. 题目繁、难，人为地增加了对分数意义理解的难度

这节课所设计的几个问题中，如借助不同厚度的书，从逆向的角度来理解分数$\left(\frac{1}{3}\right)$的意义。但出于开放度的考虑，设计中把书隐去了，没有了直观的支撑，学生要“硬生生”地在头脑中想象整体和部分的关系。

经过认真的思考，我意识到本课的重点应该是让学生“结合具体的情境，经历概括分数意义的过程，理解分数表示多少的相对性，发展数感”。这里的具体情境，应该是贴近学生生活的、易于理解的、层层递进的真实问题情境，据此，我进行了第二次课堂教学实践。

（二）第二次教学实践

环节 1　涂一涂，表示出圆圈总数的$\frac{1}{2}$，感受分数的相对性（如图 2）。

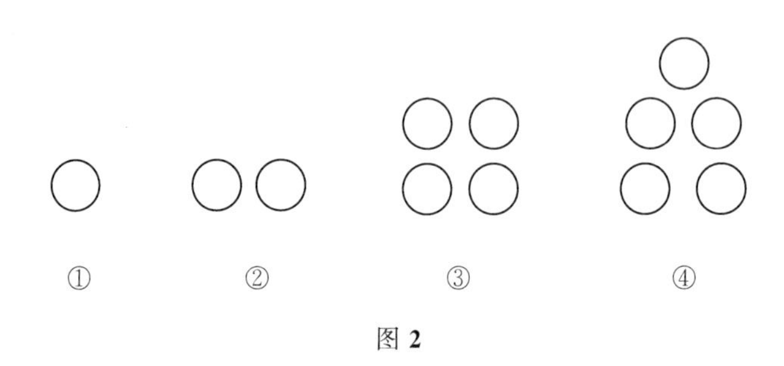

图 2

生 1：1 个圆圈的$\frac{1}{2}$是它的一半，2 个圆圈的$\frac{1}{2}$就是要把这 2 个圆圈平均分成 2 份，涂其中的 1 份，也就是要涂 1 个圆圈。

生 2：把 4 个圆圈平均分成 2 份，每份有 2 个，其中的 1 份就是它的$\frac{1}{2}$，也就是要涂 2 个圆圈。

生 3：多少个圆圈都是一样的，只要把它们平均分成 2 份，然后找到其中的 1 份，就能表示出它们的$\frac{1}{2}$是多少。

师：请大家思考，怎么样能够涂出$\frac{1}{2}$？

生 4：不管是几个圆圈，只要平均分成 2 份，涂出其中的 1 份就可以了，涂出的就是$\frac{1}{2}$，剩下的也是$\frac{1}{2}$。

师：既然涂的都是$\frac{1}{2}$，为什么有的涂了半个，有的涂了 2 个，涂出的圆圈多少不一样呢？

生 5：因为圆圈的总数不同。

生 6：涂出的$\frac{1}{2}$是 2 份中的 1 份，原来有多少圆圈不一样，分成 2 份后每份也不一样，涂出来的圆圈当然不一样多了。

【设计意图】通过让学生涂出$\frac{1}{2}$，再进行观察比较，体会同样是$\frac{1}{2}$，涂的个数是不一样的，充分体现了分数的相对性。

环节 2　理解$\frac{1}{3}$，进一步感受分数的意义。

师：（出示淘气、小东看书的情境）他们都看了各自书的$\frac{1}{3}$，他们看的页数同样多吗？

（学生有不同意见。）

师：什么情况下一样多，什么情况下不一样多？请同桌交流交流。

生 1：他们看的页数不一样。

生 2：假如淘气看的书有 90 页，小东看的书有 60 页，那么淘气看的页数多；假如小东看的书有 90 页，淘气看的书有 60 页，那么小东看的页数多；假如淘气和小东看的书都是 90 页，那么他们看的页数同样多。

生 3：淘气看的书厚，淘气看的页数多；书一样厚，两人看的页数一样多；淘气看的书薄，小东看的页数多。

【设计意图】教材上出示的是两本不同厚度的书，可以很直观地看出$\frac{1}{3}$的多少，为了使问题更具开放性，隐去小东和淘气手上的书，让学生去想象这个$\frac{1}{3}$的可能性，从而更好地理解对应。

环节 3　借助课堂练习，丰富对分数的体会。

出示问题：如图 3，独立尝试，在括号里填上合适的分数。

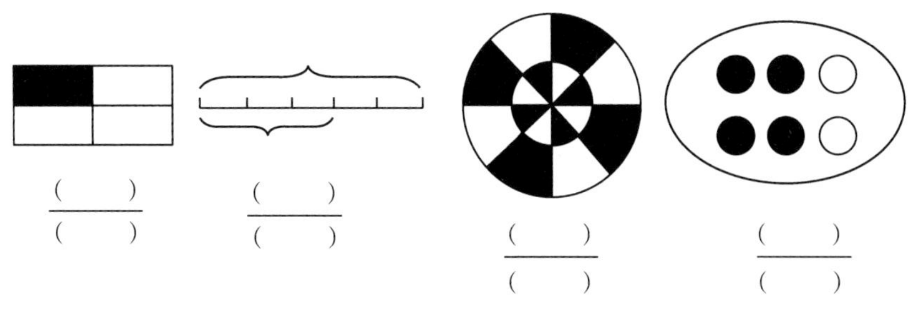

图 3

通过前面两环节对分数意义的理解，学生填写阴影部分的分数不存在问题，特别是第三幅图，通过动画演示，学生也能很好地理解。

环节 4　过程整理，知识建构。

师：前面我们学习了哪些分数？要得到一个分数，应该怎么做呢？你能举个例子解释$\frac{3}{4}$吗？

生 1：前面学习的分数中，我们是把 1 个圆圈、2 个圆圈、4 个圆圈、5 个圆圈、1 本书、1 个图形等进行平均分。

生 2：把 4 个月饼平均分成 4 份，淘气吃了 3 份，淘气吃了这些月饼的$\frac{3}{4}$。

生 3：12 朵花，开了 9 朵，开的花占总数的$\frac{3}{4}$。

生 4：我们组 4 名同学，3 名男生，男生占整组人数的$\frac{3}{4}$。

环节 5　学习小结（略）。

六　收获与思考

对比这两次执教，可以明显地看出第二次执教对于分数意义理解和体会的倾斜。

1. 抓住本质，引发思考，初步感知分数的意义

“分数”的认识中，理解整体并不是要牢记单位“1”的概念。在传统的教学中，我们经常是追求得到“把一个物体或一个图形平均分成若干份，这样的一份或几份可以用分数来表示”这样的直接定义，然后进行变式练习，巩固认识。在这样的过程中，学生或许能够“背”出这个概念，对分数却没有直观的、真实的活动体验和感受。

在第二次教学中，呈现了一组“涂出$\frac{1}{2}$”的素材，整体设计了对分数“$\frac{1}{2}$”在“单个图形”与“多个图形”中的表示过程，丰富了学生对“$\frac{1}{2}$”

的直观表象，从而初步把握分数的本质是将单位“1”进行平均分后，所表示的数，学生在涂的过程中，既理解了“$\frac{1}{2}$”，也感受到了分数的相对性。

2. 在活动经验的积累中构建分数概念，理解分数意义

数学活动经验积累本身就是分数的认识的重要学习内容，数概念的建立，首先要建立在经验积累的基础上，再在直观认识后，建立起相应的数的模型，分数的认识当然也不例外。在第二次执教中，注重让学生通过动手操作和理解辨析等方式理解分数。在本节课中，关于“$\frac{1}{2}$”的认识，学生动手涂出“$\frac{1}{2}$”，是从直观到抽象的过程；想一想“两本书的$\frac{1}{3}$是不是一样多”，则是在没有给定总数的情况下，让学生在头脑中想象如果把 1 本书的总页数分成 3 份，其中的 1 份是多少，让学生经历思辨的过程；在此基础上，学生再经历在生活中寻找“$\frac{3}{4}$”的过程，从抽象回归到直观，再次理解分数。

研究表明，也只有当学生积累了足够的活动经验，经历“数的抽象与解构”的全过程，才能认为学生对数概念的认识是自主的、有效的，模型思想的经历也是充分的、到位的。

成长寄语

本文是一篇很典型的实践研究案例，我们说，一个好的研究的基础，就是首先确定一个好的研究问题。关于“分数的认识”，无论是理论层面还是课堂教学实践，已经有了众多的很好的研究成果，那么，是否还有必要对这样的内容进行研究呢？在这样的背景下，黄碧峰老师选择了一个非常好的角度，也就是对“分数的再认识”教学目标的具体化的追问：“何谓‘从感性认识到理性认识’？学生会遇到什么样的困难与挑战？学生对分数的再认识，要认识到什么样的程度？”面对这些问题，黄碧峰老师从文献、课程标准、教材设计等多角度去进行思考和分析，并进行了两次课堂教学

实践，其间可以看到黄碧峰老师对教学的钻研和探究的精神，尤其是每次教学后的反思，不仅对改进自己的教学以及教师本人的专业成长有益，也为其他教师的教学研究提供了很好的素材和资料。

当然，本文也有需要进一步考虑的问题。两次教学，为什么确定了这样的教学路径？黄碧峰老师没有选择教材提供的学习路径，理由是什么？在经过第一次教学的反思后开展的第二次教学效果如何？是否采用了第二次的教学步骤后，学生就实现了“从感性认识到理性认识”的发展？是否有足够的证据来对教学的效果予以支持？我们建议一线的教师能够基于证据开展教学实践研究，所以，在本文中，如果能够看到对学生学习基础和学习效果的分析，文章所给出的思考与建议，将更具有信度。在这些方面，有很多教学研究可以开展，期待有更多的教师能够进一步研究下去。

关系—数量—数：让学生心中的分数真实生动起来

——“分饼”一课的教学行动研究

王丽星（清华大学附属小学）

一 问题的缘起

2012—2013 学年，清华大学附属小学五年级数学期末测试中，有关分数测评的题目占整个测试的比重较高，学生在测评中本内容的失分之高，也远远超出了我所在教研团队的想象，引发了我们的关注。(如表 1)

表 1

	分数意义的理解	分数单位的换算	分数的大小比较	分数与除法的关系	分数基本性质	分数运算	和分数有关的解决问题	合计
题目分数	10	2	2	2	2	18	10	46
失分率/%	28.4	14.7	5.1	2.6	2.6	4.9	5.1	53.2

从表 1 中不难看出，在分数的学习中，学生对于分数意义的理解是失分最多的题目，尤其是下面这道题。

5 张饼平均分给 4 个人，每人分到这些饼的（　　），在图上用阴影表示每人得到的饼。

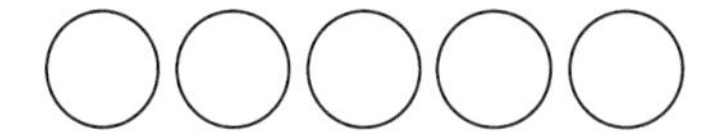

这道题实际上是新世纪（北师大版）小学数学教材五年级上册第五单元“分数的意义”中“分饼”一课的情境问题再现，作为一道课堂上的例题，本题的失分率居然高达 28.4%，实在是出乎意料。

从测评结果得知，全班 39 名学生中，有 22 名学生不能正确地用分数和图形表达出来结果，这 22 名学生的作答情况如表 2。

表 2

作答情况	画图表示	人数
知道每人分得的饼是 $\frac{5}{4}$ 或 $1\frac{1}{4}$，但所画图形无法表达出部分和整体的关系。		17
		4
认为每人分得的饼是 $\frac{3}{4}$，所画图形无法表达出部分和整体的关系。		1

理解假分数的意义到底有多难？学生在理解分数从关系走向数量进而从数量抽象成数的过程中，到底存在着怎样的困惑？带着这样的问题，我进行了思考和研究。

二 文献综述

分数一词来自拉丁文“fangere”，它的意思是打破、断裂，通常用来描述一个被分开的全体的各个部分，因此，分数也曾被人叫作“破碎的数”。分数开始于“分”，是用来解决不足一个单位量的数学问题。当整数不能够满足生活需求时，人们就建立了一套新的数学度量模式来处理整数所不能解决的问题。就数学而言，分数是因几何学的测量以及自然数中的数学运算而产生的。例如，在测量一条线段的长度时，无法用度量单位恰好量完，必须将度量单位等分成适当的小单位，使得剩余的长度恰好是等分后的小单位的整数倍，而这就是分数。

作为一个兼具多重意义的数学概念，分数的意义和内涵也比较丰富。Kieren 在他的研究中指出分数的五个意义，即部分与整体、比率、商、度量和运算。他指出这五种意义彼此互相关联，而且还可以从不同的角度解释分数的意义，其中“部分与整体”是分数发展的基础。①

针对小学生而言，分数的意义主要有两层：第一层是表示部分与整体的关系，即“比”的层面；第二层是表示两个整数相除（除数不为 0）的商，即作为“数”的层面。具体说，分数主要包含六种意义：平均分的意义、部分与整体的意义、两数相除的意义、测量的意义、表示直线上的一个数的意义、比的意义。

在小学阶段，分数是重要内容、难点内容。学生建立分数概念需要经历一个漫长的过程。纵观小学阶段认识分数的历程，二年级的“分一分与除法”，让学生初次体会了平均分；三年级的“分数初步认识”，在平均分的基础上，从关系的角度理解分数的意义；五年级对分数进行再认识，从度量和商这两个维度丰富对分数意义的再认识，理解分数作为数量的属性以及作为数的属性。

在分数的意义中，“部分与整体”的关系相对于其他意义来说，比较容易被学生所理解，因为它可以被学生已有的整数概念所同化，在我国小学的分数教学中，“部分与整体”这一概念通常应用于“初步认识分数”上。而掌握分数的“测量”意义比较困难，因为这要求学生必须将分数看作一个确切的数，这个数的表达或意义与学生先前学习的整数概念存在很大的区别。国外学者 Gelman 也指出对分数概念众多意义的正确理解需要学生进行一个概念转变的过程，即从离散性的整数系统转变为连续性的有理数系统。由于整数概念与有理数概念的差别太大，这一过程对学生而言是很困难的。②

---

① KIEREN T E. Recent research on number learning [R]. Washington: National Institute of Education. (ERIC Document Reproduction Service No. ED 212 463), 1980.

② GELMAN R. Young Natural－Number Arithmeticians [J]. Current Directions in Psychological Science, 2006, 15 (4): 193－197.

三 “分饼”一课的教学行动研究

无论是基于学生在测试中的表现，还是基于文献中的理论分析，都明确指向学生在理解分数作为一个“数”的意义时，也就是由离散性的整数系统转变为连续性的有理数系统时会遇到挑战。因此，我选择“分饼”一课，开展教学的行动研究，试图从学生、教材、课堂等诸方面入手，寻找帮助学生进一步理解分数意义的有效路径。

（一）学生分析：学生理解分数意义的困惑到底在哪里？

2014 年 10 月，在学生学习“分饼”一课前，我进行了前测设计，测试题目如下。

前测 1　分别找到下面每堆苹果的$\frac{1}{3}$，并用阴影表示出来（1 个正方形表示 1 个苹果）。

□□□　　　　□□

参加测试的 37 名学生回答的情况如表 3。

表 3

题目	学生回答情况	人数	百分比/%	备注
□□□	能正确用阴影表示 3 个苹果的$\frac{1}{3}$。	36	97.3	
	无法用阴影表示 3 个苹果的$\frac{1}{3}$。	1	2.7	
□□	能正确用阴影表示 2 个苹果的$\frac{1}{3}$。	28	75.7	10 人能看出，试图平均分，但未成功。
	无法用阴影表示 2 个苹果的$\frac{1}{3}$。	9	24.3	

在此需要特别说明的是，同样的题目，清华大学附属小学的教研团队在 2008 年曾经在 42 名学生中也进行过同样的测试，数据如表 4。

表 4

题目	学生回答情况	人数	百分比/%	备注
□□□	能正确用阴影表示 3 个苹果的$\frac{1}{3}$。	40	95.2	
	无法用阴影表示 3 个苹果的$\frac{1}{3}$。	2	4.8	
□□	能正确用阴影表示 2 个苹果的$\frac{1}{3}$。	30	71.4	14 人能看出，试图平均分，但未成功。
	无法用阴影表示 2 个苹果的$\frac{1}{3}$。	12	28.6	

时隔 6 年，同样题目的两次调研，统计结果却相差无几。(如图 1)

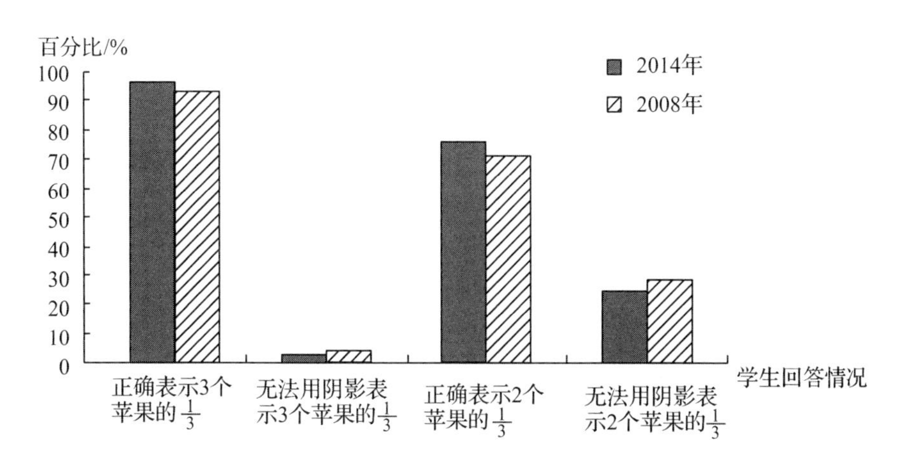

图 1

当所分的物体个数与份数成倍数关系时，绝大多数学生都能正确画图表示，但当所分的物体与份数不存在倍数关系时，超过$\frac{1}{4}$的学生遇到了困难。这说明，学生对分数的再认识，尤其是对“整体”的再认识需要引起足够的重视，而对“整体”的再认识直接影响学生对假分数的认识。

前测 2　用你喜欢的方式表示$\frac{4}{3}$的含义，可以写一写，画一画。

参加测试的 41 名学生回答的情况如表 5。

表 5

作答情况	典型作品	人数	百分比/%
用画图的方法表示$\frac{4}{3}$的含义		7	17.1
画出图形并通过算式来表示$\frac{4}{3}$的含义	$\frac{3}{3}+\frac{1}{3}$　$\frac{4}{3}=4\div3$　$=1\frac{1}{3}$	6	14.6
用文字来说明自己对$\frac{4}{3}$的理解	可以把一张饼分成3份 再把其中的四份拿出来 就叫$\frac{4}{3}$。注：$\frac{4}{3}$可写成$1\frac{1}{3}$。 物体或图形分成三份，取其中之四。 （学生借助已有对真分数理解的经验，并未意识到平均分成 3 份，无法取出 4 份。）	2	4.9

续表

作答情况	典型作品	人数	百分比/%
用画图的方法表示$\frac{4}{3}$的含义但不正确		16	39.0
未作答		10	24.4

从学生对两道前测题目的回答情况我们看到，大多数学生对分数意义的理解停留在数量的关系的层面上，更多地关注整体、部分、分率三者的互相依存关系，这诚然是分数意义理解的一个层面，但对于从关系的维度对分数意义理解的完善和扩充（包括对单位“1”理解的完善和扩充），即从“数量上的关系”过渡到“份数上的关系”对于学生来说是较为抽象而且难以理解的。

与前测的结果相呼应的是，我所在的教研团队在带领五年级学生进一步理解分数意义的过程中，也发现了学生对于分数表示“份数上的关系”理解得并不深入。

现象1：学习了“分饼（真、假分数）”一课后，学生还是习惯用小数表示数量。

例如，把3米的绳子平均分成4份，每份是（0.75）米。

现象2：即使是结合具体的情境，学生还是很难区分关系与数量。

例如，把5米长的绳子剪成相等的7段，每段是全长的$\left(\frac{1}{7}\right)$，每段长$\left(\frac{1}{7}\right)$米。

现象3：在学生头脑中很难把分数看成像整数与自然数一样的数存在。

例如，在下面的两幅图中标出表示下面各分数的点，并写上分数。(如图 2)

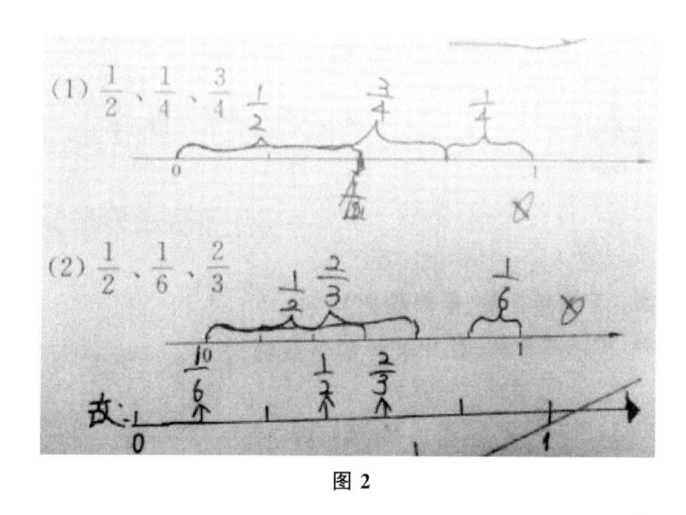

图 2

现象 4：学生对假分数心存疑虑，部分怎能超过整体呢？$\frac{5}{4}$的分子怎能比分母大呢？平均分成 4 份怎能取 5 份呢？

以上学生的种种表现引起了我们的思考和困惑，为什么错的总是它？学生对分数的认识，如何从关系认识的角度，走向到数量上的认可，进而认同其作为数的存在呢？

（二）教材梳理：教材在帮助学生进一步理解分数的意义时选择了什么样的路径？

虽然说分数的历史由来已久，但学生对分数众多意义的正确理解并不是同时达到的，而是需要经历一个较长的过程。因此，新世纪（北师大版）小学数学教材将“分数的认识”安排在两个学段中进行：三年级初步认识分数，五年级则比较系统地进一步认识分数，通过学习分数与除法的关系、百分数和比进一步深化和发展分数的概念。(如图 3)

已学过的相关内容		本单元的主要内容		后续学习的相关内容
第一学段 ◆ 分数意义的初步理解 ◆ 简单分数的大小比较 ◆ 同分母（分母小于10）分数的加减计算及应用 ◆ 解决有关的简单实际问题	→	◆ 分数的再认识 ◆ 真分数和假分数 ◆ 分数与除法的关系 ◆ 分数基本性质 ◆ 公因数与最大公因数 ◆ 约分 ◆ 公倍数与最小公倍数 ◆ 通分 ◆ 分数大小比较 ◆ 解决有关的简单实际问题	→	五年级下册 ◆ 异分母分数加减及应用 ◆ 加减混合运算及应用 ◆ 分数与小数互化 ◆ 解决有关的简单实际问题 六年级上册 分数乘除法混合运算及应用

图 3

在三年级下册的学习中，学生结合具体情境和直观操作，初步体验了分数产生的过程；认识到“整体 1”不仅表示一个，也可以表示由多个事物组成的整体；初步理解了分数的意义。在五年级上册“分数的再认识”的学习中，进一步体会“部分”与“整体”的关系。分数是“数与代数”领域的核心概念，它既可以表示部分与整体的关系，也可以表示部分与部分的关系，还可以表示一个具体的数量、一个运算结果。对分数意义的丰富认识，将直接影响到后续相关内容的学习，因此，本课的教学具有十分重要的意义。

“分饼”一课在进一步认识分数的基础上，通过“分饼”活动，具体体会分数除了表示关系，还能表示具体的数量，认识真分数与假分数，体会真分数与假分数的产生过程及其实际含义。对于带分数的概念，教材用介绍的方法，与真分数、假分数分开处理，有利于学生理解假分数与带分数的关系，避免造成错觉。

（三）教学决策：怎么样与学生共同进一步理解分数的意义？

1. 进一步认识“整体”

“分饼”一课涉及将关系与具体数量联系在一起的问题：“5 张饼要平均分给 4 个人，每个人分到多少张饼？”对于假分数和带分数，尤其是假分数的认识，需要建立在对“整体”的认识扩充的基础上，因此，进一步认识“整体”的含义，对假分数的认识尤为重要。

学生前面接触到的整体是简单的、现成的、直观的。所以，接下的学习需要呈现更为丰富的有关“整体”的素材，通过将不同的“整体”进行平均分，使学生对“整体”产生更为广泛和深刻的认识。

2. 借助丰富的背景体会分数的意义

学生原来对分数的认识是粗浅的、不系统的，这节课应当让学生体会无论把谁平均分，都可以用分数表示它的部分与其自身之间的关系。但这并不表示一定要揭示分数的定义。弗赖登塔尔说得好：“分数的定义只是表面上造成对分数是什么增加了更多了解的假象，其实它并没有增进对分数的本质的理解。”那么，有什么更直观、有效的手段更能揭示分数的本质？那就是要借助丰富的背景让学生去体会和感悟。

3. 从分数的“数量比”过渡到“份数比”

在前测 2 中，从近 25%的学生无从下手未作答和近 40%的错误情况来看，让更多的学生经历丰富的操作学习活动，帮助学生较好地实现“数量比”到“份数比”的过渡是很有必要的。在此过程中，要关注从多个认识分数的模型多角度理解分数意义，即分数的面积模型，用面积的“部分—整体”表示分数；分数的集合模型，用集合的“子集—全集”来表示分数；分数的数线模型，用数线上的点表示分数。

（四）课堂写真：怎样理解$\frac{5}{4}$张饼？

“分饼”一课的学习中，学生将结合具体的分物情境，经历假分数与带分数的产生过程，理解“真分数”“假分数”和“带分数”的意义。在此，我将“进一步理解分数的意义”作为本节课的学习重点。

在本课之前，学生已经有了“把 1 张饼、2 张饼、3 张饼、4 张饼平均分给 4 个人，每人分到（　　）张饼”的前置经验，在本节课的教学过程中，教师在出示教材创设的情境后（如图 4），提出需要学生解决的问题：

图 4

每人分到多少张饼？与同伴交流你的想法。

【设计意图】让学生帮助唐僧师徒4人解决“分饼”问题，激发学生的求知欲。

教师为学生提供可操作的学具和任务单，引导学生小组合作探究。

任务单：

（1）把5张饼平均分给师徒4个人，怎么分？

（2）每人分到几张饼？（用分数表示每人分到几张饼并写在学具上。）

【设计意图】在操作中积累平均分的经验，进一步体会分数的意义。

学生在自主探究后，对于每个人分得多少张饼进行交流与汇报。

生1：我们给每个人分1张，还剩下了1张。

生2：剩下的这1张也要平均分给4个人，也就是每人能分到1整张饼，再加上剩下的1张饼的$\frac{1}{4}$。

生3：我们小组想到的办法是把5张饼摞在一起，一块把这5张饼平均分成4份，每人分到的是5个1张饼的$\frac{1}{4}$，那应该是多少呢？

生4：分数能比1大吗……

【设计意图】给学生提供充分的时间，让学生经历分饼的实际操作过程，并在操作中思考如何用分数表示具体分得的数量。以操作为支撑，使抽象的分数在学生头脑中形象地得以感知，在此过程中也不断积累数学活动经验。

在这样的讨论中，学生产生了3个问题：1张饼和$\frac{1}{4}$张饼合起来如何表示？5个$\frac{1}{4}$张饼是多少？分数能比1大吗？在操作过程中自然生发的这些真实问题，实际上指向的就是对分数意义的进一步理解。此刻，教师因“愤”而“启”，因“悱”而“发”，引入带分数、真分数、假分数的概念，并让学生结合自己的生活实际想一想：“$\frac{5}{4}$只表示$\frac{5}{4}$张饼吗？你能再举一个例子吗？”这样的教学展开就显得自然而然，水到渠成。

四 收获与反思

1. 充分经历“分”的过程，在具体操作中感知和理解分数的意义

5 张饼平均分给 4 个人，这是一个来自现实的问题。5 张饼作为一个整体，虽然平均每人分到$\frac{1}{4}$，但这里的$\frac{1}{4}$是“5”的$\frac{1}{4}$，所以，每人分到的是$\frac{5}{4}$张饼。

“分数居然比 1 还大了!”“整体 1 不是 1，而是 5!”如果不充分经历过程，学生往往容易因为前置经验的负迁移而产生认知上的混乱，容易把整体“1”和结果的数字“1”混淆。

因此，在课堂教学中，注重让学生通过动手操作，经历真正的分的过程，在分的活动中理解每个人分得的是 5 张饼的$\frac{1}{4}$，5 张饼的$\frac{1}{4}$就是$\frac{5}{4}$张饼。

2. 多角度、多环节，一层一层地通过对关系的感悟进一步体会分数的意义

以往的分数教学中，一般都比较注重强调分数的“相对性”，如本单元“分数的再认识（一）”一课中的第 3 个问题（如图 5）：

图 5

这样的前置经验，让很多学生认为分数是一个不确定的数。所以，在本节课的研究中，我尝试通过多角度、多环节让学生层层递进地感受整体和部分之间相互依存的关系、具体的量与抽象的量之间的对应关系，通过对关系的感悟进一步体会分数的意义，试图达到对分数意义认识的扩充与完善。

3. 任何学习都不可能一蹴而就，面对个体差异，教师的责任是等待与守护学生的成长

对于概念的理解，学生需要时间和过程。本节课后，我也进行了认真的反思，实际上学生在理解 5 的 $\frac{1}{4}$ 是 $\frac{5}{4}$ 时，还可以把教学节奏放得再慢一点，给学生更多的探究空间，让学生把自己的困惑和迷思充分地展示出来，通过小组的辨析、集体的讨论，夯实对概念的理解。

此外，即使教师在课堂中关注了对关系的理解，也不代表所有的学生在一节课中都能够达到教师所期待的水平。表 6 是本课结束后，本班 41 名学生回答前测 2 的题目的情况。

表 6

作答情况	典型作品	人数	百分比/%
正确用画图以及算式等方法表示 $\frac{4}{3}$ 的含义	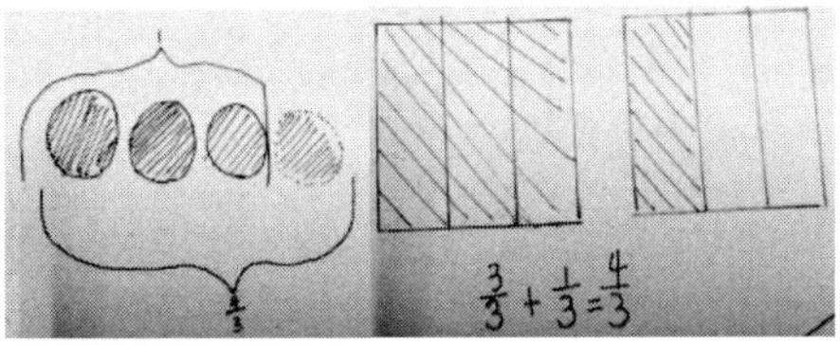 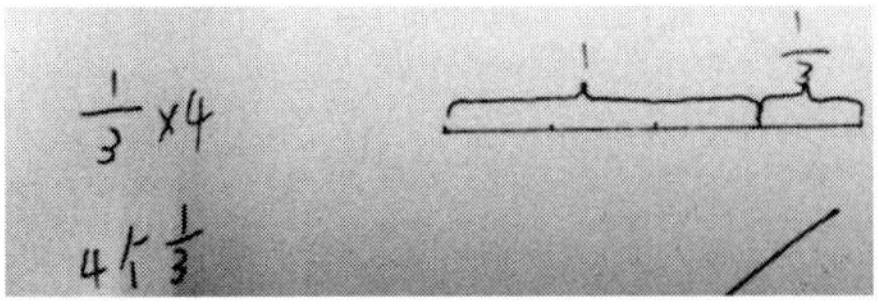 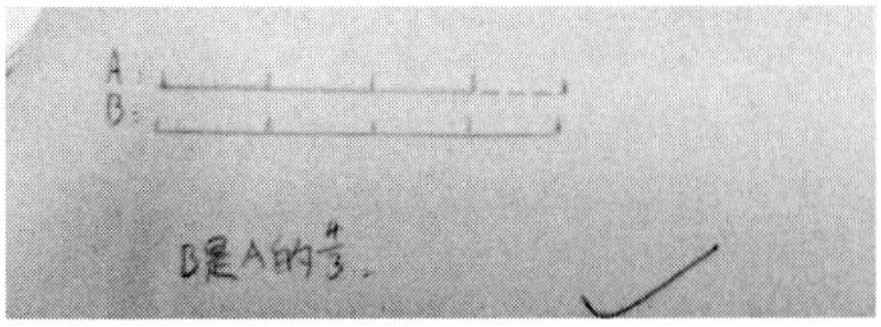	30	73.2

续表

作答情况	典型作品	人数	百分比/%
正确用文字或举例的方式来说明自己对$\frac{4}{3}$的理解	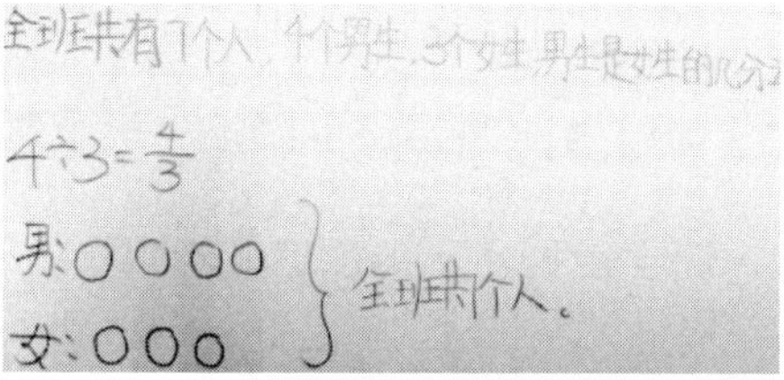	6	14.6
用画图的方法表示$\frac{4}{3}$的含义但不正确	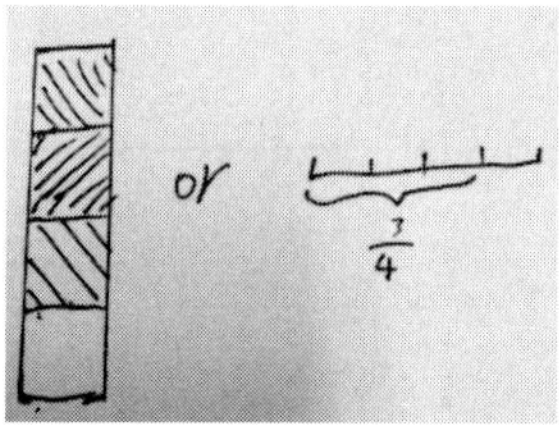 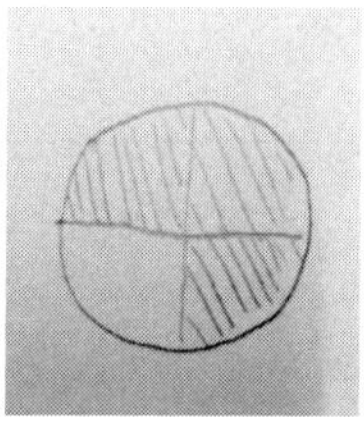	5	12.2

本节课结束后，87.8%的学生都能够用自己的方式理解和表达$\frac{4}{3}$，但仍然有5名学生画出的图形表示的实际上是$\frac{3}{4}$。首先，我们应该认识到，这是学生正常的个体差异，教师要有足够的耐心，等待和陪伴学生成长；其次，这5名学生究竟是如何理解假分数以及分数的？他们需要什么样的学习支持和针对性的辅导？如何让每一名学生都得到真正的成长？这些问题，需要我们思考并付诸实际行动，不断研究与探索。

成长寄语

相对于学习整数，学生学习分数要困难得多。主要是因为学生在学习分数时，容易受整数知识的影响，对整数部分知识的过度迁移和思维定式会不自觉地形成干扰，反而不利于学生理解分数的数量意义。分数学习中的困难，也是不同国家学生学习数学时面临的普遍问题。与此同时，理解分数的意义和性质，是小学生数概念发展的重要里程碑，对于学生更好地理解数的连续性，并将数概念从整数扩展到有理数起着非常重要的作用。

正是由于对分数意义理解的重要性以及学生学习过程中面临的诸多挑战，在小学数学教育领域，很多数学教育学者和一线教师，有很多关于分数内容的很好的研究，王丽星老师的研究也是其中之一。

值得我们欣赏的是，王丽星老师从一次学生测评数据的分析出发，不断去追寻学生遇到了什么样的困难，为什么会遇到这样的困难，背后的思维发展水平和理论基础是什么……在这些思辨的基础上，她精心设计教学内容，注重在课堂教学中带领学生共同去寻找解决问题的方法，让学生基于原有的认知结构，整合和迁移相关的知识，在讨论和交流的过程中，不断明晰、建构属于自己的分数概念，并对学生的学习效果进行及时有效的评测。这样的一个“发现问题—寻找解决问题的理论依据和实践方法—具体实施—反思目标的达成情况”的研究过程，为一线教师提供了非常好的教学行动研究的样例。

尤其难能可贵的是，王丽星老师在她的研究中，始终将“学生”放在首位，面对一个问题，学生是怎么想的？学生当前的知识水平如何？选择什么样的教学路径能够帮助学生更好地理解分数的意义？教师的教学抉择是否满足了学生的学习需求？……正是因为数学教育的目标是为了“人的发展”，所以，王丽星老师会比较同一道题目相隔6年的测试数据，会分析每一名学生的作答情况，会努力在教学中给学生更充分的时间去交流和表达，会不断反思自己的教学行为，以期自己和学生能够得到共同的成长。凡上种种，都值得我们去学习、思考与借鉴。

当然，没有一项研究是完美的，作为一项行动研究来说，王丽星老师的理论准备还略显稚嫩，学生研究方面缺少对学生访谈的相关数据，课堂实践中的一些数据也呈现得不够充分。如果王丽星老师能够在这些方面再细细地打磨，相信会有更为精彩的成果与大家分享，让我们共同期待。

如何结合现实情境引导学生理解乘法的意义

——以“儿童乐园”为例

何晓娜（山西省运城市临猗县教育科技局教研室）

一 问题缘起

乘、除法运算在人们的生活中有着广泛的应用，乘法意义的学习是学生学习乘法的开始，是学习乘法口诀的直接基础，也是进一步学习较复杂的乘法计算及其应用的重要基础。新世纪（北师大版）小学数学教材二年级上册“数一数与乘法”这一单元的编排很有特点（如图1）。

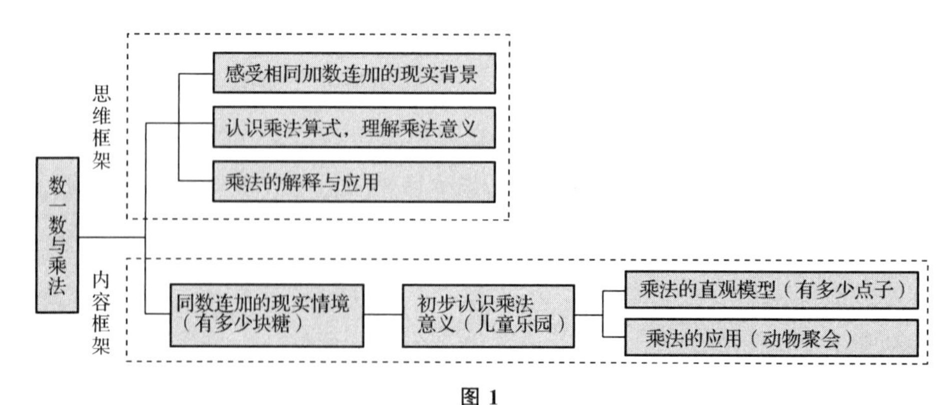

图 1

教材呈现了多样化的现实情境，这些情境对学生的学习有什么价值？教师在教学中该如何有效利用这些情境来丰富学生对乘法的认知？在对部分教师进行访谈后发现，我们的教师常常不重视这部分教学内容，认为学生只要会背乘法口诀、会计算就可以了。那么，学生在学习乘法之前对乘法了解吗？对乘法的意义了解得怎样？作为教师，如何把握乘法教学的起点，更好地引入乘法的教学呢？带着这样的疑问，我们进行了一次学情调研。

调研时间：2014 年 9 月。

调研对象：选取县城、乡镇、农村各一所小学二年级各一个班共 144 名学生。

调研形式：访谈＋问卷。

调研目的：了解学生已有的乘法基础，对乘法意义的认知程度。

调研题目：见附录 1。

调研情况：结果如表 1。

表 1

<table>
<tr><td rowspan="5">访谈</td><td>题目</td><td colspan="2">学生情况及人数</td><td>百分比/%</td></tr>
<tr><td>听说过乘法</td><td colspan="2">96 人</td><td>66.67</td></tr>
<tr><td>知道乘法</td><td colspan="2">78 人（仅限于知道乘法算式）</td><td>54.17</td></tr>
<tr><td>见过乘号</td><td colspan="2">116 人</td><td>80.56</td></tr>
<tr><td>会读乘法算式</td><td colspan="2">92 人（读正确但不明白意思）</td><td>63.89</td></tr>
<tr><td rowspan="7">问卷</td><td>题目</td><td colspan="2">学生情况及人数</td><td>百分比/%</td></tr>
<tr><td rowspan="2">计算乘法算式</td><td colspan="2">全对 15 人</td><td>10.42</td></tr>
<tr><td colspan="2">完全不会 46 人</td><td>31.94</td></tr>
<tr><td>乘法意义的理解</td><td colspan="2">正确 9 人</td><td>6.25</td></tr>
<tr><td rowspan="3">解决简单的乘法问题</td><td rowspan="3">正确 54 人</td><td>31 人用加法</td><td>21.53</td></tr>
<tr><td>12 人直接写结果</td><td>8.33</td></tr>
<tr><td>11 人用乘法解决</td><td>7.64</td></tr>
</table>

从调研情况我们可以看出，60%以上的学生听说过乘法，并且会读乘法算式；约 80%的学生见过乘号；完全不会计算乘法的学生占到 31.94%；理解乘法的意义并会用乘法解决问题的不到 10%。通过进一步调研我们了解到，学生虽然知道、听说过乘法，会读乘法算式，但对乘法的意义并不

了解，更不明白为什么要学乘法，如何用乘法去解决实际问题等。因此，结合现实情境帮助学生理解乘法意义的策略值得研究。

文献综述

为了进行深入细致的研究，我进行了相关文献的阅读。

（一）乘法的现实模型

研究者们对乘法以及学生如何建构乘法概念都情有独钟。其中，弗赖登塔尔、吉尔德·维格诺德、格里尔等都对乘法的现实模型进行了研究。

格里尔（Greer，1992）指出，正整数乘除法最为重要的现实模型有以下4种：(1) 等量组的聚集，即大致相当于通常所说的“连加”。除去连加以外，也通常采用“每……共……”这样的表达方式。(2) 倍数问题，如“某饮料中水的含量是果汁含量的3倍，现有果汁20 kg，需要加配多少千克的水”。(3) 配对问题，如“4名男孩与3名女孩一起出去游玩，现在要选取1名男孩和1名女孩外出购物，一共有多少种选取方法”，这也是笛卡儿积。(4) 长方形的面积，如“已知长方形的长为5 cm，宽为4 cm，长方形的面积是多少”。

也有研究者（巩子坤，2005）将格里尔的模型归纳为比率模式、倍数模式、笛卡儿模式、度量转化模式，其中比率模式和度量转化模式是同构的。

还有研究者（刘加霞，2008）将乘法的现实模型概括为等量组的聚集模型、矩形模型、配对模型、映射模型和倍数模型，并认为最基本的是第一种模型，其他几种都可以转化为第一种，只不过是人们对于问题用不同的方式来建构而已。

关于乘法有哪些现实模型的讨论，研究者们的讨论没有太大的分歧，仅在分类的细致程度上有些差异。

（二）乘法的引入

当下，小学数学教材引入乘法有两种途径。

一种途径仍然沿袭传统的方法，重视数学世界内部的联系，从加法引入乘法。过程如下。

操作活动（把物体或图形摆成“几个几”）→相同加数连加的算式→乘法算式。这种引入淡化了乘法的原始来源和现实背景，强化了乘法是加法的简便运算的第一印象，体会不到乘法运算异于加法的独特性。

弗赖登塔尔说，把一列相同的加数加起来是乘法的一个来源，但它不应该是乘法唯一的来源，甚至不应该是一个原始的来源，而是一个辅助来源。

另一种途径则是引导学生把他们置身的现实世界数学化，既探索乘法的现实意义（与现实生活的联系），也探索乘法的数学意义（数学世界内部的联系）。在学生的现实世界里，乘法的原始来源比只在形式上把相同的加数相加的来源更加丰富。

（三）教材的编写意图

本单元一共安排了四节课。“有多少块糖”一课，结合数糖块的活动，经历相同加数连加的抽象过程，为学习乘法积累活动经验；“儿童乐园”一课，让学生经历把相同数连加算式改写为乘法算式的过程，初步理解乘法的意义，体会乘法与加法的联系，体会用乘法算式表示连加算式的简洁性；“有多少点子”一课，引导学生用两种不同的方法（横着数或竖着数）数排列整齐的点子的个数，通过计算点子的数量，进一步体会加法和乘法之间的联系，初步学习用乘法解决问题；“动物聚会”一课，让学生进一步体会相同数连加算式与乘法算式之间的关系，结合具体实例体会同一个乘法算式在不同的情境中表示的意义是不同的。

总之，现实情境是学生学习加减乘除运算的基础。以现实情境为基础，让学生亲身经历乘法的形成过程，感悟、理解乘法的意义，把学生从现实世界引向符号世界，沟通乘法和加法之间的联系，体会乘法产生的必要性，从而引导学生多角度理解乘法的意义。

案例研究

基于对学生调研情况的分析，我们选择“儿童乐园”（初步认识乘法的意义）这节课进行案例研究。本节课是在上一节课“有多少块糖”（相同数连加）的基础上进行教学的，是学生第一次接触乘法，也是进一步学习乘法口诀、表内除法和多位数乘除法的重要基础。教学中，结合“儿童乐园”的现实情境，在解决现实问题的过程中，让学生经历从相同加数连加引入乘法算式的过程，使学生体会到学习乘法的必要性，结合现实情境帮助学生理解乘法运算的意义。

（一）第一次执教：缺乏对乘法意义关注的教学

【学习目标】

(1) 结合具体情境引导学生理解乘法的意义，体会加法与乘法的联系，体会用乘法算式表示连加算式的简洁性。

(2) 知道乘法算式中各部分的名称，会读写乘法算式。

(3) 能结合具体情境理解乘法算式的意义，感受乘法与生活的密切联系。

【课堂写真】

课伊始，教师出示“儿童乐园”情境图。(如图 2)

图 2

引导学生观察，说一说，从图中看到了什么？

生 1：儿童乐园里真热闹，有的小朋友划船，有的小朋友坐小飞机，还有的坐小火车……

师：仔细观察，从图中你还发现了哪些数学信息？

生 2：有 8 个小朋友坐小飞机。

生 3：有 9 个小朋友划船。

生 4：6 个小朋友坐在椅子上。

……

学生只观察到各种活动的人数，没有发现情境中蕴含的“一多对应”关系。教师发现问题后及时引导。

师：刚才同学们发现了坐小飞机的人数、划船的人数等，请你再仔细观察，这 8 个小朋友是坐在一架小飞机上吗？他们是怎样坐的？

学生再次观察后回答。

生 1：2 个 2 个坐的。

师：划船的呢？

生 2：3 个 3 个的。

师：你会提出数学问题吗？

生 3：划船的和坐在椅子上的一共有多少人？

生 4：坐小飞机的和坐小火车的一共有多少人？

学生提出的问题还停留在加法层面，没有将情境与问题联系起来。教师再次引导。

淘气也提出了一个数学问题：有多少人坐小飞机？你能照这样也提一个问题吗？

思考再实践：第一次执教我们发现，教师在这一环节中，注重引入“儿童乐园”这一情境，但对学情预设得不够，导致学生忽略了情境中有价值的数学信息，只观察到参加各种活动的人数，没有发现图中蕴含着大量的“一多对应”关系，即“器材数”与“小朋友数”之间的对应关系，造成学生后续学习困难。反思这一情况，我们认为，教学中，应针对不同学生情况，充分把握学情，注重适时引导学生观察情境图，发现图中蕴含的数学信息：每架小飞机上有 2 人，有 4 架小飞机；每条船上坐 3 人，有 3 条船……使学生充分感受到图中还存在更多的数学信息，并且这些信息之间还存在着“一多对应”关系。本单元中，乘法的现实模型主要是等量组的聚集模型。如何实现学生对等量组的聚集模型的一般化认识，初步理解乘法概念，从而为后续学习做好铺垫？针对这一问题，我们修改了教学设计，重新制订教学目标，进行了第二次执教。

（二）第二次执教：借助情境，引导学生关注乘法的现实意义

【学习目标】

(1) 在具体的情境中经历把相同加数连加的算式改写成乘法算式的过程，体会加法与乘法的联系，初步体会乘法的意义，体会用乘法算式表示连加算式的简洁性。

(2) 知道乘法算式中各部分的名称，会读写乘法算式。

(3) 能结合具体情境理解乘法算式的意义，感受乘法与生活的密切联系。

【课堂写真】

1. 创设情境，引入新课

教师出示“儿童乐园”情境图，引导学生仔细观察，说一说，从图中看到了什么？发现了哪些数学信息？

生 1：有的小朋友坐小飞机，有的小朋友划船……

生 2：坐小飞机的有 8 人，划船的有 9 人……

师：这些小朋友是怎样坐的？几个几个坐的？

生 3：每架小飞机坐 2 人，有 4 架小飞机；湖里有 3 条船，每条船坐 3 人；小火车每节车厢坐 4 人，有 6 节车厢……

师：说得真好，谁能像他这样再说一说？

教师有意识地关注情境中的“一多对应”关系，并让学生再次描述图中的信息。

师：同学们真是善于观察，发现了这么多数学信息，你能根据这些信息提出数学问题吗？

生4：坐小飞机的有多少人？划船的有多少人？……

2. 探究新知，认识乘法

(1) 算一算。

学生选择自己喜欢的一个问题独立进行计算。

(2) 说一说。

教师组织学生汇报："坐小飞机的有多少人？你是怎样算的？"

生1：2，4，6，8，我是数出来的。

生2：2＋2＋2＋2＝8（人）。

师（追问）："2"表示什么？为什么要用4个2相加呢？

生3：2表示每架小飞机上有2人，一共有4架小飞机，所以，用4个2相加。

师：谁能也像他这样说一说其他几个问题？

教师根据学生回答随机板书：

2＋2＋2＋2＝8（人）

3＋3＝6（人）

3＋3＋3＝9（人）

4＋4＋4＋4＋4＋4＝24（人）

师：观察这些算式，你发现了什么？

生4：都是加法算式。

生5：每个算式中的加数都相同。

(3) 认一认。

在连加算式的基础上，教师引出乘法。

师：像这样（2＋2＋2＋2＝8（人））4个2连加的算式，我们还可以用乘法表示为2×4＝8（人）或4×2＝8（人）。

引导学生认识乘法算式中各部分的名称。(如图3)

2	×	4	= 8（人）
4	×	2	= 8（人）
⋮	⋮	⋮	⋮
乘数	乘号	乘数	积

图 3

师：“2”和“4”都是乘数，“8”是积，“＋”斜过来是“×”，读作：2 乘 4 等于 8。另一个算式怎么读？谁来试着读一读。

生 1：4 乘 2 等于 8。

师：2＋2＋2＋2＝8 写成乘法算式是 2×4＝8 或 4×2＝8，2 表示什么？4 又表示什么？

生 2：2 表示一架小飞机上坐 2 人，4 表示有 4 架小飞机。

师：2 是加法中的相同加数，4 是从哪儿来的？

生 3：因为有 4 个 2 相加。

师：对，2 是相同加数，有 4 个 2 相加，所以，用 4×2 或 2×4 表示。

在此基础上，教师再次引导学生用乘法表示其他算式。

师：2＋2＋2＋2＋2＋2＝12，6 个 2 相加，用乘法怎样表示？

生 4：2×6＝12 或 6×2＝12。

师：如果 8 个 2 相加呢？谁能把它变成乘法算式？

生 5：2×8＝16 或 8×2＝16。

师：哪里找到的 8？

生 6：8 个 2 相加，所以，用 8×2 或 2×8 表示。

师：谁能把其他几个加法算式也变成乘法算式？

在学生独立完成的基础上，指名学生说一说为什么那样写，其中的乘数分别表示什么意思。

思考再实践：第二次执教时，教师充分预设学生可能会出现以下思路。①学生可能会直接说出有坐小飞机的，有划船的……②学生可能会发现每种活动的人数，如坐小飞机的有 8 人，划船的有 9 人……③学生可能会发现图中蕴含的“一多对应”关系，例如每架小飞机坐 2 人，有 4 架小飞机；湖里有 3 条船，每条船坐 3 人；小火车每节车厢坐 4 人，有 6 节车厢……根据学生的回答，教师再适时进行引导。如果学生出现①和②两种情况，教师适时追问：这些小朋友是怎样坐的？几个几个坐的？引导学生发现图中蕴含的信息，并强化学生进行准确表述。如果学生直接发现图中蕴含的信息，如③的情况，那么从正面鼓励学生善于观察、发现，强化其中的“对应”关系，并进行下面的学习活动。正因为充分预设学情，适时引导学生观察、发现情境图中蕴含的数学信息，使学生感受到现实生活中存在大量的“一多对应”关系，实现对等量组的聚集模型的一般化认识，为乘法概念的初步理解做好了铺垫。

然而此次执教仍存在以下问题。（1）我们已经可以用加法解决问题，为什么还要学乘法？这样的疑惑或多或少都会在学生的头脑中出现，如何让学生产生学习乘法的需求呢？四个连加算式还不足以让学生感受到引入乘法的必要性，怎样才能让学生感受到相同加数连加用加法算式确实麻烦，从而引发认知冲突，产生需要“创造”出更简便算法的迫切愿望呢？也就是说，此次执教在学习乘法的必要性上还存在着一些问题。（2）把相同加数连加的算式写成乘法算式，关键是确定两个乘数分别是多少，教师在这方面下了功夫，引导学生从“相同加数”和“相同加数的个数”两个角度去看问题，从而抽象出乘法算式，促进了学生思维的提升。然而，教师在教学中充分关注帮学生理解乘法的数学意义（即 $2+2+2+2=8$，$2\times4=8$，2 表示相同加数，4 表示相同加数的个数），而忽视了乘法的现实意义（即 2 表示每架小飞机上有 2 人，4 表示有 4 架小飞机）。如何才能既关注乘法的数学意义，又关注乘法的现实意义呢？

怎样才能让学生自然而然地在学习中主动地、有意识地运用乘法呢？如何结合具体情境引导学生理解乘法的意义？带着这样的思考，我们再次审视教材、修改设计，尝试进行了第三次执教。

（三）第三次执教：借助情境，引导学生体会乘法的简洁性

【学习目标】

（1）结合具体情境，引导学生经历把相同加数连加的算式抽象成乘法算式的过程，体会加法与乘法的联系，初步体会乘法的意义和引入乘法的必要性及简洁性。

（2）知道乘法算式中各部分的名称，会读写乘法算式。

（3）能结合具体情境理解乘法算式的意义，感受乘法与生活的密切联系。

【课堂写真】

在前面学生观察情境图、提出数学问题并列出算式的基础上，教师引导学生观察连加算式，看看有什么发现，学生说出都是加法算式，每个算式中的加数都相同……紧接着，教师出示课件并适时引导：如果再增加一些小飞机，6 架小飞机可以坐多少人？8 架呢？让学生自己列算式，在此基础上引出：30 架小飞机可以坐多少人？你还会列算式吗？

生（情绪高涨）：会！

师：赶紧把算式写在你的练习本上。

生 1：太长了！

生 2：这样写起来太麻烦了！

生 3：老师，要是简单点就好了。

学生感受到相同加数连加比较麻烦，迫切需要学习一种更简洁的运算。

师：是啊，像这种相同加数比较多时，书写起来会比较麻烦，有没有一种简洁的方法呢？

生 4：我知道，用乘法计算。

师（自然而然引入乘法）：对，这就是我们今天要认识的新的运算方法——乘法。

从而顺利进入下一环节：认一认。

师：像这样（2＋2＋2＋2＝8（人））4 个 2 连加的算式，我们还可以用

乘法表示为 $2\times4=8$（人）或 $4\times2=8$（人），和加法一样，乘法算式中各部分也有自己的名称，我们一起来认一认。

师：$2+2+2+2=8$ 写成乘法算式是 $2\times4=8$ 或 $4\times2=8$，你知道 2 表示什么？4 又表示什么？

生 5：2 表示一架小飞机上坐 2 人，4 表示有 4 架小飞机。

师：2 是加法中的相同加数，4 是从哪儿来的？

生 6：因为有 4 个 2 相加。

师：6 架小飞机坐多少人用乘法怎样表示？你能说出每个数分别表示什么意思吗？

师：如果 8 架小飞机呢？

师：谁能把其他几个加法算式也变成乘法算式？

师：同桌互相说一说，每个算式是怎么来的？表示什么意思？

思考再实践：此次执教时，在已有加法算式的基础上，教师适时假设情境：6 架小飞机坐多少人？8 架呢？30 架小飞机又能坐多少人？使学生亲身感受到 30 个 2 相加太长了，写起来很麻烦……引发认知冲突，切实感受到在一些情况下，用加法解决问题不方便，需要寻求一种简便的方法，产生需要创造出更简便算式的迫切愿望，从而体会到学习乘法的必要性。这样适时引出乘法，使学生亲身经历了乘法知识形成的过程。

在引入乘法后，教师既关注帮学生理解乘法的数学意义（即 $2+2+2+2=8$，$2\times4=8$，2 表示相同加数，4 表示相同加数的个数），又加强了乘法现实意义的理解（即 2 表示每架小飞机上有 2 人，4 表示有 4 架小飞机）。引导学生结合具体情境，解释算式中每个数的意义，结合算式找出对应的生活中的问题等方式，帮助学生多角度理解乘法的意义。

四 评价调研

（一）课后评价

为了了解学生对乘法意义的理解、掌握程度，我们采取课后即时评价的形式对学生进行了评价（评价题目见附录 2）。现将第二次与第三次执教后的评价结果对比如表 2。

表 2

	第二次执教后（43 人参与）		第三次执教后（50 人参与）	
题目	完成情况	百分比/%	完成情况	百分比/%
1. 加法算式改写成乘法算式。	41 人完全正确。	95.3	48 人完全正确。	96
	2 人不完全正确。	4.7	2 人不完全正确。	4
2. 用自己喜欢的方法表示 3×5=15。	23 人用两种方法。	53.5	44 人用两种方法表示。	88
	19 人用一种方法。	44.2	6 人用一种方法表示。	12
	1 人不会表示。	2.3	—	—
3. 看图列式。	—	—	2 人用加法解决。	4
	—	—	44 人用乘法解决。	88
	—	—	4 人错误。	8

从表 2 可以看出：第三次执教的结果，正确率明显高于第二次。学生会将加法算式改写成乘法算式，能画图表示出乘法算式，并能根据情境图列出乘法算式，说明学生对加法与乘法之间关系掌握较好，对乘法的数学意义理解较好。

因此，教师在教学中，要帮助学生结合现实情境理解乘法意义，促进学生乘法思维的发展，鼓励学生用乘法的思维来解决现实问题，使学生切实体会到乘法的简洁性。

（二）跟踪调研

为了了解学生对乘法意义的内化理解过程，在学习完本单元后，我们对学生进行了跟踪调研。

以第四题为例（如图 4），这道题中既有连加算式，又有乘法算式，还有对乘法意义的理解。

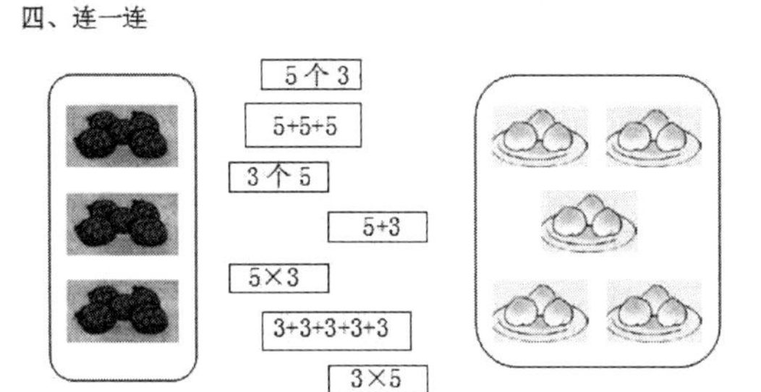

图 4

参与调研的 50 人中有 8 人出错，出错率为 16%。针对这种情况，我们对这 8 名学生进行了访谈，访谈结果大致分为三类。

第一类，学生能够说出每幅图的意义，也知道算式表示的意义，认为连一个算式就可以了。(如图 5)

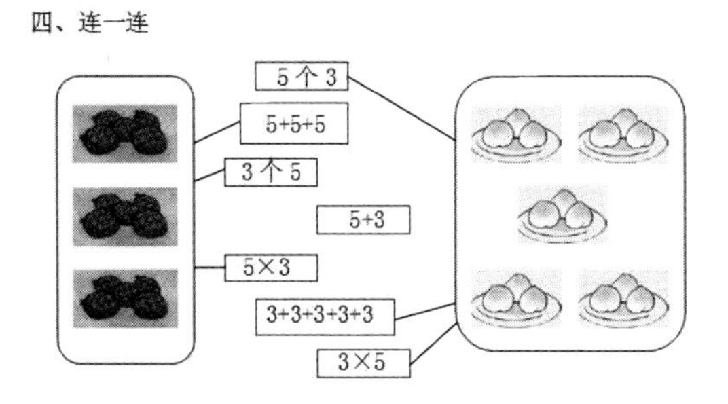

图 5

第二类，学生能列对算式，但将“5 个 3”与“3 个 5”相反连线，追问两幅图的意义之后立即改正。(如图 6)

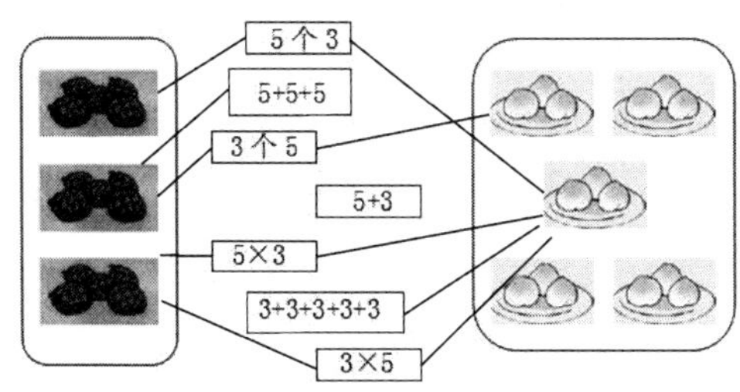

图 6

第三类，学生不能理解两幅图所表示的不同意义。(如图 7)

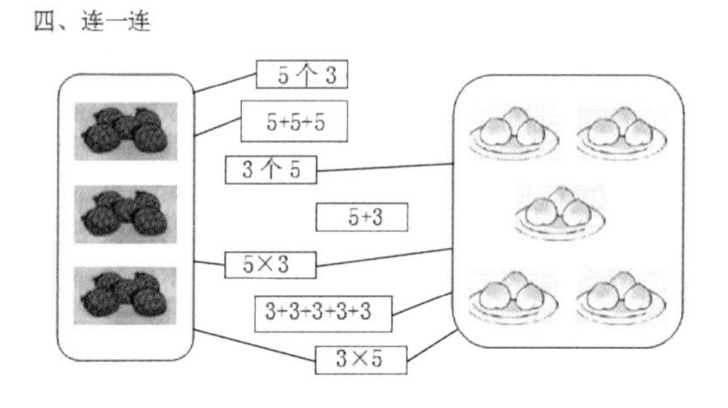

图 7

可见大部分学生能够结合具体情境理解乘法的意义，体会相同加数连加算式与乘法算式之间的关系，体会同一个加法算式在不同的情境中表示的意义不同。

五 后续思考

在不断思考、实践、反思的过程中，我一直思索这样一个问题：如何以现实情境为基础，让学生亲身经历乘法的形成过程，更好地引导学生理解乘法的意义呢？

(一) 经历——从“加”到“乘”的过程

学生对乘法概念的认识是以“同数连加”为前提的，这就要求教师在最初建立乘法概念的时候，要充分挖掘情境中有价值的数学信息（大量的“一多对应”关系)，引导学生去发现、去提炼，使学生感受到现实生活中存在大量的“一多对应”关系，在解决问题的过程中，发现相同加数连加的算式。而这些相同加数连加的算式，就是乘法的生长点。可以通过多种表征方式的相互转换（如动作表征、语言表征、图形表征、符号表征等)，实现对等量组的聚集模型的一般化认识，使学生经历“问题情境—经验操作—运算意义”的过程，真正体现从“加”到“乘”的过程，初步理解乘法概念。

(二) 体会——学习乘法的必要性

“为什么学了加法还要学乘法？”学生或多或少都会有这样的疑惑，通过观察四个连加算式，引导学生发现都是“相同加数连加的算式”。至此，这些算式还不够长，还不足以说明引入乘法的必要性。在此基础上适时假设情境：6架小飞机坐多少人？8架呢？30架小飞机又能坐多少人？让学生去书写这个长长的算式，使学生亲身感受到30个2相加确实很麻烦，引发认知冲突，产生需要创造出更简便算式的迫切愿望，从而体会到学习乘法的必要性，自然而然地引入乘法。

（三）理解——关注乘法的现实意义

相同加数连加的算式写成乘法算式，关键是确定两个乘数分别是多少，引导学生从“相同加数”和“相同加数的个数”两个角度去看问题，从而抽象出乘法算式，学生会将相同加数连加的算式改写成乘法算式，比较深刻地理解了乘法的数学意义。这固然重要，但乘法的现实意义我们更要关注。教学中，利用图与乘法算式的转换，让学生结合图说一说乘法算式中每个数表示的意义；或者让学生根据算式找到生活中的问题，加深学生对乘法意义的理解，将图与算式建立联系，这样，才能真正将学生从现实世界引入符号世界，促进学生思维的提升。

总之，现实情境是学生学习加减乘除运算的基础，教学中以现实情境为基础，让学生亲身经历乘法的形成过程，结合具体情境，感悟理解乘法意义，帮助学生真正经历“数学化”的过程。“如何结合现实情境帮助学生理解乘法的意义”，我们仍需探索！

参考文献

[1] 刘加霞．作为“模型”的乘法——对数学概念多元表征的思考［J］．小学教学（数学版），2008（10）：46－48.

[2] 刘坚，孔企平，张丹．义务教育教科书·数学 教师教学用书（二年级上册）［M］．北京：北京师范大学出版社，2013.

[3] 钱守旺．落实课标理念，助力学生发展——二年级上册“数与代数”的编写特点及教学建议［J］．小学教学（数学版），2013（9）：25－27.

[4] 王永．怎样引入乘法？——关于《新世纪小学数学第三册》“乘法”编写特点的再思考［J］．新世纪小学数学，2014（3）：43－46.

[5] 闫云梅，刘琳娜，刘加霞．小学阶段乘法的不同现实模型分析与教学建议［J］．课

程·教材·教法，2014（3）：80－83.

[6] 郑毓信．国际视角下的小学数学教育［M］．北京：人民教育出版社，2004.

附录1：学情调研题目

乘法的初步认识学情调研（访谈）

学校：　　　　班级：　　　　姓名：

1. 你听说过乘法吗？在哪里听说过？

2. 你知道什么是乘法吗？如果知道，请举一个乘法的例子。

3. “×”这个符号你见过吗？在哪里见过？

4. 请你读出这个算式：2×5＝10。知道什么意思吗？

乘法的初步认识学情调研（问卷）

学校：　　　　班级：　　　　姓名：

1. 请你试着计算下面的算式。

3×4＝　　　1×6＝　　　7×8＝　　　9×9＝

2. 你知道2×3表示下面哪幅图吗？请在□中打“√”。

①. 🍎🍎🍎　🍎🍎🍎　□

②. 🍎🍎　🍎🍎🍎　□

③. 🍎🍎[🍎🍎🍎]　□

3. 下面的问题你会解决吗？

一本书5元，4本书一共多少元？

附录 2：课后评价题目

1. 把加法算式改写成乘法算式。

2＋2＋2＋2＋2＝□×□　　　　7＋7＋7＋7＝□×□

8＋8＝□×□　　　　4＋4＋4＝□×□

2. 你能用自己喜欢的方法表示出 3×5＝15 吗？

3.

乘法的初步认识是小学数学的一个重要内容。面对一个新的运算方法，学生的学习起点在哪儿？有哪些困惑与常见的问题？学习的过程中又有哪些表现？能走多远？这些都是值得我们研究的问题。因此，何晓娜老师研究的一个亮点就是能够结合学生的课前调研情况，课后通过收集、分析学生作品来进行教学策略的调整，这使得我们的教学设计不再随意而为，而是有理有据。

研究中特别值得我们学习的是何晓娜老师通过文献研究、调研与反思指出，在乘法的学习过程中，我们要关注以及如何关注学生对“一多对应”关系的理解，关注以及如何关注学生通过解释算式中每个数的意思来理解乘法算式的意义。这些都是帮助学生建立乘法概念、加深对乘法意义理解的重要手段。相信何晓娜老师的经验也会给其他老师带去有益的思考。

这个研究还可以从以下几个方面进一步改进。

第一，本研究进行了三次教学，用了县城、乡镇、农村三所学校的144名学生，然后对这144名学生的学习情况进行对比，这种情况下，我们很难判断学生表现出的差异是由于三种教学策略的不同带来的，还是由于学生的学习基础不同造成的。一般教学对比实验都是要对研究的样本进行等价匹配的，即要安排尽可能不存在差异的班级进行实验。

第二，从内容上看，三次研究的可对比性也值得讨论。报告中呈现的第一次教学只有学生对主题图中所蕴含信息的描述。第二次教学，除了学生对数学信息的描述，还呈现了学生认识乘法算式和通过解释理解乘法算式的过程。第三次教学，除了第二次教学中的内容又增加了让学生经历由较长的加法算式改写为乘法算式的过程，让学生体会乘法的简洁性。这个过程，如果忽略实验对象的话，实际上是一个探索性实验过程，而不是对比实验过程。但因为三个内容又是面对不同实验对象进行的，所以，也不能称作探索性实验。因此，在研究方法的严谨性方面还有待改进。

第三，乘法是加法的简便计算，但这不意味着它就是学习乘法的必要性。乘法的引入有其自身的意义和价值，因此，并不是因为简便而学习乘法，也不是有了乘法加法就不好了。简便计算只是加法和乘法间的一个联系，只是对乘法理解的一个侧面，乘法和加法有着各自的意义和价值。

不同引入方式对“乘法分配律”学习效果影响的研究

——“乘法分配律”的导入片段实践研究

张维国（广东省深圳市宝安区西乡街道教学研究中心）

一 问题的提出

关于乘法分配律的教学，我曾和很多优秀教师做过交流，大家都认为乘法分配律这个内容不好上。一是观察乘法算式，学生难以总结出乘法分配律；二是即使能记住乘法分配律的表示形式，学生对这一等式的由来却说不明白，常流于机械记忆和套用公式；三是在运用这一规律时，变式很多，学生练习时经常错误百出。学生在学习这一内容时，也往往有畏难情绪。甚至还发现，学了这一规律后，有些学生甚至会把原来会做的题目做错。他们有的会因记错公式出现错误，有的会因没有对这一规律真正理解，而出现诸如 87×5＋13×5＝（87＋13）×5×5 的运用错误。因此，到底怎样的学习路径更有利于学生理解乘法分配律并能够灵活运用？对于不同的学生是不是存在多种学习路径？这些一直是研究者和一线教师所关注的问题。

教材把运算律的内容安排在四年级上册，5 个运算律中，前 4 个运算律都是由计算引入，通过一组计算结果相同的算式，让学生发现其中的规律，从而归纳出运算律，但是到了第 5 个运算律（乘法分配律）的时候，编排的思路却出现了变化，用贴瓷砖的情境引入，再得出相等的算式，归纳出乘法分配律。那么，乘法分配律的编排为什么要和其他几个运算律不同？如果也通过计算引入，会不会因为探索规律的思路一致，促进学生在思考方法上得到迁移，使其思考经验得到丰富？在乘法分配律教学的引入部分，创设的情境是否可以达到促进学生更深入理解乘法分配律模型的效果？

基于对学生的困惑和教材处理方式两方面因素的考虑，本研究定位于情境引入和计算引入对乘法分配律学习的影响研究。

二 研究对象的说明

我在两年内，进行了三轮对比实验研究。方法是选取由同一位数学教师任教、平时测试成绩差异不明显的两个班级，先进行课前调研，再让同一位教师利用两种教学设计思路进行教学实践。基于前两轮的研究经验，结合专家们的指导意见，在第三轮的教学实验中，我采用了两种设计（见附录）。在四（2）班采用的是使用计算引入的教学设计，在四（4）班采用的是使用情境引入的教学设计。课前，对两个班均进行了前测，并且，在教学片段完成后，还对学生进行了课后调研。

三 研究结果

以下是前测与后测的调研结果与分析。

调研题目 1：你听到或看到过乘法分配律吗？如果有，请写出你是在哪里听到或看到的？乘法分配律是怎么样的？（你如果知道的话，可以用字母、文字、画图或举例子的方法说明；如果不知道就写“不知道”。）

结果分析如表 1。

表 1

班级	类别		知道（一类）				知道（二类）		不知道
			字母	文字	画图	举例子	未写	写错	
四（2）	前测	人数	11	1	0	0	2	18	21
		百分比/%	20.8	1.9	0	0	3.8	34.0	39.6
	后测	人数	39	0	2	2	1	4	1
		百分比/%	79.6	0	4.1	4.1	2.0	8.2	2.0
四（4）	前测	人数	11	1	0	7	0	12	23
		百分比/%	20.4	1.9	0	13.0	0	22.2	42.6
	后测	人数	44	0	0	1	0	10	0
		百分比/%	80.0	0	0	1.8	0	18.2	0

在第1道调研题目中，四（2）班在前测中只有22.7%的学生能表示出乘法分配律的形式，在后测中有87.8%的学生可以用字母、画图或举例子的方式表示出来，进步率为65.1%；而四（4）班在前测中有35.3%的学生能表示出乘法分配律的形式，在后测中有81.8%的学生能够表示，进步率为46.5%。

调研题目2：为什么4×9+3×9=（4+3）×9？你能利用下面的点子图、长方形面积图来进行说明吗？（后测题的等式为：3×9+5×9=（3+5）×9。）

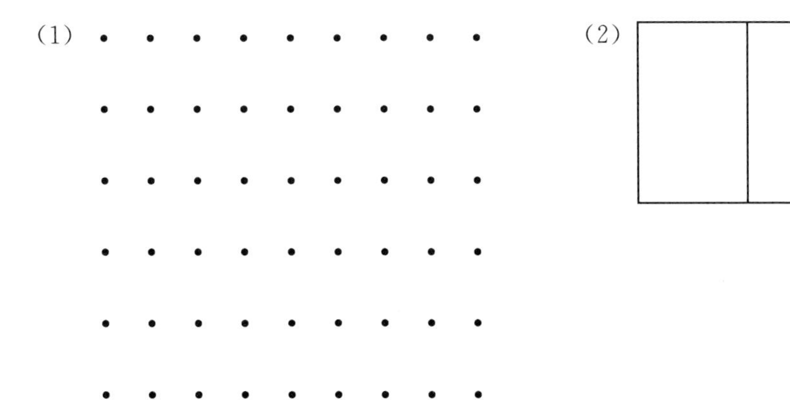

结果分析如表 2。

表 2

班级	类别		正确			错误	未做
			点子图	长方形	两种均对		
四（2）	前测	人数	12	1	14	23	3
		百分比/%	22.6	1.9	26.4	43.4	5.7
	后测	人数	7	4	33	2	3
		百分比/%	14.3	8.2	67.3	4.1	6.1
四（4）	前测	人数	14	1	16	21	2
		百分比/%	25.9	1.9	29.6	38.9	3.7
	后测	人数	4	0	50	1	0
		百分比/%	7.3	0	90.9	1.8	0

在第 2 道调研题目中，四（2）班学生在前测中能用点子图或长方形面积表示乘法分配律的占 50.9%，而在后测中有 89.8%的学生能够表示，进步率为 38.9%；四（4）班学生在前测中能用点子图或长方形面积表示乘法分配律的占 57.4%，在后测中能表示出来的占到 98.2%，进步率达到 40.8%。

调研题目 3：请你试着填一填。

前测题：(32＋25) ×4＝□×4＋□×4；

后测题：(26＋31) ×4＝□×4＋□×4。

结果分析如表 3。

表 3

班级	类别		正确	错误	未做
四（2）	前测	人数	34	14	5
		百分比/%	64.2	26.4	9.4
	后测	人数	42	0	7
		百分比/%	85.7	0	14.3
四（4）	前测	人数	34	13	7
		百分比/%	63.0	24.1	13.0
	后测	人数	55	0	0
		百分比/%	100.0	0	0

在第3道调研题目中，四（2）班学生在前测中能正确填写的占64.2%，而在后测中有85.7%的学生能够填对，进步率为21.5%；四（4）班学生在前测中能正确填写的占63%，在后测能正确填写的占到100%，进步率达到37%。

调研题目4：递等式计算，怎么算简便就怎么算。

前测题：98×16+2×16；

后测题：97×18+3×18。

结果分析如表4。

表4

班级	类别		正确		错误		未做
			使用简算	未用简算	使用简算	未用简算	
四（2）	前测	人数	15	8	0	24	6
		百分比/%	28.3	15.1	0	45.3	11.3
	后测	人数	31	1	5	4	8
		百分比/%	63.3	2.0	10.2	8.2	16.3
四（4）	前测	人数	14	3	24	6	7
		百分比/%	25.9	5.6	44.4	11.1	13.0
	后测	人数	39	1	9	6	0
		百分比/%	70.9	1.8	16.4	10.9	0

在第4道调研题目中，四（2）班学生在前测中能正确运用乘法分配律进行简算的占28.3%，在后测中能够正确简算的占63.3%，进步率为35%；四（4）班学生在前测中能正确简算的占25.9%，在后测中能正确简算的占70.9%，进步率达到45%。

四 研究结论与建议

从本次调研的4道题目的统计数据可以看到，第1道题目和第2道题目的结果说明通过计算引入的效果稍占优势，而第3道和第4道题目的结果又说明利用创设情境的方法具有一定的优势。

分析原因，两节课的设计虽然在起始阶段一个由计算引入，一个由情境引入，但在教学过程中，都利用了乘法分配律的矩形模型，如瓷砖图、点子图、长方形图与花坛的面积与两种花的朵数和的直观图的呈现，有其相通之处。在得到乘法分配律的字母表示形式时，都让学生通过举例或画图来说明和解释乘法分配律为什么成立。因此，两节课在本质上或许差异不大，只是在内容的呈现形式和先后顺序上稍有差异。

另外，教师在教学中，并没有严格按照设计的思路执教，而是更多关注了学生的理解深度和学习状态。比如，在运用第一种教学设计上课时，发现学生做简算练习时出现理解困难，就及时引导学生用画矩形面积图的方法，让他们把算式中的数标注在矩形图的相应长度上，以理解和解释乘法分配律为什么成立。给学生一定的时间来画图，并让他们交流和分享，在接下来的练习中，学生解题的正确率显著提高。因此，这样的引导或许对后测题的测验结果产生了一定的影响。

情境引入的教学设计，得到乘法分配律形式的等式耗时较多，即使反复精练这一过程，仍需要十几分钟的时间才能完成。这就使后面通过多个角度来理解这一内容的时间不能得到保证。所以，经常出现课堂前松后紧，匆忙收场的结果。并且，在由数瓷砖这一情境得到两组等式后，学生对图与算式的关联并没有产生非常深刻的印象。他们似乎只是解决了这个问题，得到了瓷砖的总数而已。而当让学生结合算式说明乘法分配律为什么成立时，学生都没有想到用瓷砖的情境来解释，反而会想到以前学过的点子图。

计算引入的教学设计，在学生仿写出几个算式后，教师让学生观察并说出其中的规律，大多数学生难以找到其中的规律，若要他们用语言来描述其中的规律，他们会感到更加困难。虽然，有些学生已经能够仿写一些算式，但他们仅仅是在模仿这些算式的外在形式，并不一定明白其中的道理。

当呈现花坛这一实物图，让学生来解释其中的规律时，部分学生还是能够理解的。但是，在实际授课中，发现学生虽然能够解释花坛的面积和花的朵数，但是如果给他们一个算式，让他们运用乘法分配律来做的时候，他们似乎把这些面积图都抛开了，不能马上把算式和矩形面积图联系起来思考，互相解释。但是，当教师画出两个有公共边的长方形图，让他们在图上标注出相应的数据，结合图来解释这些算式的时候，情况则变得越来越好。因此，仅凭实物情境图的变换和解释，就认为学生一定能够深入理解乘法分配律的字母表示形式，或许是偏颇的。

因此，建议教学过程中，通过这样数形结合的方式，把学生从简单的机械记忆和重复训练中解放出来，相信他们能对乘法分配律达到深度理解的状态。

附录

（一）教学设计一：基于计算引入的设计[①]

1. 仿写等式，探寻规律

（1）教师提出问题：观察下面算式，你能照样子再写一组吗？说说你发现了什么。(学生仿写，有板演。)

$3\times10+5\times10$ $=30+50$ $=80$	$(3+5)\times10$ $=8\times10$ $=80$

$4\times13+16\times13$ $=52+208$ $=260$	$(4+16)\times13$ $=20\times13$ $=260$

$3\times10+5\times10=(3+5)\times10$

$4\times13+16\times13=(4+16)\times13$

（2）引导交流，说规律。

①教师组织全班观察、判断板书的算式是否符合例题的样式。

---

① 本设计由王永老师提供，在实际授课过程中作了微调，此为调整后的设计思路。

②引导学生尝试说一说这些等式的规律。

设计思考：运算律是数学模式，它关心的是数学的内部世界，是解决算式运算这一类数学问题的数学方法。所以，运算律可以创设纯数学的情境来引入。这种引入方法与前面学的几个运算律的引入相一致，基于前面的学习经验，学生应能在仿写的过程中，发现乘法分配律的算式特点。

2. 结合图形（如图1），解释等式的实际意义

(1) $15\times8+10\times8=(15+10)\times8$；

(2) $12\times9+8\times9=(12+8)\times9$。

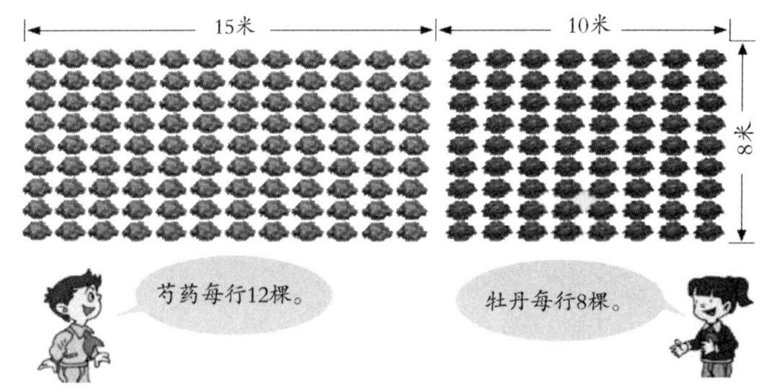

图1

(教师先引导学生在图中找到相应的数据，再让学生同桌交流，指名讲解。)

3. 参考图1，用长方形面积表示 $15\times8+10\times8=(15+10)\times8$

设计思考：通过乘法分配律的现实背景（面积模型），促进对乘法分配律的数学模式与数学关系的直觉与理解。让学生在此基础上画长方形面积图形表示乘法分配律，打通算式与矩形模型的联系。

4. 写出发现的规律

用 a，b，c 代表三个数，写出上面发现的规律。学生试写后交流。

学生可能的写法：①$a\times c+b\times c=(a+b)\times c$；②$b\times a+c\times a=(b+c)\times a$；③$a\times b+c\times b=(a+c)\times b$。(选有代表性写法的学生板书，在组织交流中，只要符合题组规律，都视为正确。)

5. 巩固应用

怎样计算简便？想一想，算一算。

(1) 321×3+17×321；(2) (80+4) ×25。

6. 完成后测题目

设计思考：经历了仿写算式—在现实面积模型和画矩形图理解—用字母形式表征上述数学情境与结构，实现了对乘法分配律的概括。在此基础上，再让学生运用这一规律进行简便计算。在计算前先让学生想一想，就是让学生观察算式和数据的特点，活学活用。

(二) 教学设计二：基于创设情境引入的设计

1. 谈话引入

教师以谈话形式引入新课：同学们，前几节课我们通过探索活动已经发现了一些数学规律。这一节课，我们将继续探索，看看大家能有什么收获。

2. 探索新知

(1) 创设情境，引出问题（课件演示墙面图）。

①教师提出问题：这是工人叔叔在两面墙上贴好的瓷砖。这是正面，这是左面。(配合手势) 从这幅图中，你能找到哪些数学信息？

学生可能出现不同的答案。(比如，白瓷砖有 30 块；一行有 10 块；蓝瓷砖有 5 行等。)

②根据学生的回答，教师出示两种方法标注相应的信息（如图 2），并进一步提出问题：请大家根据这些信息，算一算，一共贴了多少块瓷砖呢？(学生计算，教师巡视。)

学生可能的解答方法：

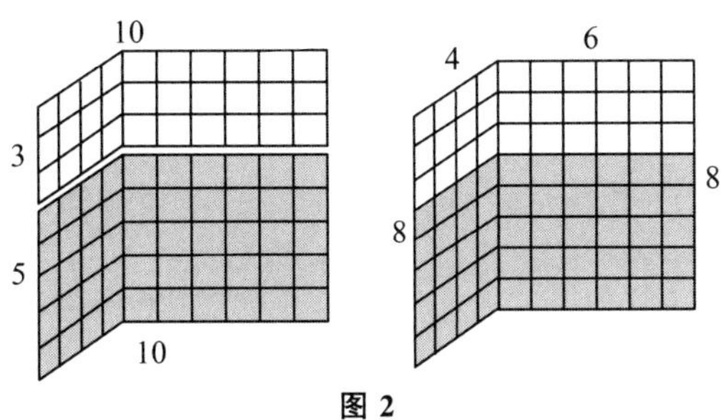

图 2

a. （3＋5）×10

＝8×10

＝80（块）

b. 3×10＋5×10

＝30＋50

＝80（块）

c. 4×8＋6×8

＝32＋48

＝80（块）

d. （4＋6）×8

＝10×8

＝80（块）

③根据学生的回答，教师适时追问：请你们说说，这种方法先算什么？再算什么？

学生可能的回答：

方法 a：先算左面和正面一共有 10 列，每列都 8 块，一共 80 块。

方法 b：先用 3 乘 10 算出白砖有 30 块，再用 5 乘 10 求出蓝砖有 50 块，然后加起来共有 80 块瓷砖。

……

④教师引导观察，得出等式。

教师引导语：你们的想法真棒。(边说边圈）我们把这两个算式归为一组，再把这两个算式归为一组。认真观察这两组算式，你有什么发现？

学生可能的回答：它们的得数都相等；每一组算式中都是那几个数；它们乘的都是一个相同的数；……

⑤教师引导观察并提出问题：大家很善于观察，既然它们的得数相等，这两个算式就可以用什么符号连接？

(学生说，教师板书。)

3×10＋5×10＝（3＋5）×10，4×8＋6×8＝（4＋6）×8。

设计思考：通过数瓷砖这一情境，让学生经历和体验乘法分配律这一形式的等式的生成过程。沟通算式与图象的联系，使学生对乘法分配律的矩形模型有一定的感性理解。

（2）符号表示，概括规律。

①教师提出任务：如果用 a，b，c 代表 3 个数，你能写出上面发现的规律吗？

（学生写，教师巡视，并让学生板书出具有代表性的方法。）

②教师组织全班交流：我们一起来看看这些同学的表示方法。

学生可能的回答：

a. $(a+c)\times b=a\times b+c\times b$；

b. $(b+c)\times a=b\times a+c\times a$；

c. $(a+b)\times c=a\times c+b\times c$。

（组织交流，只要符合等式样式，即为正确方法。）

③教师小结：这个规律其实就是我们今天要研究的乘法分配律（板书课题）。

设计思考：根据前面得到的两个等式，让学生根据其中的规律，尝试用字母表示，经历由实物情境—数学范例—字母模型的抽象过程。

（3）解释规律，建立联系。

①教师提出问题：乘法分配律的等号左右两边为什么会相等呢？你能结合 $4\times9+6\times9=(4+6)\times9$ 这个等式说明乘法分配律是成立的吗？

（学生独立探索后交流。）

学生可能的方法：用画点子图的方法说明；从乘法意义的角度说明。

②学校要给 28 个人的合唱队买服装。下面是淘气、笑笑列的算式，和同伴说说他们是怎么想的。（如图 3）

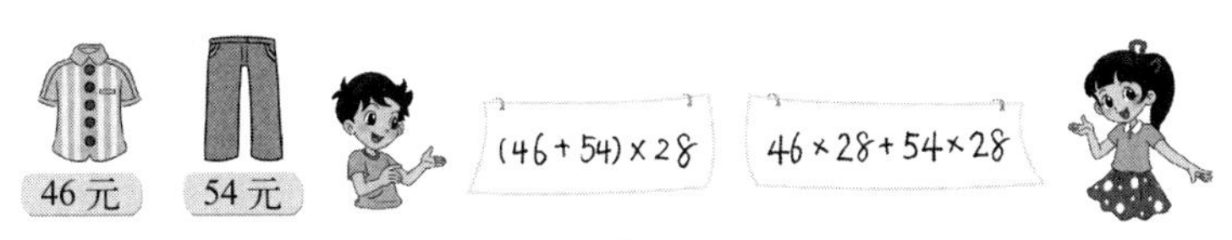

图 3

（先同桌交流，再全班交流。）

③结合图与同伴说说等式 $3\times6+4\times3=(6+4)\times3$ 为什么成立。（如图 4）

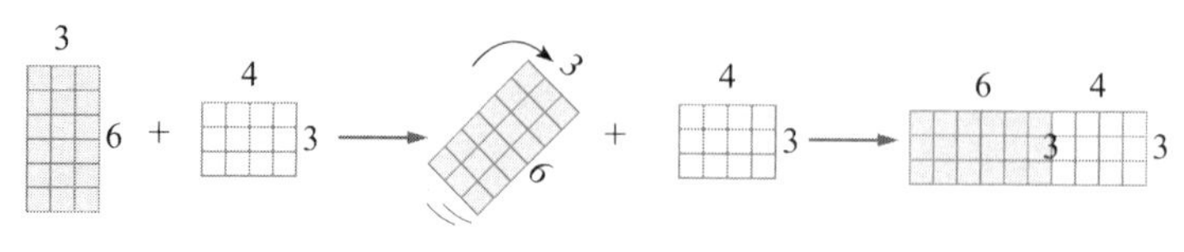

图 4

（先同桌交流，再全班交流。）

设计思考：让学生从多种角度来解释和说明乘法分配律为什么成立，促进学生对此规律的深度理解。

3. 巩固应用

（1）填空题。

（出示下面的题目，让学生先独立完成，再全班反馈交流。）

（12＋40）×3＝（ ）×3＋（ ）×3

15×（40＋8）＝15×（ ）＋15×（ ）

78×20＋22×20＝（ ＋ ）×20

（2）完成后测题。

成长寄语

多数情况下，小学数学的课程内容都是由一个个生活情境开始引入的，但是随着年级的升高，由数学情境引入的课节内容会越来越多。而一节课到底是由生活情境引入合适还是数学情境引入合适，没有确定的答案。尽管如此，在两种引入方式下，会不会存在哪种引入就更好的倾向？会不会是不同的引入方式适合不同的学生？这些都是值得思考的问题。

通过张维国老师的研究发现，不管哪种方式引入，只要过程中能够关注学生通过讲故事和点子图等直观方式加强了对运算律的数学理解，结果就错不了。这个研究结果也进一步坚定了我们在学习过程中关注数学理解的思考。

针对研究问题，张维国老师选择对比实验的研究方法是合适的，通过调研也给我们带来了数据性的证据和理性的思考，这些都是值得学习的地方。

在研究中还建议注意下面两个问题。

第一，从上面的两个设计看，其实并不只是引入的方式不同，而是有几个不同的活动，这会影响到实验的结果。

第二，教师在教学中，并没有严格按照设计的思路执教，而是更多关注了学生的理解深度和学习状态。比如，在运用第一种教学设计上课时，发现学生做简算练习时出现理解困难，就及时引导学生用画矩形面积图的方法，让他们把算式中的数标注在矩形图的相应长度上，以理解和解释乘法分配律为什么成立。给学生一定的时间来画图，并让他们交流和分享，在接下来的练习中，学生解题的正确率显著提高。因此，这样的引导或许对后测题的测验结果产生了一定的影响。

因此，针对两种不同的教学设计思路，在选择对比实验的研究方法后，实验者要特别注意三点：第一，实验对象的匹配。也就是本实验中的四(2)班和四(4)班是两个至少在成绩上相当的班级。第二，调研工具设计的合理性。比如，在本实验中一定要保障教学设计中只是引入方式不同，其他都一样，我们才能比较两种不同的引入方式产生的教学效果是否有差异，才能去判断两个班的差异是由不同的引入方式带来的，而不是由其他因素带来的。第三，实验过程的严谨性。也就是实验者一定要严格地按照实验设计进行教学活动，而不能在实验过程中随意更改教学设计。

直观模型与学生的计算及算理理解

王晓青（宁夏回族自治区银川市永宁县第二小学）

问题的提出

对于以形象思维为主的小学生来说，在计算内容的学习过程中，为其提供借助直观模型进行操作的机会，以帮助其理解计算的道理并进行正确计算是非常必要的。

然而，在实际教学中，教师往往忽视计算学习中学生的直观操作。比如，在对我校南北校区的30位数学教师调研中发现，在数学教学中使用直观模型的占100%，而在数学计算教学中使用直观模型的仅占20%；在公开课上借助直观模型教学的教师达到了100%；

教师不进行直观操作的原因主要表现在：有50%的教师认为学生平时自带学具（直观模型）时，大班额的课堂上不好组织课堂教学，课堂效率低。另外，由于农村学校学生家庭条件限制，带学具的学生仅占30%。

根据上述调查，我们可以知道教师在计算教学中为了节省时间，不再呈现直观模型，对于算理的理解、算法的掌握完全借助于知识的转化和迁移来完成，这样的教学过程不符合学生的认知规律。

我认为在小学数学计算教学中，巧妙借助直观模型进行教学，不仅符合学生的认知发展规律，同时也将提高教学效果。那么，在小学数学计算教学时，直观模型的运用到底是否有价值或者效果？如何运用？带着这些疑惑我进行了如下研究。

二 文献综述

徐利治教授认为，直观就是借助于经验、观察、测试或类比联想，所产生的对事物关系直接的感知与认识。直观一般有两种：一是透过现象看本质；二是一眼能看出不同事物之间的关联。教师在数学教学中，应注意在适当的时机充分发挥直观模型的作用，引导学生观察、思考，理解数学知识，培养数学直观。

蔡金法教授认为，借助直观模型进行操作、图示和学生的已有知识是实现数学直观的三个主要手段。本研究侧重考察直观模型和图示对学生计算及算理理解的影响。

那么，我们又如何理解直观模型呢？本文的直观模型，指的是“具有一定结构的操作材料和直观图形，如小棒、计数器、长方形或圆形图、数线”，“在计算教学中，它是帮助学生理解算理的一种重要方式”。教材、教学中出现的直观模型，从形式上看，可以是具体的、能拿在手里直接操作的学具（材料），如小棒、第纳斯木块、计数器等；也可以是画在纸上的学具（材料）图，如小棒图、方格图、点子图等；或者是数轴，学生在上面圈画；还可以是呈现在屏幕上的学具（材料）图。

三 研究方法

本研究使用了实验比对的方法，选取我校三年级的两个班级学生进行实验。三（1）班为对比班，不使用直观模型，单纯利用竖式学习计算。本班有34人，在我校属于中等水平班级，教师是具有17年教龄的中等水平教师。三（2）班为实验班，借助直观模型的操作学习两位数的乘法计算并理解算理。本班有37人，在我校属于成绩好的班级。教师是具有8年教龄的县级骨干教师。

四 研究过程

在计算教学中，借助直观模型的操作是否可以帮助学生理解算式，并提高计算的准确性？教师运用口算与竖式的简单沟通为学生理解算理提供支撑，省去以操作辅助理解算理的环节，在节约时间的背后，是否有增效？下面是两位三年级的数学教师采用同课异构的方式教学“两位数乘两位数的笔算乘法”的课堂教学片段和学习效果的对比分析。

（一）课堂教学片段

1. 三（1）班“两位数乘两位数的笔算乘法”不利用直观模型的教学片段

出示数学信息：植树节，同学们参加植树活动，每行植 23 棵树，共有 12 行，一共植树多少棵？

师：一行 23 棵，12 行是几个 23？怎样列式呢？

生：23×12 或 12×23。

师：下面我们用竖式进行计算。

把两个两位数的数位对齐，先用乘数 12 的个位上的数 2 去乘 23；再用十位上的 1 去乘 23，因为 1 在十位上，所以，是 10 个 23，是 230；最后把 46 和 230 相加得 276。（如下面的竖式。）

$$\begin{array}{r} 2\ 3 \\ \times\ 1\ 2 \\ \hline 4\ 6 \\ +\ 2\ 3\ 0 \\ \hline 2\ 7\ 6 \end{array}$$

师：其中 230 的“2”和“3”分别在百位和十位上，表示 23 个十，所以，230 末尾的 0 也可以省略不写。

2. 三（2）班“两位数乘两位数的笔算乘法”利用直观模型的教学片段

出示数学信息：植树节，同学们参加植树活动，每行植 23 棵树，共有 12 行，一共植树多少棵？

师：23×12等于多少？同学们可以画一画、写一写自己的想法，也可以借助点子图圈一圈自己的想法，并把想法用算式表达出来。

下面是一名学生的回答。

生（指着点子图）：把12拆成整十数和一位数，利用口算解决。

23×10=230

23×2=46

230+46=276

师：同学们借助点子图不仅说清了自己口算的过程和方法，而且说明了计算的道理。

教师利用点子图和口算思路进行竖式教学。（如图1）

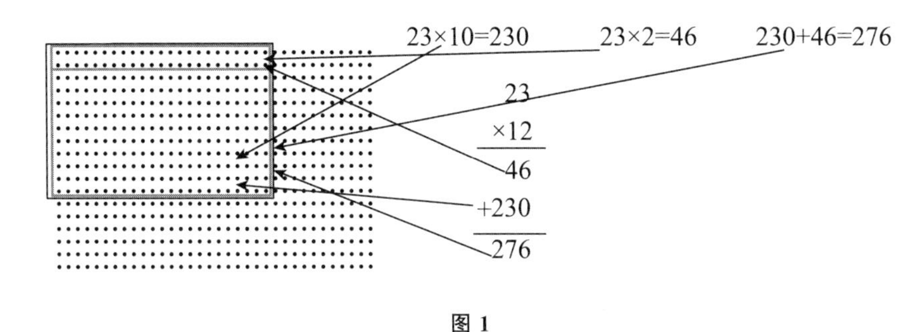

图1

师：我们先算的是什么？怎么算的？又算的是什么？怎么算的？3写在哪位上？为什么？2呢？最后一步干什么？谁能完整地说说计算过程。

小结：通过分的方式把12分成10和2，分别去乘23，最后把积加起来，就是最后的结果。（板书：分—乘—合）

（二）学习效果的对比分析

两节课后我对这两个班的学生进行了调研。

1. 对比班（不使用直观模型的三（1）班）

调研问题（1）：计算14×12。

调研结果：学习了一节课，还有59%的学生没有充分掌握算法。这说明缺少形象支撑的教学，仅仅依靠沟通竖式与口算的联系来理解算理、掌握算法是非常浅薄的，因为大部分学生不仅算理不明，算法也是混乱的。

调研问题（2）：这道题是让你进行乘法计算，为什么还要加？

调研结果：会做的只有 14 人，其中只有 2 人能明确说明这样计算的道理，其余 12 人虽然能够正确计算，但却不明白算理。这也同样说明凭借口算与竖式计算过程进行转化的方法来理解算理、形成算法，是缺少实效性的教学。

2. 实验班（使用直观模型的三（2）班）

调研问题（1）：计算 14×12，并借助旁边的点子图说明你的想法。

调研结果：从他们的表达方式上看，有 94.5% 的学生不仅知道怎样进行计算，而且非常清楚地知道为什么这样算。虽然有 2 人计算结果是错误的，但是通过观察发现他们的错误原因一个是因为粗心出错，另一个是因为计算方法混乱造成错误。

调研问题（2）：这道题是让你进行乘法计算，为什么还要加？

调查结果：100% 的学生明确地说出了道理。因为他们把计算的每一步与点子图建立了联系，清晰地分辨出了前面的“分”和后面的“合”，乘法分配律这个计算的道理已经清晰地蕴含在学生并不流畅的语言当中。

五 研究结论

1. 直观模型在数学计算中的价值。小学生的运算能力远没有我们想象的那么强，他们的学习仍要借助直观的支撑，尤其是在算理的理解上。只有坚实地走好现在的每一小步，才能在运算能力的发展上迈出一大步。因此，在计算教学中要借助直观模型，把抽象的算理形象化，从而帮助学生理解算理、掌握算法。通过图形与符号的沟通和转化，初步感受计算的过程和方法，渗透转化和数形结合的思想。

2. 在计算教学中，判断是否需要使用直观模型应当基于准确把握教学重点，正确诊断教学难点。各种直观模型之间还是有很多不同。要想用好直观模型，还需要深入了解模型的特征，辨析模型差别。

3. 操作直观模型很重要，但操作直观模型本身不等同于理解算理，理解算理也不是必须借助直观模型。作为教师需要对模型及操作模型的意图有清晰的认识，需要认真思考为什么要使用模型、使用哪种模型、为了达到什么目的，并反复斟酌。

参考文献

[1] 王策三．教学论稿 [M]．北京：人民教育出版社，2000.

[2] 王林利．用直观手段培养低年级学生的数学直观 [J]．小学数学教育，2015（Z2）：76—77.

[3] 张丹．例谈直观模型在计算教学中的作用 [J]．小学教学（数学版），2010（7—8）：9—11.

成长寄语

王晓青老师的研究是一个典型的实验研究，当然是一个小型的实验研究。实验控制的变量是在两位数的乘法计算中用不用直观模型来教学算理。也就是说，在计算过程中，使用直观模型后，可以把算理突出出来，而在一般的竖式计算时，往往算理不能突出。因此，直观模型的使用就是这个实验中干预的内容。从理念上说，这是合理的，因为数学是抽象的，学术界也一直在探讨怎样用直观模型让小学生能够抓住抽象的概念，把握其内在的联系。因此，把抽象的概念、算法、算理，通过直观的形式描述出来，会更容易让小学生看到它们内在的联系。所以，这种措施是合适的。王晓青老师又通过对比分析看两个班级成绩的差异，从这个角度来说，尽管研究的范围比较小，但也涉及方方面面。

本研究在以下几个方面是可以进一步改进的，这些建议希望王晓青老师和其他读者可以借鉴。

第一，对使用和不使用直观模型的教学现状还应该做更为清晰的交代。尽管在这个研究中两者区分得比较清楚，但日常教学中老师们用不用直观模型？在学习别的内容上用不用直观模型？这些信息的进一步具体化，可以让读者更清楚、准确地了解到在什么样的条件下会有什么样的结果。

第二，对于实验研究来说，用对比班是好的。用对比班的目的，是看实验的干预对学生成绩变化的影响。但是，像这样的研究，在对比班的选择上，需要进行班级学生以及教师的匹配，即最好是同一名教师在两个成绩相当的班级间开展对比实验，这样才能确保学生成绩的差异是由实验的干预带来的，而不是因为教师水平的不同，或学生的基础不同造成的。同时，最好是引入前测，通过前测和后测的对比，看两个班的成绩变化情况，以说明实验干预对学生在计算和算理理解方面的影响如何。

第三，后测题目再多一点更好。因为题目越多，估计学生算理理解以及计算好坏的准确性就会越高。目前的两道题目，也能从一个侧面说明一些问题，但是从测试、估计的准确性来说，再增加一些题目会增加实验结果的信效度。所以，在今后的研究中，建议用多一点的题目来考查实验干预的结果。

“生活中的比”的案例研究

李博（吉林省长春市教育局教育教学研究室）

一 问题的提出

“生活中的比”是新世纪（北师大版）小学数学教材（以下简称“教材”）六年级上册“比的认识”第一课时的内容。在本节课中学生通过研究“照片像不像”的问题，感受比产生的必要性。通过解决问题的过程，让学生体会比的内涵并从中初步抽象比的数学概念“两数相除，又叫作两数的比”。在教学中，教师遇到这样的困惑：“我觉得我一节课好像在讲不相关的两件事。”“比，这个概念与其他的数学概念不一样，像体积、面积可以带着学生去感受，顺理成章地就抽象概念了。怎样才能顺理成章的认识比呢?”教学中，教师一方面积极组织学生研究“照片像不像”的问题，另一方面，受传统概念教学的影响，机械地揭示“比”的概念。将对“比”的概念的认识，分成了两件毫不相干的两件事：①解决现实问题；②记忆概念。学生对“比”的理解又如何呢？学生在对“请举例说明什么是比”的回答中，有98%的学生给出了形如“两数相除又叫两数的比，如 $3\div4=3:4$”的理性答案。这样的回答能否说明学生已经初步理解了“比”的概念？如何判断学生是否理解了“比”的概念？教师在教学中遇到的问题又应该如何解决？研究者带着这样的问题开展了深入的研究。

二 文献综述

（一）学生对“比”的概念理解的界定

为了正确判断学生对“比”的概念的理解程度，需要对“比”的概念理解进行界定。这是一个需要我们从两方面思考的问题，一方面，我们需要思考“比”的本质是什么；另一方面，需要对概念理解的行为表征加以讨论。

关于“比”的本质，江苏第二师范学院的周焕山老师在“欧多克索斯”一文中指出，古希腊的数学家欧多克索斯创立了关于比例的一个新理论。在这一理论中，他引入“量”的概念，将“量”和“数”区别开来。(用现代的术语来说，他的“量”指的是“连续量”，如长度、面积、质量等，而“数”是“离散的”，仅限于有理数）同时改变“比”的定义：“比”是同类量之间的大小关系。如果一个量加大若干倍之后就可以大于另一个量，就说这两个量有一个“比”。这个定义含蓄地把零排除在可比量之外。关于比的这一定义显然比课程标准中呈现的比的意义要深奥得多。

王永老师在《数学化的视界——小学“数与代数”的教与学》一书中指出：比源于度量，又超越了度量。度量解决的是物体可度量属性的可比性问题，但度量只能解决同类量之间的比较问题。比是通过两个可度量的、具有对等关系的量来刻画物体不可度量的属性，解决物体不可度量的属性的可比性问题。所谓两个对等关系的量是指与同一个事物对应的两个量，它们可能是同类量，也可能是不同类量。现实世界的比与数学世界的比的区别就在于必要的抽象。不论是两个同类量的比还是不同类量的比，这样的两个数量可以代表部分与整体，或者部分与部分，或者两个不同的整体。在数学世界里，为了形成新旧知识之间的推理关系，需要给两个数量的比重新下定义，这个定义就是“两个数相除又叫两数的比”。

关于概念的理解，克劳斯梅尔对概念学习层次界定为：（1）概念是否被理解应表现在学习者能用适当的方式来表示概念；能知道相关的概念，并能够将其联系起来，特别是能将学习者原有的概念与新理解的概念进行联系。(2) 概念是否被理解彻底的程度在于学习者在学习与实际生活中能用已理解的概念来解决他所面对的问题。在数学学习心理研究中，克劳斯梅尔等人将数学概念学习分为五个阶段，具体期：学生能理解一个先前经历过的例子；确认期：可以了解一个之前遭遇的例子，即使这个例子是由不同时空观点或不同形式来观察的；分类期：能够举出正例和反例；生产期：可以自行举出关于此概念的例子；形成期：可以说出此概念的定义。斯根普将概念分为两个级别，初级概念是直接由感知得到的，二级概念则是对初级概念的再抽象。

由于概念的理解需要一个漫长的自我内化的过程。本节课是学生初次认识“比”，对“比”的概念的理解处于初级阶段。依据上述理论将本节课中学生对“比”的概念理解界定为：

(1) 明确“比”是表示两个对等关系的量之间的关系，并能够正确地判断。

(2) 体会“比”能够表示图形的形状及图形之间的联系。

(3) 能够顺利地完成“比”从具体的现实关系到数学符号的抽象。

(4) 能够合理地解释“比”的现实意义。

(二) 在教学中教师如何开展教学

为了寻找帮助学生正确理解比的概念的直接经验，本文通过不同途径共选取了5个教学案例进行研读分析，这些案例包括：钱守旺、许卫兵、钟麒生三位名师的课堂实录，孙红波老师的教学视频，以及发表在2011年9月《小学数学教育》上“‘比的意义’教学实录与评析”一文（作者为米文梁、孙志勇）。在对上述5篇案例进行整理研究后，发现现有的实践方面的研究成果具有以下特点。

(1) 引导学生发现一个事物中的两个量之间的关系。5个案例中，许卫兵与米文梁老师均是从调制饮品入手，探究水与蜂蜜之间的关系；孙红波老师则是从一个长方形入手，探寻长方形“和谐”的原因；钱守旺老师引导学生从熟悉的男生与女生的人数入手；钟麒生老师利用学生已有的生活经验分析红球与黄球的数量关系为什么都是 1∶4。上述设计独具匠心，尽管素材不同，但都是以一种事物中两个具有对等关系的量为研究对象，使学生明确比是通过两个量之间的关系刻画事物属性，也就是比的价值。

（2）对于概念的解释均采用描述性定义。5 个案例中，在揭示比的概念过程中，均采用的是描述性定义——像上面这样……两数相除又叫作两数的比。教师从用除法解决的问题入手，强调用除法表示的两个量的关系还叫作这两个量的比。在这一过程中学生对比的概念应理解为“除法还叫作比”。

（3）将两个不同类量的比引入课堂，增大概念的内涵，帮助学生进一步体会比的意义。5 个案例中，分别引入了“时间、路程与速度和单价、总价与数量”等小学阶段典型的数量关系，帮助学生进一步巩固对比的概念的理解。这一内容的安排与我所在区域学生认知水平还存在一定的距离。

为了进一步探究案例研究结果的可借鉴性，我将案例研究成果与教材的设计从问题呈现、探究维度、研究内容进行了对比分析，结果如表 1。

表 1

对比维度	教材设计	案例研究成果	分　析
问题呈现	图形的相似	浓度配比等	以图形的相似度为研究问题，不仅有助于学生体会比的作用，感受知识产生的必要性，同时有助于学生对相似图形特征的感知。
探究维度	同一事物的两个量、不同事物的对应量	同一事物的两个量	这一维度是对比有什么用的回答。对同一事物的两个量之间关系的研究有利于学生感受比能表示事物的某一属性，对不同事物的对应量的研究有助于学生感受比能够表示不同事物之间的关系。
研究内容	同类量之间的比	同类量及不同类量之间的比	对概念的理解需要一个个性化的过程，在概念学习的初始阶段，从同类量之间的比入手有助于学生对概念的同化。

基于上述分析，本研究将以教材呈现的素材为蓝本，着力帮助学生实现从现实背景（比的度量性质）到数学意义（除法）的抽象，同时探寻小学数学中“比的概念理解”的有效策略。

三 研究过程

（一）课前调查

为了更好地开发具有研究价值的案例，我对实验区域（长春汽车经济技术开发区）内的学生开展了课前调查，对区域内 10 所小学的 867 名六年级学生进行了问卷调查，问题和结果统计分析如下。

1. 停车场停放了 3 辆小轿车，2 辆大卡车，可以怎样表示这两个数量之间的关系？

结果统计如表 2。

表 2

内容	人次	百分比/%	内容	人次	百分比/%
×比×多	768	88.58	×比×少	493	56.86
×是×的几倍	159	18.34	×是×的几分之几	262	30.22
其他	49	5.65			

从表 2 不难看出，学生对“关系”一词比较陌生，在后续的访谈中，发现学生虽然能用各种数量关系解决问题，但对知识的本质并没有完全掌握，这为本研究力图帮助学生正确地理解概念本质的重要性提供了实践性依据。

2. 这是淘气在厨房某品牌的洗洁剂配方上看到的一个数字组合 1∶8。

(1) 你见过这个数字组合吗？（　　）

A. 见过　　　　B. 没见过

(2) 如果笑笑为自己调制的蜂蜜水贴上 1∶8 的标签，猜一猜，这是什么意思？

我们发现有 622 人在生活中见到过比，有 245 人选择没有见过这种数字组合。这一数据说明生活经验可以成为本案例中解决问题的依据。结合具体的事物解释比的意义也较为乐观，有 564 人思路正确、语言流畅；有 97

人分析正确，但语言不流畅；有 187 人的分析不正确；有 19 人没有填写内容。在学习新知的前测中，这个数据在合理范围内。

3. 从一年级到六年级，我们的数学学习始终有机灵狗陪伴，它的照片在教科书中经常出现，时而大，时而小，可是无论照片的大小怎样变化，机灵狗始终保持不变的样子，美术编辑是怎样做到的呢？请你用学过的数学知识说明这一问题。

我们发现，这一问题对学生有一定的难度。参与调查的学生只有 194 人思路正确、语言流畅；有 40 人的想法正确，但语言不流畅；有 615 人不能够运用比的知识思考这一问题，有 18 人没有填写内容。

（二）案例研究

1. 第一次教学过程

(1) 创设情境，提出问题

老师要布置一面照片墙，淘气挑选了一张最满意的照片请机灵狗帮忙放大，这是机灵狗的作品（如图 1），请你帮助淘气选一选哪张照片比较像。大家帮助淘气选择了一些相像的照片，可是这些照片大小各不相同，照片像不像与什么有关呢？请同学们研究这个问题。有需要的同学请逐个拆开学习小锦囊。

图 1

学习小锦囊：

锦囊 1　照片像不像就藏在它的长和宽里，你能找到吗？

锦囊 2　动手量一量这些照片的长和宽，并记录下来，观察并计算，它们之间有什么关系？

锦囊 3　还可以计算每张照片的长和宽，看看你能发现什么。

（2）解决问题，感受价值

①小组交流。小组同学互相交流自己的发现。

②提出猜想：图 D 的长和宽都发生变化了，但是变化是有规律的，可以是都同时扩大了照片 A 的 2 倍；变化后图形的长与宽的倍数关系与原来图形长与宽的倍数关系相同。这样就能保证变化后的图形与原图相像。

③验证猜想。

a. 用鼠标拉动某一图片使长和宽同时扩大相同的倍数，直观感受形状不变。

b. 长和宽同时缩小行不行呢？用鼠标拉动图片，直观感受形状不变。

c. 数据验证。

· 用图形 B 的数据验证。

· 用图形 C，E 的数据反证。

④揭示规律。图形相似，是因为变化前后，对应边的倍数关系不变或变化前后同一图形长和宽的倍数关系不变。

（3）建立联系，抽象概念

①抽象比的意义。

看来，两个图形对应边或者每个图形长和宽的这种相除的关系就能表示图形的形状。如果相除的结果（也就是倍数）相同，就能使图形保持形状不变。其实，在现实生活中，为了清楚地刻画这种相除的关系，可以不用算出相除的结果，只用相除的这两个数就能代表一个图形的形状。例如，$6\div4$ 就可以代表一个图形的长是 6 份、宽是 4 份。表示相除的关系时可以这样来表示：6∶4，读作：6 比 4。

$$6 : 4 = 6\div4 = \frac{6}{4} = 1.5$$

6 —— 前项；: —— 比号；4 —— 后项；1.5 —— 比值

②理解比的意义。

图形D，B与A相像就是对应边的比值不变，图形C，E与A不像就是对应边比值不相等。

(4) 回归生活，巩固应用

说一说现实生活中的比。

①学生根据自己的理解说一说。

②教师提供现实生活中的比。

通过课堂观察及课后评估可得出以下推断。

(1) 在创设情境、提出问题环节中完成了教学目标，教师的问题激发了学生对所要解决的问题的深入思考。同时，为了培养学生独立探究的能力，没有整齐划一地进行讲解或提供学习卡片，而是以学习小锦囊的形式，作为学生学习过程中的自我选择需要，这也充分体现了按需设计的要求。但是通过观察，发现绝大多数学生都使用了小锦囊里面的学习卡，也就是说大多数学生都没有独立思考这一问题，这与课前调研中的结果相一致(学生的学习方式比较保守)。因此，需要设计让学生非想不可的问题，促使其独立解决问题。另外，教学中教师与学生个别交流的环节较多，也不利于改进学生的学习方式。

(2) 比的概念抽象是由教师讲授完成的，学生是在接受比的知识，几乎没有经历数学化的过程，因此，学生对比的意义的理解依然比较模糊。在这一点上从课后评估中也可以得到佐证，在评估的第三题中学生对3∶4的理解，绝大多数均停留在数学表现形式上。

(3) 对“照片像不像”这一问题，学生存在不同的个性化理解，通过课堂观察发现，少数学生从生活的角度认为，变形的照片也能够看出是淘气，就应该是像。

(4) 教师的教学方式需要进一步调整，整节课学生的学习参与度较低，这一点从课堂观察量表中可以看出，应是教师在教学中没有留给学生充分的空间所致的。

（5）对照比的概念理解的界定，无论是课堂观察还是课后评估的结果都可以判断学生没有实现对比的概念理解。

为了进一步解决上述问题，我们在集体评议中经讨论确定：

（1）让学生走进故事情境，由看数学变为做数学，帮助淘气放大照片，这样在明确的任务面前，每个人都必须思考、解决问题。

（2）将照片像不像改为照片是否变形。

（3）引导学生通过概括总结照片不变形的规律，帮助学生实现知识数学化的过程。

（4）采用独立思考、小组合作、集中汇报的教学流程开展教学，促进学生参与学习。

2. 第二次教学改进

（1）创设情境，提出问题

①老师要布置一面照片墙，淘气挑选了一张最满意的照片（出示照片）请机灵狗帮忙放大，这是机灵狗的作品，你认为淘气会满意吗？

②怎样放大才能够保证照片不变形呢？请大家在方格纸上画一画，小组内讨论、研究。每组选择最满意的作品贴在黑板上。

（2）自主探索，抽象概念

①同学们做出了这么多满意的照片，它们的大小不同，可是都没有变形，有什么办法能够保证图形不变形呢？大家可以在方格纸上圈一圈，也可以动笔算一算，将你的发现讲给小组同学听。

②同学们从不同的角度找到了保证照片不变形的办法，这些办法有什么联系？

③长是 3 个格，宽是 2 个格，我们就说长和宽的比是 3∶2。

（3）巩固提升，沉淀知识

①解决问题，感受比。

a.（出示国旗的图片）请大家研究国旗中的比。

b. 淘气为机灵狗配制了好喝的蜂蜜水（出示“2 勺蜂蜜、3 勺水”），机灵狗自己想再多配制一些这样的蜂蜜水，它需要怎样做？

②分析问题，理解比。

出示生活中的比，请你说一说，下列比具有什么含义？

a. 汽车模型的仿真比是 1∶18。

b. 火药是中国古代四大发明之一，是我国人民对人类文明进步的伟大贡献。配制黑色火药的原料是火硝、硫黄和木炭，它们的质量比是 15∶2∶3。

c. 人的体重与血液质量的比大约是 13∶1。

……

③回顾总结，思考比。

我们发现了生活中这么多关于比的知识，请大家思考什么是比？

针对上一节课的教学改进，这节课有了很大的进步，根据课堂观察的结果可以做以下推断。

(1) 引导学生独立设计不变形的照片能够有效地激发学生学习的热情，同时能够让学生深刻感受到长方形的形状必须要用两个量来刻画，为学生进一步理解比的意义积累经验。但是，由于教师在引导学生设计照片之前出现了一点提示，即出示机灵狗的作品，如果不增加提示是否可行，这一问题将在下一轮研究中尝试。

(2) “变形”一词能够有效地刻画照片的形状变化。

(3) 本节课突出了“关系”这一核心问题，学生能够充分感受到比可以刻画照片的形状、蜂蜜水的甜度问题，学生初步建立起比与现实问题的联系。可否再进一步理解生活中的比的作用，为比的应用积累经验，这一问题将在下一轮研究中进行尝试。

(4) 教学方式的变化可以看到学生明显的变化。在设计照片时，课堂观察结果显示，学生的参与度达到 100%，在独立设计中部分学生认为长和宽同时增加相同的格子就可以。这一问题在小组讨论中被优化了，这应该说是学习方式改变的最佳结果。

(5) 学生对比的概念理解经历了一个抽象的过程，但这一过程来自教师对学生作品的优化，可否进一步改进。

(6) 对照比的概念理解的特征，本节课学生基本上完成对比的概念理解。这一结论在课后的访谈中也可以得到证实。在课后以“今天我们认识了比，比有什么用呢”为题展开了群体性访谈。学生谈到浓度、图形的扩大、地图等。可见学生对同类量比的概念已经积累了丰富的经验，尽管教师没有在这出现比的定义，但是学生对比的理解已经达到了口欲言则不达的程度，对概念的界定呼之欲出。

鉴于上述分析，我们开展了第三轮的教学改进的尝试。

3. 第三次教学改进

(1) 创设情境，提出问题

老师要布置一面照片墙，淘气挑选了一张最满意的照片，怎样放大才能够保证照片不变形呢？请大家在方格纸上画一画，小组内讨论、研究。每组选择最满意的作品贴在黑板上。

(2) 自主探索，抽象概念

①同学们做出了这么多满意的照片，它们的大小不同，可是都没有变形，有什么办法能够保证图形不变形呢？我们将这些照片的数据记录下来进行研究。

②出示带有方格纸的照片墙，我要想把这张照片的长变成4个格，宽应是几个格？要想让它的宽是100个格，长怎样变化？

③大家都找到了照片不变形的好办法，能把你的好办法既简洁又清晰地告诉淘气吗？试一试。

学生提到画图、用文字描述、用算式表示等方法。

我们观察一下这些表示方法，它们既然都可以表示这些长方形的形状，那它们之间有没有什么共同特点呢？其实老师也有一种表示方法：2∶1。你见过吗？你知道2∶1表示什么意思吗？刚才有同学用2÷1表示了照片的形状，我们看看，2∶1和2÷1之间有没有什么关系呢？

(3) 应用比

①哪杯果汁甜？为什么？

同学们刚才学的真不错，接下来，老师请大家喝果汁怎么样？

第一杯放入 1 勺果汁粉，第二杯放入 2 勺果汁粉，哪杯甜？为什么？

第一杯加 4 勺水，第二杯加 9 勺水，哪杯甜？你能用比表示这两杯果汁的甜度吗？

你能用两个比表示两杯果汁的甜度使得第二杯比第一杯甜吗？要想让第一杯和第二杯一样甜，应该怎么办？

②举生活中含有比的例子。

比在我们生活中应用得非常广泛，你能举出一些例子吗？

这一节课与前面的教学相比，对比的概念的抽象有了很大的突破，根据课堂观察结果可做以下推断。

(1) 学生不经提示同样可以完成画照片的问题，这一点从课堂观察结果中可以看出，学生在设计照片的正确率以及出现的情况无大的差异。

(2) 教师在概念抽象的环节中有了很大的进步，着重关注了比的概念理解的诸多方面，通过不断地变化两个量的大小，让学生判断事物的属性。应该说本节课学生基本完成了对比的概念的理解。

四 研究思考

将上述三次教学实践放回至已有的教学方面的研究中，可以得出以下结论。

1. 问题呈现分析

本研究突出要解决问题的特点，旨在帮助学生感受比是解决问题的工具，使学生充分感知比产生的必要性。为学生对概念的理解做好认知准备。

2. 概念抽象分析

概念抽象是本研究的核心所在，本研究在这部分处理过程中，没有采用描述性的定义，如用“像这样……就叫作……”的语言告知概念，而是采用层层递进的方式，帮助学生从现实问题逐步抽象到除法。在这一过程中，首先，学生通过对所发现规律的概括，经历了从现实问题抽象到数学概括（形如2∶3）的过程。其次，再由概括结果的共性分析帮助学生将比的数学概括抽象到除法。与已有的教学研究中对比的描述性揭示相比，本研究这个环节的设计显然能够有利于学生对比的概念的深刻理解，明确数学符号的来龙去脉，将已有知识、能力作为学生对比的概念的理解的支持系统能够有助于学生掌握概念。

3. 概念推广分析

概念推广是概念理解的重要环节，也就是学生初步了解概念后需要应用到具有不同外部表征的具体问题中去，以巩固所学的知识。而本研究的三次教学实践中，这部分由于教学时间的限制没有完成。与以往的教学研究相比，这一部分的处理显然不利于学生对概念的巩固。如何能够更好地利用教材，帮助学生完成对概念学习的过程？显然，这是需要进一步探究的问题。

参考文献

[1] 刘琳娜．对小学数学概念教学的思考——以“比的意义”为例［J］．课程·教材·教法，2012（6）：75－79.

[2] 米文梁，孙志勇．“比的意义”教学实录与评析［J］. 小学数学教育，2011（9）：44－47.

[3] 单广红．创设情境让经验向思维更深处“漫溯”——许卫兵《比的意义》教学片段赏析［J］. 新课程研究，2013（10）：79-82.

[4] 王刚，陶煜瑾．浅谈数学概念理解障碍的表现形式［J］．数学教学通讯（中等教育），2014（3）：6－7.

[5] 王永．数学化的视界——小学“数与代数”的教与学［M］．北京：北京师范大学出版社，2013.

[6] 周焕山．欧多克索斯［EB/OL］. http：//www.docin.com/p-592343564.html. 2015.12.

成长寄语

“比的认识”是对分数认识的丰富。在小学阶段，分数的认识大致分为三个阶段：第一个阶段为初步认识分数，教材安排在第一学段，引导学生借助具体情境和直观操作，初步理解分数的意义，这一阶段主要从份数角度来认识分数；第二阶段为分数的再认识，侧重理解分数商的定义，分数可以表示两个数相除的商，教材安排在第二学段，依然结合情境和直观操作，从部分与整体、度量、分数单位、分数与除法的关系等多个角度展开；第三阶段也就是本文中李博老师研究的内容，理解分数的比的定义。小学阶段比的认识是重要的内容，既是对分数的进一步认识，同时也让学生体会数学内容之间的密切联系。李博老师抓住比这个核心概念展开研究，为我们呈现了一个很好的研究思路，以“让学生感受比是解决问题的工具，感知比产生的必要性”为突破口展开教学。三次教学活动紧密围绕同一个问题，反复探讨如何将比的意义在解决问题中得以渗透，而不是概念与解决问题的脱节。基于对学生已有经验的认识，在三次教学中，教师都给学生充分自主探索的机会，以让学生亲身经历探索的过程。三次课例研讨是研究过程中的实践部分，在整个研究过程中，李博老师还做了大量的文献工作，从数学和教学两个角度进行分析，学生的前测也为教师了解学生的情况提供了数据的支撑。

回顾李博老师的研究过程，有许多值得学习和借鉴之处，同时也有可以进一步改进和反思的地方。如在问题提出中，李博老师提到两个问题：“这样的回答能否说明学生已经初步理解了‘比’的概念?”“如何判断学生是否理解了‘比’的概念?”这是两个非常好的研究问题，但在目前的研究过程中还未得以完全的体现。在进一步的研究中，可以在现有的基础上，借助课堂观察了解学生对于比的理解情况，借助后测或课后访谈，了解学生是否真正做到了理解，同时可以获得学生学习比的认识的学习路径。

“说数学”学习方式在课堂教学中的实施

——以“正比例”一课为例

牛小永（河南省鹤壁市淇滨小学）

一 问题的提出

传统数学教学因受应试教育的影响，重视学生书面表达，轻视学生口头表达。课堂上教师讲概念，学生记概念；教师讲例题，学生模仿学习。乏味的教学方法，挫伤了学生学习数学的积极性，学生常被教师牵着鼻子走，连思维活动都常受到控制。随着年龄的增长，学生逐步失去表现的意愿，形成“低年级课堂热热闹闹，高年级课堂冷冷清清”的局面。这与当前培养学生具有创新精神和创新能力的教育极不适应。这些问题迫切需要教师改变旧的教育模式，改进教学方法，为学生营造利于创新能力培养的氛围和条件。国际21世纪教育委员会向联合国教科文组织提交的报告《教育——财富蕴藏其中》指出，培养“说数学”能力是面向21世纪的四大教育支柱之一。同时，培养“说数学”能力也是我国新一轮课程改革所倡导的一种重要的学习技能。

虽然目前国内一些学校和教师进行了“说数学”活动课的尝试，但属于局部的、零散的研究，尚未形成具体可操作的策略。为此，本学习方式的研究也就有了更为迫切的意义和需要。

二 核心概念的界定

所谓“说数学”，简单地说就是学生将自己在学习基础知识、掌握技能技巧过程中把“想到的”“说”给别人“听”，对问题发表看法，讲道理。最常见的“说数学”就是“讲数学题”。通俗地说就是让学生当“小老师”。

更准确些理解，学生“说数学”是指课堂上围绕一个共同的数学问题，学习者用口头语言面向他人表达、解释自己的理解、想法与发现，教师与同伴通过倾听、提问、质疑、评价等方式与之对话交流的学习活动。

在说的过程中，教师与学生之间是协作、交流，是不断反思、修正、概括的过程。“说数学”是学生自我学习效果的一个有效反馈，教师掌握的教学反馈信息越多，就越能有效地改进自己的教学，提高数学教学效率。“说数学”关注学生学习的结果，更关注学生学习的过程；“说数学”关注数学学习水平的同时，更关注学生在学习活动中表现出来的情感与态度。在说的过程中学会思考、发展思维，真正体现出课堂的有效。

三 文献综述

研究“说数学”的学习方式有哪些可以借鉴的理论基础呢？在高研班第四次集中研讨活动上，蔡金法、王永、王明明三位导师指出：“说数学”的实质是学生之间的一种学习共同体，是以学生的自学和互教、互学为主要特点，其实是一种“自学—互学”的学习方式，其中学生“说”（其实是“教”）是“自学—互学”学习方式的精华部分。

因此，我主要查找了以下两方面的理论资料。

第一，“学习共同体”理论。“学习共同体”这一概念的提出取自社会学的术语。其定义为“一个由学习者及助学者（包括教师、专家、辅导者等）共同构成的团体，他们彼此之间经常在学习过程中进行沟通、交流，分享各种学习资源，共同完成一定的学习任务，因而在共同体成员之间形成了相互影响、相互促进的人际关系”。其中的“交流、对话、差异、分享、合作”等中心概念建构了以“个人、客观知识”为认知方式的学习范式。

“说数学”的学习方式实质上就是学生之间、师生之间的一种学习共同体。学生把自己懵懂的理解讲解给同伴听，既理清了自己的思路，又让同伴受益；教师的讲解和指导让自己的理解更加深刻；同伴的倾听、质疑和分享让自己的理解更有信心。学生通过“学习共同体”在“互学”中完善了自己的理解，完成了学习目标。

第二，“学习金字塔”理论。“学习金字塔”是1946年由美国学者埃德加·戴尔率先提出的，也有人翻译成“经验之塔”。美国缅因州的国家训练实验室做过类似的研究，并提出了“学习金字塔”理论，结论跟戴尔差不多，只是把“阅读”和“讲授”交换了次序，认为阅读比聆听记住的东西更多，这个结论与我们的经验更加贴近一些。图1是美国缅因州国家训练实验室提出的“学习金字塔”。

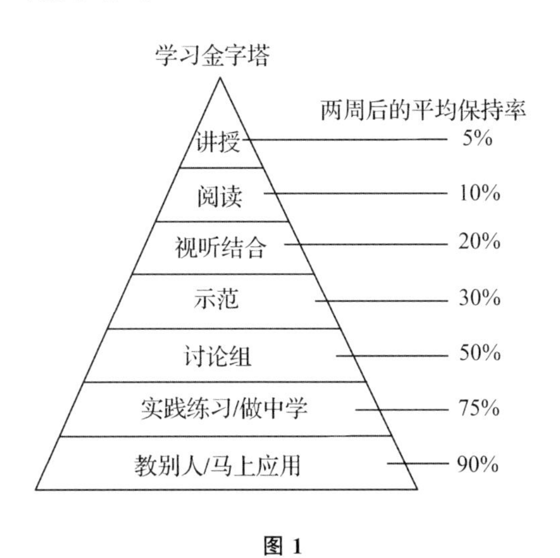

图1

在塔尖是第一种学习方式——“讲授”，也就是教师在上面说，学生在下面听。这种我们最熟悉，最常用的方式，学习效果却是最低的，两周以后学习的内容只能留下5％。

第二种是通过“阅读”方式学到的内容，可以保持10％。

第三种是用“视听结合”的方式学习，可以保持20%。

第四种是“示范”，采用这种学习方式，可以保持30%。

第五种是“讨论组”，可以保持50%的内容。

第六种是“实践练习”或“做中学”，可以保持75%。

最后一种在金字塔基座位置的学习方式，是“教别人”或“马上应用”，可以记住90%的学习内容。

从“学习金字塔”理论中可以看出，因为“说数学”的本质就是“教别人”，所以，它是学习效果非常好的数学学习方式。

从文献资料上，我还找到了“说数学”的研究价值。

第一，课程标准的要求。在《义务教育数学课程标准（2011年版）》中，第一、第二学段目标中分别有“会独立思考，表达自己的想法”和“经历与他人合作交流解决问题的过程，尝试解释自己的思考过程”的具体要求。落实这一目标的最佳途径就是在课堂上大力开展“说数学”活动。

第二，数学教学发展的需求。传统的“讲解—接受”教学方式，注重教师的教、学生的学。这种单一的思维难免造成学生主体性的严重缺失，生命课堂也无从谈起。而“说数学”是互动对话的过程，是一个理解的过程。“说数学”的过程中，讲解者（学生）不但展示了结果，更展示了自己的思考过程，强调全员参与。通过给同学讲（说数学）的方式，可以检验自己的思路是不是正确，同时更是整理思路的过程。这样的学习要比题海战术理解的深刻得多。

四 教学案例分析

本文以新世纪（北师大版）小学数学教材六年级下册第四单元“正比例与反比例”中“正比例”一课为例，对“说数学”在课堂教学中的实施进行研究。

1. 自学环节

(1) 复习检验“变化的量”学习成果。

师：我们已经学习了“变化的量”一节课，把这一节课的要点给同桌讲一讲，看一看你还有哪些遗漏或没有掌握的内容。

——全体学生的参与式“说数学”。

要求互相补充，力争讲到以下要点：相关联的量、一个量变化另一个量也随着变化、变化的关系可以通过图象、表格或式子来表示。

师：认真想一想，下面的两个量是如何变化的？

大屏幕出示：

当圆柱的底面积等于10 cm^2时，圆柱的体积和高的变化情况如下表。

高/cm	2	4	6	8	10	12
体积/cm^3	20	40	60	80	100	120

结合上表的数据，说一说圆柱的体积与高之间的变化关系。

(学生答略。)

说明：教师在巡视时发现，有的学生的“说”只是在说这道题的答案，基本属于水平二（水平划分见本文的后半部分），甚至水平一，属于低效的“说数学”。教师给出“说”的建议：要讲明白表格里的数据是怎样对应的？是根据什么公式得到的这个结果？变化规律用语言如何描述？反过来可以怎么说？以后遇见类似的表格该如何观察？经过一番指导，学生的表述基本能达到水平三、水平四了。

(2) 汇报课前观看微课学习成果。

师：同学们，昨天老师让大家通过学校网站观看老师录制的微课“正比例”，现在每个小组派一名“小老师”，给组内的“学生”讲一讲。“学生”要认真听，可以提出你的问题。如果“小老师”解答不了，就记下来，一会儿全班交流的时候再解决。

——学生的示范式“说数学”。

【设计意图】“说数学”的“说”不同于平时课中的回答问题，也不是个别学生当“小老师”的表演，而是全体学生的共同参与。对于正比例的内容，已经让学生课前看了微课，通过“说数学”，每四人小组都选派代表当“小老师”，其他学生提问质疑，初步整理出已会的和不会的。指导学生学会倾听和质疑也是“说数学”的基本要求。

2. 互学环节

师：刚才各组的“小老师”都已经在小组内进行了讲解，大家也提出了自己的看法。请看下面的三组例子，每组中的两个量是不是成正比例？

(1)

周军的年龄/岁	10	15	20	25	30
周军的体重/千克	48	60	70	80	75

(2)

小明的年龄/岁	1	2	3	4	5
小明爸爸的年龄/岁	26	27	28	29	30

(3)

时间/时	1	2	3	4	5
路程/千米	90	180	270	360	540

师：同桌之间先互相讲一讲，比较一下谁的方法更科学。

——同桌之间的交流式“说数学”。

说明：最开始学生的回答就是说答案，这就属于典型的“回答问题”而不是“说数学”。这时教师指导学生选择其中一道题重点“说”，从问题的过去（什么是正比例、正比例的特征），讲到现在（这道题的判断过程及结果），最后讲到未来（总结判断方法及注意事项）。学生“说数学”的水平指标从水平二上升到了水平三或水平四。

师：你能概括出它们的不同点吗？

引导学生发现虽然都是一个量变化另一个也随着变化，但是在变化的过程中，变化关系可以分为三种情况：一是找不到相关联的不变的量（不成正比例）；二是有相关联不变的量，但这个不变的量不是比值（不成正比例）；三是比值不变（成正比例）。

师：你能概括正比例有什么特征了吗？怎样判断两个量是不是成正比例呢？

3. 评学环节

（1）基本练习（略）。（小组内做“小老师”，如果没有困难就不再在全班交流。）

——同桌、组内交流式“说数学”。

（2）谈收获。

①同桌之间先互相说一说自己的收获。

②指名汇报谈收获。（面向全班讲，大家评价打分。）

引导学生从知识、情感、学习方法等不同方面加以总结。

——展示汇报式“说数学”。

说明：教师引导学生说具体，至少包括以下几个方面。如正比例的概念是如何引出的，什么是正比例，举例说明如何判断两个量是不是成正比例，说一说今天的学习方法，自己的学习心情等。这样完整的总结才能达到水平四。

（3）教师小结。

【设计意图】评学环节完全采用了“说数学”的学习方式——学生当“小老师”，教师退居后台，让学生在“说”的过程中进一步巩固理解所学的知识。

在这次教学实践中，共有 5 名学生获得当“小老师”的机会，其中有 2 名学生的发言比较符合“说数学”的要求，3 名学生的发言类似于回答问题，就题论题。另外还有 2 次同桌之间当“小老师”的机会，覆盖面几乎达到了 100％。在课后的书面调查中，学生对“正比例”的理解和判断正确率达到了 87.6％，比另外一个班（没有开展“说数学”）的正确率 62.4％高出近 25％，初步证明了“说数学”的效果。

五 研究成果

经过课题组教师的实践，我们对“说数学”的学习方式进行了梳理，形成了初步的成果。

（一）教学流程

“说数学”的学习方式一般教学流程如图 2。

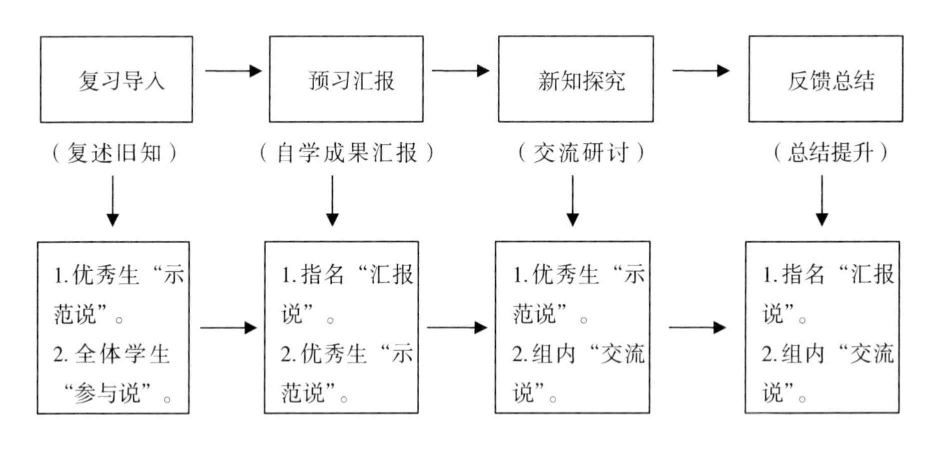

图 2

当然，教师可以根据教学内容和学生实际情况，做适当调整。

（二）应遵循的原则

1. 自学前提原则

没有自学就没有交流、表达、展示的内容，交流前需要有必要的知识储备。当然，这种自学可以是自己看课本，可以是通过教师提供的微课，也可以是听教师（家长或同学）的面授讲解。

2. 全体参与原则

我们的“说数学”学习方式不只是优秀生展示的舞台，我们的目标是让所有的学生都能通过“说数学”这种学习方式提高自己的理解，完成学习目标。因此，所有的学生都要参与“说”的过程，尽力表达自己的理解，逐步实现“说数学”学习方式的目标。

3. 学会倾听原则

“说数学”讲究的是发挥学生的学习主动性，体现的是以生为本的原则。但是，“说”的前提是先要学会倾听。无论是在“自学”环节还是在“互学”环节，首先要会倾听，在倾听的过程中完善自己的理解。

4. 鼓励性原则

教师要采取以鼓励为主的评价方式，调动学生积极动脑、主动参与学习，真正发挥好学生的主体作用。

5. 启发性原则

在学生学习过程中，多启发学生自己去思考，绝不包办代替，真正发挥好教师的主导作用。

6. 指导性原则

在学习方法上教师要注重对学生的指导，这是培养学生自学、会学的有效途径和方法，也是我们教学的根本任务之一。

7. 多种表征原则

“说数学”的学习方式，强调以学生的“说”为主，但并不排除其他表征方式。如动手操作、演示、画图、列表等不同表征方式都可以作为“说”的辅助手段。我们的目的是让“小老师”把自己的理解表达出来，这种表达不仅仅限于“说”这一种表征方式。

（三）基本要求

我们认为，“说数学”的基本程序应该是“三段式”的：从问题的“过去”讲到“现在”，再从“现在”联想到“未来”。

这里的“过去”指的是和要“讲授”的内容相关的知识基础。根据“说数学”的内容，分析这个问题所涉及学过的知识基础有哪些，并对这些知识进行回顾和梳理，这是帮助同伴甚至自己理清知识来龙去脉的前提。

这里的“现在”就是学生（讲授者）所直接面对的要讲解的问题，这也是讲解的中心部分。但是，这里的讲解是要讲解清楚每一步的算理，每一步之间的相互关系。在这个环节中要充分地让同伴质疑，并能正确解释。

这里的“未来”指的是归纳和提升，也就是讲解完问题的解答过程之后，要对此类问题进行归纳和概括，包括解答此类问题的基本思路、要注意的问题等。这样才能做到“举一反三”，真正落实了“说数学”的宗旨。

如在“正比例”练习中有一道题，根据 $y=15x$ 判断 x 和 y 成什么比例。学生说可以把 $y=15x$ 变成 $y\div x=15$，从而看出来 y 和 x 的比值一定，所以，x 和 y 成正比例，这就属于浅层次的“说数学”。这里第一步要先说明什么是成正比例，第二步再根据定义说明判断是否成正比例的方法，第三步借助设数、画表格等表征方式来判断是不是成正比例，第四步再推而广之，把 $y=15x$ 变成 $y\div x=15$（这里要说明演变的根据是什么）。这样思路清晰，涉及的知识面广，学习的效果自然就好了。

（四）“说数学”要实现课内外相结合

“说数学”的主要目的是为了巩固知识，提高对知识的理解。所以，“说数学”要实现课内外相结合。对于学生来说，常会出现以下两种情况。

一是说给同伴听，这时候要考虑同伴的知识基础、接受能力、问题的表征方式、如何变通等。还要主动接受同伴的质疑，在解答质疑的同时提高自己对问题的理解程度。同时，还可以设计练习题，让同伴解答，这样做有两个好处：(1) 帮助同伴加深理解，达到灵活运用；(2) 通过设计练习，检验自己的掌握情况。

二是说给自己听，这时“说”数学主要是“说”给自己听。可以对着镜子自问自答地“说”，做到“旁边无听众，心中有听众”，以提高自己的理解水平。

（五）小学生“说数学”的水平层次

在不断的实践中，我们尝试把“说数学”的水平划分为以下几个层次。

水平一：低效讲解。只是读题，不能正确表达题意。言语没有反映问题的有效信息。

水平二：能基本表达清楚题目要求，语言缺乏逻辑性，只讲过程不讲算理，让听讲者理解困难。

水平三：能正确阐述题目要求，有条理地解决问题，既讲过程又讲算理，能选择合适的表征方式（也可以是多种）加以辅助。能与听讲者有效、准确地交流，观点合乎逻辑，但可能有小的漏洞。

水平四：不仅能借助多种表征方式条理清楚地表达如何解决该问题，而且能把和该问题涉及的相关知识点讲出来，还能加以拓展延伸。能与听讲者有效、准确地交流，观点合乎逻辑且完整。

学生“说数学”的过程是一个循序渐进的过程，要通过锻炼、示范、纠正、鼓励，培养学生“说数学”的习惯和能力，提升学生的思维水平，提高学生的数学素养。

参考文献

[1] 蔡金法．中美学生数学学习的系列实证研究——他山之石，何以攻玉 [M]. 北京：教育科学出版社，2007.

[2] 牛小永．用“说数学”的方式学习数学 [N]. 淇河晨报，2015－11－20.

[3] 佐藤学．教师的挑战——宁静的课堂革命 [M]. 钟启泉，陈静静，译．上海：华东师范大学出版社，2012.

[4] 佐藤学．学校的挑战——创建学习共同体 [M]. 钟启泉，译．上海：华东师范大学出版社，2010.

成长寄语

我十分欣赏牛小永老师的执着，在高研班两年的研修过程中，“说数学”是牛小永老师一直在进行的研究，从开头的“说数学”有一个朦胧的看见，到最后逐渐清晰，这个过程，我相信牛小永老师的体会肯定很深，以至于最后成文的时候，“说数学”的内涵还是比较清楚的。

“说数学”到底是什么？为什么要“说数学”？它与创新教育有什么关系？“说数学”与其他的相关概念，“说数学”和“讲数学题”是一回事吗？有没有什么相同点和不同点？它和数学交流、课堂对话之间有什么关系？国际 21 世纪教育委员会向联合国教科文组织提交的报告中的四大教育支柱之一的“学会沟通”与“说数学”有什么样的关系？值得再讨论下去。这里牛小永老师讲到的“说数学”，与课堂交流和数学交流这些平时说得比较多的概念非常雷同，但是牛小永老师想用“说数学”这个词，用得更加非正式一点。意思是说，让学生有更多的机会，无论是课内还是课外，能够把学生思维的状况和想法外在地交流出来。这不仅是一种了解学生的手段，在牛小永老师的研究当中，更是把“说数学”当作一种教学手段，这样定位的“说数学”，我们觉得是非常可取的。从这个层面上讲，它与课堂的数学交流、师生对话是一致的，只不过“说数学”这个概念扩充了一点。

牛小永老师用一个案例，把“说数学”的过程和内涵呈现出来，总体的设想与结构还是比较顺畅的。在这个研究当中还有可以进一步扩展的方面。

首先，牛小永老师提出了7个应该遵循的原则，原则本身非常好，如第3个“学会倾听原则”，不仅学生自己在说的过程中相互之间倾听，作为教师在与学生交流的过程中也要注重倾听，这样才能真正把学生的主动性调动起来。原则是可取的，那么，如何把这些原则在课堂当中体现出来，这不是一个或两个研究可以做完的，希望牛小永老师借助团队研究，进一步把这7个原则如何具体地落实在课堂上有一个很好的阐述。原则是比较大的，如果没有具体实施的方案和案例，仅是一个停留在上层的理念，对课堂实际的指导性就比较小，这是牛小永老师及其团队可以努力的一个方向。

其次，牛小永老师提出了“说数学”的四个水平，四个水平的描述没有太多异议，关键是这四个水平划分出来有什么用？是怎么划分出来的？在这方面今后可以做大量工作。蔡金法老师在《中美学生数学学习的系列实证研究——他山之石，何以攻玉》一书中，最后也附了一个关于评判学生数学交流的标准，这个标准可以用来考查学生在解决问题当中交流的清晰度，好几个研究他们做了。所以，这四个水平放在这里，似乎好像有点儿可惜了，总而言之这四个水平是好的，但是如何来用？如何用来帮助学生提高“说数学”的水平？从评估和教学的角度来说，评估和教学不分家，既要让学生能够在“说数学”上越来越好，又要能够评判他们的缺陷在哪儿，最终能帮助学生克服困难，在“说数学”上的水平越来越高，这个也是今后牛小永老师可以继续拓展的研究。

第二篇
代数

学生真的很容易理解“$4a$”吗？

冯利华（天津师范大学第二附属小学）

一 问题的提出

“字母表示数”是新世纪（北师大版）小学数学教材四年级下册“认识方程”单元的第一节课，是学生从算术走向代数的起始。笔者以“字母表示数”为关键字在中国知网（CNKI）进行搜索时发现，2011 年至 2015 年，仅篇名中包含这一关键词的文章就有 216 篇，说明这一题目已经引起了教师的足够关注。但在日常教学研讨中，也有不少教师提到学生对学习这一内容不存在什么困难，一节课很顺利就能够完成，而且学生课后习题的正确率几乎为 100%。甚至虽然教材安排两课时的内容，有的教师用一课时就完成了。教师认为这么容易教的一节课，学生学习起来真的不存在困难吗？

我们随机抽取四年级 22 名尚未学习“字母表示数”的学生进行了问卷调查，22 名学生均来自同一学校的同一班级，学校在当地处于中上水平。

主要调查了以下 3 道题目。

1. 字母 a 可以表示什么？

2. 看到“字母表示数”这个课题你会提出哪些问题？

3. 填一填：

（1）a 只青蛙，（ ）张嘴。（2）a 只青蛙，（ ）条腿。

第 1 题和第 2 题的调研目的是了解学生对于“字母表示数”是否具有一定的经验；面对这样的课题时，能否自主地提出一些进一步研究或思考的问题。第 3 题则主要考查学生对于字母表示数和数量关系的理解。具体的调研数据如表 1。

表 1

调研题目	学生答案	人数	所占比例/%
1. 字母 a 可以表示什么？	任何数	8	36.4
	未知数	5	22.7
	一个数	1	4.5
	青蛙的只数	5	22.7
	表达不准确	3	13.6
2. 看到“字母表示数”这个课题你会提出哪些问题？	哪些字母可以表示数？	5	22.7
	什么是字母表示数？	11	50.0
	用字母怎么表示数？	16	72.7
	用字母表示数有什么用处？	6	27.3
3. 填一填：（1）a 只青蛙，（ ）张嘴。	a 只青蛙，（a）张嘴。	19	86.4
	a 只青蛙，（$1\times a$）张嘴。	2	9.1
	未填写	1	4.5
（2）a 只青蛙，（ ）条腿。	a 只青蛙，（ a ）条腿。	4	18.2
	a 只青蛙，（ b ）条腿。	4	18.2
	a 只青蛙，（ 数字 ）条腿。	2	9.1
	a 只青蛙，（ $4a$ ）条腿。	12	54.5

通过调查我们发现，虽然学生可能提前看教材或从其他渠道得知字母可以表示数，但仅有 8 名学生对于字母 a 表示不确定数有一些了解，其余 14 名学生都认为字母 a 表示的是确定的数。大部分学生面对“字母表示数”这一课题都能够提出相应的问题，有 16 名学生对于怎样用字母表示数存在疑惑。面对“a 只青蛙，（ ）张嘴”这一问题时，学生很容易明白用 a 或 $1\times a$ 表示 a 只青蛙嘴的数量。但当学生面对“a 只青蛙，（ ）条腿”这一问题时，有 54.5%的学生能用 $4a$ 表示青蛙的腿数。这一调研也给我们带来一

些启发，尽管调查的学生有一定的课外知识积累，但面对用字母表示关系的变量时，的确存在一定的困难，特别是在表示青蛙腿数的时候，“$4a$”的理解成为学生理解“不确定状态”的关键。

那么，对于“字母表示数”这个内容，教师在教学中通常如何处理呢？我们可能会看到下面这样的教学过程。

师：看到老师上衣商标字母 L 就能想到是李宁牌运动服，你们还能想到有哪些事物也是用字母来表示的？

生 1：麦当劳可以用字母 M 表示，肯德基可以用字母 K 表示……

师：看来字母可以表示某一类事物。其实，字母也可以表示数，今天这节课我们就一起研究用字母表示数。

师：你们想不想知道老师的年龄？你们猜老师今年多少岁？

（学生猜测教师年龄。）

师：老师比小明大 30 岁，你们知道老师今年多少岁了吗？

生 2：我们还不知道小明的年龄。

师：小明今年 9 岁。

生 3：老师今年 39 岁。

师：明年小明该 10 岁了，老师的年龄又该是多少岁呢？

生 4：老师明年 40 岁。

……

师：说了这么多，你们从中发现了什么规律？

小结：当小明 a 岁时，老师的年龄就是（$a+30$）岁。用（$a+30$）这个式子表示老师的年龄，可以使我们一眼就看出老师比小明大 30 岁这一数量关系。

在这样的课堂上，教师努力让学生体会用字母表示数的简便，引导学生通过寻找规律探索用字母表示数量关系。但我们也不禁反思：生活中这些“用字母表示某一类事物”与数学学习中字母作为变量是否相同？经过这样的学习过程，对于字母表示数，学生是否一直停留在字母表示特定的数这样的认识上？在研究过程中，我们也在不断追问自己：学生真的很容易理解"$4a$"吗？学生学习字母表示数的困难在哪？

二 学生如何理解"字母表示数"

查阅文献过程中我们发现，许多研究表明学生学习"字母表示数"并不是一帆风顺的。如蒲淑萍等[1]通过对上海某中学52名初中预备学生进行调研发现，为数不少的学生对"用字母表示数"仍停留在"修辞代数"① 和"缩略代数"② 阶段，对字母意义的认知水平多数停留在"记数符号"及"未知量"的层次，只有少部分学生理解并能用"一类量"思想解决问题。蔡金法等[2]在研究中指出，一般来说，变量有三种不同的用法：(1) 模式推广符（如将$5+3=3+5$推广到一般的形式$a+b=b+a$）或一定范围内数值的代表（如$3t+6$表示一个数的3倍加6得到的所有可能的结果）；(2) 纯方程中的占位符或未知数（如$x+6=21$中的x）或从文字题转化来的方程(如再过多少岁，6岁妹妹的年龄将是21岁)；(3) 表示关系的变量，如$y=9x-43$表示通过点(5，2)、斜率为9的直线方程；$C=15N$表示买N张单价为15元的电影票所需的钱数C。蔡宏圣[3]在研究中也谈到用字母表示数，不是因为不知道这个数量是多少，而是因为这个已知的数量在不断的变化中，因而用字母来概括地表示它。用字母表示数的教学就要致力于使学生认识到，字母不仅可以表示特定的未知量，还可以表示变化的已知量。余正强[4]在研究中指出，"字母表示数"这节课的重点在于让学生体会"数"的变化，即"数"从一种确定状态变成了一种不确定状态。

为此在教学过程中，我们也将重点放在如何引导学生理解"$4a$"这一关键地方上来，引导学生体会"$4a$"作为变化的量以及用"$4a$"可以表示数量关系。

---

① 人们往往将丢番图以前时期的代数称作"修辞代数"。在那时，人们没有使用符号表示未知数，所有问题的讨论解决都是用长篇文字说明。

② "缩略代数"阶段以引入字母表示未知量为典型特征。

八三 课堂上如何帮助学生理解“$4a$”

1. 尝试——明确字母可以表示数

出示儿歌：1 只青蛙 4 条腿，2 只青蛙 8 条腿 ……

师：这是老师小时候经常说的一首儿歌，你能自己试着说一说吗？

学生感受到根本就说不完，青蛙的数量会是 1，2，3，…

师：有没有好办法能把这首儿歌很快地说完？

生 1：可以用字母表示数。

师：用什么字母来表示青蛙的只数呢？

生 2：可以用 a 表示。

生 3：我觉得也可以用 N 来表示。

生 4：还可以用 x 来表示。

师：我们用 a 来表示青蛙的只数。a 可以表示几？

生 5：任何数。

师：你能举例子说一说吗？

学生分别举例子。

【思考】儿歌是学生喜闻乐见的形式，首先让学生对这一情境充满兴趣是教材的设计意图之一。透过这样一首说不完的儿歌，引出了字母表示数，体会到了字母表示数的必要性。当学生提出用字母表示数后，教师继续引导这里的字母可以表示几，让学生对于用字母表示数具有一般性有一些初步的体会：这里的 a 不是某个具体的数值，而是一个可以变化的量。

2. 对比——探究怎样表示更为合理

师：当青蛙的只数是 a 的时候，青蛙的腿数用字母怎么表示？静静地想一想，再把它写下来。

教师全班巡视，选择有代表性的学生作品，组织全班汇报答案。主要呈现以下 4 种情况。

a 只青蛙 4 条腿；

a 只青蛙 a 条腿；

a 只青蛙 b 条腿；

a 只青蛙 $4\times a$ 条腿。

教师组织全班讨论：哪个答案不合理？哪个答案合理？先在小组中交流，再全班汇报。

生1：a 只青蛙有可能是4条腿，也有可能不是4条腿。

生2：如果 a 代表1的话是4条腿，如果 a 代表2的话是8条腿。

师：谁能接着举例子？

生3：当 a 是3的时候，就有12条腿。

生4：当 a 是4的时候，就有16条腿，腿数一直在变。

师：那用"a 只青蛙 a 条腿"表示合理吗？

生5：如果 a 是1的话，不可能1只青蛙1条腿。

生6：在一个算式出现了 a，它代表1个数；如果两个算式出现 a，它们可以代表不同的数。

师：这位同学没有用相同的字母表示，而是"a 只青蛙 b 条腿"，你们觉得这种表示方法怎么样？

生7：那也不行，a 要是等于1的话，b 可以等于任何数，可以是8，也可以是9。

生8：如果 b 代表1的话，那怎么办？

生9：如果 a 代表4，b 代表1的话，4只青蛙不能只有1条腿，不合理。

师：还有其他想法吗？

生10：我觉得 a 和 b 可以表示任何数，所以表示的数可能是不成立的。

师：b 有没有可能表示4呀？

生11：可能，这只是一种巧合。

【思考】课堂上学生出现的几种情况与前测过程中学生的表现是一致的。将这四种情况一起抛给学生，让学生进行比较分析。在讨论过程中，学生逐渐理解青蛙的只数 a 是一个不确定的数，青蛙的腿数也是不确定的数，且青蛙的腿数与只数之间是有一定关系的。要想更清晰地表达出青蛙的腿数，就要关注青蛙只数与腿数之间是4倍的关系，为学生理解“$4a$”奠定基础。

3. 分析——体会“$4a$”的不确定状态和一般性

师：看来 b 有可能合理，有可能不合理，我们再来看看有的同学用 $4a$ 表示青蛙的腿数，哪个更合理？

生1：这个合理。一个算式中同一个字母表示同样的数，a 表示1的话，腿数就是4，所以合理。

生2：a 表示2的话，2乘4，腿数就是8。

学生边举例，教师边板书：$4=1\times4$，$8=2\times4$，$12=3\times4$，…

师：当 a 是100的时候，腿数是多少？

生3：腿数是400。

师：那么 a 只青蛙有多少条腿？

生4：$4a$ 条腿。

师：看来同学们都认可了这种表示方法，那对比刚才的 b，好在哪呢？

生5：这个数很确切！只数是 a，腿数就是 $4a$；如果用 b，不够确切。

生6：$4a$ 肯定是正确的；b 可能正确，可能不正确。

师：表示青蛙只数和腿数之间有什么关系？

生7：倍数关系。

师：什么倍数关系？

生8：青蛙的腿数是只数的4倍。

【思考】让学生体会 $4a$ 不仅仅是青蛙腿数的结果，而且具有一般意义，它可以代表任意只青蛙的腿数，是一个不确定的量。前期调研中，我们发现学生对于这一问题存在困惑，课堂上通过举例子的方式突破这一难点。学生举例说说，1只青蛙4条腿，2只青蛙8条腿，3只青蛙12条腿……教师在板书时也特别用“$4=1\times4$”而不是“$1\times4=4$”这样的形式，目的是让学生感受这里的数量关系，而不是得到某个确定的结果。再进一步，可以根据学生的情况，让学生继续感受 b 与 $4a$ 之间的联系，即 $b=4a=4\times a$。

4. 再现——巩固字母表示数的方法

教师出示：1 只青蛙 1 张嘴，2 只眼睛 4 条腿；2 只青蛙 2 张嘴，4 只眼睛 8 条腿……

师：用字母表示这首儿歌吧。

学生独立思考，小组内交流：自己是怎么写的？又是怎么想的？

交流后，教师组织全班汇报。

【思考】学生对于“$4a$”的理解不是一个活动或是一节课就能够完成的，沿着教材设计的顺序，继续让学生完成整首儿歌，再次经历用字母表示数的过程。

四 反思与启示

看似简单的一节课，寻找其历史的发展，寻求学生的困难，我们发现它并不能简略地一带而过。学生的学习遵循着历史的脚步，教师的教学也要充分考虑学生的学习困难。作为学生走向代数的起始，“字母表示数”可让学生初步感受它所呈现的是一般化的关系或结构，同时也可以让学生体会在这个一般化的关系或结构中，字母不仅能代表某一个固定的数值，还可以随着变量的变化而变化。

整节课紧紧围绕学生对一般性和不确定状态的体会而展开。教师和学生一起透过“尝试—对比—分析—再现”四个环节，让学生明确字母可以表示数，含有字母的式子可以清楚地表示出数量关系，借助举例子的方法，通过具体的问题情境、具体的问题、具体的辨析过程，引领学生逐步深入体会字母的作用。帮助学生经历结构化、模式化、抽象化的过程，是培养学生代数思维的必由之路。

参考文献

[1] 蒲淑萍，汪晓勤．学生对字母的理解：历史相似性研究［J］．数学教育学报，2012（3）：

38—42.

[2] 蔡金法，聂必凯，江春莲．美国数学课程对变量概念的不同处理［J］．课程・教材・教法，2015（9）：123—127.

[3] 蔡宏圣．和谐：小学数学教学设计的新视角——以“用字母表示数”的教学设计为例［J］．课程・教材・教法，2007（8）：37—41.

[4] 俞正强．我们教对了吗？——小学数学“字母表示数”例谈[J]．人民教育，2012(23)：35—37.

成长寄语

一线教师在做研究时往往最大的困惑就是找不到好的研究问题。有时觉得教学中一帆风顺，似乎不存在什么研究问题；有时又觉得问题过多过大，不知道该从哪里入手展开研究。冯利华老师的文章让我们看到，作为一线教师，如何发现和找到一个适合的研究问题。冯利华老师从教师和学生两个不同的角度看待问题，抓住问题的矛盾点：教师看似容易教的内容，学生学起来却并不容易，看似很简单的东西实际上在教学中有很多问题值得思考。抓住这样的问题开展研究，是值得教师借鉴的。教师的研究就是要发现日常的教学现象，解决教学问题，以使学生能够理解得更为深刻。本文还有一个亮点让人感受深刻，教师从高观点理解概念，才能有意识地设计教学活动，让模糊概念变得清楚。冯利华老师在前面的调研中发现学生理解“$4a$”存在困难，但日常教学中教师通常将“字母表示数”理解为“字母代替数”，没有将字母作为变量开展教学。教师自身站位高，从高观点下看某个概念，才能保证让学生理解。

在研究过程中，冯利华老师对学生开展前测，以了解学生的已有知识和常见的一些问题。前测还有一个重要的意义，就是指导教师设计、开展教学活动。但我们在实际研究过程中也发现，前测与教学设计脱节是大多数教师的通病。文中谈到前测时发现学生通常认为“字母 a 表示的是确定的数”，在教学中就要引导学生理解“不确定”这件事。在教学案例中，教师用追问的方式“a 可以表示几”，引导学生探讨这一问题。如果整节课的讨论能够紧密围绕“字母表示的数是一个变量”这个问题展开，让读者看到更多与前测相关的教学片段，这节课会更具有借鉴性。透过前测了解学生的情况并展开教学，那么，如何检验教学效果？后测是一个不错的选择。透过前测和后测的比较，可以更好地说明如此教学过程对帮助学生理解“$4a$”这样代数思想的有效性。

再进一步，冯利华老师的研究也给我们带来一些思考，学生对于“$4a$”的理解是否存在阶段性？会存在怎样的阶段？对于变量的理解，不一定仅在这个年龄段渗透，可能在一年级刚开始学习数数、一一对应的时候，学生就已经具有一定的代数思想，也就是在算术当中寻找代数的理念，可以尝试探索一些教学案例，在低年级开始渗透代数思想，让学生更好地理解“$4a$”。

“字母表示数”案例中代数思维的发展

王昌胜（河南省郑州市创新实验学校）

一 问题提出

在开展案例教学前，我们对学生进行了前测，其中有一道访谈题：

明明 x 岁，红红比明明大 3 岁，如何表示红红的年龄。

在“y”和“$x+3$”之间，很多学生认为“$x+3$”不知道到底是 x 还是 3，不能确定，“y”比较好，因为“y”可以代表任何数。

分析：学生不认同“$x+3$”是一个数（结果），或“$x+3$”不能表示一个具体数。因为以前都是确定的数，现在用一个表达式表示具体数，学生从心里不太认可：分明是两个数加起来的式子，怎么可能是一个数呢？受算术思维的影响，学生容易将侧重点放在对表达结果的关注上，而对数量关系的关照较少。算术思维在学生头脑中留下深刻印记，代数思维的发展是个较为漫长的过程，不是一朝一夕可以达到的。

如果我们将视角放宽一点，这样的现象在学生之前的学习中也曾经出现。

镜头 1：一般把求得的结果放在等号右边。

课堂上，学生正学习千以内数的减法：

故事书 236 本，连环画 118 本，科技书 87 本。

为了培养学生提出问题的能力，我要求学生提出减法问题“故事书比连环画多多少？连环画比故事书少多少”等。但有一名学生却提出了不同的问题：“连环画加多少本就和故事书一样多?”显然他的问题引起了同学们的关注，大家都作思考状。

“你那是加法问题，不是减法问题。”另一名学生反驳道。

我随机板书：118＋（？）＝236。

“就是呀，确实是一个加法问题。”模棱两可之际，我随即挑拨着。

“不对，老师，应该是减法。”学生上台解释：“因为我们一般把求得的结果放在等号的右边，所以，就应该是‘236－118＝?’。这和‘118＋（？）＝236’意思是一样的，但它应该是减法，不是加法。”

很多学生若有所思，有的学生点头认同。

镜头 2：教师这样处理学生的作答情况 。

如图 1。最初，学生的方法很多是用加法：2＋6＝8。

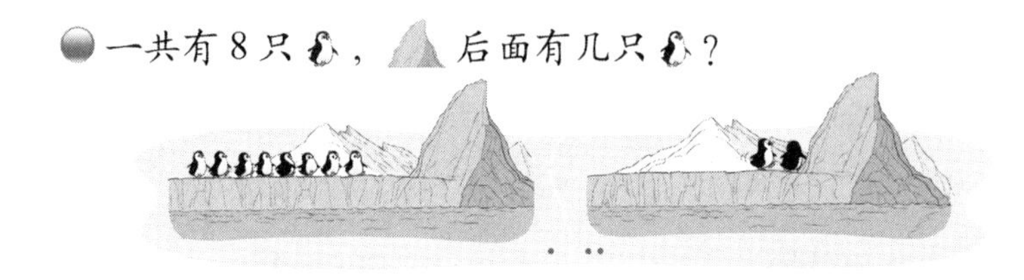

图 1

教师往往有两种处理方式。一是不认可这种方式，要求用减法；二是允许学生用这种方法，但是要在答案“6”上面标注适当的记号或者写清楚答案。但无论是允许还是不允许，我们都赞同引导学生用减法，并视“我们一般将答案写在等号的右边”为比较好的引导方式。

这种引导方式与二年级的引导方式如出一辙。

镜头 3：递等式的书写过程经常出错。

学生在接触递等式时，经常出现这样的情况。

$$
\begin{aligned}
&5-3+2\\
=&2\\
=&4
\end{aligned}
$$

看似问题不大，究其根本原因，是学生没有理解递等式的意义，并没有把“＝”看作一种相等的关系。这与教师在学生一二年级时的引导有无关联？由此我们又联想到学生在解方程时的表现。

镜头4：学生难于接受用“等式的性质”解方程。

为什么学生难于接受用“等式的性质”来解方程是值得思考的。教师关注什么，什么就枝繁叶茂，我们关注的“＝”表示的是结果（我们一般将答案写在等号的右边)，而对于“＝”更为本质的“表示相等关系”却一再被忽视，没有得到相应的关照。

回到调研时的这道访谈题目，部分学生在学习“字母表示数”之初难以接受用类似“$x+3$”表示结果。那么，有何策略促使学生代数思维的发展？

文献综述

针对上述问题和困惑，通过检索文献，得到以下认识。

1. “用字母表示数”的内在逻辑

(1) 用文字代表数的思想内涵，可以分为两大类。一类是常识意义下的使用符号、文字来代表事物。例如，代表名字（如中文名、英文名)，代表某人（如“甲”)，代表一部分事物（如老师A)，代表某一规律（如运算规律)，泛指一个自然数（如用b表示青蛙只数)。这一类描述对象是已知的对象或规律，目的是为了使表示方式更加简单、方便、好用。

另一类是代表一个特定的未知数。这是一种特殊的思维方式，即为了寻求未知数，我们称之为方程思想。这一过程中，对象是未知的特定的数。

张奠宙教授打了个比方，说不妨认为第二类的文字代表数好像是在寻找罪犯。罪犯姓甚名谁不知道，因而只能用一个符号或者代号代表，然后凭借罪犯遗留在现场的痕迹，通过与已知事实和信息的比对，最后找出罪犯。

(2) 也有人概括为三个类型：代表任意数、范围数和特定数。

(3) 柯利斯认为，学生对“字母表示数”的理解可以概括为6种水平：

①赋予特定数值的字母，一开始就用一个特定数值代替字母；

②对字母不予考虑，忽视字母的存在，或承认存在但不赋予实际意义；

③将字母看作一个具体的对象；

④将字母作为一个特定的未知量；

⑤将字母看作一般化的数，或至少可以取几个而不只是一个值；

⑥将字母作为一个变量，把字母看作代表一组未指定的值，并在两组这样的值之间存在系统的关系。

刘加霞老师对此做了为期2年的实验研究，数据说明研究的结论是：小学生对“字母表示数”的理解水平基本处在水平②或水平③；学生的理解过程非常复杂，常常有时能达到高水平理解，但有时又降低到低水平；不同学生之间的理解水平差异非常大；“字母表示数”是一个核心概念，学生对其理解是不可能一次到位的。

思考：对于“字母表示数”的教学，可以尝试遵循以下的顺序来引领学生学习——用字母表示任意数、一类数、自然数，最后用字母表示特定的未知数。如此将字母表示数的必要性、程序性、逻辑性关照得更充分一些。

2. 方程的本质含义

张奠宙教授将方程定义为：方程是为了寻求未知数，在未知数与已知数之间建立起来的等式关系。他认为“这个定义其实并不重要，那只是‘方程式’的一个外观描述，没有体现方程的本质”。

史宁中教授也说：“虽然教科书中方程的定义被描述为‘含有未知量的等式’，但应当知道方程的本质是在讲两个故事，这两个故事有一个共同点，在这个共同点上两个故事的数量相等。”

也有教师认为，方程思想与算术思想的根本区别在于算术解题参与的量必须是已知的量，而代数解题允许未知的量（以字母的形式）参与运算；算术方法是在头脑里纯“抽象”地操作各种数量关系最终列出算式，而代数方法是直接找出等量关系并变换成方程，从而在“直观可视化”下进行有程式的思维操作变求出未知数。代数方法这种外显型思维运算优于算术方法的内隐型思维操作。

思考：对于“方程的认识”，应该突出对等量关系的理解，而不仅仅是形式上的“含有未知数的等式”，仅仅停留在对文字字面的理解是不够的。

3. 代数思维发展的阶段和方法

蔡金法老师和 Moyer 在“提早开发代数思维”一文中有如下呈述。

(1) 对许多学生来说即使精通算术，但算术与代数之间的转换仍然很难，因为两者之间的转换需要做很多的调整。Kieran 提出两者成功转换的要求：

①注重两者之间的关系，而不仅仅是一个数字答案的计算。

②注重运算和验算，以及这样算或不这样算的理由。

③注重陈述和解决问题，而不仅仅是解决问题。

④注重数字和字母，而不仅仅只是数字。

⑤注重等号的意义。

这 5 点要素代表了从算术思维向代数思维的转变。

(2) 我们对其他国家小学数学课程的分析表明：让算术和代数之间建立联系是一个共同目标。中国和新加坡课程的三个观点，也许对早期学生代数思维的发展有帮助。

第一个观点：将等式计算（方程求根）与逆运算联系起来。

第二个观点：在新加坡的教学中会用到“图示运算”法。在一二年级，教师经常会用图来呈现方程式。之后，教师便用一些更加抽象的长方形

（矩形）来代替图片。为了帮助三至六年级的学生在不运用代数方程的情况下来解决代数应用题，教师会教学生用条形图来解决。

第三个观点：鼓励学生同时运用算术和代数等多种方法来解决问题。

思考：学生代数思维的发展，是一个长期反复的过程，需要从低年级教学开始渗透代数思想，尽量多地寻找一些渗透代数思想的方式和路径。

案例研究

基于上述的认识和思考，我和团队的刘玉华老师，对四年级“字母表示数”的第1课时做了两次相关的教学设计和实践。

（一）第一次案例研究

第一次案例研究并不成功，但从第一次不太成功的尝试中，我们进行反思分析，有以下收获。

1. 前测中的启示

为了了解学生情况，我们进行了前测，有分析价值的案例如下。

题目：1只青蛙1张嘴，（ ）只眼睛（ ）条腿。

2只青蛙2张嘴，（ ）只眼睛（ ）条腿。

3只青蛙3张嘴，（ ）只眼睛（ ）条腿。

4只青蛙4张嘴，（ ）只眼睛（ ）条腿。

……

你能用一句话表示出来吗？

（ ）只青蛙（ ）张嘴，（ ）只眼睛（ ）条腿。

学生作品分析：前面的具体数值都能填写正确，但最后的概括五花八门，例如，

（无数）只青蛙（无数）张嘴，（无数）只眼睛（无数）条腿；

（多少）只青蛙（多少）张嘴，（很多）只眼睛（很多）条腿……

分析：学生因为不知道如何用简洁的方式表达，60%以上的学生采取文字表示的方式。此时文字表达可能是一种障碍，不便于学生表示出数量

间的关系。就如“（多少）只青蛙（多少）张嘴，（很多）只眼睛（很多）条腿”的答案，可以看出学生关于数量关系的思考。对该学生进行访谈追问，他说：“我心里清楚，但不知道怎么写出来。”可见，学生已经具有懵懂的要表达数量关系的意识，苦于找不到合适的表达方式而放弃。此时，就有必要让学生尝试用字母来表示，尽量减少表达方式的干扰。

在此基础上，我们做了提醒，鼓励学生尝试用字母来表示一些数，部分学生做了改进，例如，

（a）只青蛙（a）张嘴，（a）只眼睛（a）条腿；

（a）只青蛙（b）张嘴，（c）只眼睛（d）条腿；

（n）只青蛙（n）张嘴，（$n+n$）只眼睛（$n\times4$）条腿……

分析：即使是在必要的提示之后，能准确表达出数量关系的学生仅占全班人数的18.6%。不过对于还没有接触字母表示数的学生来说，情况应该是正常的。对于学生来说，头脑中的干扰很多，比如，用字母怎么表示？a真的是一个数吗？$n\times4$怎么是一个数？以前都是确定的一个数，现在这个不确定，学生心里很不踏实。

教学改进：在实际教学中，我们尝试让学生多说一会儿儿歌。实际上说这些儿歌，本身也是在强化对数量关系的理解。每说一句，理解就加深一次。随着数量关系理解的加深，对用字母表示数量关系也是有帮助的。

2. 教学后的反思与启示

（1）课堂中，学生面对“明明x岁，红红比明明大3岁，华华岁数是明明的2倍，谁最大”这个问题，感觉有一定难度，需要独立思考的时间，而且需要借助列表来帮助理解。图2是一名学生的作品，根据作品与全班同学分享时，她的思路很清晰。

反思及分析：这名学生用了不完全归纳法，将x分别看作1，2，3，4，5，6时，观察相对应的“$x+3$”和“$2x$”的变化规律。这说明，当学生对数量关系理解不到位，或者说对数量关系的规律理解不到位时，可以用举例子的方式，帮助学生加深理解。举例子，是一种很好的促进理解的方式。

(1):	(2):	(3):
明：1岁	明：2岁	明：3岁
红：1+3岁	红：2+3岁	红：3+3岁
华：1×2岁	华：2×2岁	华：3×2岁
(4):	(5):	(6):
明：4岁	明：5岁	明：6岁
红：4+3岁	红：5+3岁	红：6+3岁
华：4×2岁	华：5×2岁	华：6×2岁

图 2

(2) 教学中提出的“你能用一句话将这首儿歌说完吗”，可有部分学生对于呈现出来的答案心存顾虑：“‘a 只青蛙 a 张嘴，$2a$ 只眼睛 $4a$ 条腿’真的就说完了吗？为什么要说完？a 只还是不知道有多少只，不等于没有说吗？字母表示数有什么用？”

综合学生的表现和前文所述的文献，我们将第二次的教学流程设计为：用字母表示任意数、一类数、自然数，最后用字母表示特定的未知数。

（二）第二次案例研究

参考张奠宙、刘加霞老师的研究和李培芳、李维中、毕波等老师的教学设计，按照“用字母表示任意数、一类数、自然数、特定的未知数”的知识生发顺序，我们重新设计了教学活动。

1. 体会代数思维

师：老师心中想了一个数，这个数怎么表示？

生 1：老师您想的是哪个数？

师：我不做任何提示，请把我心中想的这个数表示出来。

生 2：可以用字母 a 来表示。

……

师：我们不知道的数，可以用字母来表示，比如，用字母 x 等。这个 x 可以表示多少呢？

生 3：100，1 000，10 000，0 都可以。

生 4：可以表示任意数。

【设计意图】让学生体会用字母表示任意数。

师：现在老师心中想到一个人的年龄，这个 x 可以表示任意数吗？

生 5：不行。要根据生活实际来表示年龄，年龄有一定的范围，不可能是 1 000，10 000，要符合实际。

生 6：人的年龄一般在 100 以内。

生 7：年龄还是变化的，比如，今年 11 岁，明年就是 12 岁了。

师：如果这个 x 代表我们班某名同学的年龄，x 还是任何数吗？

生 8：四年级的年龄一般在 9 岁或者 10 岁。

师：（小结）一般来说，可以用字母表示任意的数。不过在具体问题中，可能有不同限制，字母表示的是一定范围内的数或特定的数。

【设计意图】引导学生体会由任意数到范围数和特定数的过程，体会用字母表示数的必要性。

师：小明 x 岁，那么小红的年龄怎么表示？

生 9：y。

师：如果老师告诉大家，小红比小明大 3 岁，小红（　）岁。如何表示？

生 10：$x+3$。

师：$(x+3)$ 与 y 表示小红年龄，哪个好？

生 11：y 比较好，可以代表任何数。$(x+3)$ 不知道到底是 x 还是 3。

生 12：用 y 比较好，$(x+3)$ 比较复杂。

生 13：我觉得 $(x+3)$ 好一些。因为如果知道小明的年龄了，而只需要“$+3$”就可以了。

生 14：如果用 y，根本就不知道谁大谁小，更不可能知道小红比小明大 3 岁，$(x+3)$ 就可以知道他们年龄之间的关系了。

师：$(x+3)$ 可以表示多少？真是任意一个数吗？

生 15：不是，因为前面是 x，“$+3$”后就是比 x 大 3 了。

生 16：我觉得是任意的，因为 x 是任意一个数，所以“$x+3$”也可以表示是任意一个数。

生 17：比如，如果 x 是 9，那么“$x+3$”就是 12；如果 x 是 10，“$x+3$”就是 13 了……

【设计意图】尝试表示数量关系的过程，其实也是让学生经历用含有字母的式子表示数的抽象过程。

师：什么在变？什么不变？

生 18：年龄在变，但他们的年龄差距不会变。

师：不变的是年龄之间的关系。

【设计意图】进一步体会数量关系。

师：又来了一个人，李华，他的岁数是 $2x$。谁明白 $2x$ 是什么意思？

生 19：就是 2 个 x。李华的年龄应该是小明年龄的 2 倍。

师：$2x$ 确实表示“$2\times x$”。数字和字母相乘，一般将数字写在前面，中间的乘号去掉。

师：判断一下，3 人谁的年龄大？（x，$x+3$，$2x$）

（小组交流后汇报）有三种情况存在，不同范畴有不同情况：小明最小，小红和李华都比小明大；当 $x<3$ 时，$x+3$ 大；当 $x=3$ 时，$x+3$ 和 $2x$ 一样大；当 $x>3$ 时，$2x$ 大。

师：谁的年龄最大呀？

生 20：不可能小明最大。有时候小红最大，有时候李华最大。

【设计意图】体会意义的同时，也为解方程打下基础。教学时，发现还是有一些难度，可以充分举例后再概括。

2. 发展符号意识

（1）独立创造。

师：请写出连续的三个自然数。

生 1：很多，比如，2，3，4。

生 2：a，b，c。

生 3：$x+1$，$x+2$，$x+3$。

(2) 交流辨析。

师：哪种表示方法好？

生（达成共识）：“$x+1$，$x+2$，$x+3$”，这种方法好，因为它能表示三个数相互之间的关系。

【设计意图】在表示关系的同时，进一步体会用字母表述的必要性。

(3) 你能用一句话来表示这首儿歌吗？(出示青蛙儿歌。)

生 1：a 只青蛙 b 张嘴，c 只眼睛 d 条腿。

生 2：a 只青蛙 a 张嘴，b 只眼睛 c 条腿。

师：想一想，青蛙嘴的张数与眼睛、腿的数量有什么关系？

生 3：眼睛的只数是嘴的张数的 2 倍。

生 4：腿的条数是嘴的张数的 4 倍。

生 5：我想应该是 a 只青蛙 a 张嘴，$2a$ 只眼睛 $4a$ 条腿。

学生在同伴的相互体提醒中调整，理解了青蛙嘴的张数与眼睛的只数、腿的条数之间的关系。接下来，我们又让学生尝试填写下面两个儿歌，并进行交流。

小狗歌：n 只小狗（ ）张嘴，（ ）只眼睛（ ）条腿。

同学歌：n 个同学（ ）张嘴，（ ）只眼睛（ ）条腿。

……

【设计意图】体会必要性的同时，进一步加深对数量关系的理解。

3. 体会代数价值

(1) 体会“字母可以表示计算公式”。

用字母表示长方形的周长、面积和运算律等。

【设计意图】丰富用字母表示数的认识。

(2) 体会同一符号的多重意义。

如果正方形的边长是 a，那么正方形的周长是 $4a$，生活中还有哪些地方用到 $4a$？

一个文具盒 a 元，4 个文具盒多少元？

一张桌子 4 条腿，a 张桌子多少条腿？

……

怎么都是 $4a$？$4a$ 还可以表示什么？

【设计意图】进一步体会代数价值。

4. 体会与生活的联系

(1) 填一填。

鸵鸟的奔跑速度为 70 千米/时。

鸵鸟 2 小时奔跑（　　）千米，3.5 小时奔跑（　　）千米，t 小时奔跑（　　）千米。

笑笑有 20 元钱，买书包用去 a 元，还剩下（　　）元。

(2) 公交车上原来有 50 人，第一站上来 x 人，下去 y 人，从这个站台开出后，车上有多少人？

四 结论与反思

1. 提供丰富的素材促进学生多角度理解

一方面，设计的任务基本完成，从课堂表现来看，学生课堂上的分析、认识比较到位。而且运用一个年龄的情境将之串联起来，基本实现了引导学生逐步抽象体会用字母表示数的必要性的目的。

另一方面，基本遵循了用字母表示任意数、范围数到特定数的历程，教师们觉得“顺手”了。

但也出现了我们未预料到的问题。

第二次的案例虽然教师觉得顺手了，但对学生掌握知识却没有多大帮助，甚至还感觉学生练习中的表现还不如第一次的教学，例如，有个别学生对于转换情境之后的用字母表示数，表现得不坚定。这可能与案例过多依靠描述年龄素材，没有为学生提供多样化素材以促进理解有关。当然，学生经提醒后马上可以矫正。这说明，对于用字母表示任意数、范围数、特定数，对学生来说理解并不困难，但丰富的素材、多样的情境对促进学生多角度理解用字母表示数非常关键。我们建议最好采用三个或三个以上的素材。

2. 字母表示数，重在理解数量关系

反思之前的设计，我们追求知识的内在逻辑，忽略了学生的认知特点。所以，当我们深入分析北师大版教材之后，觉得教材在这方面的设计更为妥当：教材在第1课时只运用了一个素材贯穿始终，以青蛙儿歌为线索，侧重用字母表示数量关系，由浅入深地安排活动，关照学生的认知特点，而不只是追求知识的内在逻辑。教材在第2课时的设计中，引进面积和运算公式，丰富学生的感知。

知识的内在逻辑应适当向学生认知特点妥协。“字母表示数”的教学，更应该将重点放在对数量关系的理解上。

参考文献

[1] 黄荣德. 让“思想”成为方程教学的主旋律［J］. 小学数学教师，2014（1）：45—47.

[2] 史宁中，孔凡哲. 方程思想及其课程教学设计［J］. 课程·教材·教法，2004（9）：27—31.

[3] 谢芬芬. 关于小学生对简易方程认知的初步研究［D］. 上海：华东师范大学，2008.

[4] 张丹. 小学数学教学策略［M］. 北京：北京师范大学出版社，2010.

[5] 郑毓信，梁贯成. 认知科学·建构主义与数学教学［M］. 上海：上海教育出版社，2002.

成长寄语

本文结合“字母表示数”这样一节课的教学尝试，试图理清学生代数思维发展的脉络，寻找促进学生代数思维发展的策略。王昌胜老师做的研究是从熟悉的课堂入手，发现在学生用字母表示年龄时，在“y”和“$x+3$”之间更愿意选择“y”作为年龄的代表，学生不认可用一个表达式来表示具体数。这个问题是什么原因造成的？是因为教学的引导，还是内容本身是学生思维发展的瓶颈？

遇到这样教学上的问题，王昌胜老师的做法是回到问题的起点，从教学入手着力寻找解决这一问题的办法。首先用前测的方式读懂学生，发现学生存在不知道如何用简洁的方式表达的困难，前测中发现学生的困难，在教学中提出相应的改进策略。接下来反思重要的教学环节，发现举例子是促进学生理解用字母表示未知数的一个重要策略。研究中还有一个亮点值得我们注意，在一节课中发现的问题，不仅仅拘泥于这一节课进行反思，还须回顾过去教学中存在的一些教学现象，从中寻找学生思维发展的路径。文中用镜头回放的方式，用例子简短地呈现了学生在低年级学习过程中存在的一些困难，并指出教师引导的方式对于学生的学习有重要影响。此外，文献梳理也为整体的研究奠定了基础。

在研究中也存在一些值得进一步探讨的地方，从教学入手进行反思、总结发现解决问题的办法，重新开展教学，这似乎只是走了研究过程中的一段路，接下我们还需要进一步地反思：第二次开展的教学设计相对第一次的教学有哪些改进？为什么这样改进后的教学是好的？改进的效果如何？有哪些值得推广和进一步改进的地方？这些在文中似乎呈现的还是少了些。我们期待着研究是一个螺旋上升的过程，发现问题、分析问题、解决问题、反思总结、再发现新问题，每进行一个循环后，就会有一些积淀和成果，每个研究循环都为后面的研究奠定基础。

学生为什么不喜欢列方程

哈继武（宁夏回族自治区银川市永宁县蓝山学校）

一 选题缘由

用方程解决问题是一种重要的数学方法，对学生多角度分析问题、解决问题能力的培养具有重要意义。通过对实际问题数量关系的分析，使学生初步感受方程是刻画现实世界的有效模型。算术方法和方程方法是互相联系、相互依存的，从算术到代数是学生认识现实世界数量关系过程中的一次飞跃，也是学生数学学习的一个转折点。

从四年级开始，学生正式学习用字母表示数、数量关系、计量单位、计算公式等，进而学习方程，知道了什么叫方程、根据等式的性质会解简单的一元一次方程，在此过程中学会用方程解决问题。用方程解决实际问题，关键是弄清等量关系。但教学中发现，学生容易找出明显的等量关系，如路程＝速度×时间，单价×数量＝总价……但是有些题目的数量关系复杂，学生就遇到了困难，如比一个数的3倍多2的数是17。大多数学生感到迷茫，许多学生还是习惯寻求算术法解决。学生为什么有这样的困惑？学生在解决问题时不常用甚至不愿意用方程的原因是什么？

二 概念揭示

（一）方程

方程是刻画现实世界中相等关系的重要模型。在《义务教育数学课程标准（2011年版）》中，对于小学阶段方程的学习要求如下："结合简单的实际情境，了解等量关系，并能用字母表示。能用方程表示简单情境中的等量关系（如 $3x+2=5$，$2x-x=3$），了解方程的作用。了解等式的性质，能用等式的性质解简单的方程。"

（二）数量关系、等量关系

数量关系是指几个数量之间的大小关系，主要包括和、差、倍数等关系。等量关系是指数量间的相等关系，是数量关系中的一种，分别指加减乘除各部分之间的变化关系。例如，加数＋加数＝和，和－加数＝另一个加数。

（三）算术思维和代数思维

算术思维是一种逆向性思维，是根据条件推理算出结果，每一步都有根据；代数思维是一种顺向性思维，关键是找出等量关系，由等量关系列出方程再解出结果。

三 学生用方程解决问题遇到的挑战

（一）受已有经验的影响

学生不习惯运用方程来解决问题，这种"不习惯"背后，学生真实的想法是什么？我们对学生进行了访谈。

访谈问题1：你在什么时候会想到用列方程的方法解决问题？

生1：题目比较难时。

生2：有两个未知量时。

生3：老师说需要顺向思考时。

生4：解很难的奥数题时，老师教给我们设两个未知数 x，y。

访谈问题 2：学习用方程解决实际问题时，你们有哪些不适应？

生 1：有些题目太简单了，读完题目后我得数都算出来了，还让我们列方程，我觉得多此一举。

生 2：刚开始列方程总是不习惯把 x 当成已知数处理，现在觉得很好。

生 3：我刚开始列方程时总是用算术方法，结果列成一边是 x 的等式，老师告诉我说这样未知数没有参加运算，考试不能得分。现在我明白了。

从上面的访谈中不难看出，学生确实对于列方程解决实际问题存在不习惯。理由主要有两个：其一，在等量关系比较简单的情况下，学生不愿意列方程，反而觉得方程步骤比较复杂；其二，学生在此之前一直使用算术方法，受思维习惯影响，不习惯新的思维方式。

（二）找等量关系存在困难

为了了解学生用方程解决问题的过程中还存在哪些困难，我们对四年级 2 个班级共计 115 名学生展开调查。具体调查题目及结果如表 1～表 5。

表 1

1. 学校体育组买足球花了 240 元，比买篮球花的钱数的 3 倍少 84 元，买篮球花了多少元？

作答情况 / 人数 / 班级	等量关系与方程式都正确	等量关系与方程式都错误	等量关系错误，方程式正确（其他）
（1）班	40	15	3
（2）班	30	6	21
总计（百分比/%）	70（61）	21（18）	24（21）

表 2

2. 一个长方形水池的周长是 13 米，水池的宽是 2.5 米，水池的长是多少米？

作答情况 / 人数 / 班级	等量关系与方程式都正确	等量关系与方程式都错误	等量关系错误，方程式正确（其他）
（1）班	40	6	12
（2）班	34	18	5
总计（百分比/%）	74（64）	24（21）	17（15）

表 3

3. 用一根长 18.98 米的钢丝做晾衣架，第一次用去 3.2 米，第二次比第一次多用去 1.29 米，还剩下多少米？			
作答情况 / 人数 / 班级	等量关系与方程式都正确	等量关系与方程式都错误	等量关系错误，方程式正确（其他）
（1）班	40	5	13
（2）班	38	8	11
总计（百分比/%）	78（68）	13（11）	24（21）

表 4

4. 向阳纺纱厂有职工 720 人，其中女职工人数比男职工人数的 4 倍少 60 人，这个厂男女职工各有多少人？			
作答情况 / 人数 / 班级	等量关系与方程式都正确	等量关系与方程式都错误	等量关系错误，方程式正确（其他）
（1）班	45	4	9
（2）班	40	8	9
总计（百分比/%）	85（74）	12（10）	18（16）

表 5

5. 建筑工地上有两堆砖，第一堆的块数是第二堆的 1.2 倍。如果再给第二堆增加 3 600 块，两堆的块数就相等了。两堆砖原来各有多少块？			
作答情况 / 人数 / 班级	等量关系与方程式都正确	等量关系与方程式都错误	等量关系错误，方程式正确（其他）
（1）班	30	21	7
（2）班	25	23	9
总计（百分比/%）	55（48）	44（38）	16（14）

调查发现，用列方程解决简单问题，大部分学生还是能找出等量关系的，第 1 至第 4 题正确率均在 60%以上。但是，也有部分学生找等量关系很困难，一直按照算术的方法来找，总是试图能很快算出结果。

我们还发现学生在初学用方程解决问题时，还没有形成先准确找等量关系的意识，没有把等量关系跟方程联系在一起，没有认识到等量关系是列方程的前提和必要。在“其他”这项里面，第1至第5题将近有20％的学生找出的等量关系和列出的方程不一致。第5题等量关系与方程都错的学生占38％。学生能列出正确的方程式，但不能正确找出等量关系，这一问题不容小觑。

四 帮助学生学会用方程解决问题

（一）早期渗透代数思想

代数是学生进入高年级数学学习的基础。在美国，很多学生学习代数有困难，也因此而无法进行后续更高级数学内容的学习，所以美国提出了“大众代数”的口号。为实现这一目标，他们开始讨论研究如何在小学低年级渗透一些代数概念和思想，以帮助学生顺利完成从算术到代数的过渡。我国课程中代数处理有三大特点：（1）小学算术中互逆的运算同时呈现，有助于学生理解运算之间的关系，并为解方程做好铺垫；（2）列方程解应用题中算术方法和代数方法并行使用，有助于学生理解问题中蕴含的数量关系；（3）教材中出现的等式，有助于学生形成对等号意义的多角度理解。

实际上从算术到方程存在着思维的飞跃，需要学生改变原先对于运算或符号的某些理解。例如，对于等号的理解。在过去的算术思维中，学生对于它的理解往往是表示要输出的结果，因此，要求的未知数的结果应该在等号的右边；而在方程中，学生需要将等号理解为连接等量关系的符号，等号左右两边只要存在着相等关系即可，因此，未知数在等号的两边都是可以的。所以，教学中要帮助学生逐步理解等号既可以表示“输出结果”，也可以表示一个相等关系。

（二）借助画图理解数量关系

运用创设情境图，画出直观图帮助学生找出数量关系来激发学生学习的兴趣，同时也培养了学生动手操作的能力。新世纪（北师大版）小学数学教材充分利用这种方法，极大地提升了学生学习的自信心。例如，对于调研中的第1题，我们展开了下面的教学过程。

师：先来说一说，有哪些数学信息？

生1：买足球花了240元，比买篮球花的钱数的3倍少84元。

师：在列方程之前，我们要先找到它的等量关系，自己先试着写一写。（给学生足够的时间思考。）

生2：篮球的钱数×3＋84＝足球的钱数。

生3：我认为应该是篮球的钱数×3－84＝足球的钱数。

师：到底哪位同学说的对？你认为哪个花的钱多，哪个花的钱少？

生4：买篮球花的钱少，买足球花的钱多。

师：我们可以画图把它表示出来。（如图1）

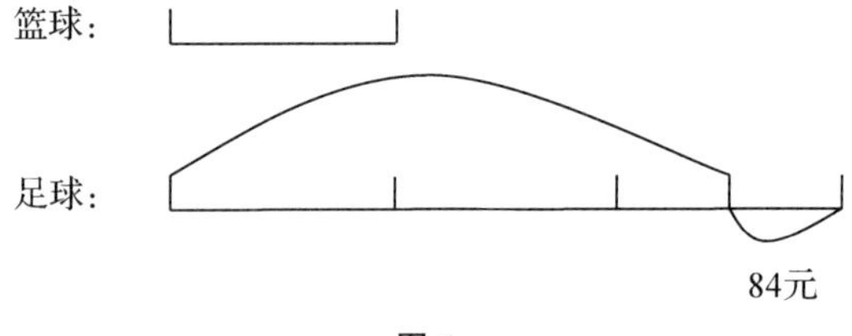

图1

师：买足球花的钱有没有达到篮球的3倍？

生5：没有，还差84元就达到了。

师：现在想想应该减84还是加84？

生6：应该减84，第二位同学说得对。

师：还有其他不同的等量关系吗？

生7：足球的钱数÷3＋84＝篮球的钱数。

生8：根据刚才的线段图，我们可以看到买足球花的钱不到买篮球花的钱的3倍，如果先用足球的钱除以3，很有可能除不尽。

师：说得很有道理，怎样改一下就正确了呢？

生9：只要给买足球花的钱再加上84达到3倍，再除以3就是买篮球花的钱。

……

（三）分析题目信息，找准未知量

学生在解决稍复杂的实际问题时，也会遇到不知道如何找未知量的困难。特别是两个未知量时，学生无法找到两个未知量的关系，从而不能建立联系，这时就会出现“能列出等量关系，但仍无法列方程”的情况。课堂上，对调研中的第 5 题，我们尝试展开了下面的讨论。

师：同学们看，这道题跟我们以前做的题有什么不同？

生 1：这道题的问题是两堆砖原来各有多少块，求的是两项，而以前的题只要求一项就行了。

师：你们在用方程解决这样的问题时，首先有什么困惑？

生 2：第一步解设的时候不知道解设哪个为未知数 x。

师：能设两堆砖原来各有 x 块吗？

生 3：不能，因为我们不能确定两堆砖的数量是否是一样的。

师：应该设哪一个为未知数 x 呢？为什么？

生 4：我认为应该解设第二堆砖的块数为 x，因为题目中第一堆的块数是第二堆的 1.2 倍，如果第二堆为 x，那么第一堆就是 $1.2x$。

师：这道题的等量关系是什么？

生 5：第一堆的数量＝第二堆的数量。

生 6：第一堆的数量＝第二堆的数量＋3 600。

生 7：第二堆数量的 1.2 倍＝第二堆的数量＋3 600。

师：你们是如何找到这样的等量关系的？

生 8：因为题目中说如果给第二堆增加 3 600 块，两堆的块数就相等了，所以，生 6 说的是正确的。

生 9：刚才我们在解设未知数的时候就说到，我们不能确定第一堆和第二堆的数量是相等的，所以，生 5 的说法是错误的，而根据题意生 6 的说法是正确的。

师：那么生 7 的等量关系是如何得到的？

生 10：刚才我们在解设未知数的时候，当第二堆为 x 时，那么第一堆就为 $1.2x$，我们把第一堆的数量用第二堆的 1.2 倍替换了。

五 后续思考

1. 通过以上的调研，我们了解小学生在初步学习方程时的一些困惑和想法，以及找出了一些帮助学生用方程解决数学问题的方法。但是，在调研的过程中，这 5 道题目对于小学四年级学生来说难度到底有多大？可信度怎样？以后学生还会学习解决有关分数的实际问题，这些方法对学生的影响有多大？

2. 从学习时间上来讲，方程思想的渗透不是一下就能做到的，教材在编排时主要以单元的形式存在，在学生的大脑中还未形成应用的习惯。这就要求教师在教学过程中合理地安排方程解题的学习情境，使学生逐步养成用方程法解题的习惯。

参考文献

[1] 蔡金法，江春莲，聂必凯．我国小学课程中代数概念的渗透、引入和发展：中美数学教材比较［J］．课程·教材·教法，2013（6）：57－61，122.

[2] 张丹．小学数学教学策略［M］．北京：北京师范大学出版社，2010.

[3] 中华人民共和国教育部制定．义务教育数学课程标准（2011 年版）［S］．北京：北京师范大学出版社，2012.

成长寄语

哈继武老师通过一篇简短的文章，呈现了研究过程中的重要部分。首先借助 2 道访谈问题，了解学生不习惯运用方程来解决问题背后真实的想法。访谈是研究过程中收集数据的重要方式，教师对学生的访谈往往可以透过非正式的方式进行，以消除学生心理可能存在的压力。从哈继武老师访谈的结果看，学生说出了自己真实、质朴的想法，这与哈继武老师访谈过程中与学生建立平等的关系是密不可分的。只有让学生畅所欲言、毫无保留，教师才有可能了解学生的心声。接下来通过 5 道调研问题，分析学生在用方程解决问题时可能存在的问题。在进行调研前，哈继武老师有一个前提假设，即学生能否顺利找到数量关系与用方程解决问题存在必然联系。

在这个前提下，分析能够找到等量关系的学生用方程解决问题的情况，以及不能找到等量关系的学生用方程解决问题是否存在困难。最后，通过结合具体教学过程，呈现帮助学生学会用方程解决问题的策略。

纵观全文，分析学生困难、提出相应策略是一个主线。通过访谈发现学生用方程解决问题存在两个困难：一是等量关系比较简单的情况下，学生不愿意列方程；二是学生受思维习惯影响，不习惯新的思维方式。在面临这样两个困难时，教师开展课堂教学应该采取什么样的策略，这些策略一定是针对学生的两个困难展开的。如针对学生不愿意列方程这个困难，该如何调动学生的积极性？什么样的问题适合引导学生用方程解决？将学生困难进行细化，从而有针对性地寻找策略。在哈继武老师的研究中，这两者之间的关系还可以进一步加强。此外，在本文中呈现的是对一个问题个性化的教学过程，如果能够针对一节课或者一个单元的内容展开教学，研究的推广性和借鉴性会更强。

小学数学低年级代数思维培养的策略研究

吴丽英（福建省南平市建阳区实验小学）

一 问题提出

许多初中教师提出：有相当多的初中一年级学生，甚至是初中高年级学生，对有关用字母符号代表数的练习感到非常恐惧，没有信心；同时，初中学生因为计算错误，无法成功解题的比例也很高。究其原因，问题发生在学习代数之初，学生在由以具体操作数字为主的算术学习向以抽象形式运算为主的代数学习的过渡中，存在很大的困难。学生是否能够实现顺利的过渡，往往影响到以后的数学学习。如果能在小学数学教学中，渗透一些代数概念和思想，初步培养学生的代数意识与代数思维，帮助学生顺利完成从算术思维到代数思维的过渡，对于初中学生的数学学习无疑有很大帮助。

二 文献综述

（一）算术与代数

从广义上说，算术和代数是密不可分的，算术是代数研究的基础，代数是算术研究的深入。从狭义上说，算术和代数存在区别，主要表现在研究对象的不同：算术主要研究计数、数的性质和相关运算法则，具有具体化、特殊化的特点；而代数则主要研究运算过程中产生的结构、关系，具有抽象化、一般化的特点。由此带来了算术与代数学习中思维方式的不同，这是开展本研究的重要基础。

（二）算术思维与代数思维

徐文彬提出：从数学思维的角度来看，算术主要是由程序思维来刻画的，程序思维的核心是获取一个（正确的）答案，以及确定获取这个答案与验证这个答案是否正确的方法。而代数思维则是由关系或结构来描述的，它的目的是发现（一般化的）关系、明确结构，并把它们联结起来[1][2]。

通过分析算术思维与代数思维在问题解决中的不同，斯黛西等人给出了这两种思维的区别[3]（如表1）。

表 1

算术思维	代数思维
1. 通过已知量的运算得出未知量。 2. 通过一系列的、连续的运算得出答案。 3. 未知量是暂时的，表示中间过程。 4. 方程（如果有的话）被看作用于计算的公式，或者是对数的产生的一种描述。 5. 中间量有明确的含义。	1. 同时操作已知量和未知量。 2. 进行一系列的等价或者不等价的符号变换。 3. 在整个问题解决过程中，未知量是设定的、固定的。 4. 方程被看作是对不同量之间的某种关系的描述。 5. 中间量不一定有明确的含义。

代数思维的特征是由代数本身的特点来决定的，根据尤塞斯金对代数特点的分析，贝凌云等人认为作为一种具有特征的思维过程，代数思维在思维形式上不同于算术思维的程序化描述，而更倾向于由关系与结构来描述；其思维过程是一种数学建模活动，贯穿着一般化的数学思想；其表现形式是形式化的符号操作；其思维的目的并不仅仅是为了获取或验证答案，而是为了发现一般化的关系或结构，并把它们联系起来。

（三）课题的界定

从以往的研究资料中，我们发现类似的研究大多以高年级学生为研究对象，这些研究虽然都论及教材中的代数学习素材，但几乎没有对这些代数学习素材进行系统整理，且多以理论研讨的形式提出建议，缺乏可行性和可操作性的论证。

通过以上分析，我们对本次研究做以下界定：“小学数学低年级代数思维培养的策略研究”，以使用新世纪（北师大版）小学数学教材的1～3年级学生为研究对象，依托教材中的相关代数学习素材开展研究，以了解低年级学生代数思维发展的现状，并针对研究中发现的主要问题，以案例研究的方式探讨有关促进学生代数思维发展的策略，对教材和教师教学提出可行且具有可操作性的建议。

培养策略

研究之初，我们首先对小学低年级代数思维发展现状进行调查，发现大部分学生不能很好地理解等号的意义，有关的基础知识掌握不够好，影响了关系性思维的形成；学生在解决问题时，观察数据的能力欠缺，视野不够开阔，没有形成较好的数感。对于数与数之间、式与式之间的关系缺乏比较和联系的意识，对运算规律的运用缺乏灵活性。针对调查中发现的主要问题，我们从以下几个方面来培养低年级学生的代数思维能力。

（一）多维度建构，理解等号的意义

卡彭特等人认为：由算术思维到代数思维的转换标志之一，是从等号的程序观念到等号的关系观念的转变[4]。也就是说，如果我们能在小学低年级算术教学中一开始就关注等号的关系观念，那么小学生就可以较早地接触到代数思维，并能够减少他们今后学习代数的困难。

1. 观念转换，感知等号的关系观念

学生初次接触等号是与大于号、小于号同时学习的，用来比较两个数的大小关系，是作为一种关系引入的。在运算学习的初始阶段，让学生体会执行运算的过程，等号右边的数表示等号左边算式执行运算的结果，建立等号的程序观念是必要的。在学生有了等号的程序观念之后，可以安排适当的练习，让学生感知等号的关系观念。我们可以通过以下学习，让学

生建立等号的关系观念。

案例 1：天平的平衡。(如图 1)

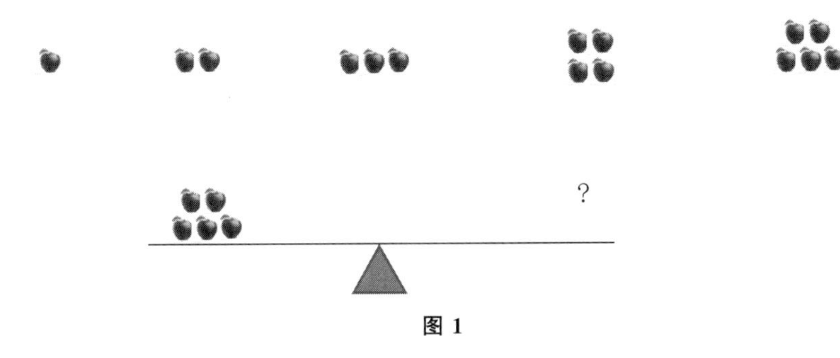

图 1

师：要使天平保持平衡，右边可以放哪两盘？

生 1：1 个的和 4 个的。

师：为什么要这样选呢？

生 1：左边有 5 个，右边也要放 5 个，天平两边的个数一样了，才能够保持平衡。

生 2：还可以放 2 个的和 3 个的。

师：你们能用算式来表示吗？

生 3：5＝4＋1，还可以 5＝1＋4。

学生一边动手操作，一边写出相应的算式，此时学生有了新的发现。

生 1：老师，我发现今天写的这些算式和咱们以前的不一样。这些算式的得数都在等号的左边，算式在等号的右边。

教师顺势将以前所学算式列出来：

5＝0＋5	0＋5＝5
5＝1＋4	1＋4＝5
5＝2＋3	2＋3＝5
5＝3＋2	3＋2＝5
5＝4＋1	4＋1＝5
5＝5＋0	5＋0＝5

师：你发现了什么？

生 4：我发现了等号两边的加号和得数的位置不一样。

生5：它们交换了位置。

生6：就像跷跷板上的两个人换了一下位置。

生7：这些算式的得数都是5。

生8：中间都是用等号连接的。

生9：等号两边都是相等的。

……

教师适时小结：以前算式放在等号左边，与它相等的数放在等号右边；现在我们把算式放在等号右边，与它相等的数放在等号左边。把算式两边换了一下位置，不管怎么样写，两边都是相等的，所以，中间都用等号连接。

上述教学过程，借助天平的平衡概念建构相等关系，并基于这个相等关系抽象出等式。在新旧算式的对比中，学生主动运用等号的关系观念去重新认识原有的算式，通过把以前学过的算式等号两边调换位置，让学生初步建立等号的关系观念。

2. 类比迁移，进一步建立等号的关系观念

等号是一个关系符号，在初步感知等号的关系观念后，还需要让学生再基于原有关系符号体系“＞，＜，＝”来进一步建立等号的关系观念，把运用关系符号描述数与数之间大小关系的经验，主动迁移到描述数与算式、算式与算式之间的大小关系中来，丰富学生对关系符号意义和作用的认识。在“10以内数的加法和减法”的学习过程中，可以穿插进行以下两个层次的练习。

第一层次：6○4＋2　　4＋5○8　　2＋4○5

第二层次：4＋5○6＋2　　2＋3○9－4　　4－0○2＋2

（二）加深理解，渗透方程的意识

案例2：一年级上册教材第39页“试一试”。（如图2）

图2

这样的例题很有教学的价值，题目本身能让学生认识到□代表一个数，渗透了字母表示数的启蒙。

师：你是怎么想的？

生1：已经画了4个三角形，再画4个就是8个。

生2：4和4组成8，所以□里填4。

生3：8－4＝4，所以□里填4。

当学生意识到“4＋□＝8”作为一个整体结构，可以利用结构性质(等式性质)，逐步变形为“□＝8－4，□＝4”，就是运用代数思维。随着年级的升高，由10以内数扩展到20以内数、百以内数，低年级以这种形式渗透代数思维还是比较普遍适用的。

（三）探索规律，培养学生的代数思维

《美国学校教育的原则和标准》指出：在孩子们正式入学之前，他们就已经开始形成关于模式、函数、代数的概念了。他们学习含有重复节拍的歌曲、韵律歌谣以及有规律的诗歌。这种认识、比较和分析模式的能力，是儿童智力发展的重要组成部分。模式是学生认识规律并整合自己世界的方法[5]。这些观点给我们的宝贵启示是：在小学低年级应当为儿童创造更多识别模式、探索规律的机会，发展他们的代数思维。

1. 借助分类，探索规律的共性

案例3：二年级下册教材第84页“重复的奥妙”。(如图3)

图3

学生很轻松地将主题图中呈现的规律找了出来。

师：你们能将这些规律进行分类吗？这些规律是怎么重复的？

生1：我认为队伍的规律和灯笼的规律是一样的，都是一男一女，一大一小。

生2：它们都是2个2个不断重复的 。

教室里突然像炸开了花，举手的学生瞬间多了起来。

生3：气球的规律和彩旗的一样，都是3个3个不断重复的。

生4：还有彩旗的形状也是3个3个不断重复的。

生5：花盆的颜色和鲜花的排列一样，都是4个4个不断重复的。

师：1，2，1，2，…它除了能表示灯笼的规律，还可以表示什么规律？

生6：白天、黑夜、白天……

师：A，A，B，A，A，B，…还可以表示什么规律呢？

生7：音乐节奏嘭、嘭、嚓……

生8：舞蹈动作拍手、拍手、跺脚……

上述教学过程中，教师鼓励学生对情境图中的规律进行分类，引导学生发现同类规律的共同特点。通过分类，学生应当认识到，这些有重复模式的物体在形式上是相同的，不同的情境可以具备相同的数学性质。

2. 算式的结构规律

代数思维并不是一个独立的教学主题，它跟计算的学习是整合在一起的。

案例4：一年级上册第91页“小鸡吃食”。

“一共有几只小鸡在吃食？”平时教学，教师通常会引导学生说出不同的算式，从“9＋1＝10，8＋2＝10”一直到“1＋9＝10”，以此完成得数是10的所有加法算式。事实上，如果教师能在这样的教学设计上再深入一点，在列出得数是10的所有加法算式后，引导学生观察其变化的规律，就可以帮助学生理解加法算式的结构以及其中数与数之间的关系。(如图4)

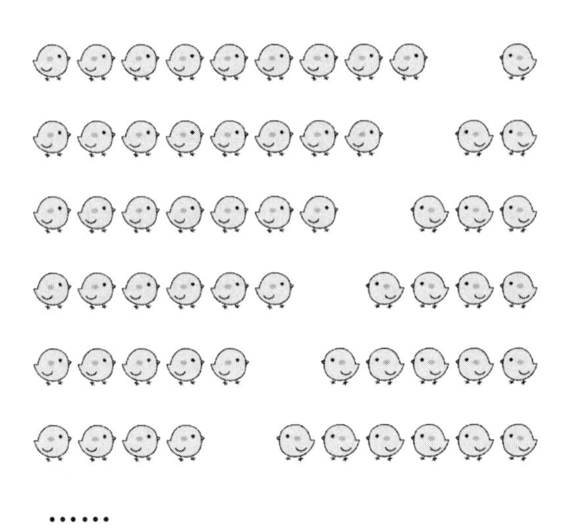

图 4

师：这一列数有什么特点？

生 1：第一个加数每次减少 1，第二个加数每次增加 1。

师：和怎样？

生 2：和不变。

师：想一想：为什么第一个数减少 1，第二个数增加 1，和却不变呢？

生 3：看图就知道了，一共都是 10 只鸡，左边少了 1 只，右边就要多 1 只。

师：你是从上往下看的，如果从下往上看呢？

生 4：第一个加数每次增加 1，第二个加数每次减少 1，和不变。

师：不管是从上往下看，还是从下往上看，这样变化的关系有什么相同的地方？

生 5：一个加数增加 1，另一个加数减少 1，和不变。

师：想一想，像这样变化的关系，我们以前遇到过吗？

把操作的结果与算式一起有序呈现，通过数形结合，让学生加深对“$a+b=(a+1)+(b-1)$”这个代数关系和结构的理解与记忆。通过让学生回忆过去学习过程中与此相类似的关系，把运算意义与数的认识、代数关系、结构的感知整合起来。

（四）在计算中进行代数教学

澳大利亚有研究者指出，在计算教学中可以使用“彼特的算法”。在计算“32－5”时，彼特使用了“32＋5－10”的方法[6]。这种方法不是为了快速计算，而是要帮助学生理解数的关系与结构，使学生认识到这些关系与结构是适合所有数的，而不仅仅是某些特殊的数。

案例5：一年级下册教材第79页“试一试”中计算“100－48”。

由于被减数的每一位都要退位，这对于低年级学生而言非常烦琐。但可以逐步培养学生认识到，减法算式存在这样一种结构，被减数跟减数都是可以改变的，只要保持某种关系，差就不会改变。因此，我们可以对算式“100－48”进行变换，被减数与减数都减少1，变成“99－47”，这里就隐含着一个代数关系和结构：$a-b=(a-c)-(b-c)$。变换之后的算式的差与原算式的相同，而且避免了退位。代数思维的培养应该成为小学阶段计算教学的最终目标与归宿，而不是技巧与应用。

案例6：一年级下册教材第71页“试一试”中计算“38＋17”。

我们可以通过38“增加2”，17“减去2”，从而将算式“38＋17”转化为40＋15。这里就隐含着一个代数关系和结构：$a+b=(a+c)+(b-c)$。当学生利用这种策略解决不同的数字问题时，它就表现了学生对“等价”和“抵消”等数字关系的理解。学生的思考对象是算术的，但思维却是代数的，即运用了关系性思维。这种思维反映了学生数字运算的代数性质，蕴含着对数字语句中数字的关系和结构的解释。如果学生能够合理进行这种思维，在遇到用字母表示的变量和代数式及其关系时，理解就不会那么困难。

四 成果反思

（一）研究成果

通过本项研究，我们主要解决了三个问题。

1. 通过调查了解低年级学生代数思维发展现状，发现低年级学生算术思维占有较高的比例，随着年龄的增长，学生代数思维有一定的发展。学生学习过程也存在一些问题，如对等号意义理解的欠缺，解决问题时观察数据的能力较弱，对于数与数之间、式与式之间的关系缺乏比较和联系的意识，对运算规律的运用缺乏灵活性。了解学生学习的现状和存在的问题，可以使教师明确教学方向。

2. 通过梳理教材，发现低年级教材中包含了大量代数学习素材。这些素材分别在规律与模式、关系与方程、变化与函数三个方面促进低年级学生代数思维的发展。

3. 针对调查中发现的问题，我们可以采取“多维度建构，理解等号的意义”“加深理解，渗透方程的意识”“探索规律，培养学生的代数思维”“在计算中进行代数教学”这些策略，有效地促进低年级学生代数思维的发展。

（二）不足之处

1. 受到时间限制，对低年级教材中代数学习素材的整理不够全面、完善，有待进一步研究。

2. 有关低年级代数思维培养的策略还有很多，有待进一步的研究和完善。

3. 对此项研究缺乏持续性的追踪研究，在对低年级学生进行一段时间代数思维的渗透与培养之后，是否需要再次设计问卷，以考查低年级学生的代数思维水平是否较之前有所提高，有待进一步研究。

4. 教师代数知识的匮乏与代数思维能力的不足，对学生代数思维的发展是否也造成了一定的影响？同时，教师代数思维能力的不足是否会造成策略实施上的障碍？可以通过哪些途径提高小学教师的学科专业素养？这些都是与本研究息息相关的问题，有待进一步研究。

参考文献

[1] 徐文彬．试论算术中的代数思维：准变量表达式［J］．教育学报，2003（11）：6—10，24.

[2] 徐文彬．如何在算术教学中也教授代数思维［J］．江苏教育（小学教学版），2003（9）：16—17.

[3] 贝凌云．六年级学生代数思维发展现状的调查研究［D］．南京：南京师范大学，2010.

[4] 陈晶．完善认知结构，让培养“早期代数思维”成为可能——对培养一年级学生“早期代数思维”的实践与思考［J］．辽宁教育，2014（11）：26—29.

[5] 王永．数学化的视界——小学“数与代数”的教与学［M］．北京：北京师范大学出版社，2013.

[6] 章勤琼，谭丽．早期代数思维的培养：小学阶段“数与代数”教学的应有之义［J］．江苏教育（小学教学版），2013（9）：6—9.

成长寄语

吴丽英老师的研究是关于代数思维与算术思维的，这个选题非常好。在传统意义上，代数思维和算术思维是分开的，研究者或教师强调怎样从算术思维向代数思维的过渡。但在近几年的国际研究中知道，代数思维与算术思维是密不可分的，代数是概括化的算术，在算术中隐含着代数的思维。吴丽英老师的研究通过具体的例子，在小学低年级从算术运算、算术概念的引入中渗透代数思维。结合这些例子，吴丽英老师提出了四个培养代数思维的策略，包括多维度建构，理解等号的意义；加深理解，渗透方程的意识；探索规律，培养学生的代数思维；在计算中进行代数教学。每个策略还相应地结合教材中的内容展开教学实践。这种既有一定国际视角，又结合教师日常教学的研究，值得肯定。

当然，吴丽英老师的这个选题还有许多值得进一步挖掘的地方。如果接下来继续开展研究，建议可以系统地考查在小学低年级的内容中到底有哪些内容可以体现代数思维，结合教材充分挖掘代数思维的素材。寻找到好的素材后，进行梳理，然后将这些素材在实际课堂上运用和实施，从而形成相应的教学案例，供其他教师探讨。这样的系统研究，会更加值得期待。在研究中，吴丽英老师已经提出了一些培养策略，这些培养策略的效果如何，也可以通过一些后测的方式进行评估。此外，由于代数思维的培养并不是一招一式、短时间能够形成的，可以考虑通过个案追踪的方式，观察学生从低年级到高年级纵向的代数思维发展过程，同时检验策略的有效性。

影响学生由算术思维向代数思维转变与发展的因素调查研究

——以“认识方程”单元为例

刘义生（辽宁省朝阳市北票市娄家店乡中心小学）

一 问题的提出

1. 缘起一次家庭对话

背景：我，小学教师；我的爱人，初中部六年级教师。我所教的学生要输送到她所在的学校里。

某日，我的爱人在家批学生的测试卷。忽然，她放下手中的笔，非常不满意地说：“你们是怎么教的学生，这样的题怎么就想不到用方程去解决？多简单呀！”学生在解决问题时不用方程的方法，这不是某一个或两个学生的个别现象。

2. 学生学习现状

学生受程序性思维的惯性影响，在解决某一类问题时容易受到思维制约。

例如，在解答“9＋8＝（　）＋5”时，总有不少学生会在括号里填写“17”。这是因为学生按照程序性思维的惯性模式，看到等号就以为要计算出“9＋8”的结果。

又如，在教学“字母表示数”一课，当用“数青蛙”的情境导入新课时，问道：“你能用一句话表示这首儿歌吗?”经常会有学生说：“a 只青蛙 a 张嘴 a 只眼睛 a 条腿或 a 只青蛙 b 张嘴。”

我接触了一些初中数学教师，他们普遍反映，尽管在小学阶段学生学习了有关方程的知识，但是学生用方程解决问题的意识差，能力弱。

3. 基于时代发展的要求

许多数学教育专家明确提出：数字化时代，代数已经成为通向高等教育和机遇的大门。代数作为一般化的数学，具备符号化的重要特征，使其无论在表征问题、表述关系，还是在建立模型等思维活动中，都具有一定的抽象性。代数思维作为重要的思维工具，能很好地发展学生表征数学信息的意识与方法；能帮助学生进行数学推理，并合理化地转化为思路，拓宽思考问题的深度，对培养学生的抽象思维能力有着重要作用。

小学阶段，在数学学习中运用代数知识解决问题，则需要颠覆学生之前的一些观念，是学生认知上的一次挑战，学生学习起来具有一定的困难。壮惠铃、孙玲老师在“从算术思维到代数思维”一文中所说：代数思维的培养并不是一个经历足够多的练习便可跨越的量变过程，而是必须经历数与代数的抽象、运算与建模等结构转换才能实现的质变过程。那么，影响学生由算术思维向代数思维转变与发展的因素有哪些？本课题着重开展“影响学生由算术思维向代数思维转变与发展的因素调查研究——以‘认识方程’单元为例”。

二 文献综述

壮惠铃、孙玲老师在“从算术思维到代数思维”中谈道：从数学思维的角度来看，算术思维的运算过程是程序性的，着重的是利用数量的计算求出答案的过程。这个过程具有情境性、特殊性、计算性的特点，甚至是直观的。代数思维的运算过程是结构性的，侧重的是关系的符号化及其运算，是无法依赖直观的。

例如，“小明有 24 元钱，买了 5 支相同的自动铅笔后还剩 4 元。每支自动铅笔多少元?”

解法 1：24－4＝20（元）

20÷5＝4（元）

解法 2：先假设每支自动铅笔的价格是 x 元，并依题意列出式子 $24-5x=4$，再求出 x 的值。

解法 1 中，学生运用的是算术思维；解法 2 中，学生运用的是代数思维。在算术思维中，表达式是一种思考的记录，是直接联结题目与答案的桥梁。在代数思维中，表达式不再只是直接联结问题与答案之间的过程记录，同时也充当一个问题转译的角色。因此，从代数思维的角度来看，解情境问题的过程被分成两部分，即列式与求式子的解。一旦具体情境问题通过列式被转译成代数式（方程式），其运算过程即演变成一种与原问题情境无关的符号运算，运用的是具有结构性与抽象性的运算法则，最后再对求出的解进行意义上的还原。这一符号化、抽象化及概括化的思维过程是建立在算术思维基础之上的，却又需要超越算术思维的过程。

张丹教授在“如何理解和发展代数思维——读《早期代数思维的认识论、符号学及发展问题》有感（上）”中谈道：对于代数思维来说，使用字母符号既不是必要条件，也不是充分条件。当然，现代的字母符号能够使我们进行一般性的表达式的转换，这一点是其他形式很难或者不能做到的。但是，需要说明的是，学生往往可以运用图示、自然语言等表达自己的思考过程，而这些思考过程是富含代数思维特征的。正是这一观点，为学生早期代数思维的研究开辟了新途径，也使得代数思维的早期孕伏成为可能。拉弗德运用了历史视角，说明不能把代数思维简化成以字母符号为主宰的活动。他在文中提到，在名著《原本》中，欧几里得运用了字母，但没有运用代数的观念；中国古代数学家运用代数的观念来求解方程，但他们却没有使用字母。当然，需要指出的是，字母符号体系有其重要的作用，利用字母符号可以进行一般性的运算和推理。这里只是说明它不是代数思维的唯一特征。拉弗德在文中多次提到，除了字母，还有其他的符号系统表示代数思维，如自然语言、图形、手势、行为和节奏。这一点在后面还将阐述。对于此观点，笔者是非常赞同的，这也需要我们注意，不是只有在学习了字母表示数之后学生才有代数思维的。

汤卫红老师在“培养学生代数思维意识的途径”一文中指出：学生一般都会认为，等号就意味着在确信相等之前要进行计算。如在看到算式“6＋4”时，往往条件反射般地写上等号，这个等号被理解成执行加法运算的标志。他们通常把等号解释为“得到……”，于是，学生在解决“苹果有6个，梨比苹果的 2 倍多 4 个，梨有多少个”时就会出现“6×2＝12＋4＝16”这样的错误。这反映了学生在算术中只关注“等号的程序性质”，而忽视或无视“等号的关系性质”。卡彭特等人认为：由算术思维转换到代数思维的标志之一，是从等号的程序观念到等号的关系观念的转变。因此，在教学中，教师应该引导学生把等号理解成表示相等或平衡关系的符号。

郑毓信老师在“算术与代数的区别与联系”一文中谈道：由“等号”的不同理解，我们即可更好地认识算术与代数在这一方面的重要区别：如果说等号的使用在算术中主要表明了运算的具体实施过程，也即由具体运算所依次得出的结果，那么，在代数中“等量关系”就已成等号的主要意义。例如，从这一角度去分析，我们就可立即看出，以下的常见错误就是学生仍然处于“过程性观点”的直接影响之下：

$$3\times5=15+3=18$$

进而，我们在此又应明确提出关于“过程性观点”（也称为“程序性观点”）与“结构性观点”的区别。例如，就字母与式的理解而言，所谓“过程性观点”就是指将字母或字母表达式看成所要求取的未知量的直接取代物，这也就是指，我们在此所关心的主要是如何通过具体计算求得所说的未知量；与此相对照，“结构性观点”则是将字母或字母表达式看成直接的对象而非具体数量的取代物，我们在此所主要关注的也是式与式的关系。从而，按照这样的理解，符号表达式事实上就应该被看成整体数学结构的一个组成部分。

殷丽霞老师在“数学符号中‘字母’代‘数’的教学研究”一文中谈道：从字母表示数这个知识的转折点来看，它是学生的认知能否由算术顺利过渡到代数的一个重要关口。现代认知心理学研究指出，数学学习过程就是数学认知结构的变化过程。由于学生的代数认知基础薄弱，而学生在小学阶段依据直观形象思维以及机械记忆而形成的算术思想烙印非常深刻，若对算术认知结构改造不力，学生的算术思维定式就会产生负迁移，干扰代数知识的学习。这也正是以上学生采用算术方法的原因所在。因为学生对算术的认识主要集中在对具体数的运算和算术解题法这两个方面，所以借助“字母”是“数”这个桥梁，建立起算术与代数之间的通道，让学生感受到使用字母使得运算变得准确、简洁，体验到字母介入运算使代数方法较之算术方法的优越性，感受到学习代数的意义，突破算术思想的局限性，使算术知识产生正迁移。因此，重视字母表示数必要性的学习，以对字母表示数的理解为新知识的生长点，有助于学生建立起稳定的代数认知结构。

我的研究实践与反思

（一）两次问卷调查

时间：2015年5月。

样本设计：选择一个30人的四年级班级，在学生学习“字母表示数”前进行前测，学生学习新课后进行后测，然后对两组数据进行比对分析。

1. 小学生初步代数思维能力调查问卷测试题

第1题　你能在下面的□处填上适当的数，使下列每个等式都成立吗？

（1）23＋15＝56－□　　（2）73＋49＝□＋47

（3）□＋17＝15＋24　　（4）6×9＝6×□＋6×□

第2题　请认真观察，你能在□和○中分别填入适当的不同的数，使下列每个等式都成立吗？

（1）18 ＋ □＝ 20＋○　　（2）18 ＋ □＝ 20＋○

(3) 18 + □ = 20+○　　　　　(4) 18 + □ = 20+○

第 3 题　你认为在第 2 (3) 题中，当等式成立时，□和○中的数应该满足什么样的关系?

第 4 题　请认真思考，你认为下面式子中的 c 与 d 又应该满足什么条件? 说一说你是怎么想的。

$$c+2=d+10$$

2. 小学生初步代数思维能力调查问卷成绩统计结果及分析

(1) 第 1 题统计结果如表 1。

表 1

答题情况	全对		错 1 题		错 2 题		错 3 题		错 4 题	
	人数	百分比/%	人数	百分比/%	人数	百分比/%	人数	百分比/%	人数	百分比/%
前测30人	16	53.3	9	30	2	6.7	3	10	0	0
后测30人	24	80	5	16.7	1	3.3	0	0	0	0

分析：根据一二年级对于代数知识的孕伏，我设计了几道计算题。在学生的错误类型中，第 (1) 至第 (3) 题出现的错误都是计算错误，学生都能理解等号的结构性关系的属性，没有出现“在‘73+49=□+47’的□中填 122”的错误。第 (4) 题中的错误是对乘法口诀的知识掌握不实。

(2) 第 2 题统计结果如表 2。

表 2

答题情况	全对		错 1 题		错 2 题		错 3 题		错 4 题	
	人数	百分比/%	人数	百分比/%	人数	百分比/%	人数	百分比/%	人数	百分比/%
前测30人	22	73.3	2	6.7	1	3.3	5	16.7	0	0
后测30人	26	86.7	1	3.3	1	3.3	2	6.7	0	0

分析：在前测和后测中，学生出现的错误基本都是计算错误。有1名学生重复填写一种答案，例如，都填了18＋2＝20＋0。

（3）第3题统计结果如表3。

表3

答题情况	对		错	
	人数	百分比/%	人数	百分比/%
前测30人	14	46.7	16	53.3
后测30人	13	43.3	17	56.7

分析：在前测和后测中，大多数学生共同的错误是□和○中的数应满足相等关系。学生错误地把整体的相等关系归结到个体上。也就是说，学生不能把握在结构性相等关系的基础上，通过两个已知量去探究两个未知量的关系，即由20比18大2推理出□比○大2。我个人认为这是由学生审题不够认真，理解题意不到位造成的。

（4）第4题统计结果如表4。

表4

答题情况	对		错	
	人数	百分比/%	人数	百分比/%
前测30人	15	50	15	50
后测30人	15	50	15	50

分析：在前测和后测中，大多数学生共同的错误是c和d应满足相等关系。学生错误地把整体的相等关系归结到个体上。一部分学生不明白c，d应该满足什么条件。

另外，后测时有1名学生明白c比d大的关系，但计算时出现错误。

（二）第三次问卷调查

时 间 ：2015年10月。

样本设计：选择一个30人的四年级班级，对学生进行调查问卷，然后对数据进行初步分析。

1. 问卷测试题

第 1 题　妈妈比小明大 24 岁，今年刚好是小明年龄的 3 倍，小明和妈妈今年分别多少岁？

第 2 题　两个城市之间的公路长 256 千米，甲乙两辆汽车同时从两城出发，相向而行，4 小时后相遇，甲车每小时行 31 千米，乙车每小时行多少千米？（算术法或方程任选一种做法。）

2. 答题情况统计及分析

（1）第 1 题统计结果如表 5。

表 5

答题情况	算术解法		方程解法	
	人数	百分比/%	人数	百分比/%
30 人	29	96.7	1	3.3

分析：学生在解决以上问题时，热衷逆向思维，即通过算术方法从“差倍问题”的角度思考来解决问题。小明：24÷（3－1）＝12；妈妈：12×3＝36。算术方法解题在学生的思维中根深蒂固。

学生没有从找等量关系角度出发来解决问题，即妈妈的年龄＝小明的年龄＋24，从而导致了方程 $x+24=3x$ 列不出来。确定问题中的等量关系是列方程的关键。列方程解决问题时，对题中的数量关系要有一个整体的把握，要先找好等量关系，在头脑中制订出解题思路。

（2）第 2 题统计结果如表 6。

表 6

答题情况	算术解法		方程解法	
	人数	百分比/%	人数	百分比/%
30 人	25	83.3	5	16.7

分析：在解决问题时，由于要求在算术法与方程中任选一种做法，学生选择方程做法的很少。测试后，教师进行了访谈：一是请学生试着说一说自己的解题思路。学生在阐述思路时均把已知量和未知量分开，从已知

量入手，推出未知量。算术方法中，已知量和未知量是截然分开的，未知量不参与运算。学生分析数量关系时把已知量和未知量分开，这是算术方法的特点，但对方程来说恰恰是缺点。在方程中学生不习惯把未知量与已知量同等看待，不习惯未知量参与运算。二是请学生说一说为什么不选择方程解法，学生一致反映，方程解法麻烦，算术法简单，所以不喜欢用方程解决问题。

（三）对调研结果的整体分析

通过对数据的分析和卷面访谈的结果，我认为就我前两次抽取的学生样本而言：后测时学生的代数思维能力相比于前测时的学生具有一定优势，但不十分明显。通过随机访谈得知，对于等式两边只有一个未知数的题目，如□＋17＝15＋24，前测时学生均用算术方法思考，即 24＋15＝39，39－17＝22，这是因为前测之前，学生主要是对算术的学习，他们习惯将等号视作计算的一个符号，即程序的输出，其关系性思维较薄弱。这也是受习惯的思维定式影响。而后测时虽然一部分学生对等号表示的结构关系有一定的感知，但仍有一部分学生表现较弱。同时，我也努力尝试从中发现影响学生代数思维能力的因素有哪些。

四 结论

1. 学生相关的知识起点影响学生代数思维的发展

其一，对生活中相关知识的自觉储备（即对生活的关注度），学生自觉储备越充分接受新知识越快，通过课堂观察和测试数据统计发现：第 1 题全对的学生中，约 30％左右的学生在课堂中表现较好。其二，对以前教材中所渗透的有关代数知识的理解与掌握。如根据一二年级对于代数知识的孕伏，我设计的第 1 题中，第（1）（2）（3）题学生能理解等号的结构性关系的属性，在算式“73＋49＝□＋47 ”没有出现在□中填 122 的错误。第（4）题中的错误是对乘法口诀处孕伏的知识掌握不实。

2. 对等号属性的理解影响学生代数思维的发展

等号在算术中表示程序性关系，在代数中表示结构性关系。对于等式两边只有一个未知数的题目，如□＋17＝15＋24，通过访谈学生均习惯用算术的方法思考，24＋15＝39，39－17＝22，这是因为学生之前主要是对算术的学习，他们习惯将等号看作计算的一个符号——即程序的输出，其对等号关系性属性理解较薄弱。这也是思维定式影响。这样的思维定式必将对学生代数思维的发展带来一定程度的负面影响。又如第4题，思考$c+2=d+10$中的c与d又应该满足什么条件，说一说你是怎么想的。前测和后测大多数学生共同的错误是：c和d应满足相等关系。学生错误地把整体的相等关系归结到个体上了。一部分学生不明白c，d应该满足什么条件。归根结底是对"等号"属性的认识。即在教学中，教师应该引导学生把等号理解成表示相等或平衡关系的符号。卡彭特等人认为：由算术思维转换到代数思维的标志之一，是从等号的程序观念到等号的关系观念的转变。

3. 算术思维根深蒂固影响学生代数思维的发展

学生在解决以上问题时，热衷逆向思维，即通过算术方法从"差倍问题"的角度思考来解决问题。小明：24÷（3－1）；妈妈：12×3＝36。算术方法解题在学生的思维中根深蒂固。

学生没有从找等量关系角度出发来解决问题，即妈妈的年龄＝小明的年龄＋24，从而导致了方程$x+24=3x$数量关系式列不出来。确定问题中的等量关系是列方程的关键。列方程解决问题时对题中的数量关系要有一个整体的把握，要先找好等量关系，在头脑中制订出解题思路。

五 研究不足

本次调查研究，我只分析了学生方面的因素。作为学生学习知识的组织者、引导者、合作者，我们教师方面还存在哪些影响学生由算数思维向代数思维过渡的因素呢？这是我在今后的研究中应该关注的。

参考文献

[1] 汤卫红．培养学生代数思维意识的途径［J］．教学月刊（小学版）数学，2011（4）：28－30.

[2] 殷丽霞．数学符号中“字母”代“数”的教学研究［J］．安庆师范学院学报（自然科学版），2003（3）：122－124.

[3] 张丹．如何理解和发展代数思维——读《早期代数思维的认识论、符号学及发展问题》有感（上）［J］．小学教学（数学版），2012（11）：5－7.

[4] 郑毓信．算术与代数的区别与联系［J］．小学教学研究，2011（7）：11－14.

[5] 壮惠铃，孙玲．从算术思维到代数思维［J］．小学教学研究，2006（3）：24－26.

成长寄语

本研究中，刘义生老师透过三次针对四年级学生的调研，分析学生由算术思维向代数思维转变与发展的影响因素，得出几个重要的结论：一是学生相关的知识起点影响学生代数思维的发展；二是对等号属性的理解影响学生代数思维的发展；三是算术思维根深蒂固影响学生代数思维的发展。从调研入手聚焦一个研究问题展开研究，是刘义生老师本研究的一个亮点。

其实，在两年的高研班研究、学习中，刘义生老师的研究经历了一个由“粗”到“细”、由“大”到“小”的过程。研究开始之初，刘义生老师提出了多个问题：“如何在‘字母表示数’教学中帮助学生建立数感和符号意识?”“如何帮助学生把握方程的本质?”“在算术思维走向代数思维的过程中，学生会遇到哪些困难？教师会遇到哪些挑战？教师如何在课堂教学中帮助学生克服这些困难?”我们发现刘义生老师提出的这些问题既有关于学生学习的，也有关于教师教学的，这些问题似乎都围绕一个主题，但如果细细展开每一个问题，都可以作为一个课题。经过一轮的问题细化，刘义生老师将自己的研究课题确定为“影响学生由算术思维向代数思维转变与发展的因素调查研究——以‘认识方程’单元为例”。就这个主题，刘义生老师开展了多次的课堂教学实践，实践中发现想要促进学生由算术思维向代数思维的转变，必须要弄清楚转变过程的影响因素，抓住这样的主要问题，教师的教和学生的学才能有的放矢。于是问题得以进一步细化，形成了现在的研究问题。教师日常开展课题研究和刘老师的研究历程一样，往往也需要经历一个“瘦身”的过程，开始在一个主题中发现很多问题，然后要不断追问自己：我想要研究的问题到底是什么？确定要研究的问题后，就要相应地回答这个问题。

确定研究问题后，后续的工作都要紧密围绕这个研究问题。刘义生老师的研究如果再进一步，可以从文献研究开始就聚焦在影响因素上。分析以往的研究中提出了哪些影响因素，这些影响因素是否有积极因素和消极因素，哪些因素对于学生思维发展的影响更大。如果刘义生老师通过实践能够验证这些影响因素，或者发现其他新的影响因素，这样的研究会比以往的研究有更进一步的发展，也会给教师带来更多启发。

第三篇
图形与几何

探索多边形面积教学中学生学习路径的研究

金毅（北京市海淀区万泉小学）

一 问题缘起

在学习图形面积的时候，教师如果不关注学生学习的过程，只是关注得到的结果，当学生遇到问题时，直接套用公式，从表面上看，学生能够解决问题，基本上都能用公式搞定，但是当遇到比较困难、用公式不能直接解决的问题时，我们发现，学生不能深入思考，思维比较单一。是不是学生的思维被模式化了？图形面积的教学到底能带给学生什么？课堂上是不是学生掌握了计算公式就真的理解了？是不是学生参与了操作活动，他们就真的清楚了？学生的学习路径到底是怎样的？

新世纪（北师大版）小学数学教材五年级上册“多边形的面积”这个单元是采用探究式教学的极佳内容，它有联想、有操作、有寻找关系、有概括推导，能够培养学生的思维能力，积累数学活动经验，也能够更加清晰地展现出学生的学习路径。

二 研究的意义

（一）学生学习的需要

每个学生都是独立的个体，每个学生的学习基础、学习方法、思考过程各不相同。因此，作为教师，我们不能仅仅从知识层面来进行教学，更应该关注学生的层次和差异，这就需要我们摸清学生的学习路径，设计相应的学习活动，让学生在与同伴的学习中受到启发，互相补充自身的不足，不断满足和完善自身的学习需求。

（二）教师专业成长的需要

对学生已有知识、经验的分析和研究是一切教学活动的基础。教师的“教”就是为学生的“学”服务的。通过对学生已有知识、经验、认知基础、思维方式和过程的研究，能帮助教师读懂学生，了解学生学习过程中的困难和障碍，了解学生的学习路径，从而有效地制订学习目标、设计教学过程、选择教学方法和教学手段，使得学生的学习更加高效，也使教师走上研究之路，促进教师的专业成长。

文献综述

1. 数学教育家波利亚说过：“教师在课课堂上讲什么当然是重要的，然而学生想的是什么却更是千百倍地重要。”这句话中把学生放在了非常重要的位置，教师的“讲”一定要基于学生的“想”。

2. 孙晓天教授提到要“读懂”学生实现数学化的过程和要素：“如果我们能够了解孩子们是如何实现数学化的，在这个过程里有哪些要素，这个过程大体遵循一个什么样的规律，就是一个非常有意义的研究，就是一个相当精彩的‘读懂’。”孙晓天教授提出的“读懂”，就是研究学生。

3. 谭轶斌老师在“研究学生学习　实现课改的再次破局”中谈道：研究学生学习路径的意义，在于它一方面有助于帮助学生完成从个人建构到社会建构的过渡，并在社会建构的过程中发挥不同的作用；另一方面有助于帮助教师基于学生的学习路径找到相应的教学路径，从而实施有效的教学。

4. 张丹教授在《小学数学教学策略》中谈道：学习路径是对学生在一个具体的数学领域内的思维与学习的描述，是关于学生在这个数学领域，按一组教学活动进行学习的假设的路线。这种路线与活动，勾画了学生的思维活动，即假设学生在教学活动中所经历的活动。

四 研究过程

（一）内容的梳理

既然是想知道学生的学习路径，教材的编写是否符合学生的学习需求呢？于是，我们对新世纪（北师大版）小学数学教材进行了细致的分析。

1. 学习内容的前后联系（如图1）

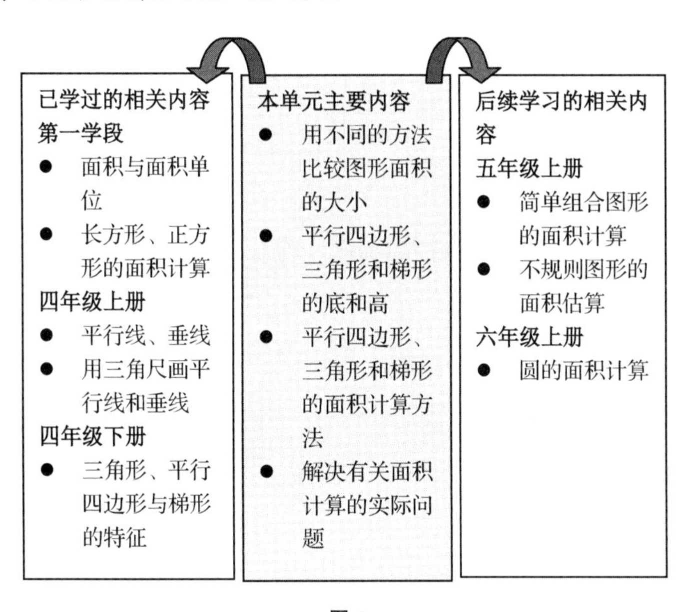

图 1

2. 对本单元教学的整体把握（如图2）

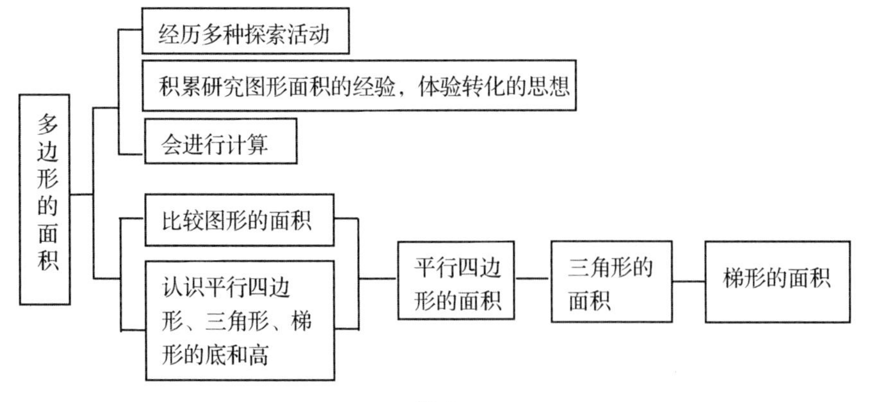

图 2

3. 对“图形与几何”领域知识学习维度上的理解（如图 3）

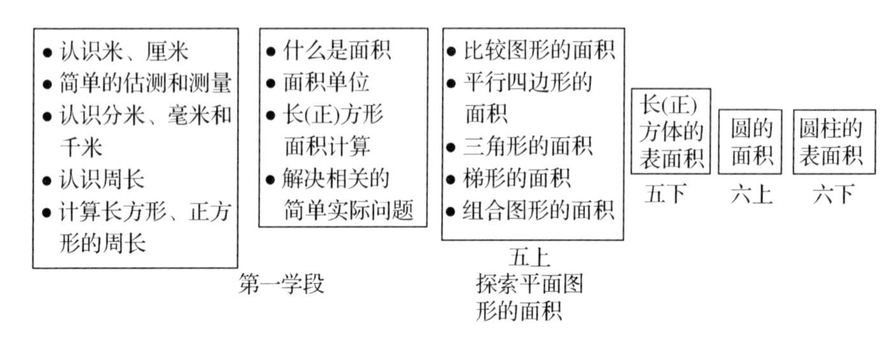

图 3

在“图形与几何”领域的学习中，学生从点、线的学习到面积的学习，让学生在掌握了平行四边形、三角形和梯形的特征，长（正）方形面积计算的基础上开展学习活动。在“比较图形的面积”中，又引出数方格的直观方法，为探索求图形面积的方法（割补转化）积累思维经验。由此我们可以看出，探索和应用图形的面积对于学生认识图形的特征和理解图形之间的相互关系、体会重要的数学思想、发展空间观念十分有益。

（二）学习过程的研究与分析

我们选取了北京市海淀区万泉小学五年级（1）班和（2）班作为实验班。通过分析本单元中“比较图形的面积”一课的课前学情调研，研究“平行四边形的面积”一课的原始课和改进课学生的变化，以及在学生积累了学习经验之后，“三角形的面积”一课前测的学生情况反馈。我们期待能真实地看到教学中存在的实际问题，摸清学生的学习路径，从而在真正意义上提高课堂教学和学生学习的有效性。

1. 研究内容 1：比较图形的面积

在“比较图形的面积”一课中，教材设计了 3 个问题（如图 4）：

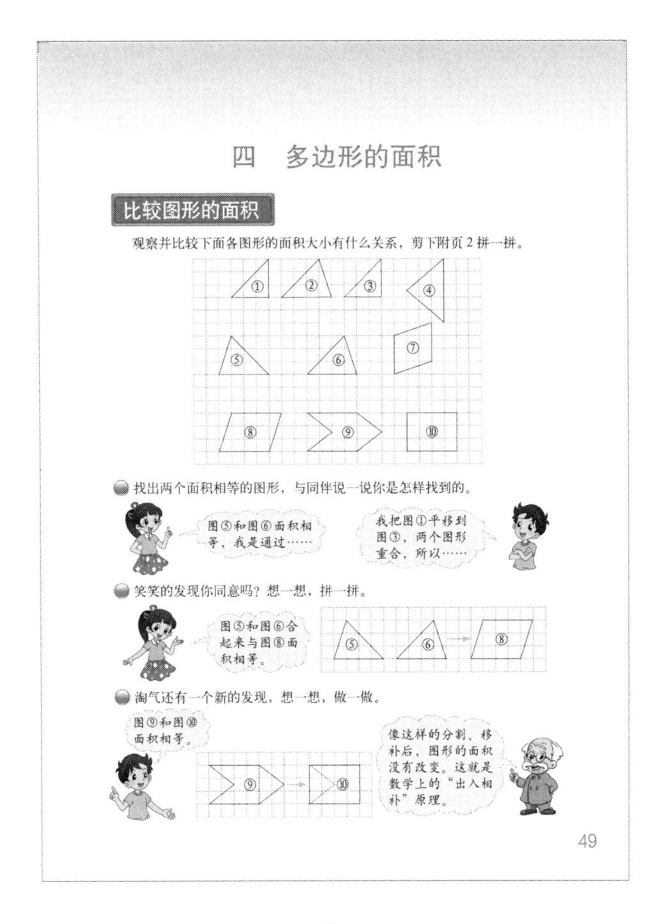

四　多边形的面积

比较图形的面积

观察并比较下面各图形的面积大小有什么关系，剪下附页2拼一拼。

找出两个面积相等的图形，与同伴说一说你是怎样找到的。

笑笑的发现你同意吗？想一想，拼一拼。

淘气还有一个新的发现，想一想，做一做。

49

图 4

(1) 找出两个面积相等的图形，与同伴说一说你是怎样找的。

(2) 笑笑的发现你同意吗？想一想，拼一拼。

(3) 淘气还有个新的发现，想一想，做一做。

围绕这3个问题，我们对五（1）班34名学生进行了课前学情调研，调研问题和学生的表现分析如下。

调研问题1：找出两个面积相等的图形，与同伴说一说你是怎样找到的。

方法1：学生并不像我们预设的那样直接找到图①和图③一样，图②、图⑤和图⑥一样，而是直接说出通过剪和拼，图⑨和图⑩一样。(如图5)

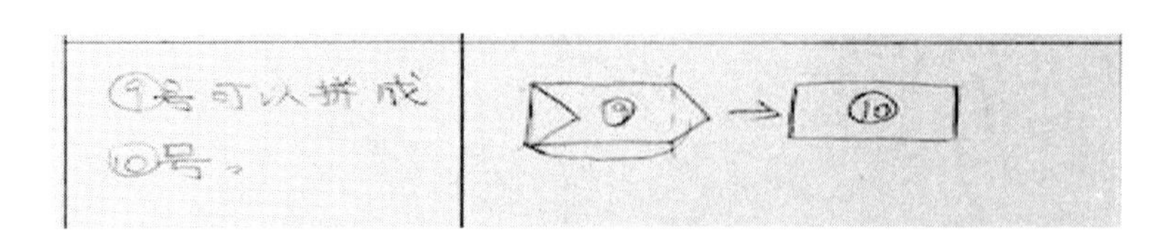

图 5

分析：这个图形比较特殊，容易让学生对它产生兴趣，同时我们也看到，割补法对学生不困难。

方法 2：学生普遍用平移、旋转、重叠、翻转，不喜欢用数方格的方法。(如图 6)

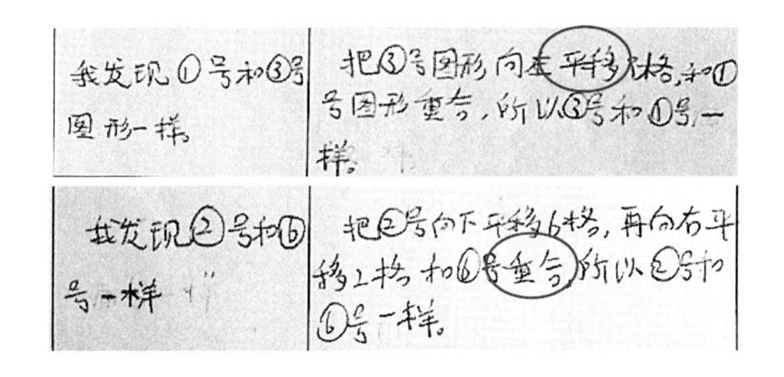

图 6

分析：34 名学生中仅有 6 人用数方格的方法。课后访谈学生，都觉得数格子的方法比较麻烦，重叠的方法简单方便。

调研问题 2：哪两个图形的面积之和等于第三个图形的面积？

方法：学生更喜欢把图形转化成长方形、正方形进行比较。

预设（如图 7）：

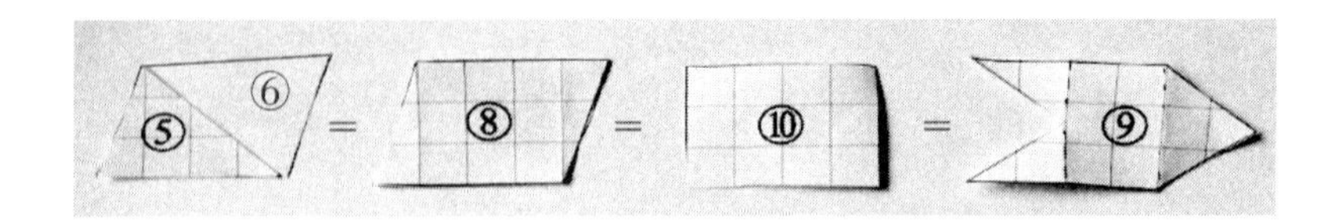

图 7

学情（如图 8）：

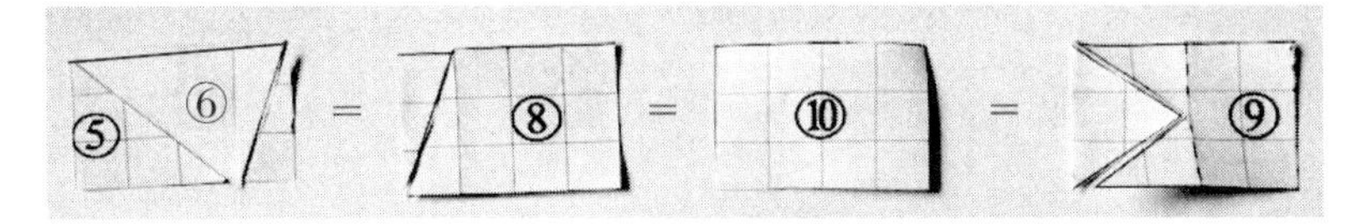

图 8

分析：从图中我们不难看出，在判断图形⑤和⑥的面积之和是否分别与图形⑧⑨⑩相等时，学生并不像我们想象的那样，拼出平行四边形就直接判断面积相等，而是继续把图形转化成长方形，再通过长方形进行面积的比较。由此可以看出，学生更依赖对长方形的认知，能够并且喜欢用已有的学习经验解决问题。

在解决调研问题 1 时，我们发现大部分学生对图⑨和图⑩的关系比较感兴趣。在解决调研问题 2 时，学生发现图①、图③和图⑦关系的人数多于发现图②、图⑤、图⑥、图⑧、图⑨和图⑩关系的人数。(如表 1)

表 1

学情	直接找图⑨和图⑩关系	发现图①和图③相加等于图⑦	发现图②、图⑤、图⑥与图⑧、图⑨、图⑩关系
人数	19	11	4
百分比/%	55.9	32.4	11.8

分析：学生对“出入相补”的发现和学习比“两个图形面积之和等于第三个图形的面积”要容易。教材将这个问题编排在第三个环节。因此，教学中我们顺应学生的选择，做了相应的调整。

调研问题 3：对于图形④（如图 9（a））同学们有什么想说的？

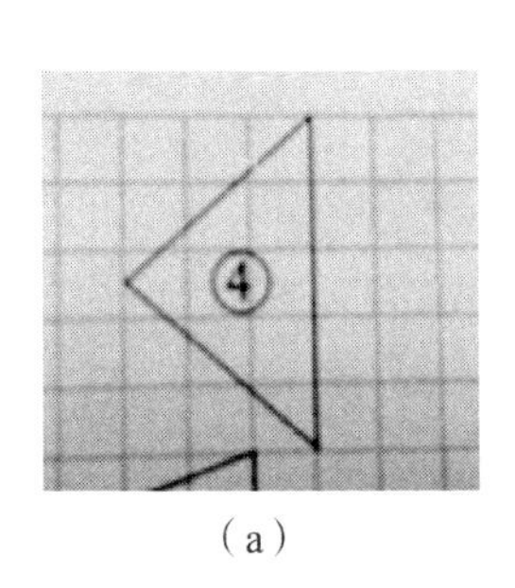

（a）

我的发现	我的思考
①号图形的面积与③号图形的面积相等。	①号的底：3小格 ①号的高：3小格 ③号的底：3小格 ③号的高：3小格
②号图形的面积与⑥号图形的面积相等。	②号的底：4小格 ②号的高：3小格 ⑥号的底：4小格 ⑥号的高：3小格

（b）

图 9

分析：调研时我们发现，虽然教材提供了方格纸，但很少有学生直接借助方格纸用数方格的策略解决问题，只有个别学生使用了数格子的策略。特别是图④，学生研究的比较少（如图9（b）），于是我们增加了这个问题，目的是让学生感受到，数方格也是一种有效的方法，认识到数方格是面积测量的本质，它来源于对于面积测量意义的理解，是很有价值的。

2. 研究内容2：平行四边形的面积

在“平行四边形的面积”一课中，教材设计了4个问题（如图10），我们着重研究了第1个问题：如何求这块空地的面积？说一说你的想法和理由。在研究过程中，我们共上了两次课，第一次原始课（五（1）班）时，为学生提供了带有数据的平行四边形，底为10米，高为5米，斜边为6米。但发现学生受数据干扰多，因此，去掉这些数据进行了第二次改进课（五（2）班）。两次课中学生都呈现了4种方法，但具体方法的人数却有不同。

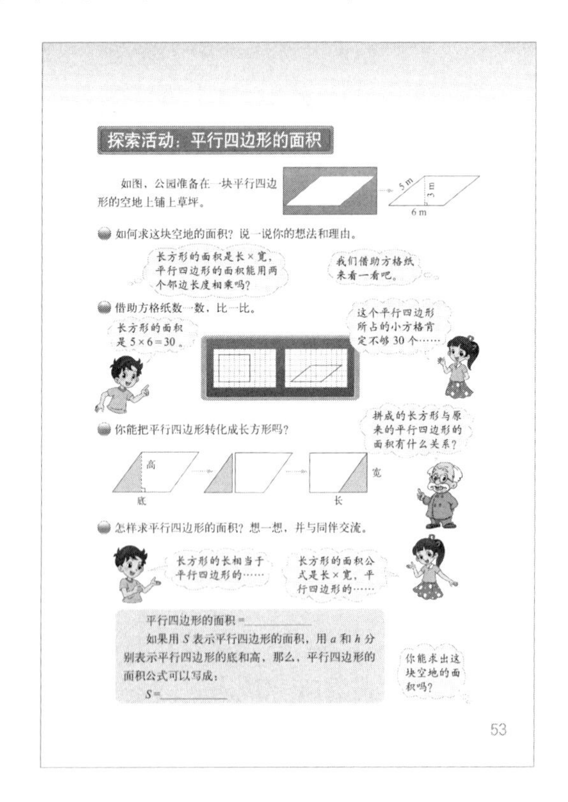

探索活动：平行四边形的面积

如图，公园准备在一块平行四边形的空地上铺上草坪。

如何求这块空地的面积？说一说你的想法和理由。

借助方格纸数一数，比一比。

你能把平行四边形转化成长方形吗？

怎样求平行四边形的面积？想一想，并与同伴交流。

平行四边形的面积＝________

如果用 S 表示平行四边形的面积，用 a 和 h 分别表示平行四边形的底和高，那么，平行四边形的面积公式可以写成：

S＝________

53

图 10

方法 1：借助方格纸，解决平行四边形的面积。

【原始课】

原始课中，我们将教材数据稍做了调整，改为底为 10 米、高为 5 米的平行四边形，并为学生提供了方格纸，便于学生操作。(如图 11)

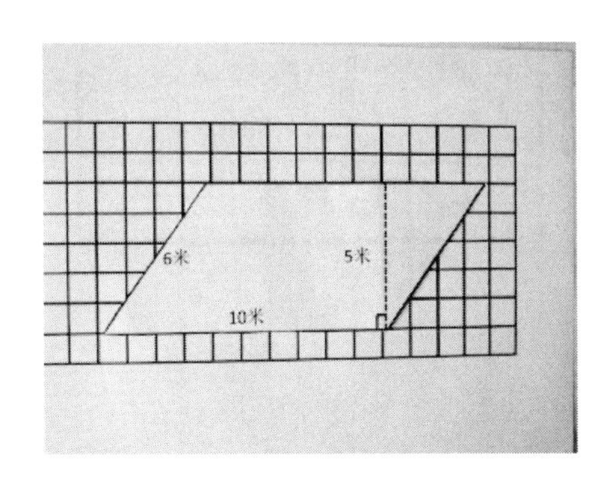

图 11

分析：在给出底和高相关数据的情况下，五（1）班仅有 1 名学生通过数方格的方法数出平行四边形的面积。是不是给出的数据干扰了学生？于是，在改进课中，我们只给了图，而没有标出数据。

【改进课】

现象 1：五（2）班有 1 名学生在方格纸内画了一个相应的平行四边形，1 个 1 个地数出了平行四边形内的方格数。(如图 12)

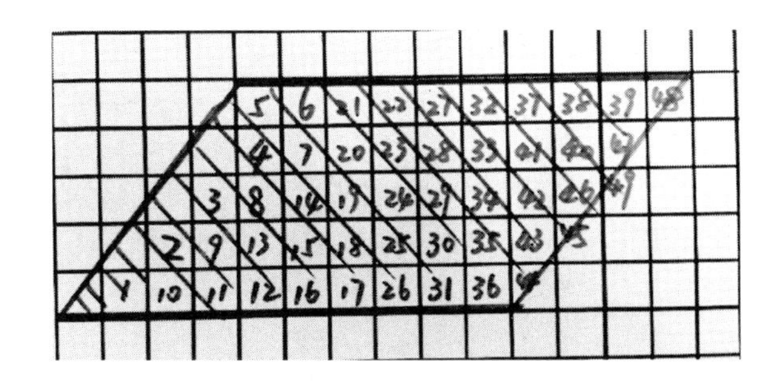

图 12

现象 2：五（2）班有 4 名学生将平行四边形转化为长方形，再使用数方格的方法。(如图 13)

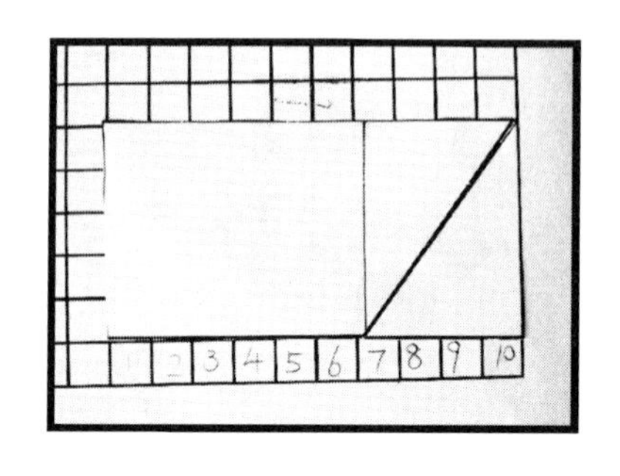

图 13

分析：可见，在学生心里最初的学习路径是将平行四边形转化为长方形，借助长方形来数格子，所以，学生还是有很强烈的转化意识的。同时，我们也看到当学生没有了数据依赖后，用数格子方法的人数增加了。

方法 2：利用邻边相乘，求出平行四边形的面积。

【原始课】

分析：原始课中，尽管按照教材的主题图，我们给了学生底、高、斜边的长度，但是学生没有受到斜边的干扰，五（1）班只有 1 名学生用邻边相乘的方法计算平行四边形的面积。

【改进课】

分析：改进课中没有给出具体数据，但五（2）班也有 1 名学生认为平行四边形和长方形一样，只不过是把长方形拉扁了，所以，用“长×宽”来计算平行四边形的面积。也就是说学生是能够区分两种图形的本质的。

方法 3：通过测量、利用平行四边形面积公式计算出面积。

【原始课】

分析：因为给了数据，所以，五（1）班有 15 名学生直接用公式计算(如图 14)。对学生进行访谈时，学生说不清楚道理，只是说知道公式。也就是说，他们对平行四边形的面积只停留在会用公式上，并没有真正的理解。所以，这也是我们在改进课中去掉数据的原因。

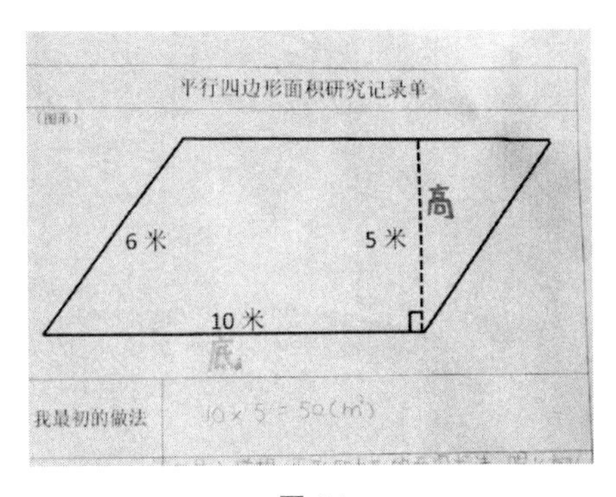

图 14

【改进课】

现象：五（2）班仅有 3 名学生直接测量底和高，然后用公式算出面积。

分析：没有了数据，学生反而脱离了公式的干扰，更多的学生开始运用已有的知识经验寻求其他解决办法。

方法 4：将平行四边形割补转化为长方形，借助长方形求出平行四边形的面积。

【原始课】

现象：绝大多数学生借助长方形的面积计算来得到平行四边形的面积。(如图 15)

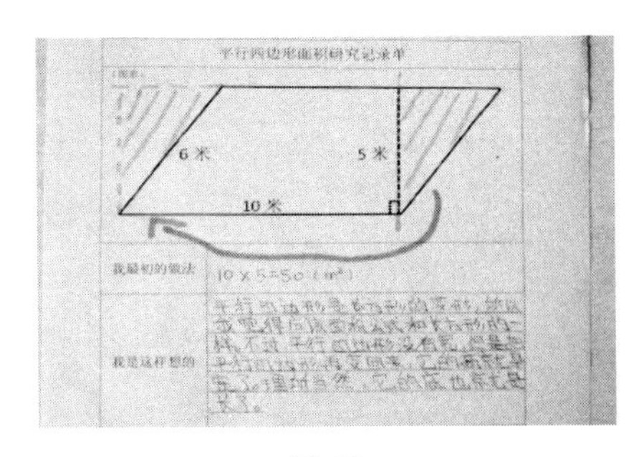

图 15

【改进课】

现象：绝大多数学生借助长方形的面积计算得到平行四边形的面积，有 1 名学生把平行四边形转化为两个三角形。(如图 16)

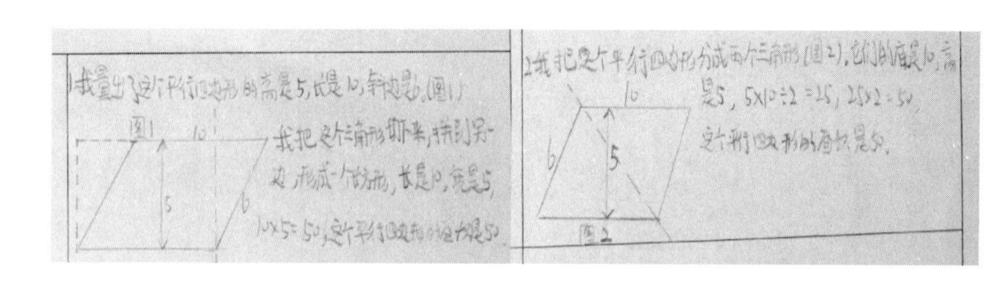

图 16

分析：将平行四边形转化为长方形，借助长方形的面积计算来得到平行四边形的面积，是两次授课中绝大多数学生使用的方法（如图 15、图 16）。有 1 名学生将平行四边形转化成了两个三角形，利用两个三角形求出了面积。因为受到已有的知识经验和学习“比较图形的面积”这一内容的影响，学生很自然地就想到了割补的方法和转化的思想，进而脱离了对公式的依赖，想办法用已有的知识经验来解决问题。

3. 研究内容 3：三角形的面积

学生在学习“比较图形的面积”时，经历了数方格、割补法，在学习“平行四边形的面积”时，再次经历了用数方格和割补法来进行验证，从中体会了转化的思想。当进行“三角形的面积”教学时，为了更好地把握学情，我们在课前对上改进课的五（2）班的 36 名学生进行了前测。

前测问题 1：你认为三角形的面积大小与什么有关？你知道三角形的面积计算公式吗？

结果统计如表 2。

表 2

三角形面积的大小与什么有关	人数	百分比/%	三角形面积的计算公式	人数	百分比/%
与底和高有关	28	77.8	底×高÷2	21	58.3
与相邻的两条边长有关	8	22.2	邻边相乘	15	41.7

前测问题 2：会计算下面这个三角形的面积吗？

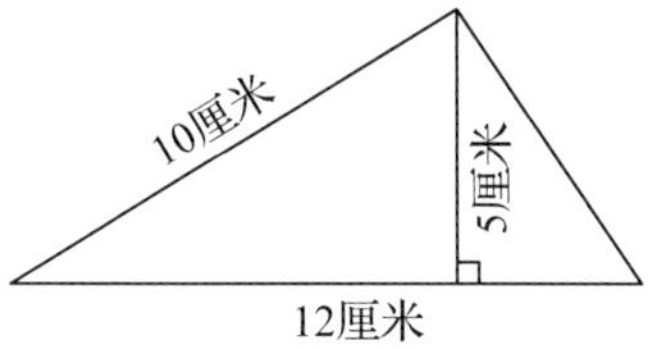

10厘米
5厘米
12厘米

结果统计如表 3。

表 3

计算结果	人数	百分比/%
能用公式正确计算	17	47.2
错误（包括没有回答的）	19	52.8

分析：通过前测我们发现，被测的 36 名学生中，77.8%的学生能够感知三角形的面积与底和高有关，有 58.3%的学生知道三角形面积公式，有 47.2%的学生能用公式正确计算三角形的面积。但是，当我们对学生进行访谈，追问学生三角形的面积公式为什么是“底×高÷2”的时候，学生也说不清楚，只是说课外班的老师告诉的。所以，知道公式的学生也仅仅是在利用公式进行模式化的学习而已。

基于对学情的了解，我们又开始了“三角形的面积”的教学，篇幅原因不在这里做具体展开。

分析：布鲁纳认为，动作—表象—符号是儿童认知发展的程序，也是学生学习过程的认知序列，由动作而积累表象是小学生进行数学学习的重要一环。如何不断积累图形表象，特别是积累大量图形变式的表象，一种非常重要的途径就是经历与图形有关的各种操作动作。所以，当学生前面经历了那么多的动手操作，经历了通过数方格、割补等方法的尝试和学习，体验了转化的思想之后，“三角形的面积”的学习对于学生来说是那么的自然而然，水到渠成。(如图 17)

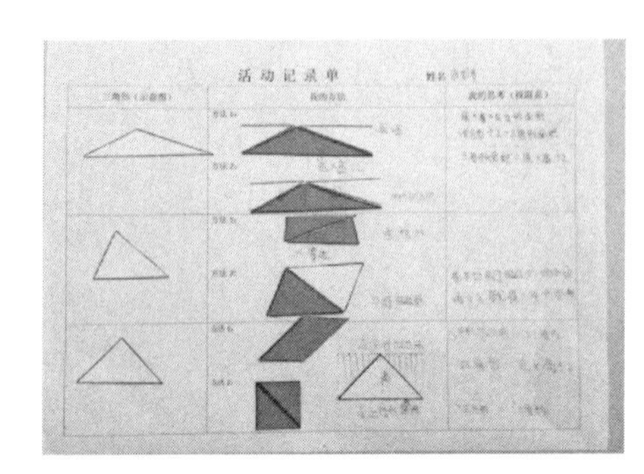

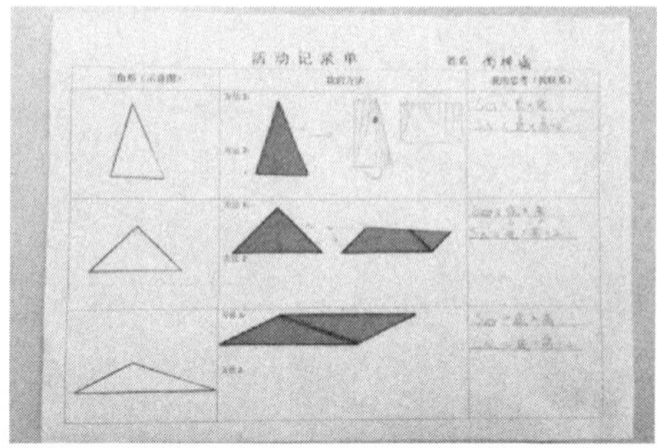

图 17

五 研究结论

1. 关注学生基本活动经验的积累

教师们对于多边形面积的教学可以说是“又爱又恨”，“爱”的是大多数学生在学习之前就已经会使用公式，“恨”的是学生在解决问题时不断地出错。所以，看来是我们简单地认为“窗户纸捅破了”，剩下的就是解决学生由不熟练到熟练的反复练习以提高正确率的过程了。这样的简单告知，学生是一种被动的接受过程，即使是对“为什么”一点儿都不知道，经过大量这样强化的训练也能“很熟练地掌握”。但是这样做的意义何在？难道只是为了应付这种传统的考试？学生的思维得不到发展，同时也不会对学生的探究能力和对问题的分析能力有任何提高，更别谈学生在学习过程中积累的活动经验了。所以，在教学时，要让学生理解知识内容的本质属性，形成正确、清晰的认识；让学生主动在活动与应用中通过尝试，参与到探索公式的过程中；让学生在学习活动中理解和发展空间观念，从而获得分析和解决问题的基本经验，也就是积累了数学的活动经验。

2. 关注学生有效的学习路径

研究“多边形的面积”之前，我们一直将目光锁定在三角形、梯形面积的学习上。对于“比较图形的面积”这节课，是教师们很纠结的内容。它好像没有平行四边形、三角形、梯形面积的学习那么重要，其教学内容看着就那么简单。曾经有教师这样说，这有什么可教的，学生一眼就能看出来。但是通过调研，我们发现，学生并不像我们想象的那么简单，学生会根据已有的知识经验，运用多种不同的方法解决问题，而每一种方法的运用都源于方法、策略的丰富性，原来“简单如此丰富”。

在“平行四边形的面积”教学中，我问一名还没学就会用公式解决问题的学生：“你都会用公式求面积了，这节课你还想学什么?”学生回答说：“我就想知道公式是怎么来的。”一语惊醒梦中人，关注学生的想法是多么的重要。于是，我们及时地调整了教学设计，想办法解决“教什么”的问题，不断地探索学生的学习路径，想办法去除公式的干扰，为学生提供有效的研究素材和情境，给他们提供思考、反思、辨析的空间，加深他们对面积学习的理解。我们发现，这样的调整提高了教师的教学质量和学生学习的有效性。

3. 加强单元教学的整体研究

在进行了“三角形的面积”教学之后，我们对学生进行了后测，结果仅有 1 名学生出现了计算错误，其他学生均正确地解决了问题。在解决问题的过程中，我们欣喜地看到，学生不仅能够用学到的策略和方法解决问题，而且还能灵活运用公式。看到这样的学习效果，我们深深地感受到，不是学生的“学”出了问题，而是我们应该“怎么教”出了问题，学生记住了面积公式不等于他们具备了运用公式的能力。反思日常的教学，我们经常只是思考怎么把一节课上好。而在整个单元的教研中，我们将曾经独立的每一节课，进行了单元的整体思考和深入研究，将数方格、割补等方法和转化的思想贯穿本单元的始终，恰恰让我们体会到了以一种思想方法贯穿始终，实现教与学的“一脉相承”，课堂教学产生了事半功倍的效果。因此，在教学中，我们更应该关注单元教学的特点和教学规律，关注数学活动经验的积累，让学生经历数学知识完整的发生、发展过程，逐步培养学生解决问题的能力，让学生在解决问题的过程中获得终身发展的动力。

参考文献

[1] 波利亚．数学的发现——对解题的理解、研究和讲授［M］．刘景麟，曹之江，邹清莲，译．北京：科学出版社，2004.

[2] 孙晓天．读懂学生（上）——从重视学生的活动经验谈起［J］．小学教学（数学版），2008（6）：8－9.

[3] 谭铁斌．研究学生学习　实现课改的再次破局［J］．现代教学，2010（7）：9－15.

[4] 张春莉，刘怡．基于学生学习路径分析的教学路径研究［J］．中小学教师培训，2015（9）：39－43.

[5] 张丹．小学数学教学策略［M］．北京：北京师范大学出版社，2010.

成长寄语

这个研究从一个非常好的问题“图形面积的教学到底能带给学生什么？课堂上是不是学生掌握了计算公式就真的理解了”出发，通过学生调研去探索学生的学习路径是一个很有价值的研究。研究中特别值得学习的有以下几点。

第一，研究进行了一系列学生作品分析，通过这些作品展示和分析，让我们看到了，面对每一组问题串，学生的学习起点在哪儿？他们有什么样的兴趣偏好？有什么不同的表现？他们的学习困难是什么以及在目前的问题串下我们的学生到底能走多远？这样的研究分析改变了拍脑袋进行教学设计的做法，给我们的教学带来的是可靠的决策依据。特别值得关注的是，在文中有几处内容中，金毅老师都写到学生的表现和教师的预想是存在一定差异的，比如，教师预想学生“拼出平行四边形就直接判断面积相等”，结果学生更喜欢“把图形转化成长方形”进行比较。由此可以看出，学生依赖对基本图形的认知，能够并且喜欢用已有的学习经验解决问题。这些调研结果都表明学生的想法和成人的预期之间确实存在差异，因此，打造适应学生认知发展规律、适应学生思维特点的课堂，读懂学生的研究是前提，也是保障。

第二，这是一个单元教学研究，立足单元的整体安排，不仅可以帮助我们更全面地把握各课节的地位和相互联系，还可以让我们更加准确地把握各课节的具体内容特色和定位。比如，在多边形面积单元，传统教材没有安排“比较图形的面积”内容，新世纪（北师大版）小学数学教材最初安排这个课时，也有不少教师质疑这节课看不到知识点，它的意义何在？因此，教学中对这节课不予重视，甚至不上。正如金毅老师反思的“我们一直将目光锁定在三角形、梯形面积的学习上。对于‘比较图形的面积’这节课，是教师们很纠结的内容……曾经有教师这样说，这有什么可教的，学生一眼就能看出来”。但通过研究，他们认识到“比较图形的面积”一课在本单元从学生研究图形面积的方法上起到了积累基本活动经验的重要作用。因为，无论平行四边形的面积还是三角形或梯形的面积，在公式推导的过程中，要用到的最重要的方法就是割补法，而“比较图形的面积”一课，虽然没有传统意义上的知识点，但就是通过活动，让学生体会割补、转化的思想。因此，这也是一个很好的读懂教材的研究。

本研究需要进一步改进的是：第一，文献中缺少对学生学习多边形面积情况的检索，如果能够前期做些相关内容的课例文献检索，可能会让本研究在学生预设方面有更好的思考，对问题的分析可能内容更丰富，思路更宽阔。第二，学生作品的呈现让我们看到的是结果，学生如何从未知走到已知，如何从迷思走到清晰，其间的学习过程我们还没有看到，所以，如果研究能够把这些过程也记录下来，就会对其他教师的教学带来策略上的经验。

想象如此美妙

——“展开与折叠”一课教学思考

张堃（天津市河西区上海道小学）

一 研究的缘起

图1是“展开与折叠”教学后随堂练习的一道题目：

判断这两幅图是否是正方体的展开图。

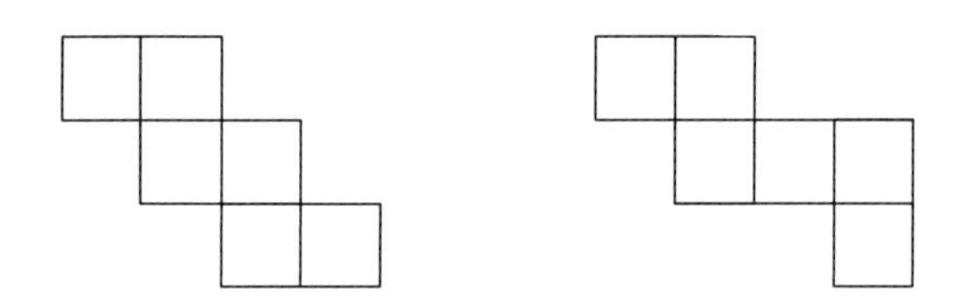

图1

观察发现，全班有近20%的学生需要用纸折叠还原图形来做判断。这是怎么回事呢？学生学习后，我们希望他们解决此问题的方法是：想象出图形折叠后的样子，运用折叠动态想象的方法解决问题，或者能根据总结的正方体展开图特征直接判断。对于存在困难的学生，继续借助操作也是辅助手段。我们在课堂学习过程中是否还可以再做些改善以提高学习效果呢？于是，我们追问自己：教学时的活动设计帮助学生形成想象的经验了吗？展开图的结构特征是学生自然生成的吗？学生为什么不愿意选择借助展开图的类型来解决问题呢？如果学生还停留在通过实际操作层面解决此问题，可以吗？带着这样的思考，我们反思最初的教学，针对发现的问题重新思考和设计，希望能解决困惑。

二 研究的过程——两次执教“展开与折叠”

（一）回顾第一次执教过程——寻找问题根源

首先，了解学生在解答此问题时的想法和困难。

为此，我们做了学生访谈。学生认为这些正方形展开图都是一幅幅不同的样子，一个简单的符号“1－4－1”指第1行有1个正方形，第2行有4个正方形，第3行有1个正方形，不能概括这些不断变化的图形，所以，学生更愿意直观折叠后再判断。我们追问学生：如果不直观操作，能不能想象展开图折叠后的样子进行判断呢？有一些学生觉得可以，但有的学生觉得像图2这样的比较容易想象，像图3这样的就有困难了。

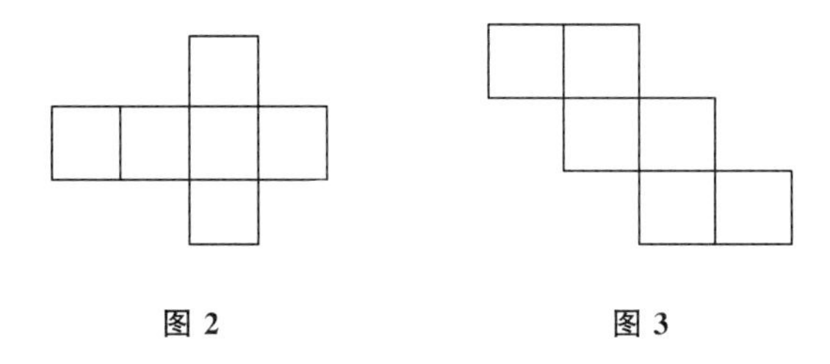

图2 **图3**

了解到学生想象时遇到的困难，反思这一次的教学设计：将正方体六个面剪开成不同的展开图，学生观察展开图特征，总结出“1－4－1”“1－3－2”“3－3”“2－2－2”的结构特征（如图4）。可以发现，学生还没有充分体会展开图中的面与折叠后的面之间的对应关系，没有从操作的经验过渡到不操作的想象。这样过早地归纳展开图结构特征，总结出正方体的11种展开图的规律，尽管教师认为学生能掌握规律进行判断，且方法迅速又简单，但是，学生的空间想象能力并没有建立起来，学生并不能轻松地运用、做出判断。

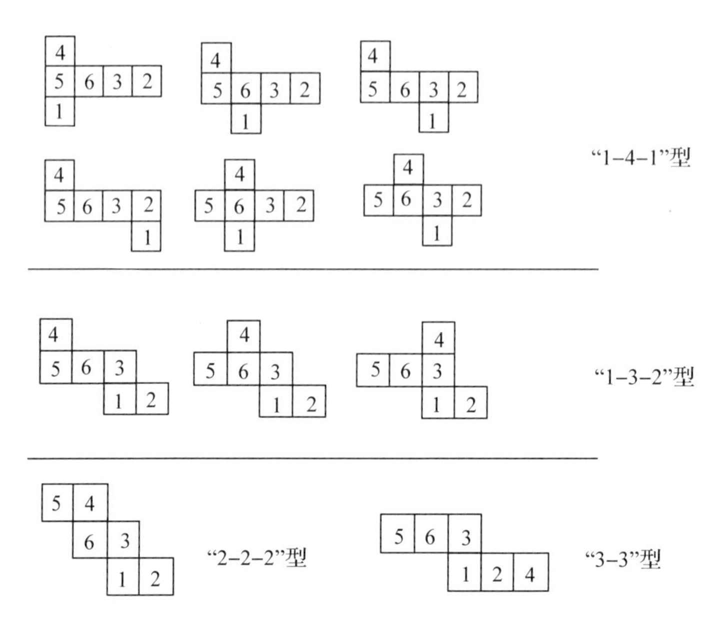

图 4

我的思考：解决问题的方法反映出学生在学习时由平面到立体的体验不足，想象的过程感受不深。急于总结规律，不但使学生的理解和记忆都困难，同时也挤占了学生在展开与折叠之间展开充分想象的空间和时间，所以，学生并没有自然产生从具体操作过渡到抽象想象的经验，教师原以为巧妙的设计并非是学生经验自然生成的需要。

（二）基于学生问题的教学再思考

重新认识本节课：从直观操作到会想象，是本节课的关键。只有学生会想象了，展开图才会在学生头脑中自由折叠，学生才有辨别不同展开图的能力，而非机械记忆规律。

基于此，第二次执教时，我们去掉了寻找展开图规律的环节，设计了五次想象活动：第一次，先做后想；第二次，先想后做；第三次，边做边想边表达；第四次，先想再表达后做；第五次，先想后做验证（学生选择不用验证直接想象）。

五次想象的具体学习过程如下。

1. 第一次想象：体会长方体展开图与长方体的面之间的对应

请学生将生活中找到的长方体纸盒沿棱剪开，观察6个面互相连接的长方体展开图。

师：把长方体展开图展开、折叠，再展开、再折叠…… 这样反复做几次，边做边想：展开后是什么样子？折叠后又是什么样子？说说你的感受。

生1：我发现长方体展开之后，是一个平面图形。但是把展开图折叠之后，变成了一个立体图形。有的面是平平的，有的面立起来了。

师：不折叠，看着这个“平平的”展开图，再想想刚才它折叠时“立”起来的样子，请你说一说，这个展开图如果折叠后哪两个面是相对的？

生2：我发现折叠后相对的面的大小和形状是完全相等的，所以，展开图完全相等的面一定是折叠后相对的面。（学生借助长方体相对面完全相等的特征找到了展开图中相对的面——以前知识经验的迁移。）

师：大家观察这个盒子的展开图（如图5），它有什么特征？

生3：有4个面的面积是完全相等的，还有两个正方形的面。

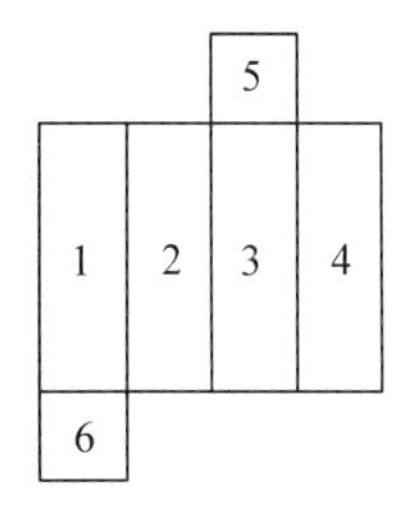

图5

师：怎样找到这个展开图折叠后相对的面呢？

生4：我发现展开图中相对的面之间一定要隔着另外一个面，所以“1”和“3”相对，“2”和“4”相对。

生5：相对的面在展开图中不可能是相邻的，要间隔一个面。

师：大家再看5号和6号面，它们的位置关系是怎么样的呢？

生6：它们间隔着一行，5号和6号也是相对的面。

师：没有折叠这个展开图，你们是怎么找到相对的面的呢？

生7：我在脑子里想象它折叠的样子。

在第一次想象活动中，教师为学生设计了直观操作活动，在具体的展开与折叠的过程中，积累相关经验，而这个经验又成为空间想象的基础——运用展开与折叠的动态记忆思考相对的面的位置关系，帮助学生积累第一次想象的经验。

2. 第二次想象：想象正方体展开图的样子

从长方体到正方体，6个面都相同时，如何把长方体展开与折叠的活动经验，自然地迁移到正方体的展开与折叠的活动中？

教师和学生共同观察一个正方体，想象着如果沿这个正方体的棱剪开，会是什么样子？

生1：会和长方体的展开图差不多。

生2：正方体的展开图应该是6个正方形。

生3：按不同的棱剪开，展开后6个正方形排列的会不一样。

此时，学生头脑中已经有了自己所想的正方体展开图，教师鼓励学生动手把想象的展开图剪出来，学生会发现沿着不同的棱剪开，展开图的样子也各不相同，体会到正方体的面与展开图中的面的对应关系。

3. 第三次想象：先想象正方体展开图中每个面折叠后的位置关系，再通过操作验证

学生剪开的正方体展开图形状各异（如图6），借助这些展开图，教师和学生进行了第三次活动。

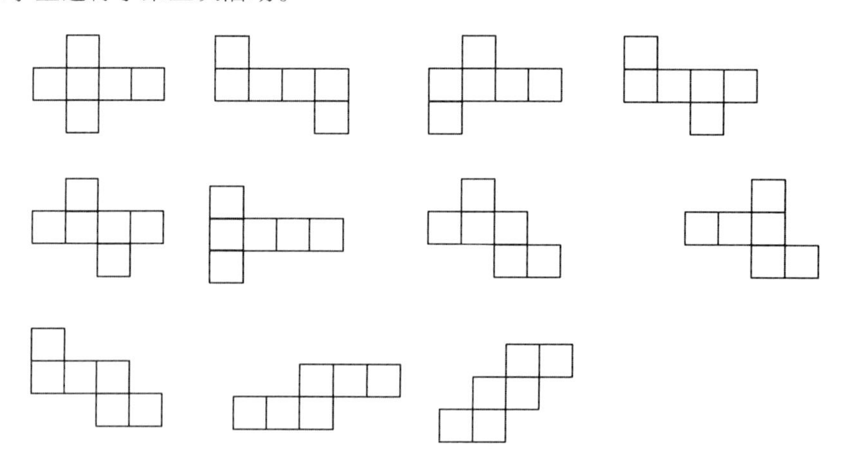

图6

两名同学为一组，任意选择一个展开图，一个人说一说每个面折叠后对应正方体的哪个面，另一个人折叠验证同伴的说法，并在展开图上标注

(如图 7)。

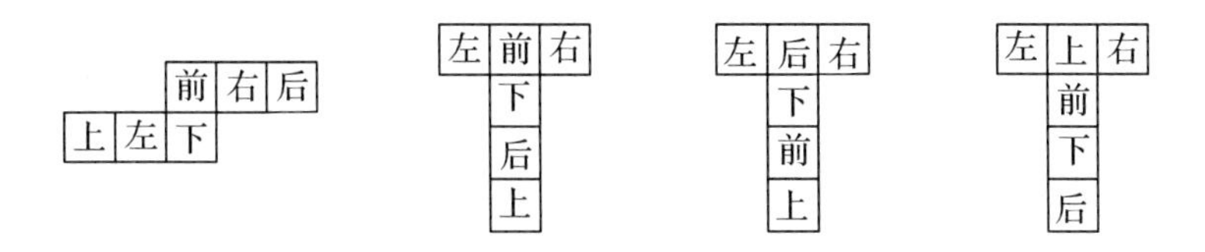

图 7

小组合作后，教师组织学生交流想象的方法。

生 1：我们小组是这样做的。想象一下，把这个展开图折叠成正方体是什么样子，确定了前面，其他的面就能确定了。

生 2：实际上也可以这样想，折叠成正方体以后，相对的两个面中间总要间隔一个面或一行面。按照这样的规律，知道了“前”面就能知道“后”面，然后再判断出其他两组对应的面就行了。

这样的想象练习，可以帮助学生在展开与折叠的转换间在头脑中形成动态想象的过程，练习用语言表达想象的结果和想象的方法，积累空间想象的经验。

4. 第四次想象：判断正方体与展开图之间的对应关系，发展空间想象能力

在学生看到一个展开图，能够想象它折叠成正方体的样子后，引导学生思考：如果展开图中间有 4 个面一字相连，它们可以是正方体的哪 4 种位置的面？

生 1：前后上下（如图 8）。

生 2：前后左右（如图 9）。

生 3：上下左右（如图 10）。

生 4：这 4 个面正好是正方体的四周。

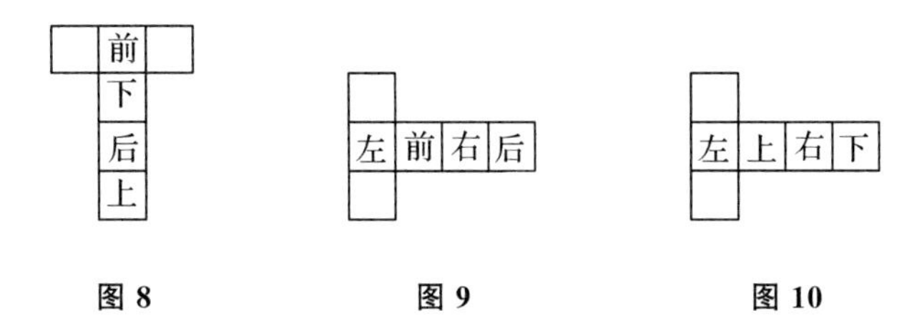

图 8　　图 9　　图 10

学生找出中间有4个面连接的所有展开图，体会中间4个面分别是正方体的“四周”，是恰好环绕正方体所围成的4个面。

5. 第五次想象：从想象到操作，验证辨析展开图

前四次想象让学生经历展开与折叠的过程，巩固体与面的转换认知，加强感悟立体图形中的面与展开图中的面的对应关系。在此基础上，教师和学生进一步体会展开图的特点。

师：图11～图13都是由6个相等的正方形连接在一起的，哪些能够折叠成一个正方体？先想一想，再折一折，验证你的猜想。

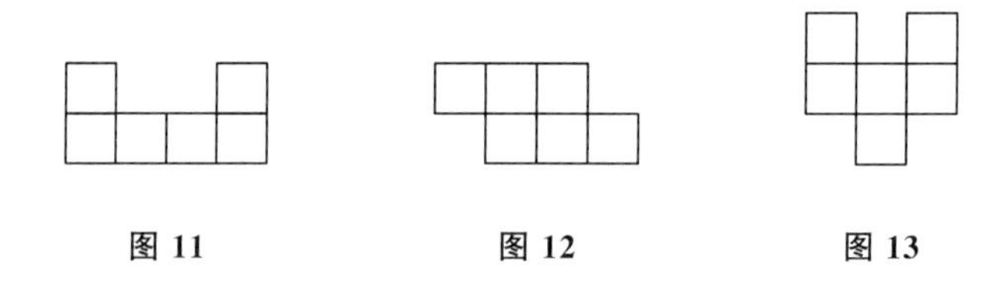

图11　　图12　　图13

生1：图11折叠之后，它的“下”面没有了，“上”面会有两个，出现重叠面了。

生2：图12无法折叠，它的中间是个田字格，没有办法折成正方体。

生3：图13折叠后有两个“上”面，没有“前”面了。

师：大家想象并验证了这些图形折叠后的样子，你有什么发现？

生4：不是所有由6个正方形组成的图形就都是正方体的展开图，有的会出现重叠面，有的会缺少某个面，还有的根本无法折叠。

至此，越来越多的学生已经在脑海中形成了长方体和正方体展开和折叠的动态过程，这样的学习正是学生真实经历后的自然生成，学生在活动中自己形成了空间想象的经验。

两次执教后的学习情况分析

两次执教后，我分别对两个班级的学生进行了学习情况的分析，题目如下。

如图14，你能画出在A处的蚂蚁吃到B处食物的最短路线吗？

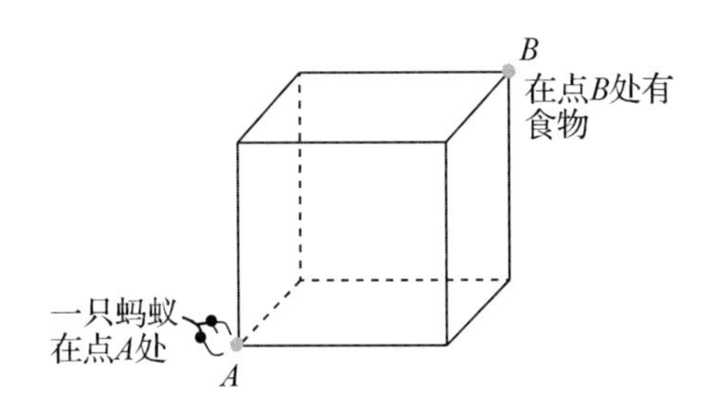

图 14

学生想到的方案	第一次执教班级学生解答百分比/%	第二次执教班级学生解答百分比/%
3 条棱长之和	10.8	5.0
正方形一个面的对角线+1 条棱长	37.8	12.5
将“前”面和“右”面展开构成一个平面，连接对角线 AB	51.4	82.5

两次执教关注点不同：第一次更多的是关注学生的展开图的结构分类经验，能够判断长（正）方形展开图的样子；第二次执教更关注学生空间想象能力的形成，在动态的活动中积累活动经验，能想象由平面到立体、由立体到平面的动态变化过程。从数据看出，在解决实际问题层面，第二次执教班级中，更多的学生会将立体图形展开成平面图形后，再思考蚂蚁走的路线，从而会发现“两点之间线段最短”的道理。(如图 15)

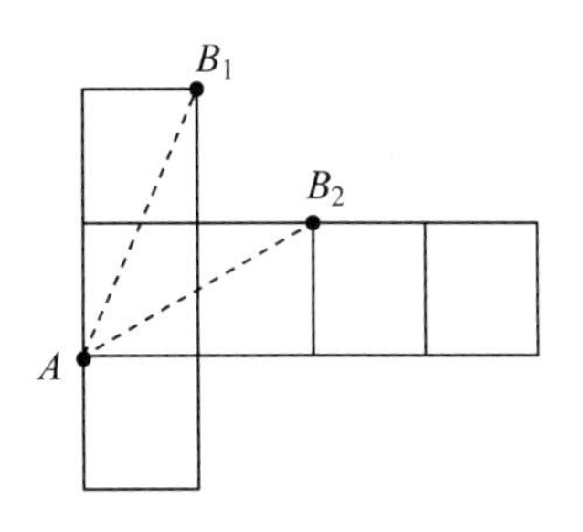

图 15

四 认识与思考

认识 1：教师认为有价值的活动经验不一定是学生自然生成的经验。

第一次执教时总结出 11 个展开图的 4 种结构特征，设计初衷是因为教师认为这样既便于记忆又便于判断，有助于学生形成分类思想。但是教学实践告诉我们，忽略了面与体的相互转化过程，一味地让学生“理解”11

种不同展开图的结构特征，学生会有困难。比如“2－3－1”结构图，成人理解的是简单的3种情况（如图16）：

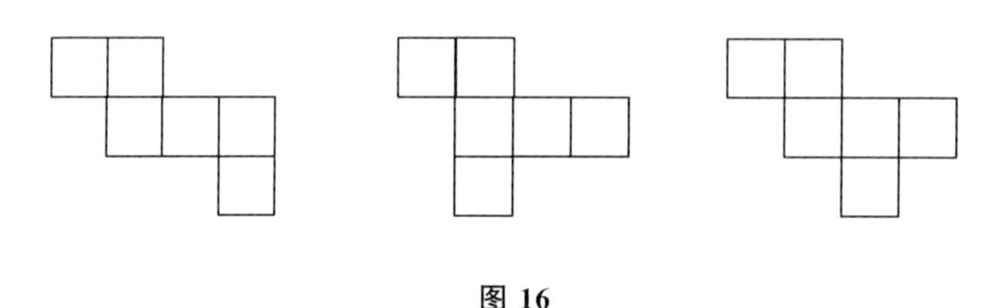

图 16

而在学生的眼里，它们却是如此多的样子（如图17）：

图 17

学生认为这些展开图是一幅幅不同的样子，一个简单的“2－3－1”不能全部概括他们眼中这些不断变化的图形。带着学生的困惑，我们再次翻阅新世纪（北师大版）小学数学教材，发现教材中现阶段对于展开与折叠的定位是：建立长（正）方体的面与展开图中面的对应关系，通过展开图想象折叠后的图形的样子，由平面图想象立体图形。在第二次执教中，我们重视了让学生经历长方体和正方体从立体到平面的展开与折叠的过程，注重在具体的操作活动中感悟立体与平面的关系，积累由平面到立体的经验。

从操作到想象是学生真实的学习路径，不可轻易舍弃。

认识2：在操作活动中积累想象经验，才能逐步发展学生的空间观念。

认识长方体与正方体的展开图，是促进学生空间观念发展的重要载体之一。但是三维图形与二维图形之间的互相转化，对于学生的空间观念要求较高，并非是教师给了学生想象的时间，学生就能想象出来的，需要教师和学生一起将想象的过程进行分解，分层递进，在活动中积累空间想象的经验，发展空间观念。

例如，“体会展开图的面与长方体的面的对应关系”，我们安排了两个环节：第一个环节是“先操作，再想象”。学生反复将长方体展开图“折叠—展开—再折叠—再展开”，尝试着想象“展开是什么样的，折叠后又是什么样的”，发现从平面到立体的过程，即“有的面平平的，有的面立起来”。第二个环节则是“先想象，再操作”。通过想象展开图折叠起来的样子，尝试在展开图中找到长方体相对的面，并思考这两个面的位置有什么特点，最后通过操作验证自己的想法。两个环节将操作和想象紧密结合，帮助学生积累从平面到立体、从立体到平面的想象经验，发展空间观念。

孙晓天教授指出：空间观念的培养过程可以概括成五个方面，即立体、平面、想象、抽象、表达。学生正是在操作展开图的过程中，在立体与平面的转换间建立表象，从而实现在不操作的前提下去想象动态折叠的样子，积累经验，再通过表达解释自己想象的结果，抽象出相邻面、相对面之间的位置关系。

认识3：在积累空间想象经验的同时，关注经验背后数学思想的渗透。

观察一般长方体展开图（长、宽、高都不相等），此时展开图6个面中只有相对的面完全相同，学生能很快找到长方体中相对的面。接下来，观察特殊长方体展开图（即只有一组对面是正方形），运用前面的方法显然是不能解决此时找相对面的问题，就要寻找一般的方法——间隔一个格的面为相对面。最后，观察正方体展开图，当6个面都相同且排列方式复杂多样时，就需要找出更普遍的方法，也就是间隔一个格或一行的两个面为折叠后的相对面。在这个过程中，随着相同面的增多，特殊的方法不再适用，需要寻找一般的方法，因此，学生经历了从特殊到一般的过程，形成了对事物一般规律认识的经验。(如图 18)

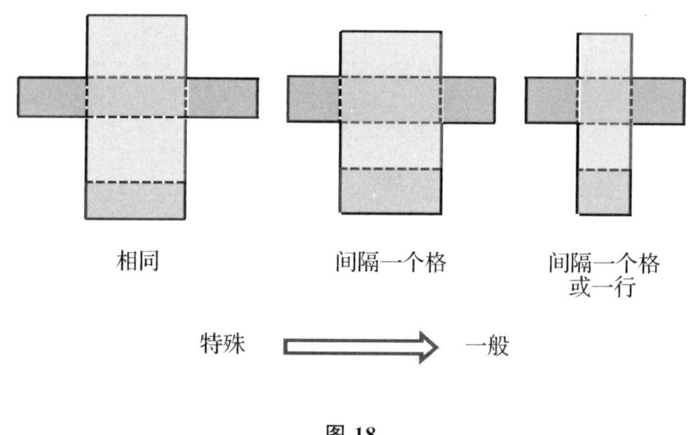

图 18

“展开与折叠”这节课，在数学活动中帮助学生建立起操作解决问题的直观经验和想象解决问题的思考经验。在第二次执教中最大的改变就是顺应了学生的认知水平，尽可能地给予学生操作、想象、表达的时间，通过逐层的活动，积累想象的经验。上完这节课后，学生能欣喜地告诉我：“老师，我能想出这个展开图折叠后的样子了！”我想，这样的教学是成功的。

成长寄语

在传统的几何课程中，很难找到与“空间”有关的内容。虽然“教学大纲”中也有所表述，但在具体的教学内容和教学要求中却鲜见具体的内容。直至 2001 年颁布的《全日制义务教育数学课程标准（实验稿）》（以下简称“《标准（实验稿）》”）的颁布，“空间观念”才真正成为小学数学教学中的重要学习内容。

正是因为传统数学教育中空间观念内容的缺失，以及对于一线教师来说，“空间观念”内容的学习，不像“数与代数”领域内容那样通常是有具体的可视化结果作为学习的目标和导向（个别如数感、估算等内容除外），所以，教师在执教这一部分内容时，一般都会存在很多困惑：采取什么样的教学路径能够发展学生的空间观念？用什么教学方法能启发、帮助学生从疏到密地培养空间想象力？如何判断学生通过这堂课后空间观念真的得到了发展？……对于这样的问题，一线教师往往很难回答。

在张堃老师的文章中，我们非常高兴地看到一名教师在对“展开与折叠”这样的内容的教学过程以及教师和学生共同的思考与成长，为大家提供了一个可以借鉴的教学路径。

无论是《标准（实验稿)》，还是《义务教育数学课程标准（2011 年版)》，对于“空间观念”的主要表现，都包括“能够由实物的形状想象出几何图形，由几何图形想象出实物的形状，进行几何体与其三视图、展开图之间的转化”。张堃老师在第一次执教过后，从学生对一道课后习题的回答中，发现了教学中的问题所在——为什么学生不能借助空间想象解决问题？因此，才有了后面的第二次执教。在第二次执教中，学生经历了一个观察、想象、比较、综合、抽象分析、表达交流的过程。这样的过程，是建立在对于空间和平面相互关系理解的基础上的，在动手操作、头脑加工和组合的过程中，使得二维图形和三维图形之间得到了联结和表示，学生的空间观念从模糊感知，上升为一种可以把握和表达的能力。

在文章中，我们可以清晰地看到张堃老师的研究脉络：由一道习题发现学生的困惑；两次执教不同的设计理念；教学过程中活动设计的层层深入；在数据和证据的基础上，阐述和分析两次不同的教学后学生实际应用的情况；执教者课后具体的认识和思考……这样的研究既朴素又能够真正解决一线教师在课堂教学中所遇到的实际问题，是具有普适性的，适合一线教师开展的研究路径。

当然，张堃老师的研究中还有一些可以进一步完善之处，如对于“展开与折叠”这部分内容，学生的前置经验有哪些？对于学生而言，长方体和正方体的展开图哪个更易于理解？一节课设计几次操作和想象的活动最为合适？如何让每一名学生都能够在具体活动中得到经验的积累和空间观念的发展？……教学有法，教学的“法”就是要教学中遵循基于学生、基于“人”的成长和发展的真实的学习路径。教无定法，没有“定法”是因为每一名学生都是不同的，要想让空间观念从理念变成有助于培养学生创新意识的现实，需要每一位教师不断探索和思考有利于学生和课堂的教学方式，并为此付出不懈的努力。在此，张堃老师已经进行了她的尝试，期待更多的教师能够关注“空间观念”，开展具体的教学研究，分享更多的经验和智慧。

在“观察物体”教学中发展学生空间观念的实践研究

——以六年级上册“搭积木比赛”教学为例

靳学军（甘肃省定西市临洮县第一实验小学）

一 问题的提出

“空间观念”是《义务教育数学课程标准（2011年版）》的十个核心词之一，其内涵具体是指“根据物体特征抽象出几何图形，根据几何图形想象出所描述的实际物体；想象出物体的方位和相互之间的位置关系；描述图形的运动和变化；依据语言的描述画出图形等”。曹培英在“怎样认识小学数学‘图形与几何’的教学意义”中认为：“具有一定的空间观念，是人的基本素质之一。有了空间观念，就能重现感知过的物体的形体特征，就能由实物想象出图形，或由图形想象出实物，等等。小学阶段是学生空间观念发展的重要时期，错过或者延缓空间观念的发展，将会带来难以逆转的影响。”“儿童时代是空间知觉即形体直观认知能力的重要发展阶段。在小学阶段，不失时机地学习一些图形与几何知识，并在其过程中形成空间观念，对进一步学习几何知识及其他学科知识的影响都是积极的、重要的，甚至是不可替代的。”因此，空间观念的形成和发展是小学数学学习的重要目标之一，发展学生的空间观念是“图形与几何”领域的核心目标，空间观念对一个人的发展是至关重要的。

为了促进学生对空间的理解和把握，新世纪（北师大版）小学数学教材加强了空间与几何的系统建构，特别对“观察物体”内容在不同年级进行了分层设计 。一年级下册第二单元“观察物体”中，学生学习从不同的方向观察一个简单物体（同一幅图不超过 3 个方向）。在三年级上册第二单元“观察物体”中，学生学习观察一个物体及观察两个物体的简单关系(同一幅图不超过 4 个方向)。四年级下册学习观察由几个小正方体搭成的立体图形的形状（正方体个数最多 4 个）。六年级上册将小正方体的数量增加到 5 个，并且讨论搭成符合条件的立体图形最少或最多需要多少个小正方体，六年级的观察物体是在前面基础上的进一步发展，很好地帮助了学生“空间观念”的形成和发展。

然而在实际教学中，教师教授了“搭积木比赛”一课的教学后测结果却不容乐观，后测情况如下。

第 1 题　下面是用 5 个小正方体搭成的立体图形，分别画出从上面、正面和左面看到的形状。

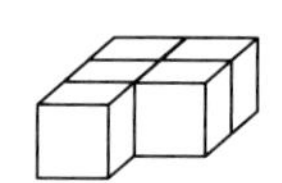

本题考查学生能否正确辨认并画出从不同方向，即正面、左面、上面观察到的小正方体个数不超过 5 个的立体图形的形状。

答题情况如表 1。

表 1

答题情况	人数	百分比/%
正确	40	74.1
错误	14	25.9

第 2 题　一个立体图形，从正面看到的形状是，从上面看到的形状是，从左面看到的形状是。搭一搭，你用了几个小正方体？

本题让学生根据从正面、左面、上面观察到的平面图形还原立体图形。

答题情况如表2。

表 2

答题情况	人数	百分比/%
正确	32	59.3
错误	22	40.7

通过后测我们可以看到：部分学生脱离学具解决问题时错误较多，部分学生对二维与三维的转化比较困难，学生的空间观念亟须得到发展。那么，在小学课堂中，如何达成数学课程标准所提出的要求，满足学生后续学习的需要？如何在“观察物体”教学中发展学生空间观念，进而促进教师有效教学，推动教师专业发展？基于此，我们进行了“在‘观察物体’教学中发展学生空间观念的实践研究”。

二 文献综述

（一）研究的理论依据

1. 皮亚杰认为：儿童的几何学习与成人不同，他们不是以几何的公理体系为起点的，而是以已有的经验为起点的。

2. 《义务教育数学课程标准（2011年版）》中指出：空间观念主要是指根据物体特征抽象出几何图形，根据几何图形想象出所描述的实际物体；想象出物体的方位和相互之间的位置关系；描述图形的运动和变化；依据语言的描述画出图形等。

3. 曹培英认为：小学生的空间观念，通常是从现实生活里积累的相关感性认识出发，在学习活动的过程中逐步建立起来的。培养、发展小学生的空间观念，必须紧密结合图形与几何的教学内容进行。

4. 刘加霞认为：空间观念的核心是要建立“学生头脑中表象”“现实物体（空间）”“几何图形（图像）”三者之间的联系。其中，活动主体在学生头脑中形成表象是建立空间观念的核心，是认识现实空间以及识别几何图形的桥梁，学生头脑中表象的形成是在经历、感受、活动操作中构造出来的。

5. 吴正宪认为：认识图形过程中大量的操作性活动，有利于学生积累数学活动经验，发展学生空间观念在教学中应当予以充分的重视。

（二）基于图形与几何的对研究有影响的重要观点

1. 张丹在《小学数学教学策略》一书中指出：图形与几何教学的核心词为“刻画图形、空间观念、推理能力”，并将学生的空间观念概括为以下几个角度。第一，转化。既包括二维图形和三维图形的转化，也包括现实生活与抽象图形之间的转化过程。第二，表达。既包括制作模型，也包括画出图形。第三，分析。从复杂图形中分解基本图形，在分析的过程中去体会图形的特征。第四，想象。既包括描述和想象物体或图形的运动变化，也包括描述或想象物体或图形的位置及位置关系。第五，图形直观的作用。借助几何直观可以把复杂的数学问题变得简明、形象，有助于探索解决问题的思路，预测结果。同时，张丹老师还提出了图形与几何课程的教学原则与策略：应将图形与几何学习的视野拓展到学生的生活空间，力求教学与学生的日常生活和活动经验的巧妙融合；图形与几何教学中还应包括大量空间问题，以及丰富多彩的图形世界；突出用观察、操作、想象、推理等多种方式探索图形的性质、图形的运动、图形的位置、图形的测量，使学生体验更多的刻画现实世界和认识图形的角度和工具；应注意将合情推理与适当验证结合起来，全面发展学生的推理能力。

2. 曹培英在“怎样培养、发展小学生的空间观念”一文中指出：要引导学生观察图形，指导学生学会画图，组织学生动手操作及语言与形象相结合等。

3. 王晓丽在“小学生空间观念形成的有效途径初探”中指出，通过“看、画、想、找”模型，建立模型思想的同时培养学生空间观念，是一个纵向逐步加深的认识过程，即（1）看模型——为学生提供具体感知物；（2）画模型——促使学生形成个别表象；（3）想模型——帮助学生进行概括表象；（4）找模型——强化学生的概括表象。

4. 张静秋在“浅谈对小学生空间观念的培养”一文中指出：空间观念

具有高度的抽象性和概括性。学生形成空间观念的过程中要经历几个阶段：观察实物—建立模型—抽象出几何图形—形成表象—思维、概括。学生以此为基础，进行思维，将表象重新加工、组合，发展为想象力，通过体验对数学形象和经验进行总结与升华，最终形成观念。

综上所述，空间与几何的教学需要教师提供多种的素材和多样的活动，应鼓励学生将观察、操作、想象、推理、表达等相结合，并促进学生通过实践、思考以及与他人的交流，全面地促进思维发展，养成有条理思考和表达的习惯。

研究的内容和方法

1. 研究内容

（1）小学六年级学生空间观念的状况是怎样的。

（2）针对“观察物体”教学提出一些合理化的建议。

（3）探索发展小学生空间观念的有效途径。

2. 研究目标

（1）通过研究，探索出发展小学生空间观念的有效途径。

（2）使学生的空间观念较以前有所发展。

（3）探索出有效途径，把经验推广。

3. 研究方法

（1）文献资料法：通过收集借鉴国内外关于发展空间观念的相关资料，了解国内的研究趋势，学习先进的经验和方法，储备相关的学术理论及科研信息，从而保证该课题顺利开展。

（2）调查研究法：通过前测、后测、研究等科学方式，有目的、有计划系统地收集有关问题或现状的资料，从而获得关于课题研究的相关事实，并形成关于课题研究的科学认识。

（3）行动研究法：研究前期进行前测，根据前测结果，确定研究方向。

开展第一次教学实践，边实践、边观察、边反思，不断改进实施办法，不断总结研究成果，最终形成结论。

四 研究的过程及成果

（一）教学前测

1. 教学前测内容设计

在学这节课之前学生的已有基础究竟是怎么的？发展空间观念是“搭积木比赛”的重要目标之一，那么，本节课主要通过哪些方式发展学生的空间观念？带着这些疑问，我对六年级（5）班的50名学生进行了前测。

前测对象：甘肃省临洮县第一实验小学六年级（5）班的50名学生。

前测目的：了解学生的已有基础，根据学情确定教学方法。

前测题目：

（1）利用5个小正方体搭成一个立体图形，画出从正面、上面、左面观察到的平面图形。

答题情况如表3。

表3

答题情况	人数	百分比/%
正确	47	94
错误	3	6

（2）尝试画出下面立体图形从正面、上面、左面看到的图形。

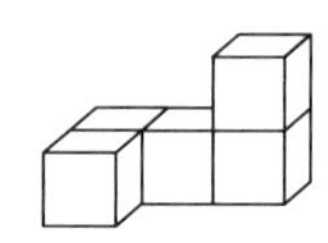

答题情况如表4。

表 4

<table>
<tr><td>答题情况</td><td colspan="3">人数</td><td colspan="2">百分比/%</td></tr>
<tr><td>正确</td><td colspan="3">32</td><td colspan="2">64</td></tr>
<tr><td rowspan="3">错误</td><td rowspan="3">18</td><td>正面错</td><td>4</td><td>8</td><td rowspan="3">36</td></tr>
<tr><td>上面错</td><td>3</td><td>6</td></tr>
<tr><td>左面错</td><td>11</td><td>22</td></tr>
</table>

(3) 淘气用小正方体搭了一个立体图形，从正面、右面和上面看到的形状如下，这个立体图形由几个小正方体搭成？请搭一搭。

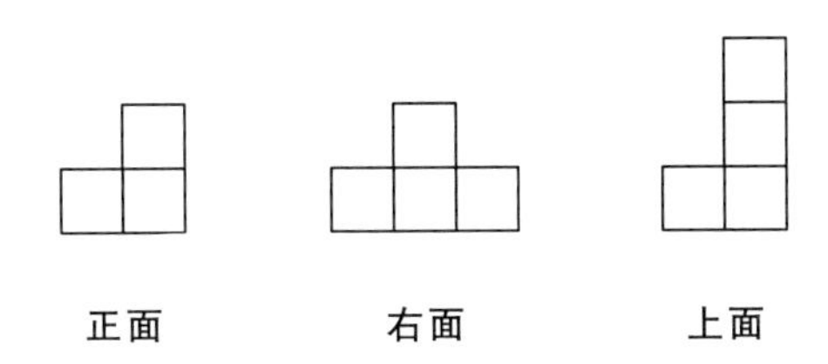

答题情况如表 5。

表 5

答题情况	人数	百分比/%
正确	26	52
错误	24	48

2. 前测结果分析

从前测的数据可以看出：

(1) 操作有助于学生在观察中获得初步空间观念。

学生利用 5 个小正方体搭成一个立体图形，画出从正面、上面、左面观察到的平面图形，正确率达到了 94%，学生借助小正方体，先搭立体图形，边观察边画图降低了学习的难度。

(2) 学生脱离学具操作后的空间想象能力不足。

当学生脱离学具（小正方体），根据立体图形画从三个不同方向观察到的平面图形，学生的正确率为 64%。给出从三个不同方向看到的图形还原立体图形时，学生的正确率仅为 52%。由此可见，学生的空间想象能力比较欠缺。

（3）学生对二维平面图形转化为三维立体图形掌握更为困难。

给出立体图形，画出从不同的方向看到的平面图形，两道前测题目学生的正确率分别为94％和64％；而给出从三个不同方向看到的平面图形还原立体图形，学生的正确率仅为52％。从而可以得出：相对于“三维”转化为“二维”而言，学生对二维平面图形转化为三维立体图形更为困难。

3. 教学对策

（1）充分激发与利用学生的已有经验。

《义务教育数学课程标准（2011年版）》指出：“教学应该以学生的认知发展水平和已有的经验为基础。”“要重视直接经验，处理好直接经验与间接经验的关系。”“使学生……获得基本的数学活动经验。”学生已经具备了一定的经验，在教学时，我将充分调动学生已有的经验，通过观察、想象、操作等活动，积累学生的数学经验。

（2）将观察与想象、操作、推理、表达、思考有机结合，发展学生的空间观念。

小学生空间观念的形成，是以空间想象力为支柱，以思维能力为核心的。而小学生的思维又有很大的直观性，所以，在学习时，需让学生通过观察、画图、动手操作等实践活动，把视觉、听觉、触觉、运动觉等协调利用起来，促进思维与心理的内化。同时，在学生乐于观察、乐于交流的基础上，还需要促进学生乐于想象、乐于推理、乐于操作、乐于反思，从而掌握物体的特征，形成空间观念并发展空间观念。

（二）教学实践

根据以上数据以及思考，我对教学设计进行了修改，并于2014年11月6日在本校的六年级（5）班进行了教学实践（第二次试教）。

【教学内容】

新世纪（北师大版）小学数学六年级上册第32～33页。

【教学目标】

1. 通过观察、操作、想象等活动，正确辨认从不同方向（正面、左面、上面）观察到的立体图形（5个小正方体组合）的形状，并能画出相应的平面图形。

2. 能根据从正面、左面、上面观察到的平面图形还原立体图形（5个小正方体组合），进一步体会从三个不同方向观察就可以确定立体图形的形状；能根据给定的两个方向观察到的平面图形的形状，确定搭成这个立体图形所需要的小正方体的数量范围，发展空间观念。

【教学重点】

正确辨认从不同方向（正面、左面、上面）观察到的立体图形（5个小正方体组合）的形状，并能画出相应的平面图形。

【教学难点】

1. 能根据给定的两个方向观察到的平面图形的形状，确定搭成这个立体图形所需要的小正方体的数量范围。

2. 能根据从正面、左面、上面观察到的平面图形还原立体图形（5个小正方体组合），进一步体会从三个不同方向观察就可以确定立体图形的形状。

【教具与学具说明】

本课主要通过观察、想象、操作等活动，发展学生的空间观念。因此，课前我让每名学生自己制作了6个棱长为10厘米的小正方体。

【教学过程】

1. 知识回顾，引入课题

师：同学们，我们以前学过用多个小正方体搭出各种不同的立体图形，现在老师给大家带来了几个立体图形（课件展示用3～5个小正方体任意搭出的立体图形），请说一说它是由几个相同的小正方体搭成的。

师：你是用什么方法数的呢？

师：搭积木是同学们小时候最喜欢玩的游戏，这节课我们开展搭积木比赛。（板书课题、出示比赛规则。）

【设计意图】以谈话的形式引入课题，回顾解决此类问题的已有经验，让学生发现知识间的连续性，引发探究新问题的兴趣。

2. 动手操作，探究新知

(1) 比赛一：画一画。

师：先进入今天的第一项比赛。淘气用 4 个小正方体搭成了一个立体图形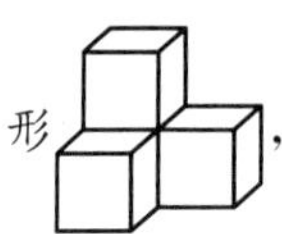，请每队同学分别画出从上面、正面、左面看到的形状，比一比哪个队画得正确。

①认真观察想象。

师：先请同学们认真观察（板书：观察）你所看到的立体图形，然后在你的学习单上画出从上面、正面、左面看到的形状。

②画一画。

③汇报交流。

师：哪个小队愿意来展示一下？你能说一说你是怎么画出这个平面图的吗？因为我们不能从这张立体图上看到从左面观察到的样子。

生 1：我是根据右面的形状想象左面，因为左面和右面刚好是相对的或相反的。

师：谁能重复一下他的画法？谁能说一说从右面看到的形状是怎样的？

师：这两位同学都是利用右面看到的样子想象出左面看到的样子。有没有其他的方法画出左面看到的形状？

师：我们在认真看图的基础上假定自己就站在这幅图的左面，大家现在想象一下，能否想到从左面看到的样子？

生 2：我假定自己在图形的左面，然后想象看到的样子。

师：以上两种方法都是我们在观察物体中常用到的方法。

师：刚才我们画出了立体图形从三个不同方向看到的形状，辨认了物体的形状。(板书：辨认物体形状）哪些小队获胜了？祝贺大家！

【设计意图】借助比赛建立 5 个小正方体搭出的立体图形与学生观察到的平面图形之间的联系，让学生经历从三维图形向二维图形转化的活动过程，发展学生的空间观念。

(2) 比赛二：搭一搭。

①根据一个方向看到的形状搭。

a. 出示从正面看到的形状。

师：下面进入第二项比赛，这项比赛分为四个回合，每一个回合大家都要认真思考。一个立体图形，从正面看到的形状是四个小正方形排成一排□□□□，请两个队分别搭一搭，说一说。

b. 先想象，然后操作验证。

师：在搭之前，老师建议大家先想一想，然后搭一搭，说一说。

c. 全班汇报。

师：哪个小队愿意跟大家交流交流你们搭出立体图形的形状？

d. 小结：发现有无数种搭法。

师：这个小队一次就搭成功了，还搭出了不止一种。如果你手中的小正方体数量足够多，空间足够大时，在你刚才所看到的基础上还能搭出来吗？(能) 能搭多少种？(无数种。)

②根据从两个不同方向看到的形状搭。

a. 出示从左面看到的形状。

师：当提供给大家从一个方向看到的平面图形的时候，我们所搭出的立体图形会有很多。我们继续比赛，增加一个条件，从左面看到的形状是两个正方形排成一排□□，你知道这个立体图形是什么样子的吗？

b. 先想象，然后操作验证。

师：先想象再搭一搭，说一说。

c. 全班汇报。

师：哪个小队愿意跟大家交流一下？过会儿大家在认真倾听这两位同学的发言时，请你认真观察，观察你从正面和左面看到的是否都满足条件。(学生汇报。)

师：如果现在还给大家足够多的小正方体，还能搭出无数种吗？(不能）我们根据从两个不同方向看到的图形不能确定这个立体图形唯一的样子，但是我们能确定什么呢？（确定最多有几个小正方体，最少有几个小正方体。）

③根据从两个不同方向看到的形状确定所需正方体数量的范围。

a. 出示条件：搭这样的立体图形，最少需要几个小正方体？最多需要几个小正方体？

b. 先想象，然后操作验证。

师：请大家先想一想各需要几个，然后动手验证一下。

c. 全班汇报。

师：哪个小队愿意跟大家交流一下？

d. 小结：根据从两个方向观察到的平面图形的形状可以确定搭成这个立体图形所需要小正方体的数量范围。

师：当提供给大家从两个不同方向看到的平面图形的时候，我们可以确定出最多需要几个小正方体，最少需要几个小正方体，也就是搭成这个立体图形所需要小正方体的数量范围。（板书：确定数量范围。）

④确定唯一搭法。

a. 出示从上面看到的形状。

师：当我们提供给大家从一个方向和两个方向看到的平面图形的时候，我们都没有搭出一个立体图形的唯一样子来，怎么才能搭出唯一的样子？

生：如果知道从正面、左面、上面看到的形状就能确定这个立体图形唯一的样子。

师：那我提供给大家从上面看到的样子是。

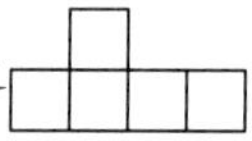

b. 先想象，然后操作验证。

师：先想一想，然后搭出你认为唯一的样子。

c. 全班汇报。

师：（学生汇报）请大家按照他说的搭一搭，看是否符合题目的要求。

d. 小结：根据从三个方向观察到的平面图形的形状就可以确定立体图

形的形状。(小正方体不超过 5 个。)

师：根据从三个不同方向观察到的平面图形的形状就可以确定立体图形的形状。

(板书：还原立体图形（三个不同方向)。)

师：比赛二结束了，在这四个回合的比赛中都有哪些小队四连胜？真棒，掌声祝贺一下自己！

【设计意图】让学生经历观察、思考、想象、验证等过程，提升从二维平面图形到三维立体图形的想象力，帮助学生建立面与体的转化关系，有效地发展他们的空间观念。

(3) 比赛三：看谁搭得多。

师：下面我们进入第三项比赛。刚才大家说只要提供从一个方向看到的平面图形的时候，我们就可以搭出很多种立体图形。现在老师仍然给大家提供从一个方向看到的平面图形，看看你还能搭出很多很多立体图形来吗？

先独立想象后搭一搭，再进行全班交流。

【设计意图】借助不同的搭法，积累拼搭物体的经验，发展学生思维的灵活性，有效地发展空间观念。

3. 测评反馈，拓展提高

教材第 33 页“练一练”第 1，2，3 题。

【设计意图】通过练习，进一步发展学生的空间观念。

4. 全课总结，回顾反思

师：同学们，课上到这里你还有不明白的问题吗？在这节课里你最大的收获是什么？

【设计意图】通过回顾本节课所进行的数学活动和收获，分享观察物体的经验。

(三) 教学反思

本课主要设计了层层递进的三个学习活动。

活动一：根据从一个方向看到的形状搭立体图形。

学生观察、想象、动手验证后发现：根据从一个方向（正面）看到的形状搭立体图形，会有很多种不同的搭法。当小正方体数量足够多、空间足够大时，可以有无数种搭法。

活动二：根据从两个不同方向看到的形状搭立体图形。

出示从正面和左面看到的形状，（一个立体图形，从正面看到的形状是□□□□，从左面看到的形状是□□），让学生先观察、想象然后动手搭立体图形。交流时，学生出现了丰富多样的搭法。学生发现：根据从两个方向看到的形状搭立体图形时的搭法，比从一个方向看到的形状搭立体图形时的搭法减少了。我及时质疑：搭这样的立体图形，最少需要几个小正方体？最多可以有几个小正方体？学生经历观察—想象—验证—交流后发现：最少需要 5 个小正方体，最多可以有 8 个小正方体。由此得出根据从两个方向观察到的平面图形可以确定搭成这个立体图形所需要小正方体的数量范围。

活动三：根据从三个不同方向看到的形状搭立体图形。

出示从正面、左面、上面看到的形状，学生经过观察—想象—操作后发现：根据从三个不同方向观察到的形状就可以确定立体图形的形状。

（四）教学后测

本节课知识与技能的评价主要围绕以下 3 道题。

1. 下面是用 5 个小正方体搭成的立体图形，分别画出从上面、正面和左面看到的形状。

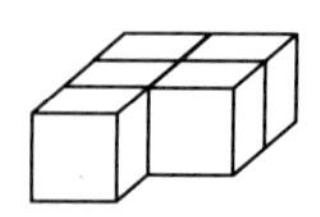

本题考查学生能否正确辨认并画出从不同方向（正面、左面、上面）观察到的立体图形的形状（小正方体个数不超过 5）。

答题情况如表 6。

表 6

答题情况	人数	百分比/%
正确	47	94
错误	3	6

2. 一个立体图形，从正面看到的形状是，从上面看到的形状是，从左面看到的形状是。搭一搭，你用了几个小正方体？

本题考查学生能否根据从正面、左面、上面观察到的立体图形的形状还原立体图形。

答题情况如表 7。

表 7

答题情况	人数	百分比/%
正确	40	80
错误	10	20

3. 一个立体图形，从正面看到的形状是，从左面看到的形状是。

(1) 它可能是下面的哪一个？在合适的图形下面画“√”。

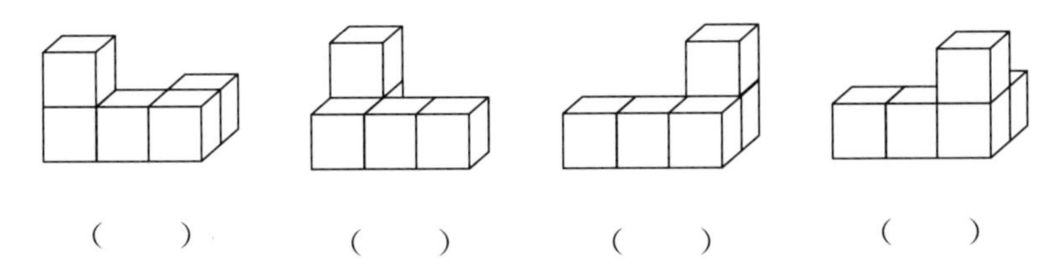

(2) 按题目要求搭小正方体，最多能用几个小正方体，最少需要几个小正方体？想一想，搭一搭。

本题考查学生能否根据给定的从两个方向观察到的立体图形的形状，确定搭成这个立体图形所需要的小正方体的数量范围。

答题情况如表8。

表8

答题情况		人数	百分比/%
第（1）题	正确	41	82
	错误	9	18
第（2）题	正确	38	76
	错误	12	24

从学生的作业来看，94%的学生能根据给定的立体图形，画出从三个不同方向观察到的平面图形。76%的学生能根据给定的两个方向观察到的平面图形，确定搭成这个立体图形所需要正方体的数量范围。80%的学生能根据从三个不同方向观察到的平面图形还原立体图形。部分学生出现了问题，分析原因学生还停留在靠摆放学具解决问题的阶段，空间想象能力和空间观念的发展是需要一个渐进过程的。

五 研究的结果

1. 观察物体，建立空间观念

本课小正方体的数量虽然仅比以前多了1个，但拼摆时的变化却多出许多，各种拼摆组成的立体图形的形状也会各不相同，它们的视图有时相同、有时不同。在这样的观察过程中，学生的空间观念和数学思考的水平都将得到进一步的发展。小正方体数量的增加，带来形式上更加多样的变化，让学生在观察中逐渐发现由5个小正方体搭出的立体图形与他们观察到的平面图形之间的联系，有助于培养学生空间想象能力，建立学生的空间观念。

2. 独立思考，提高想象能力

学生在根据不同方向看到的平面图形还原立体图形的活动中，我都让学生经历观察—想象—操作的过程，在独立思考与合作交流中，鼓励学生有条理地、清楚地表达自己的想法，引导学生发现随着观察方向的增加，所搭出的立体图形的形状由多变少再到唯一搭法。同时，让学生在设想解决问题的方案和探索解决问题的方法中，提高学生的想象力，帮助学生建立面与体的转化关系，在观察、想象、动手操作、展示交流的过程中，积累还原物体的经验，让学生的想象力得到提升。

3. 动手操作，发展空间观念

“小学几何不是论证几何，而是直观几何、操作几何”。因此，教学中，我给每一名学生提供动手操作的机会，学生根据以前观察物体的经验，课中活动都是在充分观察的基础上，展开想象后再动手操作验证。在动手操作的过程中，积累观察物体的经验，培养学生的动手操作能力，发展学生的空间观念。

以上研究表明，在小学数学教学中，结合“观察物体”教学发展学生空间观念的研究是有价值的，并且值得继续深入研究下去。我们将更好地探索和整理研究成果并加以推广。

六 存在的问题及今后研究的方向

由于自身理论知识的欠缺，在研究的过程中我也有一些困惑：

1. 如何将观察、操作、想象、推理、表达等相结合，真正地发展学生的空间观念？

2. 学生的空间观念是否发展如何评估，评估的标准是什么？

参考文献

[1] 鲍建生，周超．数学学习的心理基础与过程［M］．上海：上海教育出版社，2009.

[2] 曹培英．怎样认识小学数学“空间与图形”的教学意义［J］．小学数学教育，2010（3）：42－43.

[3] 曹培英．怎样培养、发展小学生的空间观念［J］．小学数学教育，2010（5）：35－37.

[4] 刘加霞．小学数学课堂的有效教学［M］．北京：北京师范大学出版社，2008.

[5] 刘加霞．设计有价值的学习活动，有效培养学生空间观念——兼评王亚梅执教的“‘认识长方体、正方体’练习课”［J］．小学教学（数学版），2013（1）：22－24.

[6] 王晓丽．小学生空间观念形成的有效途径初探［J］．小学数学教育，2010（3）：7—8.

[7] 袁秀华．浅谈小学生空间观念的培养［J］．小学数学教育，2012（7）：81—82.

[8] 张丹．小学数学教学策略［M］．北京：北京师范大学出版社，2010.

[9] 张静秋．浅谈小学生空间观念的培养［J］．小学数学教育，2013（5）：33—34.

[10] 中华人民共和国教育部制定．义务教育数学课程标准（2011 年版）［S］．北京：北京师范大学出版社，2012.

成长寄语

文章从调查到文献综述，再从前测到结果呈现都是有模有样的，对如何研究、探究问题的过程正向着逐渐规范化的方向发展。同时，因为学生的空间观念在具体教学中如何体现是一个没有定论的问题，因此，教师的选题也是十分恰当的。建议靳学军老师继续从以下 4 个方面在研究中进一步扩展和改进。

1. 关于文献综述

靳学军老师花了很多工夫对学生空间观念的文献进行了梳理，并将其系统地罗列了出来。进一步需要思考的是：为什么要做文献综述？文献综述是把已有的相关研究成果集结并系统组织起来，使我们的研究站在巨人的肩膀上。如果我们的研究没有什么新的内容，也就没有必要做这样一个研究了。因此，如何让文献综述为研究者服务：通过文献综述既知道自己研究的独特性在哪里，又从文献的角度支持这样的研究是可行的，是我们可以进一步扩展的。

2. 关于前测与教学设计的关系

靳学军老师设计了前测的内容，并详细分析了前测的结果，也提出了教学对策，这样的研究思路很清晰。如果能把教学对策与前测结果更加紧密地联系起来则会更好，即教学设计就是克服了前测中的一些结果，而这样教学设计的结果就更加扎实。因此，不是为了前测而前测，前测是为了更好地了解学生，而基于了解学生的教学设计也就更加有针对性了。同时教师也可将教学设计与前面的文献综述联系，即我与别人的设计分别是怎样的，我为什么与别人的设计不一样，这些不同为学生学习带来了怎样正面的影响，这些都是可以进一步考虑与阐述的。

3. 将空间观念的评估作为一个很好的拓展研究方向

要说明学生有发展就需要有评估，评估是教学整体的重要组成部分。因此，如何设计题目来看空间发展的状况，进而评估学生空间观念的发展是非常重要的。在这个方面也是我们老师普遍有提升空间的。

在测量长度教学中促进学生积累活动经验的研究

——以二年级上册“课桌有多长”为例

王耀东（甘肃省定西市临洮县第一实验小学）

一 问题缘起

以往度量单位的教学常常是把重点放在度量单位的换算上，而对于为什么要引入这个度量单位，以及对这些度量单位实际大小的感知相对比较忽视。张丹老师在《小学数学教学策略》一书中提出：“测量一直是小学几何课程的重要内容，不仅在现实生活中有着广泛的应用，并且能够帮助学生更好地把握图形的特征，同时，测量的过程也提供给学生一个学习和应用其他数学知识的机会。”那么，在测量长度教学中如何加深学生对测量单位实际意义的理解，进而积累学生的活动经验？带着这个问题我们以“课桌有多长”为例，进行了在测量长度教学中促进学生积累活动经验的研究。

二 文献综述（部分）

（一）度量与度量单位

张丹老师在《小学数学教学策略》一书中指出：“测量的一个基本想法是：首先要有一个‘单位’，为了交流这个单位要统一；然后是用统一的单位一个单位一个单位地去量；在量的过程中，要满足一定的性质。”新世纪（北师大版）小学数学二年级上册教师教学用书第131页指出：“测量长度是指运用工具将被测量物体长度与已知长度比较，从而得出测量结果的过程。例如，用有刻度的尺子来量一根绳子长度的过程就是测量，用来作为测量标准的量，叫作度量单位。”因此，无论是长度单位、面积单位还是体积单位，虽然它们度量的对象不同，但度量的本质是一样的，实际上就是“比”——是用规定的单位量与所要测量的量进行比较，看有几个这样规定的单位量，它的度量值就是几。所以，度量单位是度量的核心，而度量的实际操作就是测量。测量的要素有：测量的属性（测什么）、用什么测（单位和工具）、怎么测（方法）。

（二）图形的测量常用的教学策略

张丹老师在《小学数学教学策略》中指出了图形测量的常用的教学策略如下。

1. 在具体情境中，注重对所测量的量的实际意义的理解。图形与几何的教学，应当从学生熟悉的生活环境出发，结合学生的生活实际，把生活经验数学化，把数学问题生活化。

2. 经历用不同方式进行测量的过程，体会测量的意义。《义务教育数学课程标准（2011年版）》在第一学段要求“结合生活实际，经历用不同方式测量物体长度的过程，体会建立统一度量单位的重要性”。

3. 借助熟悉的事物体会测量单位的实际意义。这种要求对面积、体积的单位也同样适用。

4. 选择适当的测量单位和工具进行测量，积累测量的经验。在图形测量的过程中培养学生的估测意识和能力，体验解决问题方法的多样性。

（三）数学活动经验

《义务教育数学课程标准（2011年版）》把数学教学中的“双基”发展为“四基”，增加了“数学基本思想”和“数学基本活动经验”。数学基本活动经验产生于数学学习中，是对观察、实验、猜测、验证、推理与交流等数学活动的初步认识，是数学活动方式方法等规律在头脑中的反映。同时还指出：“数学活动经验的积累是提高学生数学素养的重要标志。帮助学生积累数学活动经验是数学教学的重要目标，是学生不断经历、体验各种数学活动过程的结果。数学活动经验需要在‘做’的过程和‘思考’的过程中积淀，是在数学学习活动过程中逐步积累的。”

综上所述，度量的认知过程大致包括：体会所有度量单位的产生都是实际度量的需要；体会到统一度量标准的必要性；通过多种活动对度量单位形成直观表象；会用度量单位的个数来表示度量值。而这些过程本身也是对测量单位加深理解、活动经验不断积累的过程。

研究成果（案例研究报告）

【教学内容】

新世纪（北师大版）小学数学教材二年级上册第 51～52 页。

【教材分析】

“课桌有多长（厘米的认识）”是新世纪（北师大版）小学数学教材二年级上册第六单元“测量”中的第二节课。在这个单元中，第一次出现了自选单位的测量和度量单位。该单元内容是测量教学的起始课，也是今后进一步学习面积单位和体积单位的基础。针对学生的年龄特点和认知规律，教材通过 4 个层层递进的问题，为学生提供了更多观察、操作、思考、交流等活动的机会，不断增进学生对厘米这一长度单位的认识。

【学情分析】

学生已经有了两次关于长度单位的直接经验，即一年级上册的“比长短”和二年级上册的“自选单位测量”。学生已对长度概念有了一些直观认识，并会用“长、短、一样长、短一些、长得多、有几个什么那么长”等词语来想象描述物体的长度特征。学生要在本节课开始学习定量的方法，比较准确地描述一个物体究竟有多长。

因为尺子是学生常用的学习用具，所以，他们已经初步知道尺子可以用来画直直的线，也有部分学生知道尺子可以测量长度。但1厘米有多长学生还是不清楚，需要通过大量的测量和实践活动，让学生在充分体验中建立厘米长度单位表象。

【学前调研】

在进行教学设计时，我突发奇想："假如我是学生，我会怎样学习本节课?""在没有任何帮助的情况下，学生会如何学习厘米的认识?"2015年5月12日，我对甘肃省临洮县第一实验小学一年级（2）班54名学生进行了前测，将教材"课桌有多长（厘米的认识）"中的部分问题直接抛给学生，先让他们独立完成，以便摸清学情。

前测形式：个别访谈（有效访谈54人）。

第1题　想一想，同样的课桌，为什么测量结果不一样?（如图1）

图1

数据统计如表1。

表1

答题情况	人数	百分比/%
正确	13	24.1
错误/暂无想法	41	75.9

备注：回答正确的同学认为1拃的长度短，铅笔的长度长。

第2题　可以用尺子测量物体的长度，认一认。（如图2）

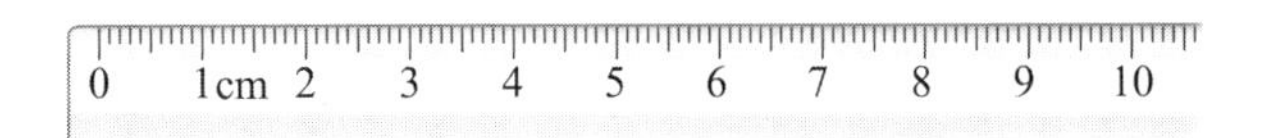

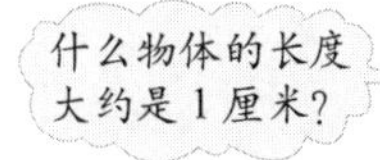

图2

在学生借助尺子初步认识厘米后，让学生结合生活实际说说："什么物体的长度大约是1厘米？"

数据统计如表2。

表2

答题情况	人数	百分比/%
正确	23	42.6
错误	31	57.4

备注：学生借助身边的物体，用原生态的甚至是粗糙的语言描述着对1厘米物体的认识：石子、三拼音节、学具袋里的长方体、橡皮、食指骨节、小虫、粉笔、眼镜架的宽、瓶盖、小正方体、铅笔上的花纹、男孩的头发长……

第3题　想一想，它们这样量对吗？（对的画√，错的画×。）（如图3）

图3

数据统计如表3。

表3

答题情况		人数	百分比/%
图①	正确	48	88.9
	错误	6	11.1
图②	正确	37	68.5
	错误	17	31.5
图③	正确	39	72.2
	错误	15	27.8
图④	正确	13	24.1
	错误	41	75.9

备注：(1) 前3幅图全部判断正确的有20人，占37.0%；4幅图全判断对的只有8人，占14.8%。(2) 对于图④，有1名学生质疑："铅笔的一端没有和尺子的0刻度对齐，但长5厘米是正确的，这样的测量是对还是错？"

在整理、分析基于教材问题串前测数据的基础上，结合学生测量学习的认知过程提出以下研究问题。

（1）如何帮助学生深入体会统一度量单位的重要性？

（2）对“厘米”实际意义的理解如何逼近学生的现实？

（3）如何促进学生理解测量的累加性？

【基于问题的教学设计】

1. 多种方式测量课桌长度，体会统一长度单位的必要性

（1）放手测量，拓宽测量方法。

让学生经历用不同工具测量课桌长度的过程。

（2）质疑交流：同样的课桌，为什么测量结果不一样？

【设计意图】学生用手、铅笔、文具盒等多种方式测量课桌长度，经历了使用更加丰富的自选测量工具及方式测量同一物体的过程，结合上节课自选长度单位测量的经验，深入体会统一度量单位的重要性和必要性。同时，也使得下一个问题中测量工具尺子的出现和长度单位“厘米”的引入水到渠成。

2. 借助直尺和身边物体，建立1厘米的长度表象

（1）借助尺子初步认识长度单位“厘米”。

①用尺子引入1厘米。

让学生找到刻度“0”，指一指、认一认：从刻度0到刻度1，这中间的长度就是1厘米。我们在测量较短物体的长度时，一般用“厘米”作单位，“厘米”也可以用字母“cm”表示。

（教师板书：厘米、cm。）（学生写一写。）

②在尺子上找1厘米。

质疑：尺子上，除了刻度0到刻度1中间的长度是1厘米，还有从哪儿到哪儿的长度也是1厘米？

学生有以下发现。

生1：1到2、2到3、3到4、4到5、5到6、6到7……

师：在尺子上找1厘米时，你们发现了什么规律？

生2：每相邻两个刻度数之间的长度都是1厘米。

生3：尺子上每一大格的长度都是1厘米。

【设计意图】借助尺子逐步认识厘米，把学生对1厘米的认识，由单一的刻度0到刻度1是1厘米拓展到任意两个相邻刻度数之间的长度，从而发现：尺子上每1大格的长度都是1厘米。

（2）借助身边的物体建立1厘米的长度表象。

在学生借助尺子初步认识1厘米的基础上，教师并没有急于让学生列举生活中的1厘米，而是先出示长度或宽度大约是1厘米的物体（如胶带、钉书钉、U盘），供学生观察。

在此基础上引导学生思考：在我们的身边或自己的身体上，还有哪些物体的长度大约是1厘米？

【设计意图】从尺子上的1厘米过渡到生活中的1厘米，对二年级学生来说，的确有一定的难度。因此，教师先给学生提供了一些长度大约是1厘米的物体，让他们首先在感官上对1厘米的物体有了更充分的认知，在此基础上再让学生找一找身边或生活中的1厘米，帮助他们在“厘米”与生活的更多联系中有效迁移，借助身边熟悉的物体深入体会“厘米”的实际意义，建立“厘米”的长度表象。

（3）借助尺子深入认识长度单位“厘米”。

请学生在尺子上找一找，从刻度几到刻度几的长度是2厘米？从刻度几到刻度几是3厘米？那4厘米、6厘米呢？……

以在尺子上找一找6厘米的长度为例，课堂预设如下。

生1：从0到6是6厘米。

师：请大家验证一下，数一数，从0到6，有几个1厘米？

生2：从12到18也是6厘米。

师：数一数，从12到18，有几个1厘米？能用一个算式来表示吗？

生3：18－12＝6（厘米）。

师：通过在尺子上找这几个不同的长度，你们有什么发现？

引导学生发现以下规律。

①从 0 到几就是几厘米。

②用后面大的刻度数减前面小的刻度数，得数是几就是几厘米。

③几厘米就是有几个 1 厘米。

【设计意图】在尺子上找 2 厘米、3 厘米、4 厘米、6 厘米等整厘米长度的活动，既帮助学生理解测量的结果就是测量单位累加的过程，又为用尺子测量长度的学习奠定基础。虽然花了大量的时间，但是意义深远，分散了“断尺子”测量的教学难点。

3. 辨析测量方法，掌握用尺子测量物体长度的方法

让学生自己量一量铅笔的长度，个别交流测量的过程和结果。学生在测量和交流中总结出用尺子测量物体长度的方法：通常，测量物体的长度时，要把一端对准尺子的 0 刻度，另一端对着几，物体的长度就是几厘米；物体的一端从非 0 刻度开始时，需要 1 厘米 1 厘米地去数，有几个 1 厘米，就是几厘米。让学生发现规律：尺子上从 1 到 6，一共有 5 个大格，也就是 5 厘米。还可以列式为 6－1＝5（厘米）。

【设计意图】让学生在辨析中掌握操作要领和正确度量长度的方法。让学生在观察、思考、质疑、反思和辨析的过程中内化测量方法，培养思维的灵活性和多样性，进一步经历测量单位累加的过程。

【基于后测的数据分析】

2015 年 5 月 13 日，为了检测学习效果，查漏补缺，对临洮县第一实验小学一年级（2）班的 54 名学生进行了后测。

想一想，怎样用下面的“断尺子”画出一条长 6 厘米的线？（如图 4）

（提醒学生仿照“数线”的模型画一画。）

8 9 10 11 12 13 14 15 16

图 4

数据统计如表 4。

表 4

<table>
<tr><td colspan="2">答题情况</td><td>人数</td><td colspan="2">百分比/%</td></tr>
<tr><td rowspan="3">正确</td><td>从刻度 8 开始</td><td>31</td><td>57.4</td><td rowspan="3">64.8</td></tr>
<tr><td>从刻度 9 开始</td><td>1</td><td>1.8</td></tr>
<tr><td>从刻度 10 开始</td><td>3</td><td>5.6</td></tr>
<tr><td colspan="2">错误</td><td>19</td><td colspan="2">35.2</td></tr>
</table>

备注：错误的学生中有 16 人误认为 6 个刻度数就是 6 厘米，画出的长度只有 5 厘米；有 2 人在下面重新画并且画得不规范；有 1 人重新画了一条 6 厘米的线段。

部分学生作品如下。(如图 5～图 9)

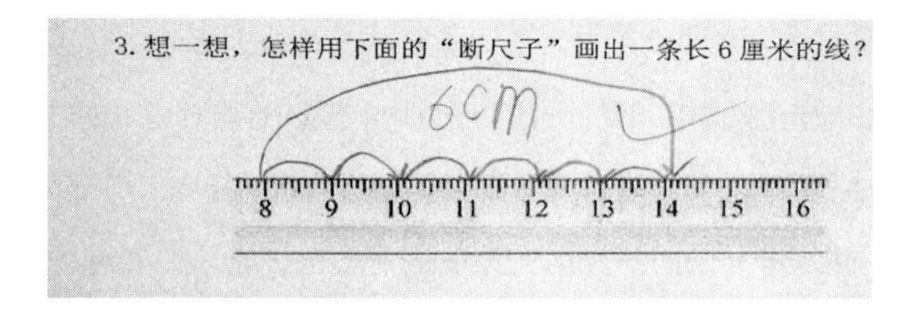

图 5

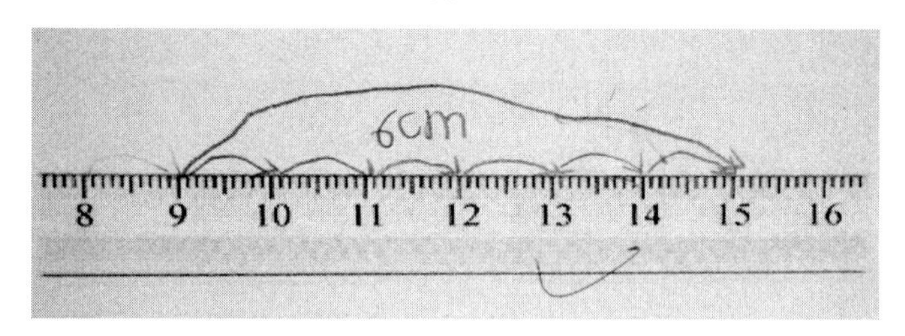

图 6

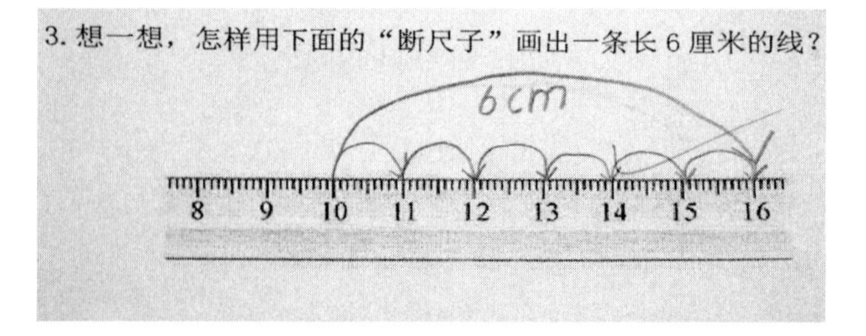

图 7

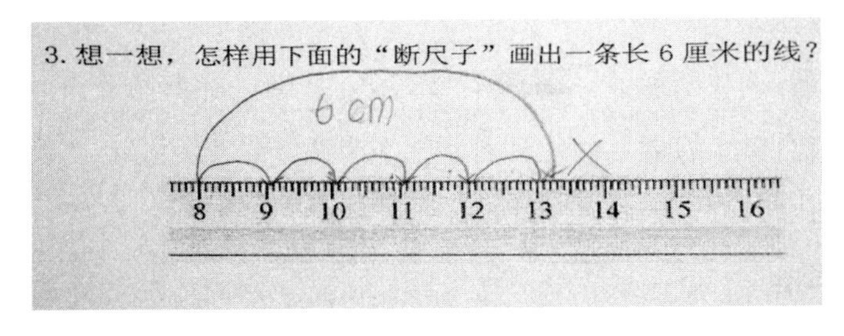

图 8

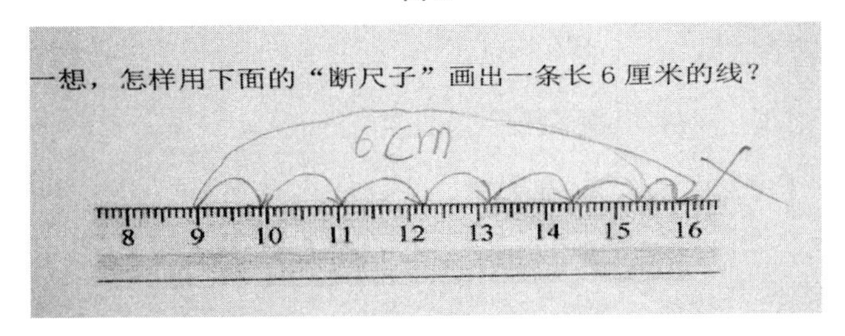

图 9

【教学反思】

教学“厘米的认识”，紧扣厘米的实际意义和测量方法两个核心问题，努力做到了以下几个方面。

1. 深入理解“厘米”的实际意义

本节课学生对“厘米”的认识经历了尺子上找1厘米—观察实物认识1厘米—寻找生活中1厘米的过程。看似浪费了时间，实则却是拓展了学生充分观察、操作、体验、思考和分享的时间与空间，进而获得更多认识“厘米”的现实素材做支撑。学生一旦对长度单位“厘米”的实际意义形成了清晰、准确的表象，就能够促进正确运用长度单位进行估测或实际测量。

2. 促进学生积累测量经验

(1) 在自选单位测量的过程中积累测量经验。

让学生充分经历用手、铅笔、橡皮、文具盒、书、本子等工具测量课桌的过程，课堂出现了出人意料的精彩：学生个个兴趣盎然，争先恐后地回答测量结果不同的原因，变老师告知为学生自主发现。深刻地体会到统一测量标准的必要性，渗透了测量的累加性，也自然而然地实现了自选单位的测量与规定单位的测量两节课内容之间的经验对接。

（2）在观察、操作中积累测量经验。

认知发展从观察起步，因操作而生动、深入。教材的四个问题也体现操作中观察、交流的学习过程。因此，本节课让学生经历对“厘米的认识”的“再创造”过程：先自选工具测量课桌长度，再借助尺子认识1厘米和几厘米，最后用尺子量一量、画一画。通过丰富多彩的体验活动和深入交流，切实促进学生把生活经验中有关测量长度的数学认识自觉地转化为数学学科知识，积累一些测量活动的经验。

（3）在对话、分享中积累测量经验。

对话、分享是高效课堂的关键词，也是培养学生乐于表达、善于倾听的习惯和悦纳他人良好品质的重要途径。教师努力营造民主、和谐、宽松、愉悦的课堂氛围，鼓励学生在独立思考、合作的基础上畅所欲言。“同样的课桌，为什么测量结果不一样？”“什么物体的长度大约是1厘米？”“想一想，它们这样量对吗？”……在生生对话、师生对话、互相质疑、互相评价中，学生经历了独立思考、思维碰撞的过程，逐渐明晰了对厘米的认识，积累了测量的活动经验。

【进一步研究的问题】

1. 引导学生深入理解测量的累加性

“测量是什么？怎样测量”是伴随图形测量教学的核心问题。从一维（测量长度、周长）到二维（测量面积）再到三维（测量体积），都应该围绕这两个核心问题组织学习活动，层层递进深入理解测量的累加性。让学生在反复的测量过程中灵活掌握测量方法，并体验测量的累加性。继续用好“断尺子”模型，在断尺子上做文章。后测题的正确率只有64.8%，数据分析证明，学生受尺子上一般用0作为起点的思维定式影响，很难在脱离0刻度的尺子上找到6厘米的长度。即使能在“断尺子”上找到相应长度，多数学生局限于从尺子最左端的刻度8开始，只有1.8%的学生找出从刻度9到刻度15中间的长度，5.6%的学生找出从刻度10到刻度16中间的长度。

在今后的研究中，需创设多种情境，让学生在量一量、画一画的测量过程中慢慢发现，有几个1厘米就是几厘米。正如张丹老师在《小学数学教学策略》一书中指出："用统一的单位，一个单位一个单位地去量；在量的过程中，要满足一定的性质，如可加性：量这一段是1，那一段是2，加在一起就是3。当然，这些想法教师不可能也不必去讲，只要通过一些活动让学生加以体会。"另外，深入挖掘"断尺子"蕴含的数学内涵，如数线、数形结合、平均分、植树问题模型等。

2. 要将估测与精确测量有机结合

今后研究中，从学生第一次接触长度单位"厘米"开始，就应该引导学生树立先估测再精确测量的意识。这样做，既可以让学生深入理解长度单位的实际意义，建立表象，又有助于培养学生的估测意识和估测能力。

参考文献

[1] 焦肖燕．整体把握　系统建构——对基本度量单位一类课的教学思考［J］．小学数学教师，2013（6）：36－43.

[2] 唐彩斌编著．怎样教好数学——小学数学名家访谈录［M］．北京：教育科学出版社，2013.

[3] 吴正宪，韩玉娟．图形与几何内容的理解与把握——《义务教育数学课程标准（2011年版）》解析之七［J］．小学数学教育，2012（7－8）：24－26.

[4] 吴正宪，王彦伟．图形与几何若干内容分析——《义务教育数学课程标准（2011年版）》解析之八［J］．小学数学教育，2012（7－8）：27－33.

[5] 张丹．小学数学教学策略［M］．北京：北京师范大学出版社，2010.

成长寄语

"假如我是学生，我会怎样学习本节课？""在没有任何帮助的情况下，学生会如何学习厘米的认识？"教师在了解学生方面进行了有效的思考，试图通过借助访谈等工具了解学生对测量的想法，所以，王耀东老师课堂上呈现出的设问很多是基于学生的角度提出的。在此基础上，教师将测量长度的内涵从数学的角度进行了强化；为学生创造了更多的自选工具测量课桌长度、体会统一度量标准必要性的时间与空间；为学生准备了丰富的具有1厘米长度的物品，以支持1厘米直观表象的形成；围绕测量长度的工具设计了多种活动，以体会用度量单位的个数来表示测量值……这样就把测量长度放在现实情境中，在题目的设计上从度量单位的不同出发，突出了对单位的选择，帮助学生对测量与度量单位有了很好的体会。同时，本研究从以下角度是否可以进一步改进。

1. 从更多角度了解学生做出选择背后相应的想法。目前的课前调研对于读懂学生和教材都非常有价值，比如，第一个问题的设计就非常精彩。可惜的是在研究报告中只有对与不对两个角度，以及呈现了对的标准以考查学生的研究结果。进一步地还需要我们把各种结果的理由进行发掘，以了解学生做出选择背后相应的想法。特别是学生为什么认为这个是对的、那个是错的，或为什么是这个原因而不是其他原因影响了测量的结果，这些理由才是我们访谈中最为重要的。这样也会进一步生成非常有价值的、更加详细的学生分析。因此，如果能够将学生是怎么考虑这个事情，他们到底是怎样想的，前测与教学设计之间是如何衔接的，在研究报告中具体展现出来就会更为充分地展现出基于学生研究的完整过程。

2. 实验的后测数据分析中有三分之一的学生还会有错，错误率是比较高的。王耀东老师将错误例子列举了出来，如果进一步将19名学生的错误进行分类，对错误的类型做一个比较深入的分析，并在此基础上再进行教学反思：这些类型的错误可能是什么原因导致的？同时提出教学的建议：通过怎么样的再设计能够克服、弥补这方面的错误？这个研究就更加理想化了，这也是今后可以扩展的研究。

总之，王耀东老师的研究可以说是一个基于读懂学生的实证研究。通过研究切实在测量长度的学习中促进了学生活动经验的积累，同时这样的研究也为将来教材的完善提供了宝贵的材料。

基于测量意义下“长方形的面积”的教学研究

李丽娟（江西省九江市长虹小学）

一 问题的缘起

对于几何图形来说，面积是对它们大小度量的刻画。生活中，时常要得到某物体表面大小的准确值，需要度量。为了服务于学生后续的数学学习和他们将来的生活，我们要帮助学生学好这方面的知识。而教学实际中，关于面积的教学结果却让人担忧，主要表现在以下三个方面。

1. 教师教得辛苦。虽然设计了许多动手操作环节，可长方形面积计算公式的教学总在教师预设的套路里行进，教学过程缺乏主动性。

2. 学生学得机械。跟踪发现，学生完成同一道求长方形面积的常规题目，刚学完时，正确率可达到 87％，半年以后，正确率达不到 80％。错误的方式几乎一样：用长方形周长公式计算长方形的面积。这样逆变化的状态所反映出的记忆学习结果表明：学生对于长方形面积的计算方法没有较为深入的理解。同时，通过对我校四年级两个班的学生进行访谈，问“长方形面积为什么等于长乘宽”时，没有一个学生能阐明道理，他们对长方形面积计算的认识不是基于用单位面积测量得到的数学模型，而只是简单地用长和宽这两个长度计算得到的。

3. 生活中，人们都是依据长方形的长和宽来计算长方形面积。因此，学生缺乏用面积单位度量面积的生活基础。

由此可以看出，如果在教学中教师片面强调公式，而不重视周长与面积意义的理解，经过一段时间后，学生对长方形的周长与面积各自计算公式的运用就更容易发生混淆。于是，我特别想通过研究能解决教学中遇到的问题：是否我们的教学没有抓住测量概念的要点？我们的学习过程是否没有等待学生思维转变的脚步？明明是求长方形的面积，为什么与“长、宽”这两个长度值有关？以往长方形面积的计算公式的教学中，缺失了什么重要的、基本的环节吗？

带着这些问题，我开始了研究之旅。

二 内容分析和学情分析

1. 什么是面积

面积是物体表面或平面图形的大小，是几何学的基本度量单位之一（《辞海》），用来度量某一块区域大小的正数。迈克尔·塞拉所著的《发现几何：一种归纳的方法》中提到：一个平面图形的面积就是这个图形所围成的区域的测度。刘加霞老师说，在平面几何中，面积表示平面封闭图形所围成的平面部分的大小，面积具有运动不变性和有限可加性，还有非负性和正则性。

2. 面积是数出来的

面积属于度量概念。蔡建华老师说，在形成清晰的面积概念之前，儿童的观念是一维的，从一维到二维是一次巨大的跨越。这种跨越对于儿童具有重要的意义。资料显示，婴儿已经能分辨两块饼干的大小，这并不意味着他们自然而然地形成面积的概念。描述物体大小可以有很多种方法，在数学中，物体表面或平面图形的大小需要精确的刻画。华罗庚先生说过：形缺数时难入微。对形的入微刻画，当然依靠数，面积就是大小，大小就是数，数是靠数出来的。

3. 关于长方形的面积公式

在图形的面积计算公式中，长方形面积计算公式是一个最为核心和基础的部分。因为推导其他图形的面积公式时，多数将它们转化为长方形来解决。通过对这个知识点的学习，可以帮助学生学会用单位面积去度量平面图形的方法，形成对面积计算意义的理解。

“长方形的面积＝长×宽”是可以基于数学推理来完成的。在长方形的长和宽为整数个长度单位时，可以通过密铺，将长方形的面积对应为密铺的单位面积的个数。也就是说，长方形的面积等于能密铺的单位面积的个数，即长边上摆的个数×宽边上摆的个数（每行的个数×行数或每列的个数×列数），又等于长方形的长的数值×宽的数值。这样的推理过程需要足够的操作和实例，还需要一定的空间想象才能完成。

这是一个从“量”到“算”的飞跃：对于三年级的学生来说，周长的“算”在某种意义上来说，是知识一维累加的过程，是加法模型在支撑，更接近于“量”后的“数”；而面积是一个二维的几个几的“数”的过程，是乘法模型，最终更接近于“量”后的“算”。如果学生从内心认同这一过程，将意味着知识的发展可以摆脱直接经验的局限，在学习这一知识后有飞跃性的发展。学习个体后续的学习有可能成为一个独立的体系发展。

4. 研究的可行性论述

(1) 点子图为学生学习“长方形的面积”打下了基础。

长方形的面积就是乘法模型。学生在一二年级学习了点子图，并用点子图模型学习乘法计算方法。这些图中，学生最熟悉求总数的方法了——“每行几个，有几行”或“每列几个，有几列”的几个几的乘法道理，蕴含了长方形面积公式的推导过程，为学生学习长方形的面积打下了知识基础。

(2) 借助点子图解决问题时，三年级学生更喜欢密铺。

三年级上学期末，数学兴趣小组 14 名同学做一道这样的数学题：同学们排队做操，小红前面有 4 个人，后面有 3 人，左边和右边都有 2 人。这样整齐的队伍共有几人?

学生用三角形表示小红，用圆圈表示同学们，用图示的方法表示做操队伍状况。非常有趣的是，14 人中，11 人用的是画出所有人的方法。我提示他们，可否只画出一行和一列再计算？他们多数摇头表述不认同。这样的情境让我惊讶，三年级的学生，对于一个面中的空缺是很难靠想象来填充的，他们更喜欢用密铺的方式表示一个面的大小，认为那样踏实些。

(3) 学科知识的连贯性降低了难度。

长方形的面积是图形度量的表达，度量贯穿在学生学习数学的整个过程中。专门针对某一类事物的具体属性的描述需要，就有不同类别的度量，如长度、面积、体积、角度、质量等。长度是描述直线段的大小的，面积是描述平面区域的大小的。它们都是由度量的需要而产生的几何概念。从知识本位出发，利用度量知识的连贯性，突出“测量”在几何度量单位的认识方面的作用，学习就能融会贯通。

(4) 学习方法的一致性提供了测量操作的可能。

对于图形，人们往往首先关注它的大小。一般地，一维图形的大小就是长度，二维图形的大小就是面积，三维图形的大小是体积。面积属于图形的测量部分，《义务教育数学课程标准（2011 年版)》提出的要求主要包括：体会测量的意义，体会并认识度量单位及其实际意义，了解测量的一些基本方法，掌握其公式，在具体问题中进行恰当地估测。从本质上来讲，周长和面积以及体积属于同一范畴，它们的认识具有相似性。虽然周长和面积是两个不同维度的度量概念教学课，但是这两种课中都可以有相同的度量意识和比较的方法，它们都是用数来描述几何图形的不同维度的值。学生可以借助长方形周长公式的推导经验，来学习长方形的面积知识。

(5) 前一轮的教学试验的后测数据分析，让我们找准了问题所在，将目标锁定在“长方形的面积”教学上。

通过对四年级实验班和平行班各 41 名学生进行测试，获得以下数据。

第 1 题　在括号里填上合适的数。

(1) 6 米＝（　　　）分米；

(2) 300 厘米＝（　　）米；

(3) 8 平方米＝（　　）平方分米；

(4) 5000 平方厘米＝（　　）平方分米。

测试目的：单位换算，检查学生对度量单位间的进率是否掌握。(结果如表 1)

表 1

题目	第 (1) 题	第 (2) 题	第 (3) 题	第 (4) 题
实验班正确率/%	75.6	95.1	58.5	56.1
平行班正确率/%	92.7	97.6	43.9	43.9

分析结果：平行班学生长度单位掌握得比实验班好，而实验班面积单位掌握得比平行班好。

第 2 题　请你表示出下面篮球场的周长和面积。(如图 1)

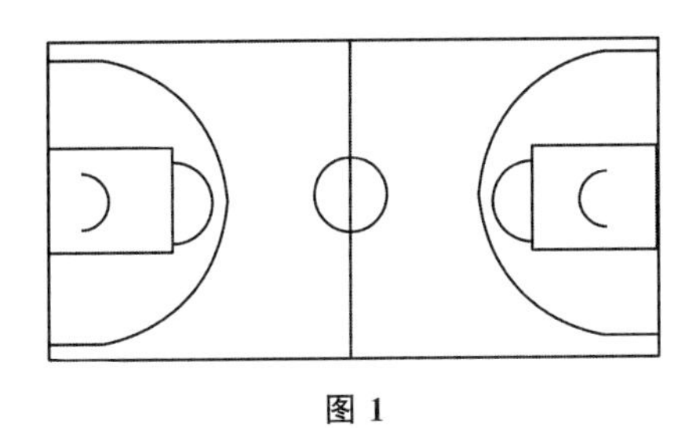

图 1

测试目的：检查学生对面积和周长概念的理解。(结果如表 2)

表 2

	画图加算式的方式	文字加算式	单位错误
实验班百分比/%	80.0	25.0	66.7
平行班百分比/%	23.3	56.1	66.7

综上分析，实验班对于周长和面积的理解更加多元，他们能用数、图形、符号等多种形式来描述对象。但关于面积单位所做的努力还是没有短期效果，学生对度量单位的强化记忆基本没有差别，对于度量概念的理解还是有很大的不同，一个生动，一个死板。

第 3 题　有甲乙两张大小相同的纸，用小刀分别在甲乙两张纸上各挖掉 8 个同样大小的洞，如图 2。

图 2

请问甲乙两张纸剩下来的面积，哪一张比较大？（　　）

A. 甲剩下的面积比较大

B. 乙剩下的面积比较大

C. 甲和乙剩下的面积一样大

D. 无法比较

测试目的：检查学生对图形面积性质之一——运动不变性的理解情况。(结果如表 3)

表 3

	A 选项	B 选项	C 选项	D 选项
实验班百分比/%	7.3	0	90.2	2.5
平行班百分比/%	29.3	4.9	63.4	2.4

实验班对于面积理解要比平行班好，特别是在图形面积性质的运动不变性和面积可加性（重要的两条）超过了平行班很多。

通过对测试数据进行分析，初步得出以下结论。

① 学生学习面积和周长概念的情况是可以改变的。例如，掌握面积的特征、面积的性质、面积单位的大小及使用等，可以通过基于测量意义下的教学活动达成较好的结果。

② 学生做错不是对面积单位或周长单位的不理解，而是由不好的换算习惯造成的。

回顾前面问题的提出，结合第一轮采用的剥离和覆盖策略来区分周长和面积，将周长和面积的概念进行区分的实践，我们将新一轮试验的目标放在了长方形面积的公式上。因为我们大多数情况下教学长方形面积时，用的是不完全归纳法。实际上，学生在接受这一公式时，缺乏数学层面上的理解。教师通常更多地关注面积计算公式的熟练运用，而忽视面积计算意义的教学，即使设计了一些理解探索推导活动，也是很快地就用一行和一列来进行推理，致使学生还是不太清楚面积计算公式的来源和意义。如果我们改变教学方法，在教学中加入干扰因素，是否我们在前面提出的困扰就能解决呢？如果我们放慢公式模型化的进程，是否能更有利于学生对面积计算公式的来源和意义的理解呢？

基于前面的思考，以及通过对四年级实验班和平行班各 41 名学生进行测试所获得的数据及分析，进行了如下教学设计与实践。

教学案例及分析

1. 唤醒——铺路搭桥，发展面积单位量感

课前，我设计了一个操作性问题：

同学们，我们学习了面积和面积单位，你能在纸上画出 1 平方厘米的正方形吗？

要徒手画出 1 平方厘米的正方形是有点难度的，但就是这样具有挑战性的活动，让学生很快进入课堂。画完后，用 1 平方厘米的正方形学具去比对、修正，逐步形成正确的表象。活动唤醒学生对面积的度量单位的认识，这是度量的核心。后面的活动需要用到单位面积去估、摆、测。只有牢牢记住 1 平方厘米的大小，才有可能从源头上区分面积与周长。

2. 密铺——直接计量，积累操作经验

(1) 今天，我们用 1 平方厘米的正方形去测量长方形的面积。这个长方形①的面积是多少呢？先估一估，再用 1 平方厘米的正方形去摆一摆，填一填。(如图 3)

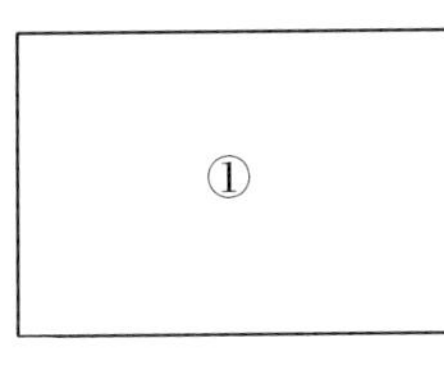

图 3

长方形①沿长边摆了（　）个1平方厘米，沿宽边摆了（　）个1平方厘米。它的面积是（　）平方厘米。

这个长方形的面积是6平方厘米，数据不大，操作相对简单。学生第一次用单位面积的小正方形作为度量工具去测量长方形的面积，我提醒了学生边摆边数。这样既感知了面积的可加性，又积累了测量的经验。

操作时，有个别学生没有密铺，漏摆的面积还不小。经过调查，发现是手的灵活程度不够，不属于对面积概念的不理解。边摆边数的人数只有一半左右，有一些数学成绩相对好的学生没有出声，他们喜欢安静操作。这个环节费时约4分钟。说明学生动手速度还不够。

（2）长方形②的面积与长方形①的面积相比，谁大一些？大多少？先估一估，再用1平方厘米的正方形去摆一摆，填一填。（如图4）

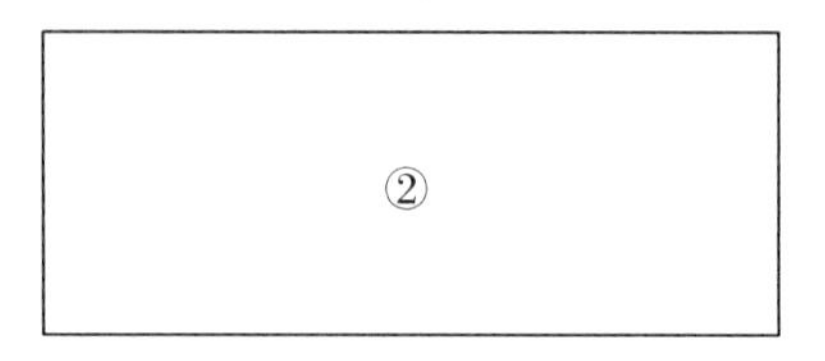

图 4

长方形②沿长边摆了（　）个1平方厘米，沿宽边摆了（　）个1平方厘米。它的面积是（　）平方厘米。

有了摆长方形①的面积经验，学生都能直接比较出长方形②的面积大些。通过“摆一摆”之后，回答都正确，是10平方厘米。

正因为要获得比较大的具体数值，所以，学生摆的动力就更大。有学生回答：它们的宽边都是摆2平方厘米，大的地方就在长边上了。这些学生能关注长方形边的长度来比较，非常不错。

我乘机追问：是不是长方形的长边长一些，长方形的面积就大些呢？为什么？

因为两个图形的宽是一样的，很容易就能引导学生关注每行摆的个数。

（3）长方形③的面积是多少呢？先估一估，再用1平方厘米的正方形去摆一摆，填一填。（如图5）

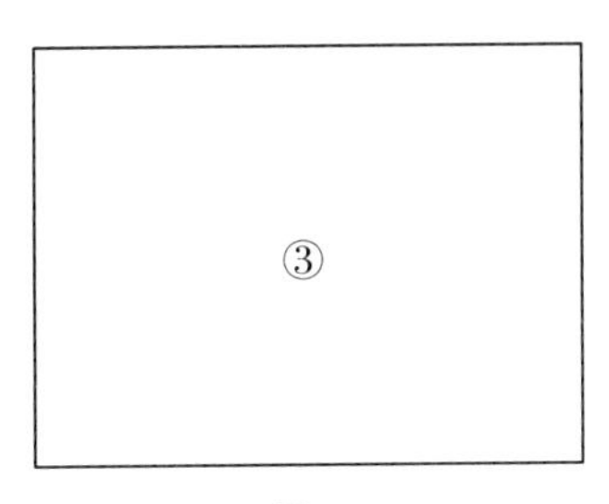

图 5

长方形③沿长边摆了（　）个 1 平方厘米，沿宽边摆了（　）个 1 平方厘米。它的面积是（　）平方厘米。

有的学生认为长方形③的面积和长方形②的面积差不多，比长方形①的面积大；有的说长方形③的面积比长方形②的面积大些；有的说长方形③的面积比长方形②的面积小些。这时候学生的估计基于直观感觉判断的居多。通过“摆一摆，数一数”之后，发现长方形③的面积是 12 平方厘米。

汇总三次摆的结果，归纳长方形面积的计算方法。

师：回忆我们刚刚用 1 平方厘米的正方形去铺长方形的过程，结合你的摆一摆和填一填，你有什么要告诉大家的吗？

生 1：长方形的面积就是它们乘来的。

师：你能说得具体点吗？

生 1：长边上摆的个数乘宽边上摆的个数，等于长方形的面积。

其他同学纷纷点头。

师：为什么沿长边摆的单位面积个数乘沿宽边摆的单位面积个数等于长方形的面积呢？其中有什么道理吗？

沉默一会儿，学生发言。

生 2：我就说长方形①吧，沿长边能摆 3 个 1 平方厘米的正方形，沿宽边能摆 2 个 1 平方厘米的正方形，我们就可以看出每行 3 个 1 平方厘米，有 2 行啊。

师：你说得很清楚，谁能像他那样说说长方形②的面积是怎么来的吗？

生 3：长方形②的面积是 10 平方厘米，因为我们沿长边能摆 5 个 1 平方厘米的正方形，能摆2行，一共就摆了10个1平方厘米的正方形，所以，长方形②的面积是10平方厘米。

师：你这个“一共”用得好！也就是说，长方形的面积是多少，就看长方形的面上能铺几个1平方厘米的正方形。数一数就知道了，怎么用乘法呢？

生4：用乘法简便，就是看每排几个，一共有几排，求几个几是多少的问题。

师：每排几个，有这样的几排的问题以前见过吗？（学生回答点子图、乘法等。）

师：对，如果将每个1平方厘米的正方形看成一个点（课件动画演示方块变成点的过程），这就是我们原来学习乘法时见过的点子图了。所以，长方形的面积就可以这样来表达了。

（板书：长方形的面积＝沿长边摆的个数×沿宽边摆的个数）

每个图形下面的填空，满足了学生直接计量的需求，很容易达到求面积的目的。在摆小正方形的时候，都是用1平方厘米的小正方形去度量。这样的操作活动，为后面的公式推导，积累了直觉上的信赖感。

无论是知识还是技能，从初学到熟练，都需要经历一段时间，也就是说，有个等待的过程。数学活动的操作经验，不是一两次操作就能达成的，它需要反复动手才能积累。这样三个递升的密铺活动的设计，让学生从心理上和直观上认同了长方形面积的直接计量方法。

3. 对应——间接计量，沟通知识内在联系

引导学生发现长方形面积计算公式的奥秘，真正懂得面积公式的由来。

教师指着刚才的板书说：我们一起读一遍，长方形的面积＝沿长边摆的个数×沿宽边摆的个数。

师：这就是我们今天学习的内容“长方形的面积”，大家一起打开书，看看书中是如何介绍这部分知识的。（2～3分钟。）

生1：老师，书中长方形的面积公式和黑板上的不一样。

师：真的吗？你认为谁的有道理些？

生 2：都有道理吧，我听大人说过，长方形的面积就是长×宽，没有那么长的话。

师：我们刚才推导出来的长方形面积计算方法是错的吗？

生 3：没有错吧，我们用 1 平方厘米的正方形摆出来的长方形的面积就是这么求的。

师：要是都没有错，那它们之间可能有什么联系吧。难道说（课件出示）沿长边摆的个数和长方形的长有关系吗？

学生沉默，教师组织大家讨论：如果沿长方形长边摆的 1 平方厘米的个数与长方形的长有关系，那是什么样的关系？

汇报。

生 4：长方形的长越长，摆的个数就越多；越短，摆的个数就越少。

生 5：看我们刚刚摆的长方形，如果长是 3 厘米，沿长边就能摆 3 个。

师（追问）：3 个什么？

生 5：3 个 1 平方厘米的正方形，如果长方形的长是 5 厘米，沿长边就能摆 5 个 1 平方厘米的正方形……

生 6：因为 1 平方厘米的正方形边长是 1 厘米，所以，长方形的长是几厘米，就可以摆几个 1 平方厘米的正方形。

师：你们是说，长方形的边的长短和这条边上摆的单位面积的正方形的个数是一一对应的？

(学生点点头。)

师：真的吗，要找一个长方形来试一试吗？

再一次动手摆一摆，理解长方形的面积＝长×宽的公式含义。

通过几次发问，将长方形的长与沿长边摆的单位面积的个数建立起对应的关系，从而理解长方形面积计算公式的道理，理解为什么貌似两个长度相乘等于面积的道理。通过长度单位的数值与摆的面积单位的数值之间存在一一对应的等价关系，才能实现转换，达到长方形面积有直接计量到间接计量的转化，又不失道理上的周长和面积的区分。

4. 想象——建立模型，测量，回归面积计算公式本质

长方形面积计算的公式通过不完全归纳法总结出来了，那么，是不是所有的学生从心底里就认同了呢？没那么快！所以，内化这一知识，还需要时间和空间的帮助。

师：是不是所有的长方形的面积都可以用这个公式来计算呢？用1平方厘米做度量单位可以，用1平方分米做度量单位也适合吗？

生1：应该可以吧。

师：数学总不能说应该吧，我们是否可以来验证一下呢？比如说，我们的课桌面，它的面积是多少呢？

生2：量！

师：用什么量？量哪里？

生2：用尺子量，量桌面的长和宽，然后再计算。

动手操作。（长6分米，宽4分米，面积是24平方分米。）

师：桌面的面积真的就像大家算的那么大吗？我们还是用单位面积来测量验证吧。拿出1平方厘米的正方形，开始摆一摆。

（学生笑。）

师：笑什么呀？

大家说，那要摆到什么时候去呀？

师：有什么好办法吗？

生3：用1平方分米的单位面积来量。

师：好吧，动手摆一摆……得出结果就是24平方分米。

这时，教师发现有几个没有密铺的学生，问：你没有铺完，怎么就知道它的面积呢？

生4：因为，我横着每一行摆6个。

师：6个什么？

生4：6个1平方分米的正方形，竖着摆4个1平方分米的正方形，就

知道每行 6 个，有 4 行，那这个桌面的面积就是 4 个 6，等于 24 平方分米。

师：他说的你们听明白了吗？谁愿意再说一遍？

师：如果想知道我们教室地面的面积，你需要什么工具？

生 5：1 平方米的正方形。

师：如果想知道操场的面积，你需要什么工具？如果想知道鄱阳湖湖面的面积，你又需要什么工具？

生 6：那就麻烦了。

师：什么麻烦？

生 6：太大了，铺不够。

生 7：只要量长和宽就行了，然后用长×宽就能算出来。

师：大家一起在脑子里用 1 平方米的单位面积来铺教室的地面，沿长边能铺几个？沿宽边能铺几个？再算一算。看来测量有时候还得灵活运用哦。

通过实验，我有一些体会：教学长方形的面积时，本质还是源自测量。我们可以通过多次操作，暴露学生思维的过程，沟通直观材料和数学公式的联系，帮助学生明晰公式中的面积与长和宽的关系，理解转换和推理过程；在学生没有做好准备之前，不急于建模，让学生慢慢领悟，这样或许能减轻教与学的负担。

参考文献

[1] 蔡建华．挈领而顿　百皱皆顺——“面积的含义”教学思考与实践［J］．小学数学教师，2015（11）：35－39．

[2] 姜荣富．长度测量教学研究［M］．北京：教育科学出版社，2014．

[3] 教育部基础教育课程教材专家工作委员会组织编写．义务教育数学课程标准（2011 年版）解读［M］．北京：北京师范大学出版社，2012．

[4] 刘加霞．小学数学课堂的有效教学［M］．北京：北京师范大学出版社，2008．

[5] 王娟．让学生经历公式的形成过程——“长方形和正方形的面积”教学片断与思考［J］．小学数学教育，2015（4X）：37－38．

[6] 许兆琛，罗永军．长方形的面积计算公式为什么是“长×宽”？［J］．中小学教学（小学版），2010（1）27－29．

[7] 严虹．面积、体积的概念与单位教学研究 [M]．北京：教育科学出版社，2017.

[8] 中华人民共和国教育部制定．义务教育数学课程标准（2011 年版）[S]．北京：北京师范大学出版社，2012.

成长寄语

如何才算上好一堂定理公式课？怎样区分学生是理解了概念和公式从而会解决问题，还是机械地背公式？李丽娟老师在延后的考试中发现，由于是机械地记忆公式从而导致记忆模糊，这种延后测试的方式提供给一线的教育研究者们参考。她在教学中重视结合一些比较图形面积的具体情境，为学生提供了大量实际测量的机会，鼓励学生基于对面积意义的理解，以及对点子图的认知结构，采用不同的方法进行测量，帮助学生理解长方形面积计算公式与计数单位面积之间的关系，同时对面积的实际意义加以体会。教师放慢公式模式化的进程，力图将观察、操作、想象、推理、表达等活动结合起来，在操作中理解解决长方形面积问题中面积单位计数的算理，在操作中猜想面积单位计数与长方形长、宽数据的关系，在操作中完成对通过观察等得到的猜想进行验证。这样的研究不仅有利于学生进一步理解测量公式，也为后面能将公式合理地加以应用起到很好的促进作用。李丽娟老师通过实验数据分析，为找准研究的切入点提供了非常有力的支持。同时有几个地方是可以进一步发展的。

1. 进一步清晰呈现实验班教学与平行班教学的差别，对平行班与实验班的具体说明。目前这方面的呈现不够清楚，两种班级的差异是什么？是体现在教师的教学方法与学生的学习方式有所区别，还是学生入学时的学习能力水平有区别？如是前者有区别，需进一步说明它们各自的特点是什么；如是后者有区别，需进一步说明其对实验数据收集的影响如何处理。

2. 可对分析结果进行一些统计分析。在今后研究中李丽娟老师可以查找相关的公式，利用人数、百分比等数据做一些检验，看到底在哪个空档中两个班的成绩是有差异的。通过做一些统计学上的检验，可以更好地看出差别是否显著。

3. 针对测试结果进行进一步的分析。李丽娟老师在测试学生面积和周长概念的理解时，单位的错误率高达66.7％。如果李丽娟老师能够在发现这个错误的基础上，进行再进一步的分析会更好。目前这么多错误读者读了不能知道背后的成因，是比较可惜的。

4. 对什么叫作理解长方形面积可进行进一步的分析。可进一步关注数学分析的重要性。数学分析包括数据分析、认知分析和教学分析。对于什么就叫作理解了长方形面积概念，在这一点上是可以继续深挖的。通过对把面积作为一种测量工具来测量某个图形的特征进行比较分析，这样就从认知角度提供让我们可以观察、认识、了解某一个图形的工具。

5. 由于问题是在后测与延后的后测中比较发现的，那么在改进了教法后，在同样的两个测试比较下，问题是不是被有效地解决？

长方形面积两次教学的反思与收获

杨敏（安徽省安庆市桐城市实验小学）

一 问题缘起

“长方形的面积”是新世纪（北师大版）小学数学教材三年级下册第五单元“面积”的内容，承接认识与掌握“什么是面积”和“面积单位”。“长方形的面积”是平面图形面积计算的起始教学，对学生后续学习平行四边形、三角形、梯形和圆等图形的面积计算起奠基作用。因此，让学生切实理解和掌握计算长方形面积的算理与算法，有效构建“长方形的面积＝长×宽”这一数学模型，其重要意义不言而喻。

然而，纵观以往教学，效果不尽如人意。对已学长方形面积的三年级学生进行的一次抽样调查显示：（1）半数以上学生虽然知道长方形的面积用“长×宽”来算，但说不清“为什么要这样算”；（2）少数学生将长方形的面积和周长混为一谈，等等。问题出自学生，但仔细想来根源却在教学，这暴露出以往教学存在的弊端：只偏重于得出公式和套用公式，而忽视让学生真正弄清公式的来源及其含义。

面对问题，我深感有必要对“长方形的面积”教学开展实践研究。

二 文献综述

问题引发思考，思考驱动研究，而实践研究则需要相应的理论支撑。

刘晓婷、刘加霞在“数学模型的实质与建模过程”一文中提出：“数学模型是‘借用数学的语言讲述现实世界的故事’，从现实情境中，剥离出问题的数学结构就是‘横向数学化’的过程，即‘把生活世界引向符号世界’。”“数学模型的构建是为了解决实际的问题，而构建数学模型这一活动，本身应是一种对数学知识和现实背景的再创造。”[1]

曹培英认为学生对长方形面积计算的学习过程是对长方形面积的认识“从定性观察、研究到定量观察、研究的跨越过程”。[2]费岭峰指出：“长方形的面积计算方法探究中，化归思想的价值，更多是帮助学生沟通一维长度属性与二维平面属性间的联系，扩展学生认识图形的基本视点，培养空间观念。”“此时‘化归’的思维过程，更多指向于回归面积本源，借助面积单位的特点，找到长度属性与面积属性之间的联结点和对应关系，从而解决新问题。”[3]

叶澜在“重建课堂教学过程观”一文中倡导教师应善于“不断捕捉、判断、重组课堂教学中从学生那里涌现出来的各种各类信息，推进教学过程在具体情境中的动态生成。”[4]

三 案例研究

（一）研究主题

基于以上分析，本研究将“注重凸显本质，有效促进建模”作为“长方形的面积”教学案例研究主题，不仅重视课前思考，同时致力于课堂教学实践的研究与改进，以求更真、更实、更深、更活地读懂教材，读懂学生，读懂课堂，努力做到“准确地诊断出学生建模过程的难点与困惑，通过设计合理有效的教学活动，引导学生根据自身的实际体验及自己的思维方式经历数学建模的整个过程”，[1]从而更好凸显长方形面积计算的本质意义，有效促进学生自主构建“长方形的面积＝长×宽”这一基本数学模型。

（二）研究过程

根据研究工作的需要，除本人任教班级作为实验班外，另选一个与本班学生程度最接近的平行班作为对照班。研究过程中，首先在对照班开展首次教学实践；接着针对所暴露的问题分析原因，研究对策，改进设计；然后在实验班开展再次教学实践；最后进行对比反思。

现选取其中 5 个主要片段分述如下。

片段 1：学生动手操作。

【首次实践】

学生按照教材（三年级下册）第 53 页第一个问题“长方形①的面积是多少？用 1 平方厘米的正方形摆一摆”，先进行小组合作探究，再集中交流摆法：全班 15 个 4 人小组，全都会用“摆满（密铺）”的方法；其中，3 个小组运用了“摆一行一列”的方法，占全班的 20%。虽然临时采取口头强调措施，但学生对于“摆一行一列”的方法印象不深。待到第二个问题集中交流图②、图③的摆法时，虽有 7 个小组会用“摆一行一列”的方法，但比例未及一半，结果仍不理想。

【问题分析】

究其原因：一是“摆一行一列”相对“摆满（密铺）”而言，显然抽象一些，加上学生此前从未有过这方面的经验，因此多数学生难以自发想到；二是教师对学生的困难估计不足，未能预设及时化解困难的相应对策。

【再次实践】

学生仍按第一个问题先进行小组合作探究，再集中交流摆法：全班 16 个 4 人小组，全都会用“摆满（密铺）”的方法；其中，只有 4 个小组会用“摆一行一列”的方法，占 25%，与首次实践情况大同小异。于是，便顺势进行启发、引导：（1）利用少数学生想到的“摆一行一列”的方法（用课件出示：），借机引导学生讨论“为什么这样摆就行”，并配合学生

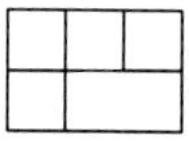

发言（点击课件，在图示空白部分用红色出示▇▇，且加以闪动，然后隐去），让学生从中真切感悟和理解这种摆法的合理性；（2）引导学生“比较这两种摆法，你喜欢哪一种？为什么”，从而懂得这种摆法的简便性；（3）引导学生闭眼回想“摆一行一列”的方法及其推想过程，即沿长一行摆几个，沿宽一列摆几个，由此推想可以摆这样的几行，一共就是几个几。这样，待到第二个问题集中交流（投影展示）图②、图③摆法及结果时，全班各组都会用两种摆法，而且多数组将“摆一行一列”的方法作为首选。

【对比反思】

尽管两种摆法都可以，在提倡方法多样化的同时，还须重视方法的优化。“摆一行一列”相对“简便”。另外，“摆一行一列”的“推想”过程直接有利于学生理解长方形面积计算方法的由来及其实际意义；该方法因将其中一部分“省略”而需进行“推想”，这对发展学生空间想象能力十分有益。

实践表明，对多数学生开始颇感困难的“摆一行一列”方法进行适时、有效的引导是十分必要的。

片段 2：出示、填写表格。

【首次实践】

出示教材（三年级下册）第 53 页第三个问题的表格，要求学生独立“填一填”。此时发现有些学生因为不知道表中“长”“宽”应填多少，试图通过小声交流来解决。

【问题分析】

从“学”的角度，初始学习面积计算，一些学生尚不善于从摆“面积单位”个数来联想“长”“宽”的数量。

从“教”的角度，在于对学情预设不够，以致没有重视适时引导学生认清一维“长度”与二维“面积”两者数量之间的对应关系。

【再次实践】

将原表中的“面积”改放到“长”“宽”的前面，并分次出示与填写。

首先，出示表格前半部，学生根据前面摆的结果顺利填写图①、图②、图③的面积。接着，补出表格后半部（长/厘米、宽/厘米），并有的放矢地提出问题："请大家来看图①（课件再现图示），两种摆法都得出这个长方形的面积是 6 平方厘米，那你知道它的长、宽各是多少吗？你是怎么想的？"引导学生开展讨论后达成共识：沿长一行摆了 3 个 1 平方厘米的小正方形，一个小正方形的边长是 1 厘米（课件用红线显示边长），3 个就是 3 厘米（课件用红线延伸成 3 个边长），所以，长方形的长是 3 厘米；沿宽一列摆了 2 个 1 平方厘米的小正方形（课件用箭头指示，再用红线显示 2 个边长），所以，长方形的宽是 2 厘米。然后，要求学生独立填写图②、图③的长、宽，均能如此类推，再无一人出错。

【对比反思】

将原表中的"面积"改放到"长""宽"的前面，并分次出示与填写，使探究活动更加有序、有效。尤其是对图①的"长""宽"，运用问题引领，促使学生在讨论的基础上得以明晰。这样，不仅顺利解决填表的困惑与疑难，还引导学生学会从"长度属性与面积属性之间的联结点和对应关系"进行联想：沿长一行摆几个面积单位，长就是几；沿宽一列摆几个面积单位，宽就是几；反过来，知道长是几，就想到沿长一行摆几个面积单位；知道宽是几，就想到沿宽一列摆几个面积单位（也就是可摆几行）。这有利于学生理解和掌握计算长方形面积的算理与算法。

片段 3：观察、发现公式。

【首次实践】

师：现在请同学们认真观察表中图①、图②、图③的面积与各自的长、宽，想一想，你发现了什么？

生 1：我发现图①、图②、图③的面积正好就是它长乘宽的积。

生 2：我发现三个长方形的面积都恰好与它长乘宽的积相等。

生 3：我发现长方形的面积等于长乘宽。

（板书：长方形的面积＝长×宽。）

【问题分析】

课后静思回味，上述教学过程看似无问题，实则有隐疵：学生发言面不够广，现场活动氛围不太热烈，总觉得有点“不够味”。几经琢磨后方有所悟：此处观察、发现公式，一开始由教师直接提出要求，学生只是被动执行者，他们并不清楚其中的“为什么”。由此我想：在要求学生“怎么做”之前，最好先让学生明白“为什么做”。

【再次实践】

师：同学们，表中三个长方形的面积，都是用摆小正方形也就是摆单位面积的方法得出的。如果要想知道天安门广场的面积（课件呈现画面），也用面积单位来摆，你觉得怎么样？

生1：天安门广场很大，用面积单位来摆太麻烦了。

生2：天安门广场这么大的面积，我觉得用面积单位来摆不合适。

……

师：大家说得很对，实际生活中像这种情况多的是，用面积单位摆显然不合适。所以，得寻找一种更简便的方法。其实，这个简便方法就隐藏在这张表中，你们想不想把它找出来？

生（异口同声）：想！

（接下来引导学生观察、发现公式的过程同首次实践，不再赘述。与首次实践相比，此时课堂气氛更加热烈，同学们争先恐后举手发言，积极参与观察与发现活动。）

【对比反思】

在教材内容之外，特意创设“如果要想知道天安门广场的面积，也用面积单位来摆，你觉得怎么样”的问题情境，使学生从强烈的认知冲突中感悟寻找简便方法（面积公式）的必要性，把发现公式化为他们的内在需求，从而激发起探究的兴趣和欲望，更加积极、主动地投入到观察、发现活动之中，有效“推进教学过程在具体情境中的动态生成”。[4]

片段 4：对公式进行验证。

【首次实践】

课末总结时，有名学生提出："是不是所有长方形的面积都可以用'长×宽'来计算？"我感到既意外又高兴，可惜已到下课时间，只好要求大家课后再找几个长方形试一试。

【问题分析】

这个问题是在教师预设之外的问题。学生所提疑问非常有价值，因为它涉及对所发现的结论是否加以验证的问题，这无论是对本课或其他类似内容的教学，都有着启示作用。

【再次实践】

在观察、发现公式后，增设如下"验证"环节。

师：我们的发现正确吗？是不是所有长方形的面积都可以用"长×宽"来计算呢？（学生意见不一致。）

师：那好，下面我们就一起来验证。（随即发给每个小组一张长方形卡片：如长 6 厘米、宽 3 厘米，长 7 厘米、宽 5 厘米，长 8 厘米、宽 6 厘米，长 10 厘米、宽 7 厘米……但数据不标出。）

课件出示：

验证方法
（1）算一算：先量出长方形的长和宽各是多少，再用"长×宽"的方法计算这个长方形的面积是多少。
（2）摆一摆：用相应的面积单位摆一摆，得出这个长方形的面积是多少。
（3）比一比：用面积单位摆的结果和用"长×宽"算的结果是不是一样？

随机选取若干小组汇报验证情况，结果证明任何一个长方形的面积都可以用"长×宽"来计算。

【对比反思】

上述“验证”活动是通过“捕捉、判断、重组课堂教学中从学生那里涌现出来的……信息”而增设的，虽然花费了一点时间和精力，但它收到“一举四得”之效：一是使学生对发现的长方形面积公式确信无疑；二是使学生明白在任何一种发现活动中，新的认识、新的结论不能轻易地断言，必须要有充分的令人信服的依据，从而懂得数学乃至各种科学的严谨性；三是使学生在验证过程中进一步加深理解和掌握长方形面积计算方法及其算理；四是由于验证方法既用面积单位摆一摆，又用米尺先量出长、宽再计算，然后比较两者结果，这就引导学生从起初“直接度量”自然过渡到后来“间接度量”。

片段 5：深化理解公式含义。

【首次实践】

得出“长方形的面积＝长×宽”公式后，即按以往通常做法，组织学生进行有关应用练习。

【问题分析】

课后反思：面对刚归纳出的“长方形的面积＝长×宽”这一抽象数学模型，学生对其含义究竟理解得怎么样？值此从得出公式到应用公式的交接关口，是否还应做点“小文章”？又该如何来做为好？……

【再次实践】

归纳出长方形的面积公式并进行验证后，增设追问：“请你联想前面在长方形上摆面积单位得出面积的情形，用自己的话说一说，公式中的‘长’代表什么？‘宽’代表什么？‘面积’代表什么？”（能基本说清就行，不要求严谨与完整。）

教师对学生发言酌情修正、补充，并归纳成简明表述且进行对应板书：

长方形的面积	=	长	×	宽
⋮		⋮		⋮
共含面积单位个数	=	每行摆面积单位个数	×	行数

【对比反思】

通过增设三句“追问”，且配以一目了然的“板书”，有效起到两个主要作用：

第一，对刚刚构建的“长方形的面积＝长×宽”这一数学模型而言，乃是一次“再回首”的还原与提炼、深化与升华的过程，无疑有助于学生进一步弄清公式的来源及各部分含义，巩固加深对长方形面积计算方法本质意义的理解与掌握，使学生对这一抽象数学模型“建模的过程与本质”的认识由模糊走向清晰、深刻。

第二，从提升学生思维水平和发展语言表达能力来看，通过“追问”启发学生回答公式各部分含义这一过程，实质上是在进一步引导学生从外显的直观操作过渡到内隐的“暗箱操作”，将“物化”的知识、技能转变为“内化”的数学思考，从具体直观的形象思维上升到语言表述的抽象思维。

（三）研究效果

为了了解本教学案例研究的实际效果，进行了相应跟踪检测。

1. 检测时间：紧接教学实践之后。

2. 检测对象：对照班学生 60 人，实验班（本班）学生 64 人。

3. 检测方式：鉴于三年级下学期学生水平和本教学内容实际，不适宜问卷笔试，采取分小批次面试。

4. 检测题目及结果统计。

（1）□（不标出长 5 厘米、宽 3 厘米）你怎样知道它的面积是多少？

统计结果见表 1。

表 1

班级	首选量长、宽并计算出面积		首选用面积单位摆，得出面积		知道并能用两种方法求面积	
	人数	百分比/%	人数	百分比/%	人数	百分比/%
对照班	32	53.33	28	46.67	60	100
实验班	60	93.75	4	6.25	64	100

（2）6厘米 4厘米 它的面积是多少？怎样得到的？（追问）用自己的话说说，为什么长方形的面积用“长×宽”来算？

统计结果见表2。

表2

班级	错算成周长		运用公式正确算出面积并能用语言较好说清算理		运用公式正确算出面积并能用语言基本说清算理		运用公式正确算出面积并能借助摆面积单位说清算理		运用公式正确算出面积但不会说明算理	
	人数	百分比/%	人数	百分比/%	人数	百分比/%	人数	百分比/%	人数	百分比/%
对照班	1	1.67	8	13.33	13	21.67	36	60.00	2	3.33
实验班	/	/	30	46.88	22	34.38	12	18.75	/	/

5. 检测结果分析。

检测题第（1）题主要是考查学生刚学过“长方形的面积”后，在没有给出长、宽的数据时，对求面积方法的掌握和运用情况；第（2）题主要是考查学生运用公式求面积，尤其是考查对算理的理解与掌握情况。

从检测结果统计情况看，实验班的教学效果明显优于对照班。这表明：针对首次教学实践存在的问题，在再次教学实践中所采取的相应改进对策是切实有效的，较好实现了本教学案例研究所定研究主题的预期目标。

（四）研究体会

回顾、总结本次“长方形的面积”教学案例研究过程与做法，主要有以下四点体会。

1. 锦上添花——对教材内容进行适当“再加工”十分必要

新世纪（北师大版）小学数学教材关于“长方形的面积”内容，设计互相联系的问题串，三个问题由浅入深，逐层递进，体现出既简洁明了又严密有序的编排特色。但是，限于篇幅，教材所呈现的只是“教”与“学”的思路框架。这要求教者着眼“教”与“学”的实际需要，对教材所提供的素材进行适当的“再加工”，努力做到既“用好”又“用活”。比如，在本次教学案例研究中，对教材中的第三个问题就作了较深、较细的“再加工”：不仅将其拆开分作两步走，而且又具体进行了相应调整和必要充实。教学实践证明：这样的“锦上添花”，使教学内容的组织更加贴近学生真实，教学活动的开展更加扎实、有效。

2. 雪中送炭——对学生自主探索进行适时、有效引领不可或缺

“自主探索”是新课程改革提倡的重要学习方式，它从根本上改变了传统教学中学生被动接受的状况，已成为广大教师的共识。但是，“自主”不等于“自流”。由于学习内容及学生自身等方面原因，学生在自主探索过程中难免出现这样或那样的困难与问题。此时正需“雪中送炭”，教师应进行适时、有效引领，抓住症结因势利导。比如，针对开始时一些学生难以自发想到“摆一行一列”的方法以及不善于从摆“面积单位”个数联想到“长”“宽”数量等，再次教学实践中就有针对性地引导学生开展讨论并配合课件演示，启发恰逢其时，点拨恰到好处。由于“准确地诊断出学生建模过程的难点与困惑，通过设计合理有效的教学活动”，从而及时、顺利地扫除了学习中的障碍。学生不再徘徊于“山重水复疑无路”，眼前呈现出“柳暗花明又一村”。

3. 动态生成——让现实的课堂教学活动更加灵动、多彩

真实、有效的课堂教学往往是不确定的，虽可大致预测，却是无法规定的。因此，我们必须善于“不断捕捉、判断、重组课堂教学中从学生那里涌现出来的各种各类信息，推进教学过程在具体情境中的动态生成。”[4] 比如，巧借一名学生提出的疑问“是不是所有长方形的面积都可以用‘长×宽’来计算”精心组织“验证”活动，引导学生对不同的长方形通过“算一算”“摆一摆”“比一比”进行验证，从中收到“一举四得”之效。现实的课堂教学活动在动态生成中更加鲜活灵动、生机勃勃，收获意外的精彩。

4. 凸显本质——为有效促进学生自主构建数学模型奠定基础

在“长方形的面积”教学案例研究五个主要片段中，坚持从数学模型的角度审视教学内容，用建模的思想设计与开展教学活动，“引导学生根据

自身的实际体验及自己的思维方式经历数学建模的整个过程”；并且自始至终把着眼点和着力点放在理解长方形面积计算的算理、弄清其本质意义上。尤其是最后针对归纳出的长方形面积公式，设计追问：“公式中的‘长’代表什么？‘宽’代表什么？‘面积’代表什么？”并配合学生回答进行对应板书，这就更加凸显了长方形面积计算方法的本质意义——长方形中共含面积单位个数＝每行摆面积单位个数×行数，从而有效促进学生自主构建“长方形的面积＝长×宽”这一数学模型。

（五）后续思考

教学原本就是“遗憾的艺术”。本次“长方形的面积”教学案例研究中还存在一些不足或问题。身处教学第一线，今后将继续结合自己的教学实践，并与同行合作，在现有研究的基础上，进一步从广度和深度两个方面进行研究与改进，使之渐趋完善。

“明天一定要比今天做得更好——这是一个创造性地工作着的教师的座右铭。”我决心用现代著名教育家赞科夫这句名言不断地激励和鞭策自己，努力“向教育的智慧攀登”！

参考文献

[1] 刘晓婷，刘加霞．数学模型的实质与建模过程——以“植树问题”为例［J］．小学数学教育，2014（3）：3－5.

[2] 曹培英．怎样引导学生探究周长、面积、体积的计算方法［J］．小学数学教育，2010（9）：45－46.

[3] 费岭峰．探寻“转化”背后的教学价值——谈化归思想在“平面图形的面积计算”教学中的价值及实现策略［J］．小学数学教育，2013（1）：62－64.

[4] 叶澜．重建课堂教学过程观——“新基础教育”课堂教学改革的理论与实践探究之二［J］．教育研究，2002（10）：24－30，50.

成长寄语

杨敏老师的文章主要是对长方形面积的教学改进。通过比较两种不同的教学方法——第一种是相对传统的方法，第二种主要是有多一些活动的方法，让学生在活动当中更多经历、理解长方形面积公式背后的原理。这种让学生多经历一些公式背后的过程，并通过两次课的教学呈现对学生学习影响的选题是很好的，同时方法也是恰当的。特别是杨敏老师用了五个片段，通过五个方面从首次实践到再次实践对这两堂课来进行比较分析，这样的撰写格式也是可取的。从杨敏老师提供的后测数据来看，实验班还是好一点。在教学效果和答对率上看，再次实践比首次实践学生的成功率多得多。建议杨敏老师可进一步从以下三个方面进行拓展与研究。

1. 进一步提炼本课实验教学方法具体的独特点。杨敏老师把这个研究的方法取名为“自主探索”。这个名字背后的含义是什么？为什么自主探索教学的方法能够帮助学生更好理解长方形的面积概念？在这些方面杨敏老师可做进一步的阐述与提升。

2. 对“什么叫作理解长方形面积概念”可进行进一步的分析。这个不仅仅只是杨敏老师的文章需要考虑的，很多文章都需要。理解长方形面积概念，对公式计算是很大的突破。同时还需要我们关注数学分析的重要性。数学分析包括数据分析、认知分析和教学分析。对于什么就叫作理解了长方形面积概念，在这一点上是可以继续深挖的。例如，看一个图形时，除了可以对图形形状及涉及的点、线、面的关系进行认识，还可通过周长、面积等帮助我们从测量的角度认识图形。周长是看一个图形周边有多长的量，面积是看图形中间有多大的量。从量与测量的角度，把图形的特征呈现出来，进而对不同图形之间的关系进行对比。比如，周长相等的两个图形，形状会不会一样？周长相等面积会不会也相等？面积相等周长会不会也相等？将这些通过比较分析，把面积作为一种测量的工具来测量某个图形的特征。这样就从认知角度提供让我们可以观察、认识、了解某一个图形的工具。

3. 在研究方法上可做进一步改进。比如，在进行前测与后测的设计上，就可以通过这些更好说明对概念的理解情况。目前，杨敏老师这里没有用前测，说服力就不是很强了。因为有可能是实验班本身就比普通班好一些，所以，这个结论就不是很确定。

在活动中理解与把握度量单位的实际意义

——以三年级下册“图形与测量”的复习为例

徐双莲（浙江省金华市浦江县浦阳第二小学）

一 问题提出

对于图形，人们往往首先关注它的大小。一般地，一维图形的大小是长度，二维图形的大小是面积，三维图形的大小是体积。图形的大小是可以度量的，度量的关键是设立单位，而度量的实际操作就是测量。图形测量的相关知识对每个学生的学习和适应未来的生活都是有用的，测量过程中蕴含的方法和思想有助于学生提高分析问题和解决问题的能力。

为了更好地让学生理解与把握度量单位的实际意义，经历充分的实际测量活动显得尤其重要，为此，依据《义务教育数学课程标准（2011 年版)》，小学数学教材中安排了一系列有关图形测量的内容线索。

那么，学生在循序渐进地经过了这样的学习过程之后，对度量单位的实际意义理解和体会得如何呢？我们选择了我校三年级 48 名学生，以他们最早接触、最有生活经验的长度为例，设计了“一块黑板擦长为（　　）”这一题目，检测学生对有关长度单位的实际意义的理解与体会情况。

测试结果如表 1。

表 1　学生对长度单位实际意义理解情况的调查统计

选项	人数	百分比/%
A. 18 厘米	12	25.00
B. 600 厘米	3	6.25
C. 10 厘米	31	64.58
D. 2.5 厘米	2	4.17

测量结束后，我们对学生进行了访谈，选择 18 厘米的学生实际上对自己选择的 18 厘米的实际长度到底是多少并没有准确的理解，而退一步让他们比画出 10 厘米有多长时，还是有很多学生比画的比实际长度要短；选择 2.5 厘米的学生基本上只是凭空、按感觉选的，并没有什么依据。

从这一调查中可以看出，很多学生即使在学习了长度单位后，在头脑中也没有形成正确的单位长度表象，缺乏相应的估算策略。学生对度量单位实际意义理解不够，运用数学知识解决生活问题弱化。黑板擦是学生常见的物品，对自己常见物品的长度都无法正确把握，一维的长度单位如此，二维的面积、三维的体积的单位的实际大小和意义的理解程度也可想而知了。

二　文献综述

1. 杜威的“做中学”

杜威是美国著名教育家，他提出了经验主义教育思想，为操作学习提供了理论基础和实践雏形。杜威主张“从做中学”，反对传统教育的“书本中心”。杜威认为“在做事里面求学问”比“专靠听来的学问好得多”。学校课程的真正中心应是儿童本身的社会活动，因而提出儿童应“从做中学”，从自身的活动中去学。为此，他提出要以生活化和活动教学代替传统的课堂教学，以儿童的亲身经验代替书本传授。

2. 大卫·科尔布的体验式学习模型

大卫·科尔布的体验式学习模型是体验式学习理论的代表。科尔布认为学习不是内容的获得与传递，而是通过经验的转换从而创造知识的过程。他用学习循环模型来描述体验式学习。该模型包括 4 个步骤：(1) 实际经历和体验——完全投入到当时当地的实际体验活动中；(2) 观察和反思——从多个角度观察和思考实际体验活动和经历；(3) 抽象概念和归纳的形成——通过观察与思考，抽象出合乎逻辑的概念和理论；(4) 在新环境中测试新概念的含义——运用这些理论去做出决策和解决问题，并在实际工作中验证自己新形成的概念和理论。

3. 大卫·库伯的经验学习圈理论

大卫·库伯认为经验学习过程是由 4 个适应性学习阶段构成的环形结构，包括具体经验、反思性观察、抽象概念化、主动实践。具体经验是让学习者完全投入一种新的体验；反思性观察是学习者在停下的时候对已经历的体验加以思考；抽象概念化是学习者必须达到能理解所观察的内容的程度并且吸收它们使之成为合乎逻辑的概念；到了主动实践阶段，学习者要验证这些概念并将它们运用到制订策略、解决问题之中去。

4. 俞正强“种子课”——种子课单元实例之“计量与图形”

俞正强认为，图形与几何是一个整体，这个整体的内核便是度量单位，教师要通过度量单位来体现数学知识间的内在联系，以及联系间所蕴含的数学思考价值，达到数学教育的目的。比如，平行四边形的公式推导，缘于“怎样将一个平行四边形转化为长方形”；三角形的公式推导，缘于“怎样将两个完全相等的三角形拼成一个平行四边形”。但真正的问题是：“平行四边形转化为长方形的念头是怎么产生的?”“两个完全相等的三角形可以拼成一个平行四边形是怎么发现的?”这两个问题才是数学价值所在，而非知道了这个结论后再操作一下，便视为思想方法了。这些有价值的数学问题正是本课题要研究的，通过有价值的思考，让学生感悟到思想和方法，提高学生的度量意识。

5. 郑毓信对于“度量学习”的一些阐述

郑毓信指出：度量的学习主要涉及这样一些数学思想和数学活动经验，

由“定性到定量”的研究思想，度量单位与度量工具的重要性；实际度量的经验；维度的概念（区别与联系）；类比的思想；通过寻找规律来发现计算法则（化归的思想）；逼近的思想。也就是说图形中有诸多属性，既有质的性质，又有量的性质。而“测量”就是选取恰当的测量单位对图形进行度量，进而从量的角度挖掘图形中所隐藏的性质。

综上，我们提出了“在活动中理解与把握度量单位的实际意义”。小学生对度量单位实际意义的理解，就是要在图形的认识与测量中，不断感受其中蕴含的数学思想，积累数学活动经验，体会度量单位与度量工具的重要性，感受维度概念的区别与联系，等等。而这些都要依托具体的测量活动。本研究中的“活动”是指教师结合数学学科特点及度量单位学习的本质所设计的实际操作活动，让学生在一定的情境中，亲身经历度量单位的产生过程、单位的累加过程，形成单位的观念并以此为标准学会估计，培养数感，积累度量活动的经验，从而获取知识、应用知识、解决问题，理解度量单位的实际意义。我们认为，测量活动作为学生认识图形并进行测量的一种学习方式，能够为学生搭建一个梯子，让学生的思维水平、活动经验、理解程度或已有知识进入学生的最近发展区，减轻学习的难度。

三 课堂实践与思考

为了寻求一种能够切实帮助学生理解度量单位实际意义的课堂教学方法，我们尝试以三年级下册复习课“图形与测量”为例，开展课堂实践研究。

（一）前测：学生对度量单位理解、认识的起点和落脚点

度量的核心要素：度量的对象、度量单位和度量值。针对度量的三个核心要素，可以通过哪些维度来帮助学生理解和认识度量单位的实际意义呢？

我们进行了相关学情分析：在学习三年级下册复习课“图形与测量”之前，学生通过三年的学习，已经掌握了一定的度量知识，也有了一定的度量活动经验，然而这些概念、经验是一个个分散出现的，即使老师们平

时注意到它们之间的联系但也有限，所以，系统地感悟度量单位的产生、统一度量单位的必要性，理解和把握度量单位的实际意义，对测量结果的把握有很大的帮助。因此，这节复习课尤为重要，它是对第一学段的有关图形与测量知识的回顾、整理与复习，不仅是知识的再现，更重要的是引导学生对度量单位、对周长与面积概念间的内在联系，对学过的概念、度量经验作穿线结网，促进学生脑中的概念结构系统化，同时增进对度量活动经验的体验，感悟度量的本质结构。

那么，学生对度量单位理解和认识的起点在哪儿?

为了解开这个疑惑，我们对全校 257 名三年级学生展开了复习前的调查。调查题目类型、题目内容及调查后的具体分析如下。

1. 学生是否深刻认识维度概念

在维度概念的理解上，图形与测量在第一学段的基本内容有周长和面积。学生对周长、面积这两个概念的理解是否深刻?我们设计了下面一道题。

(1) 说一说，在你的脑海里周长指什么?面积指什么?根据你的理解，写出它们的概念。

周长：______

面积：______

男生、女生举行一场跑步比赛。如图，男生沿 A 区跑 1 圈，女生沿 B 区跑 1 圈，你觉得沿图中 A，B 两个区域各走 1 圈，走的路一样长吗?公平吗?写一写你的想法。

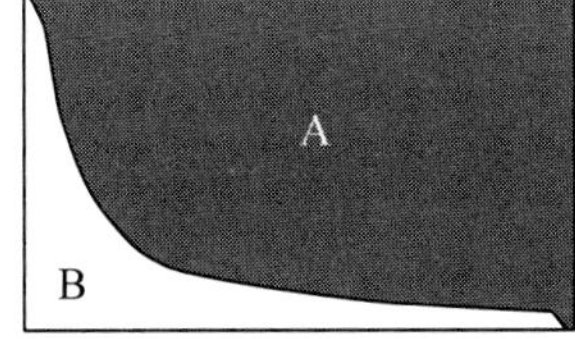

学生对这一题的解答情况数据统计如图 1。

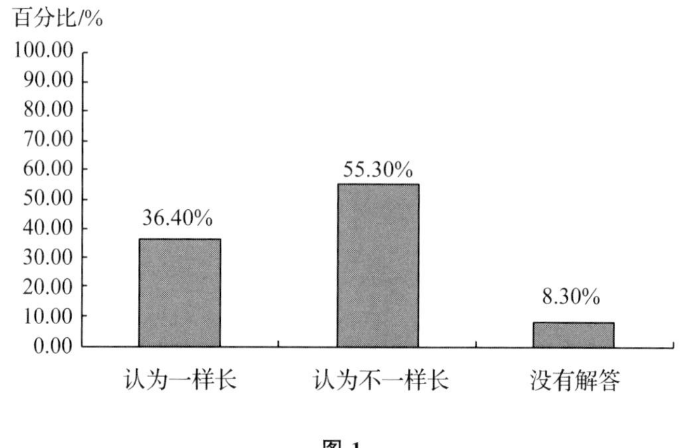

图 1

通过统计和分析学生的测试卷，发现学生基本能“背出”周长、面积的概念。之所以用上“背出”这个词语，是因为从学生对情境题的解答中发现，有一部分学生只是会背概念，并不理解概念。

测后访谈发现，认为不一样长的学生大多是觉得 A 区比 B 区大，所以，绕 A 区走肯定要比绕 B 区走长一些。他们以面积的大小代替了周长的长短。看来虽然学生能描述出周长和面积两个概念，但却没有真正理解这两个概念，于是在实际解决问题中容易混淆。这两个量的度量在本质结构上是一致的，都是所测物体包含几个标准单位。但是从维度上来说从学习周长到学习面积，是空间形式认识发展上的一次飞跃。任意画一个图形，它既有周长又可以有面积，它们永远是在一起的，所以，学生必然容易混淆。因为在学生头脑中，面是容易感知的，特别容易形成表象，而线的长短有时候不是特别容易建立表象。

2. 学生是否有实际度量的经验

只有经历丰富、充分的实际测量活动，才能够积累度量的经验，在活动中完善、修正、建构自己的量感。学生的实际度量的经验情况如何？我们设计了下面一道题目。

（2）填一填。

铅笔长约（　　　）；　　文具盒宽约（　　　）；

字典厚约（　　　）；　　易拉罐高约（　　　）；

一只手掌面积大约（　　　）；　　数学书封面面积大约（　　　）；

我们的课桌面积大约（　　　）；　　教室面积大约（　　　）。

从测试结果看，学生在日常生活中非常明显的测量长度和面积的问题上，是具有实际度量经验的，而且长度的感觉要比面积更好，但访谈中我们还发现，当数据或被测物体越长、越大时学生越困难，他们想不到用比较、推测等方法去解决大数据的问题。

3. 学生心中是否有一个度量单位的形成过程

（3）如果左边这个小长方形的面积是6平方厘米，那你能算出右边这个被遮住一部分的大长方形的面积大约是多少吗？

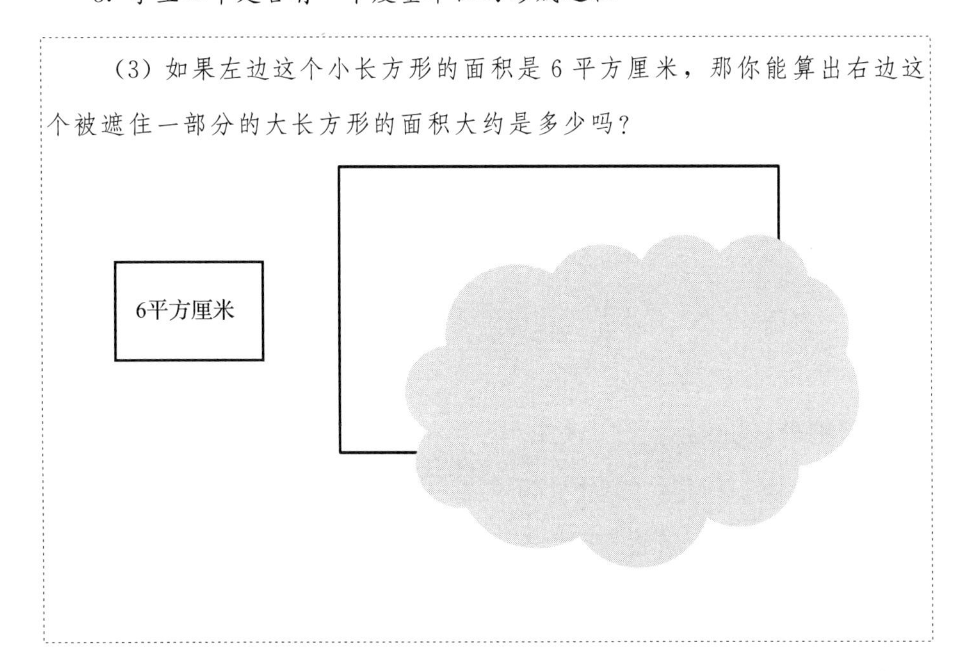

分析测试结果发现，56.9%的学生能把小长方形当成一个测量单位，大长方形横着大约可以摆3个小长方形，竖着大约可以摆3个小长方形，三三得九，大长方形中大约可以摆9个小长方形，所以，大长方形面积大约是小长方形的9倍，即54平方厘米。但也还有31.5%的学生给出了错误的答案，有11.6%的学生不知道如何解答这个问题。

数据显示，部分学生缺失了度量单位的形成过程。面积作为事物的一种属性，和长度一样，是可以度量的。对一个二维图形的表面进行度量以后，用一个“数”表示它的大小，就是该图形的面积。长方形的面积本质在度量，而这一个“数”指的是所要度量的长方形里含有多少个这样的面积单位。测后访谈发现，学生无法解答这一题，主要是学习的过程中受到公式的强烈影响，死记公式，忽略了面积的本质含义，只会用公式来计算面积，也很少思考其实长就表示每行有几个面积单位，宽表示有这样的几行。

（二）课堂：服务于学生理解与把握度量单位的实际意义

根据对度量活动的分析和对学生的掌握情况的了解，复习课“图形与测量”的教学目标如下。

(1) 通过学生自主梳理，形成一个较完善的知识体系结构图，体会并认识长度单位毫米、厘米、分米、米、千米，能进行简单的单位换算；体会并认识面积单位平方厘米、平方分米、平方米，能进行简单的单位换算。

(2) 结合实例认识周长和面积，寻找维度概念的区别联系，初步感悟无论是周长还是面积的度量，都是度量单位的累加。

(3) 通过对长度单位的梳理，在活动中帮助学生感悟数学思想，积累度量活动经验，让学生经历“度量单位”从形成到产生的过程，并运用化归思想感悟制定度量单位的规律理解度量单位的实际意义。

基于这样的目标，我们开展了课堂教学。

片段 1：基于学生经验自主梳理，唤醒学生已有认知。

师：同学们，今天我们继续研究测量（板书：测量），看到这两个字想到了什么？

生 1：我会测量体重。

生 2：测量用到尺子。

师：嗯，你想到了测量工具。

……

师：（板书：图形）你又想到了什么？

生3：周长，面积。

生4：周长和面积的单位不一样，周长用长度单位，面积用面积单位。

生5：周长和面积是怎么计算的。

师：很好，越来越具体了。

师（总结）：哦，你们的意思是，在测量图形时，要选择一些合适的单位，有时候我们还要对测量出来的数据进行一些简单的计算。那么，我们已经学习了哪些测量图形的单位？图形的周长和面积又是怎么计算的呢？你能回忆整理一下吗？可以画一画，写一写，用自己喜欢的方法整理在学习单上。有困难的同学和同桌交流一下。

学生梳理，教师适当指导（略）。

生6：（大树思维导图，如图2）树上有两个分支，一个表示长度单位，有……一个表示面积单位，有……

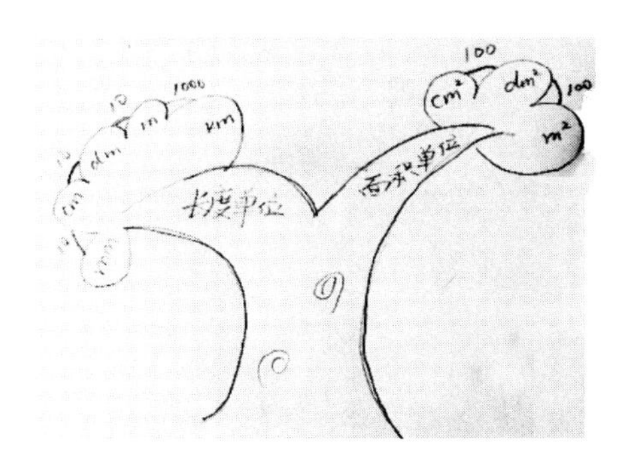

图2　学生作品大树思维导图

师：你梳理出了单位，还有进率，非常好！

生7：（阶梯思维导图，如图3）我用阶梯表示了单位的大小，因为毫米最小，我就把它画在最下面，再是厘米、分米、米、千米。

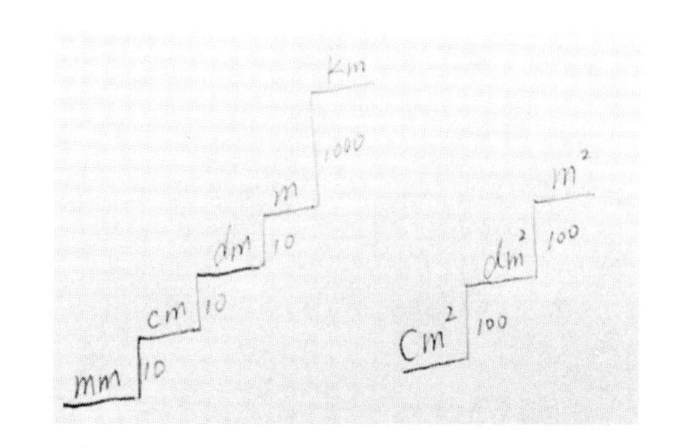

图 3　学生作品阶梯思维导图

师：这里（手指千米）为什么这么高？

生 8：因为它的进率和其他不一样，是 1 000。

师：用阶梯形象的表示出了单位的大小，很会思考。

生 9：(手掌思维导图，如图 4)。

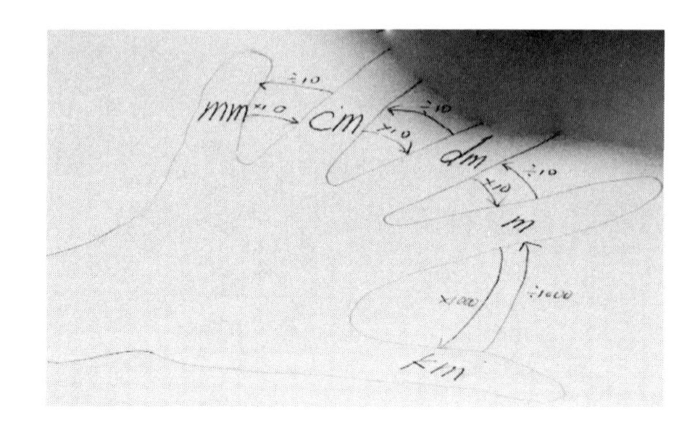

图 4　学生作品手掌思维导图

生 10：(普通示意图，如图 5。)

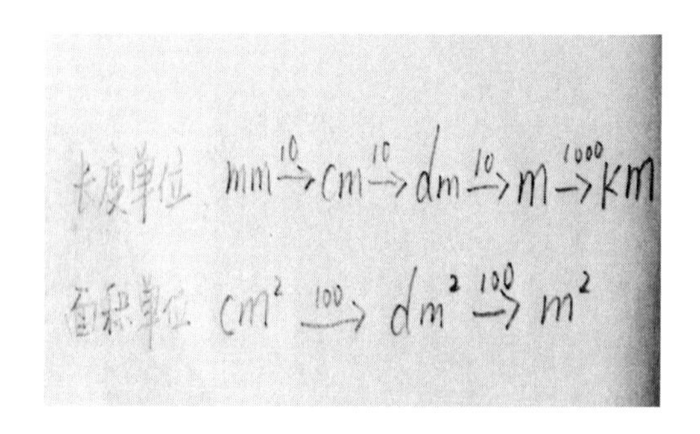

图 5　学生作品思维导图

师：我们来看看咱们整理出来的这些成果，你发现了什么？

师（总结）：通过我们的努力，梳理了长度单位有毫米、厘米、分米、米、千米，面积单位有平方厘米、平方分米、平方米。它们的进率分别是……我们还知道了长方形的周长＝（长＋宽）×2。

【思考】

复习课中梳理是必不可少的一环，教学片段中教师先抛出以测量为主线的主导性问题：看到测量你想到了什么？板书“图形”之后又问：你又想到了什么？这两个以测量为主线的主导性问题，唤醒了学生沉睡在脑中图形与测量的知识：测量要有工具，图形可以测量周长和面积，它们单位不同等。但这些知识点是零碎的，所以，教师放手让学生自主完成“复习任务单”，进行知识建构。阶梯、大树、手掌等很有创意，而且用一级更高的台阶来表示米和千米的进率是1 000，学生的思维在这里打开。教师又通过“这级台阶为什么画得这么高”等问题让学生把关注点放到重点上来，利用知识结构重新审视旧知，并生长出新的感悟和经验，对全部知识内容进行整体性把握，这才是复习课所承载的职责。

片段2：还原度量产生的过程。

师：同学们，这些单位我们最先认识的是谁？它是怎么产生的？有了长度单位厘米，为什么还要创造米、毫米、千米？请看大屏幕，让我们一起来静静地回忆。（如图6～图9）

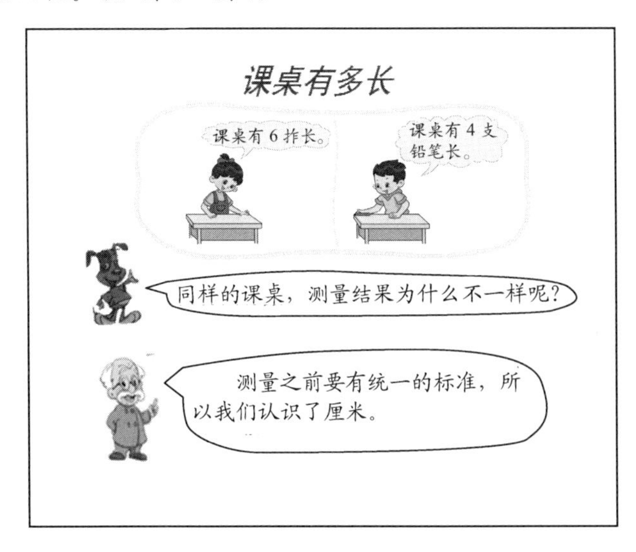

图6

一米有多长
从教室的一头到另一头有长呢？
用厘米测量太麻烦了！
所以我们认识了米。

图 7

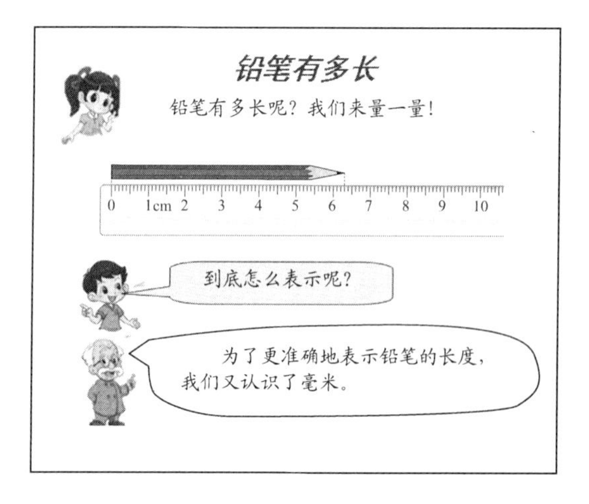
铅笔有多长
铅笔有多长呢？我们来量一量！
0 1cm 2 3 4 5 6 7 8 9 10
到底怎么表示呢？
为了更准确地表示铅笔的长度，我们又认识了毫米。

图 8

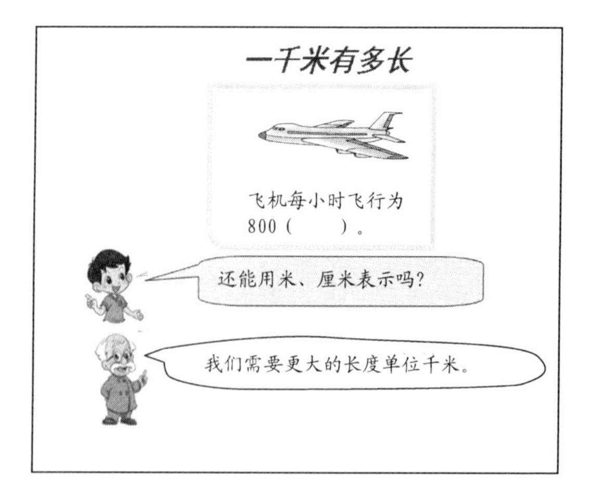
一千米有多长
飞机每小时飞行为800（ ）。
还能用米、厘米表示吗？
我们需要更大的长度单位千米。

图 9

（每张幻灯片逐条显示，跟随课件一起回忆、梳理长度单位产生、发展过程。）

师：看完了你想说点什么？现在你知道为什么要制定这些长度单位了吗？

生1：因为如果每个人用的单位不一样的话，量出来的结果也就不一样了，我们就不知道到底有多长了。

师：是的，就是为了统一标准，所以，我们首先认识了长度单位——厘米。既然有了厘米，为什么还要认识米、毫米甚至是千米呢？

生2：因为如果量教室或者量操场的话厘米就太小了，如果要量一个蚂蚁的话厘米又太大了。

生3：量大的东西的时候要用米，量很小的东西的时候用毫米就可以了。

生4：要先看量什么东西，再去选哪个单位，如果只有厘米不够用。我们要根据实际的需要选择合适的单位……

师：长度单位是这样认识和学习的，那面积单位呢？

生5：我想面积单位也应该差不多吧。

生6：不同的需要，决定了有这么多面积单位。

【思考】

一般的复习课都会有一个知识点的梳理环节，在这一环节教师更关注于对这一板块的知识、技能的梳理，而忽视对整个学习阶段的学习过程、学习方法、知识的形成过程、所蕴含的数学思想的梳理。在此，我们精心设计了一个微视频，学生一起静静地回忆，梳理长度单位的认识和学习过程。“看完了，你想说什么？”让学生体验更充分，学生的回答又让我们很惊喜。“量大的东西的时候要用米，量很小的东西的时候用毫米就可以了。”还有的学生说，“我们要根据实际的需要选择合适的单位……”教师顺着学生的思路，可追问“如果要找一个比毫米还小的单位，你会怎么办”，利用投影中感悟到的经验：将1个单位继续等分下去就能寻找到一个新的更小的单位，从中渗透“极限”“逼近”的数学思想。

片段3：选择适合的单位，唤醒学生的实际度量经验。

1枚1元硬币厚2（　　）；	一枚邮票的面积约为4（　　）；
操场面积约为2000（　　）；	课桌大约高80（　　）；
（　　　　　）大约是1（　　）。	

学生将生活中的实际物体与相应的度量单位建立联系的过程，就是唤醒学生原有的度量经验的过程。在这个过程中，学生体验到了用同样的“数”可以刻画万千的“量”。

片段4：沟通周长与面积的认识，理解度量的本质。

(1) 结合对周长与面积概念的理解，解决生活中的实际问题。

如图10，中间这块菜地的面积是多少平方米，在菜地四周围上篱笆，篱笆长多少米？

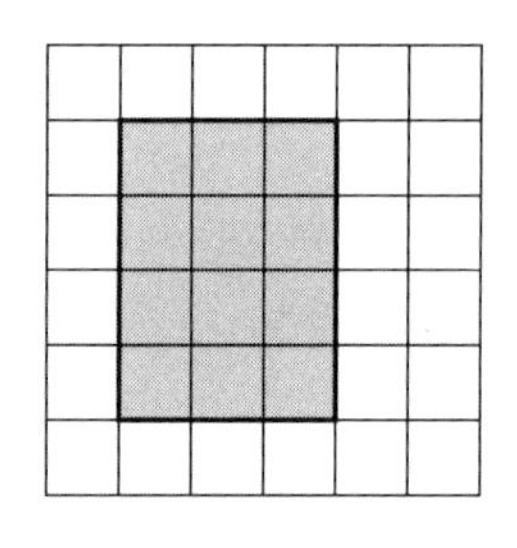

图10

长方形的周长：(3＋4)×2＝14（米）。

长方形的面积：3×4＝12（平方米）。

(2) 数形结合，寻找周长与面积的异同。

师：计算周长和面积时我们都用到了3和4，周长里的3在哪里？谁在图中指一指。

①汇报周长。

师：这里（指着宽）有3个1米。4呢？14呢？

（学生回答略。）

②汇报面积。

师：面积中的3指什么？4呢？12呢？到底什么是周长，什么是面积？

(学生回答略。)

师：是的，这个图形的周长是以1米为标准，我们来数，1个1米，2个1米，3个、4个……它的周长是14个1米的累加。

师：面积就是以这个1平方米为标准，1个1平方米，2个1平方米……它的面积是12个1平方米的累加。

师：看来小小长方形有很多学问，咱们接着玩。请看大屏幕（如图11)。

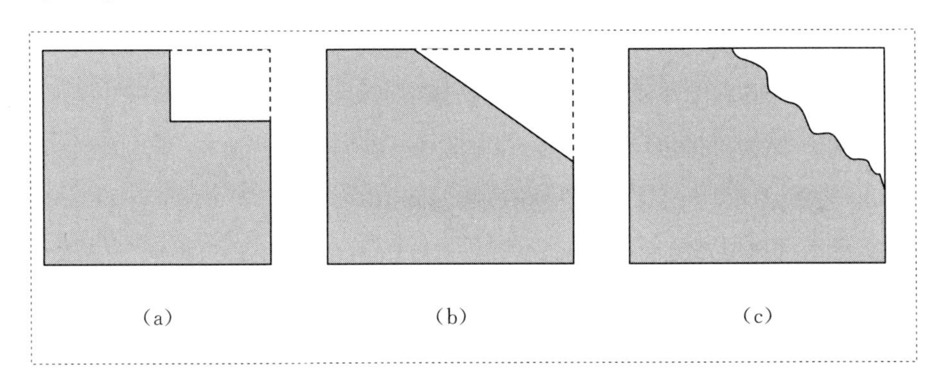

图11

师：什么变了，什么没变？你有什么想说的吗？

……

【思考】

为了让学生体会面积和周长之间的关系，从本质上理清“周长”与“面积”这两个概念的区别，我们设计了2道由浅到深、循序渐进的对比练习题。“这块菜地的面积是多少平方米，在菜地四周围上篱笆，篱笆长多少米?”在问题的驱动下，学生获取了信息，计算出了菜地的面积和周长。教师巧妙地运用格子图，通过一个“数”周长和面积的体验活动，让学生体会到周长与面积的区别和联系。区别是：周长是用小线段去量，面积是用小面积去量。联系呢，都是看被测物体里面有几个标准单位，都是将1个标准量进行累加的过程。最后一题中“什么变了，什么没变？你有什么想说的吗”又让学生感悟到周长和面积的不同：面积变小了，周长不一定。层级推进，直达度量的本质。

华罗庚说过：“数起源于数，量起源于量。”基于一系列活动的设计，帮助学生理解与把握度量单位的实际意义，我们可以把活动作为图形与测量的教学或学习的主要方式，让学生在一定的情境中，参与特定图形的认识与测量的数学活动，让学生对度量单位的实际意义的认识在活动中得到发展。

参考文献

[1] 边巨星．在长度教学中帮助学生发展“量感”[J]．师资建设，2012（2）：57－59.

[2] 教育部基础教育课程教材专家工作委员会组织编写．义务教育数学课程标准（2011年版）解读[M]．北京：北京师范大学出版社，2012.

[3] 李琼．“量感”培养从“感量”开始——例谈计量单位的教学实践[J]．教学月刊（小学版）数学，2013（7）：80－81.

[4] 刘加霞．把握度量的本质，积累度量活动的经验——兼评赵娣老师的“毫米的认识”一课[J]．小学教学（数学版），2013（10）：24－26.

[5] 吕震波．重感悟　重过程　重体验　重运用——小学数学“计算单位”教学之策[J]．江苏教育（小学教学版），2013（4）：60

[6] 中华人民共和国教育部制定．义务教育数学课程标准（2011年版）[S]．北京：北京师范大学出版社，2012.

成长寄语

对于学生来说，度量应该是一件很有意思的事，一个数不仅能够表示多少，还能够表示大小；通过度量这件事，能够自然地把图形与几何以及数与代数两个领域无缝地结合在一起。度量单位是度量的核心，同样的数值匹配以不同的单位，则可以表示物体不同的“大小”。在我们的日常生活中，度量单位无处不在，我们要知道跑道有多少米，自己有多高，国土面积有多大，等等。然而，让人遗憾的是，我们经常看到：学生对度量单位的认识，往往限定在机械的记忆和反复操练单位之间的换算公式中，而对单位的实际意义理解不够。一个单位到底表示多大？可以用生活中哪些熟悉的物体来估计？一维的周长和二维的面积，包括未来将学习的三维的体积单位之间，有哪些区别与联系？如何理解不同维度的度量单位？……

徐双莲老师正是选择了这样的一个角度，并在不断的学习和思考中，通过一节关于“图形与测量”的复习课，来和学生共同在活动中，不断丰富对度量单位意义的理解。我们看到她的课堂中，基于前测的结果致力于还原学生原有经验，注重学生对度量的概念结构的构建，带领学生巧妙地思辨周长和面积的联系与区别，在每一个活动中都重视学生自己的思考和表达……其中有很多地方都可圈可点，值得借鉴。

对于一线教师来说，基于一个问题出发，进行切实有效的前测，得到真实可信的依据，基于对学生了解的基础上，展开课堂教学，并不断追问每一个教学环节的目标和作用，这样的研究见微知著，值得鼓励。

当然，从研究的角度来看，还有一些问题需要徐双莲老师在后续的研究和教学中回答：为什么学生会缺失度量单位的形成过程？要在活动中理解和把握度量单位的实际意义，作者给出了自己在复习课上的教学案例，这样的案例教学效果如何？是否进行了评测？问题是否在上完课后都被一一解决了，是经历了什么样的认知过程解决的？在新授课上应该如何展开关于度量单位理解的教学？对于案例研究结果应该如何提炼，如何清楚地、有条理地给出研究发现？这些问题都需要结合相应的理论仔细思考和进一步研究。

数学基本活动经验的积累与发展研究

——以“比较图形的面积”一课为例

汤其鸣（福建省泉州市第二实验小学）

一 提出问题

《义务教育数学课程标准（2011年版）》提出了“四基”，即基础知识、基本技能、基本思想、基本活动经验 。因此，我们的教学不再单纯是传授知识 ，而是要由以前的重视“双基”走向重视“四基”。数学基本活动经验与数学问题提出、分析能力，数学应用能力等数学能力最主要的不同在于，数学能力可以通过外显的行为来测量、研究，数学基本活动经验的落脚点在哪里？有没有什么事例可以体现它的积累过程？作为“四基”中最“热点”的基本活动经验，它积累到一定程度会产生什么样质的变化？怎样积累可以使经验再生或发展？基于此，我们以“比较图形的面积”一课为例，开展了数学基本活动经验的积累与发展的研究。

二 文献综述

（一）数学基本活动经验的内涵

数学基本活动经验是指围绕特定的数学课程教学目标，学生经历了与数学课程教学内容密切相关的数学活动之后，所留下的有关数学活动的直观感受、体验和个人感悟。数学基本活动经验可分为“实践的经验”和“思维活动的经验”。一方面，数学离不开实践操作，包括动手实验、社会调查、课题研究、合作交流的过程中，学生会获得设计、规划、组织、协调等的经验，这是学生未来创新的重要源泉。另一方面，中小学生课堂学习是主要的学习形式，教师讲授、学生自主思考和讨论、师生共同讨论完成数学内容的学习占据较大比重，学生从中获得的“思维活动经验”也是数学基本活动经验的重要组成部分。数学基本活动经验可以是使人受益终身的、深深铭刻在头脑中的数学的精神、数学的思维方法、研究方法、推理方法，甚至经历的挫折等；也可以是从整体意义上数学活动的领悟……

（二）数学基本活动经验与数学能力的区别

数学基本活动经验不同于数学能力。数学能力是顺利完成数学活动所必须具备且直接影响其活动效率的一种个体稳定的心理特征。数学基本活动经验同样是一种个性特征，具有内隐性、阶段性和变动性等，这和数学能力基本一致。二者的不同在于：第一，数学能力是一种结果，直接影响数学活动的效率，数学能力的强弱反映在完成数学活动效率的高低上；数学基本活动经验作为活动过程中的感受和体会，体现过程和结果的统一，需要更长时间的积淀，难以有直接的载体说明经验的有无或强弱。第二，能力有不同方面的表现，如运算、逻辑思维、空间想象等，能力的考查往往是孤立的，只针对某一个或某几个方面进行；数学基本活动经验更为综合、更为隐性。第三，能力可以通过训练获得，如运算能力；数学基本活动经验必须经过本人的感悟，不能通过训练短期内获得。

（三）数学基本活动经验的积累

数学基本活动经验是经历和感悟了数学归纳推理和演绎推理后积淀的思维模式，一定时间积淀的思维模式可反映数学基本活动经验积累的结果，并最终建立一定的数学直观。因此，积累数学基本活动经验，需要从学生已有的经验和直观开始，让学生经历思考的过程，从中领会和感悟，生成一定的思维模式。

1. 积累数学基本活动经验，需要经历和感悟归纳推理过程和演绎推理过程

爱因斯坦说过：“西方科学的发展是以两个伟大成就为基础的，那就是希腊哲学家发明的形式逻辑关系（在欧几里得几何学中）以及通过系统的实验发现有可能找出因果关系（文艺复兴时期）。”爱因斯坦所说的两个伟大成就，前者是演绎推理，后者是归纳推理。杨振宁在《我的生平》中明确指出：“我很有幸能够在两个具有不同文化背景的国度里学习和工作。我在中国学习到了演绎能力，我在美国学到了归纳能力。”归纳和演绎是数学创造和发展的两种主要推理形式，积累数学基本活动经验，需要经历和感悟这两种推理形式。

2. 培养创新型人才更需要感悟归纳推理的过程

演绎推理的主要功能在于验证结论而不在于发现结论。归纳推理作为一种从特殊到范围更广的推理，其本质是从经验过的东西推断没有经验过的东西。它很难用一个固定的格式，像大前提、小前提、结论的格式给出，因此，归纳推理这种思维方式（我们不妨称之为归纳思维）的形成更多需要个人的感悟。它也因此培养了学生根据情况预测结果的能力和根据结果探究成因的能力，这两个能力是创新的基础，因此，培养学生的创新更需要积累归纳推理的经验。

3. 积累数学基本活动经验，需要逐步建立起新的经验和更高层次的直观或直觉

“纯粹的逻辑思维不能给我们任何关于经验世界的知识，一切关于实在的知识，都是从经验开始，又终结于经验。”学生的数学学习是从已有经验和直观开始，最终形成新的经验。但是，学生的已有经验和直观未必完全正确，积累数学基本活动经验在于帮助学生形成正确的经验，并建立一定的数学直观或直觉。钱学森称这种思维是形象思维或直感思维，这种判断能力是一种直觉。积累数学基本活动经验的最终目的是帮助学生逐步建立

起这种直觉。

综上所述，数学基本活动经验的积累从数学的创造和发展来看，它应该包括归纳推理的经验和演绎推理的经验，培养学生的创新更需要归纳推理的经验。学生积累数学基本活动经验后会建立起一定的数学直观或直觉，它能使学生以后遇到新问题或未知情境时，进行直观的判断。学生学习数学的结果，除了掌握一定的知识和技能外，还有长时间积累后形成的思维模式，这是积累数学基本活动经验的核心和关键。

本课题将通过典型的积累基本活动经验的课例，探讨学习经验的积累对于学生而言的价值何在，引起更多的教师关注学生基本活动经验积累，努力把积累基本活动经验提高到创新发展的高度上来。

案例研究——以“比较图形的面积”一课为例

【教材分析】

对于基本活动经验，新世纪（北师大版）小学数学教材主要通过两种形式体现。第一，设计了专门的积累活动经验的课，第二，在一节课学习的“问题串”中，设计积累活动经验的活动和问题。“比较图形的面积”就属于前一种设计。教材为什么选择这一课作为积累活动经验的研究课？为此我们对不同教材的本单元相同教学内容进行了对比（如表 1）。

表 1　五年级上册面积教学内容

北师大版教材	人教版教材
比较图形的面积	无
认识底和高	无
平行四边形的面积	平行四边形的面积
三角形的面积	三角形的面积
梯形的面积	梯形的面积

从两种教材的编排上看，北师大版教材中的“比较图形的面积”一课无疑是认识平行四边形、三角形和梯形面积教学前的一节准备课，这节课也正如教师教学用书中所定位的那样“积累探索图形面积的活动经验，发

展空间观念”。因此，本课能够较充分地对比活动经验的积累对于学生空间观念发展的影响。基于对教材的分析，本研究将从横向展开教学并对学生的学习效果进行测试小结：（1）学不学“比较图形的面积”一课对学生研究平行四边形等图形面积会有什么影响？（2）在学生积累数学活动经验的过程中，教师的引导对学生有哪些影响？怎样积累发展数学活动经验？

【教学实践研究】

1. 研究“比较图形的面积”一课对于面积学习的作用

将同一个班级的学生分成同样多的两组（A，B组），A组学生不教学“比较图形的面积”一课，直接学习平行四边形、三角形和梯形面积。B组学生先教学“比较图形的面积”一课，再学习平行四边形、三角形和梯形的面积。

我们发现没有学习“比较图形的面积”一课的学生，直接学习平行四边形面积计算时，也能通过操作将平行四边形剪、移、拼成长方形，这一过程使学生获得剪、移、拼的经验，感受将陌生的问题转化为熟悉的、将未知的问题转化成已知的过程。不过，这样的经验是非常有限的，难以适应新情境中的数学对象，在新的数学问题中被调用。学习三角形面积计算时，学生往往不能凭借自己的经验自发地将求三角形的面积问题转化成已学图形面积的问题，需要教师组织学生通过旋转、平移或剪、拼的操作活动将三角形转化成平行四边形，在此基础上，对活动过程进行反思、总结和交流，概括所获得的经验。学习梯形面积计算时，学生因为经历的情境与三角形面积计算的情境几乎相同，因而学生会把先前在三角形学习的数学活动中获得的经验“还原”运用于当下活动中，学生关于图形转化的经验得到了巩固。而学习了“比较图形的面积”一课的学生，因为在比较图形面积大小的过程中尝试了多种思考，积累了更多的探索图形面积的经验，除了割补还有拼合等，使转化图形面积的能力得到发展，所以，在后面学习其他图形面积时，经验的积累与发展更为充分。因此，“比较图形的面积”一课对于面积学习的经验积累与发展确实起到了明显的促进作用。（如

表 2)

表 2

知识点	学过“比较图形的面积”一课	没有学“比较图形的面积”一课
平行四边形	多数会用割补法	较多数会用割补法
三角形	部分会用拼合法	多数只会继续尝试割补
梯形	方法更多样	能尝试转化成平行四边形

2. 研究“比较图形的面积”一课中数学基本活动经验积累的起点

为了读懂学生的经验基础，我们将教材中“比较图形的面积”中的 10 个图形直接让学生用眼观察比较这些图形的面积（如图 1）。出现如下比较结果：大多数学生能比较出面积差别较大的图形，对于面积比较接近的把握明显不准确（如表 3）。

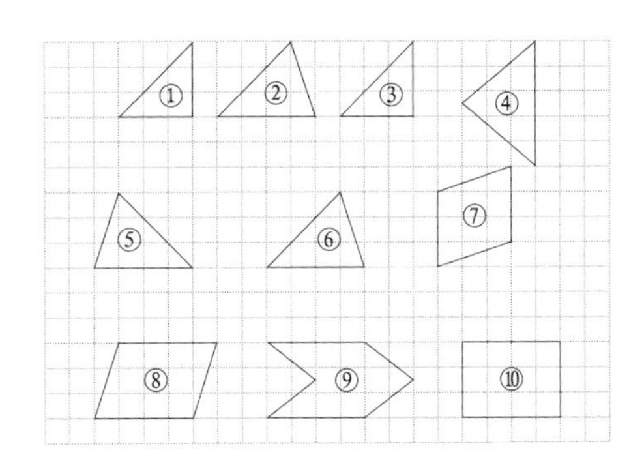

图 1

表 3

比较内容	能发现①③或②⑤⑥面积相等	能发现⑧⑩面积相等	能发现②⑤的面积合起来和⑧相等	能发现⑨⑩面积相等
人数（总人数 16 人）	10	2	2	2
百分比/%	62.5	12.5	12.5	12.5

从以上前测我们发现学生比较图形面积的经验停留在同形状图形上，个别学生具有割补及拼合图形面积的意识，初步能感知面积运动后的守恒性及面积具有可加性，这就不难理解前面在直接教学平行四边形面积时较多学生能使用割补法学习平行四边形的面积。我们还发现多数学生的直观

经验比较模糊，认为①和③可以拼成④，因为拼合起来的图形的形状相同。可见，学生的数学学习是从已有经验和直观开始，最终形成新的经验。但是，学生的已有经验和直观未必完全正确，积累学生数学基本活动经验还在于帮助学生形成正确的经验，并建立一定的数学直观或直觉。把握了学生经验的生长点，经验的积累与发展才能把握好方向。

3. 研究“比较图形的面积”一课中动手操作对于经验积累的影响

教材在“比较图形的面积”的问题串中，不仅有思考问题的提出，同时还有“剪下附页 2 拼一拼”这样学习方法的指导和学习工具的提供。动手操作对于经验的积累会产生怎样的影响？基于此我们开展了另一组教学前测，学生人数为 16 人，本次前测的不同在于教师为学生提供了附页 2 的活动图形，学生可以动手操作，仍请学生写出比较结果。比较结果统计如表 4。

表 4

比较内容	能发现出①③或②⑤⑥面积相等	能发现⑧⑨⑩面积相等	能发现②⑤的面积合起来和⑧一样大
人数（总人数 16 人）	14	6	3
百分比/%	87.5	37.5	18.75

学生在动手实践中真实地感受到图形在他们手中旋转、平移的过程中形状大小没有改变，因此，找出第一种发现的学生达到了 87.5%。通过割补、拼合探寻图形面积间关系的学生也有所增加。这充分体现了皮亚杰所说的：“动作性的活动对于儿童理解空间观念具有无比巨大的重要性。”动手操作是“比较图形的面积”一课发展学生活动经验的重要途径。

4. 由学生感悟、分析、经历过程对于积累数学基本活动经验的影响

在教材分析与前测的基础上，我们分别按照以下两种不同的教学方式教学“比较图形的面积”一课，并请学生（分甲、乙组）写下了自己学完这节课后的收获与感受。

教学方法一：教师按照教材，请学生观察，提出几个核心问题，围绕核心问题研究图形的面积，并初步感受“出入相补”“等积变形”等原理，

教师板书方法。

学生学后感（甲组）：

（1）我知道了通过割补变形可以找出面积相等的图形。

（2）怎么比较图形的面积有两种方法：割补、重叠。

（3）有一种方法是割补法，也叫出入相补，我发现用这种方法可以比较图形面积的大小。

教学方法二：同桌两人观察、动手比较图形的面积，把比较后的发现板书到黑板上，并说明每一个比较结果的合理性。说明过程中教师板书比较方法，最后创作面积相等而形状不同的图形。

学生学后感（乙组）：

（1）一个图形和另一个图形合起来可以得到一个新的图形，一些零零散散的图形，可以组成一个新的图形。

（2）算图形的面积可以用拼合、割补、重叠，非常有意思，我之前还不知道竟然有这么多算图形面积的方法。

（3）图形可以拼合，可以重叠，图形不管怎么转，面积都一样，永远不会变。

我们把两种方法教学后的学生学后感分别给不参与执教的教师们阅读，并请他们说说更喜欢哪种学后留言。有的教师认为甲组，因为甲组的学生能把知识点说清楚，学生大多表述他们知道了比较图形面积大小的方法：割补、重叠，认识了出入相补，总结知识点更到位。喜欢乙组的教师认为从学生的留言中发现，他们对于方法产生的过程中的感受描述更多，学生的学习带着惊讶，带着更多的感悟。这样的教学能调动他们对图形面积探索的热情，更为主动。

北京师范大学数学科学学院郭玉峰教授提出了数学基本活动经验的水平维度划分，他认为数学基本活动经验是经历和感悟了数学归纳推理和演绎推理后积淀的思维模式，最终建立一定的数学直观。其维度划分体现了数学基本活动的过程，概括为观察、归纳、猜想、表达、验证或证明。上面的两节课可以说学生的经验都获得了发展，但其中教学方法二的经验更加体现了“积累数学基本活动经验，需要经历和感悟这两种推理形式”。在第二节课中也大致看到了这样的流程（如表5）。学生亲身经历了数学活动过程，发展已有经验并获得了具有个性特征的经验，达到情感型形态。

表5

数学基本活动过程	本课学生学习过程	学生经验发展情况	情绪体验
观察	动手操作，发现图形间的关系	感受深刻，有意识地观察	认真
归纳	把图形间关系分类梳理	能看到事物之间的联系	积极
表达	用语言表达发现图形间关系的所使用的方法	发现一般规律	激动
验证	用已学的方法创作等积变形的图形	触类旁通展开联想	兴奋

四 研究结论

通过对这样一节积累学生探索图形面积经验、发展学生空间观念的课例研究，我们感受到要积累、发展学生的数学基本活动经验，首先要读懂学生的已有经验基础，找准发展经验的起点；其次是通过动手操作等活动，帮助学生充分经历过程是积累经验的前提；再次是教师应让学生在观察操作后及时用有自已语言表达、概括。……特别地，在数学学习活动中，教师还要引导学生不断发现问题和提出问题，逐步猜想和发现，不断检验和修正，感悟问题的核心和问题之间的联系，并学会演绎证明。

当然，“积累”不能指望有一两次这样的活动学生就有数学活动经验，要在教学过程中不断地为学生提供这样的机会。如果学生在学习不同内容的时候，都有机会做这样的活动，就会不断地积累相关的经验。

参考文献

[1] 郭玉峰．学生数学基本活动经验研究与思考：内涵、框架及量化［R］．华人数学教育会议，2004.

[2] 郭玉峰，史宁中．数学基本活动经验：提出、理解与实践［J］．中国教育学刊，2012（4）：42—45.

[3] 郭玉峰，史宁中．“数学基本活动经验”研究：内涵与维度划分［J］．教育学报，2012（5）：23—28.

[4] 科普兰 R W. 儿童怎样学习数学——皮亚杰研究的教育含义［M］．李其维，康清镳，译．上海：上海教育出版社，1985.

[5] 史宁中．数学思想概论——数学中的归纳推理［M］．长春：东北师范大学出版社，2010.

[6] 中华人民共和国教育部制定．义务教育数学课程标准（2011 年版）［S］．北京：北京师范大学出版社，2012.

成长寄语

数学基本活动经验的提出是课程标准发展中的热点问题，而“比较图形的面积”又是教材专门设计的积累活动经验的课，因此，汤其鸣老师以此课作为数学基本活动经验的积累与发展的课例进行研究是非常有价值的。教师在过程中进行了多次对比研究：以教材中是否安排了“比较图形的面积”内容的前测分析，突出专门设计的积累活动经验课的价值；以比较图形面积过程中是否安排动手操作的前测分析，突出了操作活动对数学基本活动经验的积累与发展的作用；以课堂教学经历不同过程后学生感悟的对比分析，突出了丰富数学活动和充分经历过程对学生活动经验的积累与发展的影响。这些研究，对于寻找学生的活动经验的起点、帮助学生积累发展经验等也有了很好的了解，也为更有效地对课堂设计进行改进与实施提供了有力的支持。本研究在以下几个方面是否可以进一步改进。

1. 关于前测时参与对比学生的设计。目前的两次前测设计都是将一个班级的学生分成同样多的两组（A，B 组）。如研究“比较图形的面积”一课对于面积学习的经验积累作用的前测中，A 组学生不教学“比较图形的面积”一课，直接学习平行四边形、三角形和梯形面积；B 组学生先教学“比较图形的面积”一课，再学习平行四边形、三角形和梯形的面积。这样的对比可能会在一段时间内对日常教学带来不便以及其他的一些影响，因此，就这个内容可否选择在不同版本教材的学校进行观察记录。

2. 在文献综述中，汤其鸣老师特别论证了归纳推理过程对于积累活动经验、培养创新人才的作用，那么，在课例研究的内容里，是否可进一步凸显及增加在比较图形面积过程中对归纳推理活动经验的培养。特别地，当出现不同水平的进阶时，如何通过引导学生经历观察、归纳、表达、验证经历归纳推理过程，以促进学生积累、发展活动经验。

3. 研究的重要目的之一是改进课堂，因此，建议在诸多的对比研究后，进行一个相对综合的教学设计，把研究的成果最终实现在课堂教学上。比如，最后关于学生感受的对比研究，可以看出当教师明确提出核心问题，引导学生围绕核心问题去研究，在学生初步感受“出入相补”“等积变形”等原理，教师及时板书方法时，学生总结起知识点更到位。而这些与放手让学生充分动手操作感知并不矛盾，因此，我们是否可以汲取两者之精华：教师明确提出核心问题，同桌两人围绕核心问题观察动手比较图形，把比较后的发现板书到黑板，并证明每一个比较结果的合理性，证明过程中教师板书比较方法，引导学生结合活动过程及时进行阶段性学习方法的小节，最后创作面积相等而形状不同的图形。希望经过这样的过程，学生不仅会产生深刻的过程感受，也会有清晰的知识点收获，更会有活动经验的积累与发展。

最后要说明，有发展就需要有评估，评估是教学整体的重要组成部分。因此，如何设计题目来评估活动经验的积累与发展水平，是值得老师们去进一步思考的。

建构长方体体积公式的案例研究

蒋向阳（广东省佛山市顺德区大良实验小学）

一 问题提出

“长方体体积”是新世纪（北师大版）小学数学教材五年级下册的教学内容，很多教师感觉此课上完容易，上好不容易；学生发现长方体体积的计算公式容易，但理解长方体体积为什么是长、宽、高的乘积则不容易。一般教师在教学中，都会让学生摆摆、看看、想想、说说，引导学生发现长方体体积的计算方法，但为什么长方体的体积是长、宽、高的乘积呢？课上完后，可能还有部分学生一知半解。于是，如何有效地建构长方体体积公式，让学生在生动、活泼、有效的数学教学活动中，进一步深化对体积概念与公式的理解，帮助学生的个性、潜能得以充分的开发，知识、能力、思维得以充分的发展，是本文主要阐述的问题。

二 文献综述

如何建构长方体体积公式呢？如何在推导公式的过程中发展学生的思维呢？针对这些困惑我检索了相关文献资料。

建构主义学习理论认为，儿童自身知识的获得是儿童在与周围环境相互作用的过程中逐步建构的。学习是获取知识的过程，学习者在一定的情境即社会文化背景下，借助他人的帮助（即人际间的协作活动），利用必要的学习资料，通过意义建构的方式而获得。因此，建构主义学习理论认为“情境”“协作”“会话”和“意义建构”是学习环境中的四大要素或四大属性。

《义务教育数学课程标准（2011年版）》中指出：“通过直观教学和实际操作培养学生初步的逻辑思维能力。”《义务教育数学课程标准（2011年版）解读》也告诉我们实践是学生发展的新动力，只有教师在教学中让学生动手、动脑、动情地实践，学生的发展才能有真正意义上的落实。“有效的数学学习活动不能单纯地依赖模仿与记忆，动手实践、自主探索与合作交流是学生学习数学的重要方式。”“有效的教学活动是学生学与教师教的统一，学生是学习的主体，教师是学习的组织者、引导者与合作者。”“学生应有足够的时间与空间经历观察、实验、猜测、计算、推理、验证等活动过程。”在活动形式上鼓励学生独立思考，使学生真正“动起来”，在活动中积累数学活动经验，提升数学能力和素养。

教育家苏霍姆林斯基说过：“儿童的思维离不开动作，操作是智力的源泉，思维的起点。手和脑之间有着千丝万缕的联系，这些联系起着两个方面的作用，手使脑得到发展，使之更加明智，脑使手得到发展，使之变成创造聪明的工具，变成思维的工具和镜子。”这一精辟论述，阐明了操作与思维之间具有相互联系、相互作用、相互发展的辩证关系。由于儿童的思维仍处于具体形象水平，他们还不能有意识地组织自己的思维活动，并按照思维过程去分析、比较，因此，在数学教学中教师要加强学生操作，使之思维随着操作活动而展开，从而达到发展思维的目的。

著名心理学家皮亚杰指出：思维从动作开始，切断了动作与思维之间的联系，思维将不能发展，思维发展了，能力随着提高。传统教学的缺点，就在于往往用口头讲解，而缺乏实际操作。

廖玉兰老师在“小学数学‘做中学’的误区与对策”一文中强调：内

容上克服一个“泛”字——“做数学”做得要“精”；形式上切忌一个“虚”字——“做数学”做得要“实”；过程中避免一个“乱”字——“做数学”做得要“细”。

综上所述，加强动手操作是现代教学与传统教学的重要区别之一，也是小学数学教学方法改革的发展趋势之一。操作能调动学生多种感官参与学习过程；动作的操作有利于学生建构几何概念，也有利于发展学生的思维水平。数学的操作活动必须尊重学生的主体需要，教师要通过语言内化、表象提升和想象创造等手段，帮助学生实现操作价值和意义的最大化，同时也只有当学生的观察、比较、抽象和想象等深层次思维活动参与到操作活动中，操作才会更有效。

案例研究

(一) 教学实践之一

【教学实录】

1. 复习旧知，呈现课题

师：体积是指什么？

生1：物体所占空间的大小叫作物体的体积。

师：常用的体积单位有哪些？

生2：常用的体积单位有 m^3，dm^3，cm^3。

师：请你比一比，图1和图2哪一个长方体的体积大？

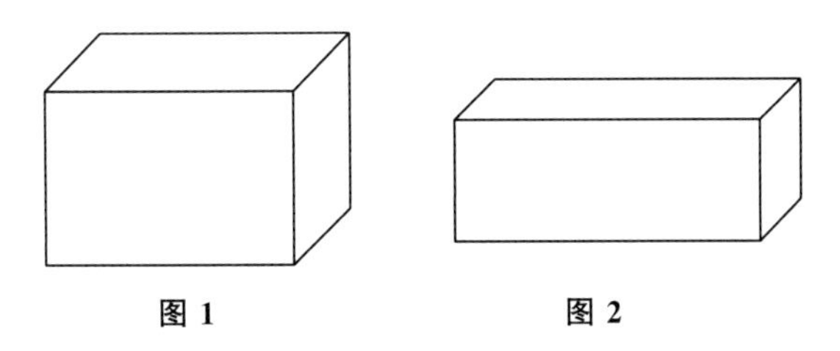

图1　　图2

生3：第一个体积比较大。

生4：第二个体积比较大。

师：到底用什么方法进行比较好呢？(数方格法。)

生 5：我们可以用数方格的办法进行比较。

多媒体显示，加上方格。（如图 3、图 4）

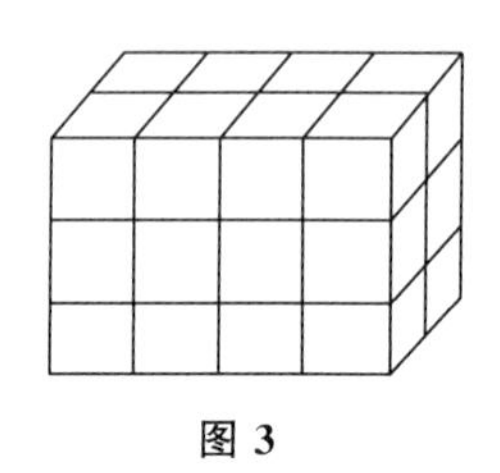

图 3

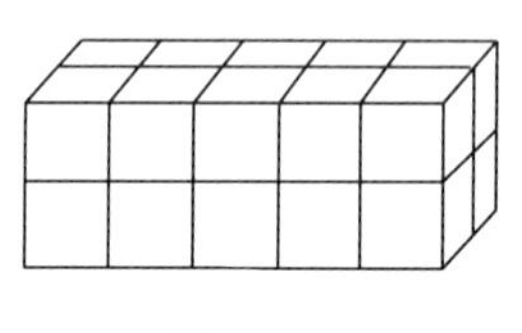

图 4

师：请同学们数出两个长方体的体积。

生 6：小正方体的数量＝每排个数×排数×层数。

师：还有没有更好的方法计算长方体的体积呢？

2. 观察操作，实验探究长方体体积的计算方法

（1）探索活动，提出要求。

用 12 个体积是 1 cm^3 的小正方体摆出不同的长方体。操作要求：

①用所给的小正方体摆出 4 个不同的长方体。

②记录它们的长、宽、高，并完成实验表 1。

③仔细观察完成的表 1 中的数据，把你的发现写下来。

表 1

	长/cm	宽/cm	高/cm	小正方体个数	体积/cm^3
第一个					
第二个					
第三个					
第四个					

（2）实践操作，小组讨论。

（3）学生展示，全班交流。

学生上台用实物展示拼摆过程，并汇报结果。

师：你发现了什么？

生 1：我发现长方体中有多少个小正方体，它的体积就是多少？

生 2：我发现体积相同，形状可能不同。

生3：我发现长方体的体积＝长×宽×高。

生4：我也发现长方体的体积＝长×宽×高。

师：那每排个数相当于什么？

生5：长方体的长。

师：那排数相当于什么？

生6：长方体的宽。

师：那层数相当于什么？

生7：长方体的高。

师：于是我们得出长方体的体积＝长×宽×高。

……

【实践反思】

从教学情况来看，课堂气氛比较沉闷，学生发言不太踊跃。学生从表格中很容易发现小正方体个数就是长方体的体积，长方体的体积等于长、宽、高的乘积。但学生一般不会想到把长与每排个数、宽与排数、高与层数一一对应起来，而本环节是教学的重点，也是学习的难点。即在探究长方体体积计算方法时，我们的目的是让学生通过动手摆放和观察比较，理解长方体长、宽、高的数据不仅可以表示三条棱的长度，同时也能表示所包含体积单位的个数，长多少就表示长里包含了几个相应的体积单位，宽多少就能表示有这样的几排体积单位，高多少就能表示有这样的几层体积单位，所以，长、宽、高的乘积就表示长方体包含了多少个相应的体积单位，即这个长方体的体积。

课堂上学生的表现，离我们的期望相差甚远，他们由操作得到的数据记录很快就进入了对计算公式的总结提炼。是教学内容难度较大，还是我们对目标定位过高？是教学设计存有缺陷，还是教学方法选择不恰当？带着这种困惑，我对教学设计重新进行了修改，并进行了第二次教学实践。

（二）教学实践之二

【教学实录】

1. 复习旧知，引入新授（同教学实践之一）

2. 感知长方体体积与长、宽、高有关

师：如果我们求教室的体积，还能用数方格的办法吗？

师：猜一猜，长方体的体积可能与什么条件有关？

师：长、宽不变，高变化，体积怎么变？

（结合学生回答，运用课件动态演示。）

师：宽、高不变，长变化，体积怎么变？（课件动态演示。）

师：长、高不变，宽变化，体积怎么变？（课件动态演示。）

（板书课题：长方体的体积。）

3. 动手操作，实验探究

（1）探索活动：同桌合作，用 12 个体积是 1 cm^3 的小正方体摆出不同的长方体。

实验要求：

①用所给的小正方体任意摆出 4 个不同的长方体。

②边摆，边记，完成表 2。

③仔细观察表 2 中的数据，你发现什么？

表 2

	长	宽	高	小正方体数量/个	体积/cm^3
第一个	摆（ ）个	（ ）排	（ ）层		
	（ ）cm	（ ）cm	（ ）cm		
第二个	摆（ ）个	（ ）排	（ ）层		
	（ ）cm	（ ）cm	（ ）cm		
第三个	摆（ ）个	（ ）排	（ ）层		
	（ ）cm	（ ）cm	（ ）cm		
第四个	摆（ ）个	（ ）排	（ ）层		
	（ ）cm	（ ）cm	（ ）cm		

（2）小组合作，互动交流。

（3）学生展示，汇报讨论。

4 名学生代表到前面利用实物展示拼摆的过程，说出拼成的长方体长、宽、高及体积。

生1：我摆的长方体长是12 cm，宽是1 cm，高是1 cm，体积是12 cm^3。

生2：我一排摆6个，摆1排，2层。因为1排6个，所以，长就是6 cm；摆1排，所以，宽是1 cm；有2层，高就是2 cm。一共12个，体积是12 cm^3。

生3：我每排摆4个，3排，1层。一共12个，体积是12 cm^3。它的长是4 cm，宽是3 cm，高是1 cm。

生4：我每排摆3个，2排，2层。长是3 cm，宽是2 cm，高是2 cm。共12个，体积是12 cm^3。

师：在摆的过程中，你们发现什么？

生5：我发现长方体的体积相同，但形状不同。

生6：我发现摆一个长方体，小正方体的数量等于长方体的体积。

生7：我发现每排数量＝长方体的长，排数＝长方体的宽，层数＝长方体的高。

生8：于是我们可以得出长方体的体积＝长×宽×高。

……

【实践反思】

第二次实践已有较大的改观，学生思维活跃，发言积极，课堂气氛热烈，基本上达到了我们的预期。分析原因主要有以下两点。

其一，猜想、感知长方体体积与长、宽、高有关的活动，为学生进一步自主探索长方体体积的计算方法打下了良好基础。猜一猜长方体体积可能与什么有关，点燃了学生思维的火花。看一看，动画直观演示，形象生动地展示了长方体体积与长、宽、高有关系。而长方体的体积到底怎么计算呢？更是激发了学生探究的欲望。

其二，表格设计更加凸显了长与每排个数、宽与排数、高与层数之间的联系。通过对记录表的调整，增强了操作的指导性、思维性，符合学生的认知规律。学生通过操作体验、观察思考，不仅可以比较容易发现其中的规律，并能把长方体长、宽、高与每排个数、排数、层数联系起来，从而加深理解长方体的体积为什么等于长、宽、高的乘积。

两次的教学实践使我对“长方体的体积”教学有了新的认识，但同时也产生了新的疑惑。

其一，教材上用“用一些相同的正方体摆出四个不同的长方体，记录它们的长、宽、高”。本课设计时，也只给学生提供了 12 个小正方体，让学生摆成不同的长方体。正方体的数量不多，学生容易操作，教师容易调控，而且可以事先准备相应的实物模型配合展示。但是很明显呈现出来的摆法有限，学生体验可能不够充分。如果提供小正方体能多些是不是效果会更好些呢？进一步地，如果给学生若干个小方块，随意摆成不同的长方体，那么，学生是否会出现更加多种多样的摆法，获得更加丰富多彩的体验活动？

其二，还可以采用哪些有效的方法帮助学生进一步理解长方体的体积等于长、宽、高的乘积，以沟通直观与抽象的联系呢？

带着这样的疑惑，我又翻阅了其他版本的教材，几种教材处理的方式大同小异，不急于得出体积公式，而是在摆长方体与填表的基础上，着力引导学生获得两点感受，形成继续研究的心向：一是沿着长、宽、高各摆几个正方体，长方体的长、宽、高就分别是几厘米；二是长方体里有多少个正方体，体积就是多少立方厘米，体积应该与长、宽、高有关。这两点要使学生明白，探索长方体的体积计算公式，要研究体积与长、宽、高的关系。根据以上思考，我对后面的环节重新进行了设计。

（三）教学实践之三

【教学实录】

1. 复习旧知，引入新授（同教学实践之二）

2. 感知长方体体积与长、宽、高有关（同教学实践之二）

3. 动手操作，形成对长方体体积公式的初步理解（同教学实践之二）

4. 动手操作，进一步加深对长方体体积公式的理解

（1）摆一摆。用 1 cm^3 的小正方体摆成下面的长方体，各需要多少个？体积是多少？（如图 5、图 6、图 7）

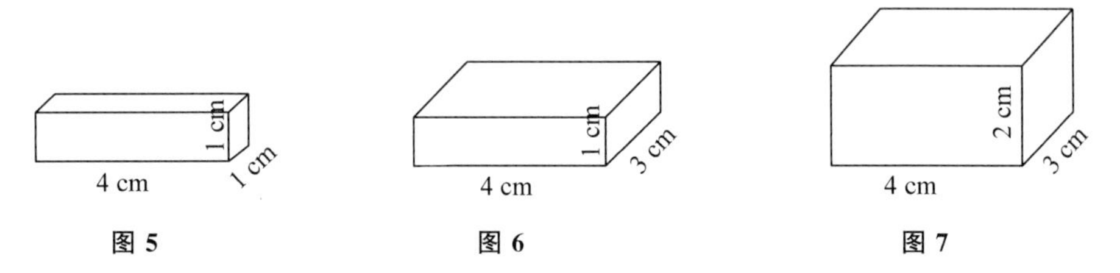

图 5　　图 6　　图 7

（2）说一说。用 1 cm^3 的小正方体摆成下面的长方体，怎么摆？体积是多少？（如图 8、图 9）

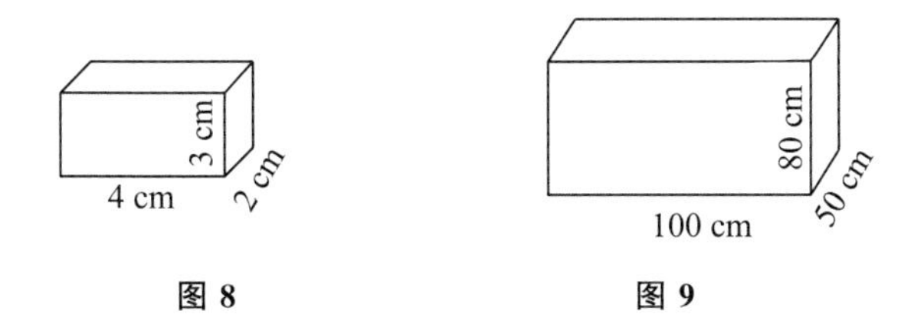

图 8　　图 9

（3）①如果摆一个长 6 dm、宽 7 dm，高 10 dm 的长方体，选用多大的体积单位呢？怎么摆？

②如果摆一个长 40 m、宽 30 m，高 20 m 的长方体，选用多大的体积单位呢？怎么摆？

……

【实践反思】

第（1）题采用比赛的形式，看谁摆得又快又好，在摆的过程中，学生边想边摆，长是几厘米，一排就要摆几个；宽是几厘米，就要摆几排；高是几厘米，就要摆几层。第（2）题说一说，意在促使学生依托已经获得的直观经验，将摆的过程内化为有序地口头表达的过程，通过语言表达出来。第（3）题训练学生的类比推理能力，当长、宽、高的单位是厘米，就要选立方厘米作度量单位；当长、宽、高的单位是分米，就要选立方分米作度量单位；当长、宽、高单位是米，就要选立方米作度量单位。3 道题用不同的方式引导学生想一想、摆一摆、说一说，从动手操作到空间想象，从直观形象到抽象概括，由特殊到一般。通过练习理解长方体长、宽、高与每排个数、排数、层数之间的关系，得出长方体体积的计算公式也就水到渠成了。

【师生反馈】

下面是几位教师对第三次修改后的评价。

甲：随风潜入夜，润物细无声。独具匠心的处理，让学生有不一般的感受。

乙：在学生动手实践初步感知的基础上，进一步发挥学生的想象能力，类比推理能力，从而得出一般性的结论，功夫做足了，学生理解了，记忆也就更深刻了。

丙：想起以前学生学了长方体的体积公式的推导之后，留下的印象模糊，遗忘得也比较快。不是知识难度太大，而是我们的功夫做得不到家。我们也可以把这种方法应用到长方形面积公式的推导过程，相信效果会比较好。

一年之后，我们对这三个实验班进行跟踪调查，调查的题目是“长方体的体积为什么等于长、宽、高的乘积？请你用文字或画图等方式表示出来”。调查的目的是为了了解三种处理方式对学生记忆的影响程度。经过调查统计，三个班学生基本上能用文字或画图的方式表示出来的百分比分别是50%，55%，87%，前两个班差别不大，最后一个班优势很明显。

四 总结与建议

研读《义务教育数学课程标准（2011年版）》，我们会发现关于图形与几何知识的学习目标为：“经历图形的抽象、分类、性质探讨、运动、位置确定等过程，掌握图形与几何的基础知识和基本技能。”这就要求教师在课堂教学中为学生提供足够的时间和空间，让学生经历观察、实验、猜测、计算、推理、验证等活动过程，使学生在活动中经历知识的形成过程，感受知识的发生、发展，从而理解和掌握数学知识与技能，建构自身知识体系。

1. 有序观察，促进知识的内化

在学习几何图形概念时，学生的认知通常要经历形象—表象—抽象—概括的过程。基于学生的认知规律，教学时，教师都会先给学生提供丰富的感性材料，通观本学习内容可以发现，由体积单位块堆积而成的长方体(或者将长方体分割为体积单位块）是本课的重要学习材料，弗赖登塔尔将这类材料称为“直观化、结构化的素材”。同时，学生的观察活动并不是随意进行的，教师应当引导学生按照一定的顺序开展。如在本课引入环节进行动画直观演示：当长、宽不变，高变化，体积变化；当宽、高不变，长变化，体积变化；当长、高不变，宽变化，体积变化。通过有序的演示与观察引导学生观察思考，感受长方体的体积与其长、宽、高有着密切的联系。

2. 亲历操作，经历知识的发生

图形与几何知识的学习中，只靠学生的观察是远远不够的。陶行知先生曾说：“教育要解放小孩子的双手，使他能干。”弗赖登塔尔认为：“我想应该让儿童玩直观教学材料，他喜欢玩多久就让他玩多久，只要能熟练地掌握，材料结构越复杂，儿童获得的知识也就越多。”在引导学生探索长方体体积的计算方法时，就是提供丰富的素材，最好是 1 cm^3，1 dm^3 的小正方体若干，让学生自己动手摆一摆、写一写、看一看、想一想，在摆的过程中感受体积的变化，感受体积与长、宽、高的关系，以及长、宽、高与每排数、排数、层数的关系。学生在具有丰富感知的基础上建立正确的概念，有利于知识的理解和掌握，还可以培养每名学生主动积极的学习态度，充分发挥学生的主体作用，使他们形成良好的认知结构，促进知识内化。

3. 严谨推理，发展语言表达

推理是数学的基本思维方式。图形与几何的相关知识中，图形的周长、面积、体积等计算公式的学习过程就是一个推理的过程。教师应当给予学生充分的时间与空间，经历公式的推导过程。同时，还应当有意识地培养学生用自己的语言表述推理过程，在潜移默化中让学生学会数学思考。本课中为什么长方体的体积＝长×宽×高，可结合操作帮学生通过逻辑推理来验证自己的发现。教师辅以直观演示和简单、精炼的板书有效引导学生思考，在推理过程中培养学生语言表达的能力。

4. 猜想验证，养成严谨的科学态度

俗话说“理越辩越明”，对做出的猜想进行验证就是这样一个“辩理—明理”的过程。如准备环节，猜一猜长方体的体积和什么有关？通过动画演示，长方体的体积可能与长、宽、高有关，到底有什么样的关系呢？继续猜想，并加以实验，由此引出下面摆长方体的活动。学生发现长方体的体积是长、宽、高的乘积，是不是所有的长方体都是如此呢？通过不同层次的练习，从不同的角度进一步验证长方体的体积就是长、宽、高的乘积。在这个过程中，学生所做出的猜想可能会被证明是错的，也可能是正确的。不论所验证的猜想是对还是错，学生的思维都会得到发展，能力得到提高。

综上所述，学生对图形与几何知识的学习绝不是通过死记硬背、机械训练方式掌握的，而是要靠他们自己认真观察、动手实践、主动参与、乐于探究来获得。我们的课堂教学必须以所教知识的发生发展过程和学生认知形成的内在联系为线索，教师在教学中应当重视展现知识的形成过程，引导学生经历其中的思维活动，使学生真正参与到发现的过程中来。

参与文献

[1] 教育部基础教育课程教材专家工作委员会组织编写．义务教育数学课程标准（2011年版）解读［M］．北京：北京师范大学出版社，2012.

[2] 廖玉兰．小学数学“做中学”的误区与对策［J］．小学数学教育，2013（4）：12－14.

[3] 叶彩霞．浅析小学数学操作活动的有效性［J］．数学学习与研究（教研版），2010（8）：121.

[4] 张建伟．知识的建构［J］．教育理论与实践，1999（7）：48—53.

[5] 张索贤．如何提高小学数学操作活动的有效性［J］．辽宁教育，2012（1）：73—74.

成长寄语

首先，在这个关于长方体体积的研究中，教师发现了一个很有意义的教学现象：教师好教不等于学生好学，进一步地，学生好学不等于学生真正理解。并由这个教学现象进而开展了基于促进学生深化对体积概念与公式理解的教学研究。这样的研究本身就非常具有价值：看似简单的事情实际上也可能会蕴含着很有价值的东西值得我们去思考，教师容易教与学生是否容易学并真正理解是两个不同层面的概念，即教师很容易把一些概念呈现出来，但教师感觉很顺利呈现的内容并不等于学生容易理解。其次，蒋向阳老师是通过一节课的三次教学反思，进一步探索什么样的教学对长方体体积公式学习是最好的。这种多次反思、不断改进的模式是非常可取的。这样一边做一边改进的研究方法是国际上非常流行的研究方法，叫作设计研究。设计研究的中心思想就是先设计了一个教学，并进行实际的试教；然后进行反思，看有哪些方面需要改进，进而进行重新的设计和试教；再来反思并进行重新再设计，再来进行改进，最后达到比较满意的一个程度。平时我们讲的研究方法是定性方法和定量方法，这个设计研究是第三种方法。当然设计研究中也可以加入定性和定量的方法。总之，蒋向阳老师这样的一种研究方法是非常可取的，通过不断的设计教学、改进、反思、改进，这样一种循环最后能够达到一个理想的教学状态。同时建议蒋向阳老师可从以下两个方面进一步改进研究。

1. 三次教学的比较可进一步系统化。即将三个不同时段所教的同一堂课，用同样的方法进行比较。如教学目标明确的程度，学生课堂对话的程度，学生学习活动参与的程度等。如果能确定类似的几个维度对三次执教进行反思比较，可使三次执教的比较构架更加清晰，更能让读者了解到为什么这个教学是不断改进的。因此，在今后的研究当中这方面可以考虑改进。

2. 在什么叫作理解了长方体的体积公式上的数学分析还可加强。数学分析这点不只是蒋向阳老师的，总的说所有老师的文章当中都可以从数学的角度，从高观点去看这个概念，去更深地挖掘到底什么叫作理解了某个概念。这个被突出之后才能使教学的设计有的放矢。

第四篇

其他内容的研究与实践

从“算学”走向数据分析观念下的平均数教学的课例研究

——“平均数”一课的概念教学

焦会泳（北京市海淀区红英小学）

一 问题的提出

翻看以往对“平均数”这一概念的教学我们不难发现走过这样的一段路程，最早，我们的课堂把如何求一组数据的平均数作为教学的重点。到后来，从情境上贴近了“平均数”产生的必要，而后再进行移多补少和计算的教学，两者相互割裂，重点还是算平均数，这容易将“平均数”的学习演变为一种简单的技能学习，忽略“平均数”的统计学意义。而到今天，课程标准明确提出“平均数”教学要放在统计的大背景下来学习，并要求通过统计的教学提升学生的数据分析观念，从而来学习“平均数”。那么，学生如何学习“平均数”这一重要概念呢？什么是“从统计学的角度”理解平均数？在教学中如何落实？如何将算法水平的理解与统计学水平的理解整合起来？如何将平均数作为一个概念来教？这一系列问题的提出与解决也将是本文主要阐述的问题。

二 文献综述

《全日制义务教育数学课程标准（实验稿）》中明确提出，学生学习统计与概率内容的重要目标是培养学生的统计观念。那么，统计观念的内涵是什么？是否能够培养小学生的统计观念？我们培养学生的应该是“统计观念”还是“数据分析观念”？

M·克莱因在其著作《西方文化中的数学》一书中提到：宇宙是有规律、有秩序的，还是其行为仅仅是偶然的、杂乱无章的呢？……人们对这些问题却有种种不同的解释，其中主要有两类答案。18 世纪形成的决定论观，认为这个世界是一个有序的世界，数学定律能明白无误地揭示这个世界的规律。直至目前，这种决定论的哲学观仍然统治着很多人的思想，支配着他们的信仰并指导其行动。但是这种哲学观受到了 19 世纪以来概率论、统计学的猛烈冲击，形成了一种新的世界观，即概率论观或统计论观，它认为自然界是混乱的、不可预测的，自然界的定律不过是对无序事件的平均效应所进行的方便、暂时的描述。这就是众所周知的用统计观点看世界。陈希孺先生说：“统计规律的教育意义是看问题不可绝对化。习惯于从统计规律看问题的人在思想上不会偏执一端，他既认识到一种事物从总的方面看有其一定的规律性，也承认存在例外的个案，二者看似矛盾，其实并行不悖，反映了世界的多样性和复杂性。如果世界上的一切都被铁板钉钉的规律所支配，那么我们的生活将变得何等的单调乏味。”

统计观念实际上是人的一种世界观，是对人、生存空间甚至宇宙特点的看法，大多数成人仍坚守着决定论的观点，形成统计观念非常难。因此，有研究者提出培养学生的“数据分析观念”比较切合学生的认知现实和教育现实。即认为数据分析观念包括：了解在现实生活中有许多问题应当先做调查研究、收集数据，通过分析作出判断，体会数据中是蕴含信息的；了解对于同样的数据可以有多种分析的方法，需要根据问题的背景选择合适的方法；通过数据分析体验随机性，一方面对于同样的事情每次收集到的数据可能会是不同的，另一方面只要有足够的数据就可能从中发现规律。数据分析观念应该是态度目标的重要组成部分，态度目标的落实是在基础知识、基本技能、基本思想和基本活动经验的教学过程中完成的，一定要有学生的质疑、讨论分析、探究交流等过程，否则就是“说教”，很难使学生产生积极的情绪、情感，态度的形成也就流于形式。

综上所述，对于数据分析观念的培养，要引领学生在统计的背景下认识到统计的意义后，再进行统计概念的教学。

课例研究

下面我就以“平均数”一课为例，谈谈在教学实践过程中是如何解决上述问题的。

将“平均数”作为一个重要概念来教，重点要解决三个问题：平均数产生的必要性？平均数这个概念的本质以及性质是什么？现实生活、工作等方面是怎样运用平均数的？

（一）“概念为本”教学的核心——统计意义下的平均数产生的必要性

1. 感受平均数的“代表性”

平均数的统计学意义是它能刻画、代表一组数据的整体水平。平均数不同于原始数据中的每一个数据（虽然碰巧可能等于某个原始数据），但又与每一个原始数据相关，代表这组数据的平均水平。要对两组数据的总体水平进行比较，就可以比较这两组数据的平均数，因为平均数具有良好的代表性，不仅便于比较，而且公平。

基于以上理解，本节课教学设计的导入部分设计了一位篮球教师测试学生运球水平的情境。

情境问题 1（如图 1）：

学校篮球队的队员要进行运球（拍球）能力水平测试，篮球教练李老师对以下6名同学进行了测试（5秒拍球测试）。

• 如果用这些数代表他们各自运球的水平，你认同吗？为什么？

图 1

6 名同学都进行了测试，数据依次是 11 个、3 个、5 个、5 个、10 个、10 个。是不是这些数据就能代表他们的运球水平了呢？同学们展开了讨论。

【学生实录】

生 1：只测试 1 次，也许他发挥不好，下次没准就发挥正常了。

生 2：1 次测试不能说明问题，因为偶然性太大了。

最后，学生提出要多测几次。通过本环节学生感受到了统计数据受数据随机性的影响，统计结果也会受随机性影响。于是，我遵从学生的意见，对每一名学生又测试了几次。

情境问题 2（如图 2）：

学校篮球队的队员要进行运球（拍球）能力水平测试，篮球教练李老师对以下6名同学进行了测试（5秒拍球测试）。

个数	11	6	10	9	6	6

• 独立思考：用一个数来表示他的能力水平，你认为用几来表示适合？为什么？

图 2

以第一名同学为例，他的测试成绩为 11 个、6 个、10 个、9 个、6 个、

6 个。这时，他的水平用几来表示合适呢？通过数据分析，我们发现学生对找到一组数据的代表进行着积极的思考，头脑中不断进行着哪个数最合理的思辨。这时教师请学生把这些想法展示在黑板上，然后在组内交流，推选出认为合理的数，并说明理由。通过记录小组内学生发言的实录，我们了解到学生对于这一个问题理解的思维路径。

【学生实录】

生 1：我觉得是 9，因为 9 那个数基本上是比较平均的一个数。

生 2：要不就 7 吧。

生 3：啊，我崩溃了。7 既不是求出来的，也没有出现过。

生 2：7 是在 6 和 8 中间啊。

通过实录我们发现，学生选中间附近的数是和用平均数是一样的思路，只是有的学生找到了平均数，有的没有找到，但是，一旦这些学生看到平均数马上就表示了认同。

【学生实录】

生 1：那 6 出现的次数多，其他数出现的次数少呀。11 和 9 只出现了 1 次。

生 2：那咱们的答案就出来了，可能是 6，可能是 8.

生 3：但是如果是 6 的话，他最少拍 6 个，他最多还拍过 11 个呢？

生 1：他最多拍 11 个，他不可能保持，他只是走运。

生 3：他拍 6 个是最差的，11 个是最好的，你为什么要记录最差的，却不记录最好的？

生 1：6 个的次数多呀。

生 4：我两个都同意，因为 6 出现的次数最多，而 8 是平均数。所以我们可以统一一下，就 6 和 8。

通过实录我们发现，直到很多学生都认可平均数了，还是有一部分学生也认为 6 这个数也可以，就是因为他出现了 3 次。可以看出学生已经初步感受到“由于数据和问题的差异，所选的代表数也会有所不同”，这样的认识为学生进一步理解统计量的学习奠定了基础。通过这样的一个教学环节学生体会到了平均数的代表性，更重要的是学生同时认识到还会有其他数也可以作为一组数据的代表，感受到数据的代表受问题情境和数据自身变化影响，数据代表也会不同。

2. 学习计算方法，强化概念教学

如何让学生理解平均数代表的是一组数据的整体水平，而不只是得到平均分后的一个结果呢？应该说，平均数与平均分既有联系更有区别，二者计算过程相同但各自的意义不同。从问题解决角度看，“平均分”有两层含义：一是已知总数和份数，求每份数是多少；二是已知总数和每份数，求有这样的多少份，强调的是除法运算的意义，解决的是“单位量”与“单位个数”的问题。而平均数则反映全部数据的整体水平，目的是比较两组数据的整体水平，强化统计学意义，数据的“个数”不同于前面所说的“份数”，是根据需要所选择的“样品”的个数，平均数最终的目的是为决策提供依据。

虽然会计算一组数据的平均数是重要的技能，但过多的、单纯的练习容易变成纯粹的技能训练，妨碍学生体会平均数在数据处理过程中的价值。计算平均数有两种方法，每种方法的教育价值各有侧重点，其核心都是强化对平均数意义的理解，非仅仅计算出结果。

因此，在教学中没有单纯地计算平均数的练习，而是将学习平均数放在完整的统计活动中，学生先是认识需要收集数据和整理数据，然后通过整体水平对比分析的过程深化“平均数是一种统计量”的本质，实现从统计学的角度学习平均数。

(1) 为学生创造一个描述拍球水平的情境，弱化计算。

在本节课中，学生主要是在寻找表示一组数据代表的过程，也就是在寻找表示整体水平的值，而非计算平均数。

【课堂实录】

生 1：我们先把 11 和 10 多的部分拿给 6，如果再多就去补，这样就可以看到这个水平是 8 了。

生 2（补充）：我还有一种方法也可以得到这个数。

生 1：我也知道，但是，我觉得用这种方法能够说清楚为什么选 8 代表他的水平。

生 2：就是把他们这些数都加在一起再除以 6。

生 3（补充）：你不是说用算数的方法说不清楚吗？我来解释，就是把这些磁扣都拿在一起，然后，再分给每一个人。

通过课堂实录我们可以发现，特别是在学生用两种方法得到平均数的过程中，其中移多补少的方法先于计算方法，计算方法后来的出现只是移多补少方法的补充。这说明，学生在寻找这个值的过程中通过移多补少最能说明平均数的合理性，而计算是从直观算法到抽象算法的过程。

（2）直观统计图的设计为学生描述平均数合理性提供了操作点。

在本节课中，学生在交流用几来表示水平的过程中，有一种感觉就是这个数不应该是最大数也不应该是最小数，于是，他们有的选择了较为中间的数据，有的选择了平均数。那到底是谁的说法更有说服力呢？统计图的出现为他们找到了说理的办法，利用直观形象的象形统计图（条形统计图也可以），通过动态的“割补”来呈现“移多补少”的过程，为理解平均数所表示的均匀水平提供感性支撑。

（3）巧妙的数据设计引发学生对平均数的再认识。

在本节课中，当学生初步理解平均数的意义时，教师提出了一个问题：“8 这个数不是这个同学拍的球数呀，这样可以吗？”这个问题的出现引发学生对平均数到底是什么数的思考，从而使学生认识到“平均数是一个虚幻的数”，它并不一定是拍球的真实数，它只是反映了这个人的拍球水平，是个代表。学生对平均数的理解又深入了。

（二）“概念为本”教学的深化——进一步理解平均数的本质及性质

学生初步认识了平均数的统计学意义后，需要进一步设计活动让学生借助于具体问题、具体数据初步理解平均数的性质，丰富学生对平均数的理解，为学生灵活解决有关平均数的问题提供知识和方法上的支持。

在和蔡金法教授的交流后，我查阅资料总结了算术平均数有如下性质。

①一组数据的平均数易受这组数据中每一个数据的影响，“稍有风吹草动”就能带来平均数的变化，即敏感性。

②一组数据的平均数介于这组数据的最小值与最大值之间。

③一组数据中每一个数与算术平均数之差（称为离均差）的总和等于 0。

④给一组数据中的每一个数加上一个常数 c，则所得到的新数组的平均数为原来数组的平均数加上常数 c。

⑤一组数据中的每一个数乘上一个常数 c，则所得到的新数组的平均数为原来数组的平均数乘常数 c。

这些抽象的性质如何让小学生理解呢？

1. 理解平均数的敏感性

为了能够让学生体会到数据的敏感性，在教学设计中一共有两次活动体现得很明显。一次是课开始的时候，“一次测试数据是否能够决定这个同学的水平？”从学生的反馈情况看，85.4%的学生已经意识到了数据的随机性，为后面进一步理解平均数的敏感性奠定基础。另一次是在练习中（如图 3）：

• 他的水平是不是就一定比第一名同学的水平高呢？

图 3

第二名同学前 5 次的成绩为：12 个、9 个、10 个、9 个、9 个。“他会成为实力最强的同学吗？”在问题的引领下学生进行了讨论，由于在之前的教学中学生已经对数据的随机性有了认识，所以，对这个问题，40 人中有

37 人都认为要看下一次的成绩才能决定是否是实力更强的。1 人在课堂实录中是这样描述的："不一定，下一次由于他体力不支有可能拍的特别少，就不一定是最强的了。"通过学生的发言，我们发现学生对于平均数敏感性的认识又得到了加强。

2. 理解抽样数据越多离真实水平越接近

为了能够使学生不被数据的表象所束缚，在教学设计中我提出这样一个问题："如果他们每个人再多测 10 次，你们认为他们的实力水平会变化吗?"学生们对这个问题的回答如下。

【课堂实录】

生 1：是有可能发生变化的，因为，他们后 10 次的拍球数量也会有变化，说不好。

生 2：我觉得会有变化，但是，变化不会太大，因为，已经测了 6 次了，已经说明了第二名同学的水平比较高了，那他再测 10 次也不会太差。

教师接着问："测量次数的多与少有什么区别?"通过交流，学生一致认为测量的次数多会更准确。通过这样的问题交流，学生对平均数的特点进一步得到了认识。同时，学生也认识到样本越大，平均数就越可靠。

3. 体会平均数与抽样数据有关，但不能说明抽样数据准确信息

为了能够使学生体会到平均数只是反映一组数据的平均水平，我设计了这样一道题目，给出 4 个人拍球个数的平均数，并提出问题："猜一猜，单次拍球最多的是哪名同学?"(如图 4)

学校篮球队的队员要进行运球（拍球）能力水平测试，篮球教练李老师对以下6名同学进行了测试（5秒钟拍球测试）。

• 猜一猜，单次拍球最多的是哪名同学?

图 4

【课堂实录】

生1：平均数最高的最好。

生2：都有可能，因为，平均数是匀一匀得到的。

经过讨论和分析，学生初步意识到一组数据中每一个数与算术平均数之差（称为离均差）的总和等于0，虽然还只是一种感觉，但为今后的学习奠定了基础。

四 概念教学的浅显认识

1. 平均数概念教学要以理解概念本质意义为核心

有关平均数的知识，教学中不能只停留在“简单地给出若干数据，要求学生计算出它们的平均数”上，而是把理解平均数的意义作为教学的重点，紧密联系实际，使学生体会到为什么要学习平均数，充分引导学生理解“平均数”概念所蕴含的丰富、深刻的统计与概率的背景，让学生在实践应用中，把握平均数的特征，理解平均数的意义。

2. 平均数概念教学要为学生创设概念产生的真实背景

学习平均数的概念一定要让学生从生活中收集、整理数据，并学习认识平均数，使学生体会“平均数”反映的是某段时间内具有代表的数据，在实际生活、工作中人们可以运用它对未来的发展趋势进行预测。必要时可以引入计算机减少计算在课堂中消耗的时间，使学生乐意并有更多精力投入到现实的、探索性的数学活动中去。

3. 平均数概念教学要能够使学生产生对概念深入研究的愿望

小学阶段的很多数学知识学生在今后的学习中都会深入学习，为了学生能够更好地学习知识，作为小学教师的我们有必要在讲授知识的时候要对知识本身做好充足的了解和认识，不能只抓点不抓面。例如，学生学习平均数，在之前的很多课中我发现有的教师把如何计算平均数作为教学的重点，其实不然，我们讲平均数更要讲统计，只有使学生明白统计的最终目的是为决策提供，依据才能使学生认识到平均数这个统计量的重要性以及存在的意义，从而学生才能在今后的学习中运用平均数的知识解决问题，而不是为学平均数而学平均数。

成长寄语

统计类的课程能不能和代数类的课程一样地去教？代数类的课程根据定义通过演绎推理，判断的是对与错；而统计类的课程根据的是数据通过归纳推理，判断的是好与不好。在本质上的思维方式是不一样的。焦会泳老师对平均数教学进行了基于数据分析观念下的思考，提出了一系列相关问题，并对其进行了高位观念下的思考与考查。进而为学生提供了认识平均数的完整的、真实的情境，经历了收集数据、分析数据的完整过程，体会数据中蕴含的信息，在数据分析中体会随机性等。特别地，在教学过程中教师基于高位观念的指导，设计了多个具有内在联系的、反映平均数意义和特点的数学活动，并鼓励学生大胆思考、充分表达，进一步地去发掘学生确定各种结果的理由，了解他们做出选择背后相应的想法。这样学生不仅清晰了数据分析观念下平均数的含义，还初步感受到“由于数据和问题的差异，所选的代表数也会有所不同”，为他们进一步理解统计量的学习奠定了基础。另外，教师还借助直观操作和动笔计算相结合的方式，在探索计算平均数一般方法的过程中，进一步加深对平均数意义的理解。同时建议此研究从以下两个方面进一步拓展。

1. 算术平均数是一个很简单、但又麻雀虽小五脏俱全的概念。因为它既涉及统计方面，也涉及算法程序方面，还涉及算法概念教学方面的内容。从统计学的角度来学习平均数，是比较困难的一件事。在这个研究中，还有一个比较难的方面：怎么去测试学生真正从统计的角度理解了平均数这个概念。蔡金法老师在这方面也做过一系列的研究，也曾经想出一系列的测试题来考查学生是否从统计角度上掌握了平均数，到现在为止还没有设计出理想化的题目。因此，这也可以作为今后研究的改进或者扩展的方面。希望焦会泳老师能通过做些评估测试，考查哪些学生理解了，哪些学生还没有理解，一起来突破。

2. 帮助学生掌握算术平均数五个特征的某些方面。从数学的角度来说算术平均数至少有五个特征。比如，平均数并不一定是几个数据当中某个数。在教学中，教师能有意识地把这些特征逐渐地教给学生，将是一个很理想的状况。尽管这不是这节课的重点，但是焦会泳老师或者读者在以后的教学中，不妨尝试通过把算术平均数五个特征的某些方面有意识的教给学生掌握。因为掌握这些特性，也是掌握算术平均数概念的重要组成部分。

如何在小学一年级进行“综合与实践”教学

——以“淘气的校园”为例

位惠女（河南省实验小学）

一 研究缘由

《义务教育数学课程标准（2011年版）》指出，“综合与实践”的教学，重在实践、重在综合。重在实践是指在活动中，注重学生自主参与、全过程参与，重视学生积极动脑、动手、动口。重在综合是指在活动中注重数学与生活实际、数学与其他学科、数学内部知识的联系和综合应用。强调数学知识的整体性、现实性、应用性，使数学课程具有一定的弹性和开放性，为学生提供一个通过综合、实践的过程去做数学、学数学、理解数学的机会。

随着现代教育的不断发展，国内外学者对数学综合实践活动理论的研究日渐深入，关于小学数学“综合与实践”的实践探索活动如“雨后春笋”般迅速发展起来，许多学校都积极开展了数学综合与实践活动的尝试，研发了不少情境合理、内容充实的活动案例。例如，东北师范大学附属小学与校本课程开发相结合，进行了中、高年级“综合应用”与“小课题”活动案例的研究；又如，北京大学附属小学借助案例分析，带领中、高年级学生做研究，对如何确定研究题目、研究与操作实施的基本流程、怎样进行研究报告与反思等进行了阐述；再如，国家级课程改革实验区河南省郑州市金水区开展的“学数学、用数学”活动，鼓励学生开展小课题研究，体会数学与生活的密切联系。这些研究，体现了学校特色和区域特色，对本研究的开展有很好的借鉴意义。

但从现有的研究来看，对“综合与实践”活动实践层面上的探索，大多是中、高年级的研究，即使少部分涉及低年级的案例，也多是一些数学趣味活动，基本是活动层面的探索，缺少策略与方法步骤方面的研究。而且在实际的教学中，不少教师认为进行一年级综合与实践活动比较麻烦，没有多余的精力，不清楚如何指导，常感到无从着手。

因而，开发适合一年级学生的“本土化”综合与实践活动内容，并对案例设计与实施的方法进行有效的探索很有必要。为此，我们尝试借助教材提供的素材，结合一年级学生的特点，从内容的开发与实施方面做点儿文章。通过想象数学场景、画图表达数学、交流中感受数学等方式，鼓励学生利用所学知识，发现并提出问题，展现思考过程、交流收获体会、积累活动经验，明白数学就在身边，逐步形成对问题的认识及对数学学习的感受，建构属于自己的数学认知。

因此，本研究的具体问题为：

（1）小学一年级数学“综合与实践”活动的内容有哪些？

（2）小学一年级数学“综合与实践”活动的设计与实施（以“淘气的校园”为例）。

二 小学一年级数学“综合与实践”活动整体内容

一年级“综合与实践”活动内容的选择要有趣、有针对性，符合儿童的认知，要让一年级小学生借助这些有意思、有意义的小研究，跨进研究性学习的大门。选题的过程就是发现问题、提出问题的过程，关注学生的问题意识，是进行综合与实践活动的第一步。因此，如何借助学生熟悉的场景进行选题，显得尤为重要。

我校使用的是新世纪（北师大版）小学数学教材，依据教材内容及“数学好玩”单元中的“综合与实践”活动内容安排，从学生个人成长、学校生活、社会生活等方面，在教师自主研发与课程顶层设计相结合的基础上，形成了一年级数学综合与实践的活动内容（如表1）。

表1　小学一年级数学“综合与实践”活动内容一览表

活动内容	活动目的
身体中的数学	通过画自画像，寻找自己身体中的数学问题，感受到数学的有趣和好玩。
淘气的校园	通过寻找校园里的数学信息，尝试画校园数学画，并试着记录数学信息，提出并解决数学问题，感受到数学无处不在。
学校的植物	利用植物的叶子拼成植物画，从中发现有关的数学信息，尝试提出并解决数学问题，感受到数学学习的乐趣。
社区中的数学	走进社区，利用不同的图形拼出或画出未来社区的样子，培养想象力，发展数学学习能力，感受数学与生活的密切联系。

《义务教育数学课程标准（2011年版）》强调，在“综合与实践”教学过程中要关注问题、过程与综合三个方面，即要有明确的问题；让学生经历活动的整个过程；综合运用所学知识解决问题。

而对于一年级小学生来说，特别是第一学期刚入学的，规则意识弱，无合作经验，开放的课堂教师很难调控；不识字造成阅读、记录的困难；年龄小动手能力弱，经历过程的课堂效率低下，加之教师可借鉴的带领一年级学生进行综合与实践活动的经验较少，大多数情况下，教师会选择“讲授”，带领学生解决几个问题就算是做研究了。

“淘气的校园”这个实践活动，为新世纪（北师大版）小学数学教材一年级上册“数学好玩”的内容，以学生熟悉的操场为主情境，明确学习任务“找到班级课间活动里的数学问题”，通过寻找、记录操场上的数学信息，尝试提出数学问题，并综合运用所学知识解决问题，感受数学无处不在。此“实践活动”贴近学生的生活，研究目标清晰，问题具有一定的代表性，易于操作，方便研究者把握问题。为此，我们以“淘气的校园”的实施过程为例，与大家分享如何在小学一年级进行“综合与实践”活动，期望给大家带来一些启发。

小学一年级数学“综合与实践”活动的设计与实施（以“淘气的校园”为例）

在进行“淘气的校园”的探究活动中，我们尝试开发以下四个“综合与实践”活动的环节，努力带领学生经历以下的探究过程。

（1）选一选、问一问（选题）。结合具体情境，选择恰当的研究问题。

（2）想一想、议一议（开题）。设计合理可行的解决问题的方案和步骤。

（3）试一试、做一做（做题）。放手让学生全员、全过程参与。

（4）想一想、评一评（结题）。鼓励学生展示思考过程，交流收获体会。

同时，确定此次活动的学习目标如下。

（1）在“想一想、议一议、做一做”的活动中，体会运用所学知识和方法解决简单问题的过程，获得初步的数学活动经验；能运用10以内的数和加减法解决简单的实际问题。

（2）在发现数学信息、解决数学问题的过程中，体会数学与生活的联系；通过自我评价活动，形成初步的反思意识。

（一）选一选、问一问（选题）：在情境中明确学习任务

【设计意图】借助班级操场活动的情境图（如图1），在学生观察、讨论的基础上，明确此次的学习任务：找到班级课间活动里的数学问题。

图1

师：请你仔细观察我们班级课间活动图，发现了什么数学信息？

生1：我发现有3人在踢毽子，5人在跳绳，4人在玩编花篮的游戏。

生2：有7人在跑步，一队有3人，一队有4人。

生3：有7人在玩丢手绢的游戏，1人在丢手绢，6人围成一个圆圈。

师：非常不错，大家找到了这么多的数学信息。根据这些信息，可以提出哪些数学问题？

生4：跳绳和踢毽子的一共有多少人？

生5：跑步的人数比踢毽子的多几人？

……

【我的思考】考虑到学生交流的便利性，情境图由教师给出，学生读图、理解题意后，明确本次要研究的问题是什么，并能清晰地加以描述。

（二）想一想、议一议（开题）：设计合理可行的解决问题的方案和步骤

师：想一想，该如何解决“跳绳和踢毽子的一共有多少人”这个问题呢？

【设计意图】借助学生提出的一个问题，在讨论中明白寻找和记录数学信息很重要，这是解决问题的第一步，清楚了跳绳和踢毽子的各有多少人，再选择合适的方法进行计算。

生1：我会解决这个问题，先数一数跳绳的有几人，踢毽子的有几人，用加法算就行了。

学生算的时候比较慢，因为要重新数人数，有的学生等不及，插话道：“老师，我觉得算的时候，还要数人数，太麻烦。”他话音一落，马上有人点头附和。

师：你有什么好办法解决这个问题吗？

生2：可以把每种活动的人数写下来，计算的时候就方便了。

师：你觉得他这个办法怎么样？

生3：我觉得这样解决问题比较快，不用每次都要数人数是多少。

师：大家的方法很棒，根据情境记录数学信息，再根据信息提出问题，

是个非常好的学习方法。

【我的思考】讨论交流中明白要找到校园里的数学问题，寻找和记录数学信息很关键，进一步明确需要解决的问题，以及设计合理可行的解决问题的基本步骤。

（三）试一试、做一做（做题）：合作学习中经历解决问题的过程

【设计意图】这个环节的活动中，学生经历了记录、整理数学信息、提出并解决数学问题的过程，在合作学习等实际操作环节，实施解决问题的方案，得到解决问题的成果。

1. 小组记录发现的数学信息

师：想一想，如何记录发现的数学信息呢？同桌两人小组讨论一下。

生 1：我觉得可以一人数，一人写。

生 2：大家要先商量一下用什么办法记录，再开始写。

师：商量好方法后，两人合作记录，一人数，一人写。

学生小声商量后，开始记录发现的数学信息，教师巡视，并对记录有困难的小组进行指导。约 5 分钟后，当大部分小组都完成了记录任务时，教师组织全班交流。

学生记录的方法多样，有文字、图画或象形表（如图 2、图 3、图 4）等。

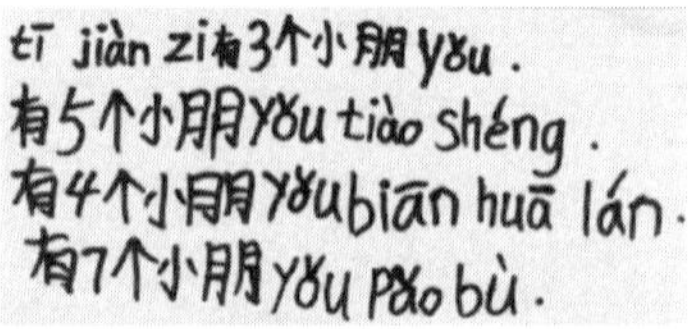

tī jiàn zi有3个小朋yǒu.
有5个小朋yǒu tiào shéng.
有4个小朋yǒubiān huā lán.
有7个小朋yǒu pǎo bù.

图 2

图 3

图 4

如何让学生结合不同的记录方式寻找更为合适便捷的方法，我选择了放手，期望学生在交流中初步感知数学的简洁。

师：（呈现作品图 2、图 3、图 4）你比较欣赏哪种记录方法，说说你的理由。

生 1：我觉得用文字记录的比较好，能明白玩每种游戏的各有几人。

生 2：我有不同的意见，我觉得画图的方法好，写字比较慢，图 2 都没有记录完数学信息。

生 3：我也觉得画图的方法好，快还省力。

生 4：我喜欢图 4 那样的，踢毽子的 3 人，不用画 3 个毽子，画一个毽子，后面写个 3 就行了，我觉得这种方法更简单。

（学生点头同意生 4 的建议。）

师：通过讨论与交流，大家已经有了自己的判断，现在请你修订自己的记录方法。

【我的思考】在交流中，教师鼓励学生自己修订记录方法，在修订中去认同不同于自己的记录方法，从中体会比较简洁的记录方法。学生的学习就是这样，在欣赏别人思路的同时，润物细无声中学会判断。

2. 根据数学信息提出数学问题，并尝试解决

鼓励学生根据发现的信息提出数学问题的探索过程，安排了三个方面的学习。

（1）独立思考的基础上，自己尝试提出一个数学问题，并解答。

（2）小组内完成提出问题的学习任务，主要操作是一人提出数学问题，一人解答，交换进行，保证每个人都有提出问题和解答问题的机会。

（3）对于暂时不会解答的问题，可以存放在“问题银行”中，等学到相应的知识时再进行解答。

在这个学习过程中，比较有趣的是学生放入“问题银行”中的题目，有的是计算的数目较大，暂时不会进行计算，例如，“参加活动的一共有几人?”有的是暂没有学过这种类型的题目，学生暂不会解决，例如，“跳绳比踢毽子的多几人?”

如何利用这个机会，促进学生之间的交流与合作，借助学生的智慧，促进群体智慧的生成呢？我组织四人小组对放入“问题银行”中的题目进行了交流。

师：小组内交流一下，你放入“问题银行”中的题目，说不定有人能帮助你解决呢？

生1：我的问题是“参加活动的一共有几人”。

生2：我觉得这个问题都不用计算，我们班共有36人，有10人没有参加，就是26人了。

生3：我觉得你不能那样计算，还是要每种活动的人数加一下。

生2：我还是觉得可以这样算，从36人中减去10人就行了。

生4：生2的方法也行，但还是要加一下，看看两次人数一样不一样。

【我的反思】解决这个问题时，学生计算的过程并不顺畅，但学生的思维却给我很多启发，当我们在说这一道题目超出学生学习范围时，不要那么快下结论，看看学生是否可以用自己原有的认知，寻找一个合理的思路，这个思路可能比解决问题本身更为重要。

（四）想一想、评一评（结题）

总结、反思中交流解决问题的收获及体会。

1. 总结、反思中体会研究过程

【设计意图】设计的三个学习活动，主要是让学生体会上述的研究过程，积累学习经验，并应用到日常的学习活动中，逐步形成良好的学习习惯。

三个学习活动如下。

（1）回顾与交流：我们是如何找到“班级课间活动中的数学问题”的。

（2）再次经历“淘气校园中数学问题的探究过程”。

（3）提出新的活动任务：我们的校园里有哪些数学信息，画下来并进行交流。

活动（1）比较好地梳理了学生的研究思路。在交流中，学生的想法大体是这样的：根据班级课间活动图，先分工观察并记录发现的数学信息；再根据发现的数学信息，提出数学问题，并解决数学问题等。这样思路的梳理其实就是学生发现问题、提出问题、分析问题和解决问题的全过程。

活动（2）旨在让学生再次经历研究的过程，可以组织学生分组在课下完成，属于长作业。鉴于学生的年龄特点，自觉性较弱，教师需密切关注，如果没有相应的督促，很可能会流于形式。

活动（3）是学生比较喜欢的，学生在图画中表达的学校里的数学问题丰富而多彩。(如图 5、图 6)

图 5

图 6

图 5 表达的是“操场中的数学问题”，利用不同的图画场景表达 10 以内数、加减法计算及图形的认识，在操场的旁边还有规律的表达和描述。图 6 则是“班级里的数学问题”，借助不同的体育场景活动，综合运用所学的 10 以内数的加减法的知识解决问题。

【我的反思】总结、反思中并交流解决问题的过程及解决问题的成果，在此基础上进一步研究自己的校园，在自己的操场上找一找数学信息，提出数学问题。

2. 自我评价中形成反思意识

【设计意图】“综合与实践”活动给予了每一名学生独立研究并应用数学的机会，不宜把综合与实践的内容作为书面考试的内容来考学生，要以过程性评价为主，关注学生在活动中的表现。这里注重的是解决问题过程的评价。

教学时，出示图 7，鼓励学生对自己的表现进行自评。这个自我评价表注重的是解决问题过程的评价，设计了“能找到数学问题”“能积极发言”“能听懂同伴的发言”三个指标，体现了在这次活动中对学生表现的主要关注点。对于一年级学生，我们只要求进行三个等级的评价：笑脸代表满意，哭脸代表不满意，没有表情的脸代表一般。

在这次活动中，我的表现是：

能找到数学问题。			
能积极发言。			
能听懂同伴的发言。			

图 7

我对全班 36 名学生进行了调查，并回收了学生的自我评价表，对数据进行了整理与分析，如表 1。

表 1

项目	笑脸		无表情		哭脸	
	人数	百分比/%	人数	百分比/%	人数	百分比/%
能找到数学问题	33	91.67	2	5.56	1	2.78
能积极发言	32	88.89	2	5.56	2	5.56
能听懂同伴的发言	30	83.33	4	11.11	2	5.56

从数据中来看，多数学生在学习过程中能积极参与学习活动，其中，91.67%的学生表示能找到数学问题，88.89%的学生能积极发言，83.33%的学生能明白同伴的发言。但也有个别的学生在这次学习中学习体验不明显，对自己的学习过程表示不满意。教师要了解这些学生在学习过程中的感受与体验，及时进行修正和疏导，需要在后续的学习活动中进行特别的关注，必要的话利用课堂观察了解这些学生在学习过程中的表现，对症下药，使其能积极参与到学习活动中。

需要注意的是，一年级小学生在进行自我评价时，通常情况下，有的会认为自己表现的都很好，都是笑脸；有的会认为自己的表现都不好，都是哭脸。如何引领学生进行自我评价，也是教师要思考的问题。建议鼓励学生在讨论与交流的基础上，进行第一次的自我评价，并在全班进行交流，在全班交流的基础上，结合同学及教师的建议，慎重思考后，可修改自我评价，但需要说明自己为何要进行修改。在此过程中，逐步明白在参与数学学习的活动中，哪些行为是好的行为，自己该如何努力。

【我的反思】评价应成为“综合与实践”内容实施的一部分，学生的进步是在实践活动的过程中逐步发展的，不能仅仅借助一两个实践活动中的表现给学生做出定论。教师的评价要系统连续，以有效地促进学生参与的自信心及解决问题能力的提升。

四 研究的体会和感受

在带领学生进行研究的过程中，变化最大的当属我们的学生：学生喜欢上数学综合与实践课，学习兴趣提高了，能力增强了。教师也逐步意识到，不能因为学生年龄小，就不进行“综合与实践”活动，重要的是要创造适合学生学习的问题场，结合“综合与实践”活动实施的四个环节，即选一选、问一问（选题）；想一想、议一议（开题）；试一试、做一做（做题）；想一想、评一评（结题）。拓宽学生的学习视野，影响学生的数学学习方式，让学生在合作学习中积累经验，为后续的研究奠基。

不仅如此，学生的变化直接影响着家长的态度。在开始做“综合与实践”活动时，有的家长对学生的实践性作业表示不理解，认为浪费时间，涂涂画画应该是美术课的事情，数学就应该做数学题。几个活动做下来，当他们看到孩子喜欢学习数学，头头是道地讲解从生活中发现的数学问题时，不少家长表示，这样的活动能让学生的学习变得轻松，应该多组织这样的活动，他们一定支持。

当然，这只是一种尝试，如何把这种学习经验延续到日常的教学中，是否真正地改善了学生的学业情况，还需要进一步用数据来说话。虽然前行的路很艰难，但我们还是渴望借助“综合与实践”活动这个媒介，拓展学生的研究空间，凸显数学学习的价值，促进师生的共同成长。

参考文献

[1] 蔡金法，聂必凯，许世红．做探究型教师［M］．北京：北京师范大学出版社，2015.

[2] WEBER E. 有效的学生评价［M］．国家基础教育课程改革“促进教师发展与学生成长的评价研究”项目组，译．北京：中国轻工业出版社，2003.

[3] 胡芳．小学综合实践活动课程实施对教师学科教学的影响研究［D］．长沙：湖南师范大学，2014.

[4] 教育部基础教育课程教材专家工作委员会组织编写．义务教育数学课程标准（2011年版）解读［M］．北京：北京师范大学出版社，2012.

[5] 李宁．陪学生一起做研究——小学数学综合实践活动的探索［M］．北京：北京大学出版社，2012.

[6] 卢晓丹．小学数学“综合与实践”教学设计案例研究［D］．锦州：渤海大学，2014.

[7] 王猛．小学数学实践与综合应用领域内容设计与开发的实践研究［D］．长春：东北师范大学，2010.

[8] 熊梅．综合实践活动开发与设计［M］．北京：高等教育出版社，2006.

[9] 赵艳辉．在研究中教学［M］．长春：长春出版社，2008.

[10] 中华人民共和国教育部制定．义务教育数学课程标准（2011年版）［S］．北京：北京师范大学出版社，2012.

成长寄语

不管是在中国的数学教育还是国外的数学教育中，让学生发现、提出和解决问题，感知数学就在我们身边，不至于认为数学与生活无关，误认为数学是枯燥无味的、一堆抽象的符号，这应是各个国家的教育者都在追求的目标。特别是发现问题，如何去启发？教师是等待学生的自然顿悟还是可以循循善诱？问题分好坏吗？这种能力如何分年级分水平去引导？相信这会成为以后一个好的研究方向。事实上很多研究表明，各个国家的学生确实认为学数学是没有用的，数学是乏味无趣的，这表明我们的课程与教学，特别是我们的课堂需要做某种改进，来改善这样的情况，促进现实数学与学校数学的密切联系。如何通过综合与实践的教学，让学生体会到数学很好玩？

开展“综合与实践”活动的目的，就是在现实数学与学校数学间建立桥梁，这样一个新的内容，到底在课堂上如何实施呢？对我们一线教师来说，需要更多的案例来帮助我们。位惠女老师这样的研究正好提供了一个课堂上的例子：如何在课堂中实施综合与实践的内容，如何让小学生体会到生活中的数学。

位惠女老师这个研究是用案例研究的方式来呈现的。以“淘气的校园”为例，通过具体的设计、实施，不仅让我们看到如何来上这样的课，同时还让我们看到把这样的案例用生动的语言表达出来；不仅让读者看到这堂课的整体感受，同时还像电影中的镜头一样，通过这堂课的教学，把案例研究中的故事性、生动性都表现出来，让学生感受到数学就在我们的身边。

在这样的一个案例研究中，研究者既是一位教师、教学者，又是一名研究者，一个人有两个身份的认同。在研究的过程中，既可以用研究者的眼光来看教学，又从教学者的眼光来看研究，这样的课对别的教师会有什么样的帮助呢？“淘气的校园”这个综合与实践活动，只是一节课的设计，不同的综合实践活动，形式与内容反映出来可能不一样。这只是一个案例，这个案例的教学过程在多大程度上能够很快地被其他教师所采用，用到别的综合与实践活动当中去，这个还没有办法过早地下结论，这可能也是位惠女老师今后研究的一个方向。当然，别的教师也可以通过这样的方式来带领学生进行综合与实践活动，进行同样的案例研究，看看是否有别的办法来进行“淘气的校园”这节课的研究。

位惠女老师在选择这样一个题目的研究过程中，至少有以下三个方面的长进。

一是位惠女老师知道把“我为什么要这样做”这个理念越来越清楚地

表达出来。许多一线教师来做教学研究，只知道做，但对为什么要做这样的研究考虑的相对要少。在这几年的研究过程中，位惠女老师不仅把做表现出来了，把为什么要这样做也逐渐地清晰起来，让不同的知识、理论、研究来支持她这样做。

二是位惠女老师的长进在于她能够把做的这个案例研究放在一个大的情境当中。因为这个“综合与实践”活动虽然是新的，但对如何进行“综合与实践”的教学，很多学者、教师也做过不少探讨。她本人做的这个案例研究的独特性，是放在查阅文献、了解别的教师及研究者是如何实施的情境中去考虑的，所以，在原有的基础上，她把自己的研究进行了突破。

三是位惠女老师的长进是写作上的提升。在一线教师当中，位惠女老师是写作水平比较高的，通过这样一个研究过程后，她更能够把精彩的东西用文字的方式呈现给读者，把具体的一种课堂的描述呈现更精彩，结构更清晰，目的性更强，从中可以看出她在写作上越来越大的进步。

感受数形结合思想的奇妙之旅

——两次教学“点阵中的规律”的思考

姚冬梅（广东省惠州市第十一小学）

一 问题的提出

《义务教育数学课程标准（2011年版）》将“数学基本思想”作为“四基”之一明确提出，具有重要的现实意义。那么，目前小学数学课堂教学中渗透数学思想方法落实得如何呢？为此，我们对全校数学教师进行了调查。

（1）您最早在什么时候接触到“数学思想方法”这个词？

（2）请您列举与“数学思想方法”相关的数学知识。

（3）您认为“数学思想方法”在数学教学教育中的作用是什么？

（4）您是如何在您的课堂教学中进行“数学思想方法”教学的？

通过调查我们发现，教师对数学概念、法则、公式、性质等显性的数学知识的教学比较重视，而对作为数学教学隐性内容的数学思想方法，教师普遍重视不够，少数教师对数学思想方法知之甚少，更别说落实在课堂教学中了。基于这样的调研，我们决定开展如何在小学数学教学中落实数学基本思想方法的课例研究，为此，借助新世纪（北师大版）小学数学教材五年级上册“数学好玩”中“点阵中的规律”一课，研究如何在小学数学课堂教学中落实数学基本思想方法。

相关文献研究

史宁中教授这样阐述：“数学思想可以归纳为三种基本思想：抽象、推理和模型。通过抽象，把外部世界与数学有关的东西抽象到数学内部，形成数学研究的对象；通过推理，得到数学的命题和计算方法，促进数学内部的发展；通过模型，创造出具有表现力的数学语言，构建数学与外部世界的桥梁。”

“数形结合”思想的历史演进：数的产生源于计数，是对具体物体个数的计数，从而产生数的概念。产生数的概念之后，在古代各种各样的计数法中，都是以具体的“图形”来表示抽象的“数”，直到出现表示“数”的各种抽象符号，“数”才脱去了“形”的束缚，使得数的表示更便捷。真正将“数”与“形”结合起来的当属古希腊的毕达哥拉斯学派，他们在研究“数”时，常常把“数”同沙砾或画在平面上的“点”联系起来，按照沙砾或点子的形状将数进行分类，进而结合图形性质推出数的性质。这是早期“数”与“形”相结合的体现。

到17世纪，笛卡儿创立了解析几何学，把数轴扩展到平面直角坐标系，“数”与“形”再一次结合起来，而且达到了至善至美的地步，数学又获得了空前的发展。近代数学中，从几何的角度看，代数和几何的结合产生了代数几何；分析和几何的结合产生了微分几何；而代数几何和微分几何又转过来为代数和分析提供几何背景、解释和研究课题，促进它们的发展。可见，“数形结合”是今日数学发展的必然，“数形结合”贯穿于数学发展的全过程。

华罗庚先生曾经说过：“数缺形时少直观，形少数时难入微。”“数”与“形”是数学研究的两个基本对象，利用“数形结合”方法能使“数”和“形”统一起来，借助“形”的直观来理解抽象的“数”，运用“数”与

“式”来细致入微地刻画“形”的特征，直观与抽象相互结合，从而顺利有效地解决问题。数与形的相互转化、结合既是数学的重要思想，更是解决问题的重要方法。数形结合思想是充分利用“形”把复杂的数量关系和抽象的数学概念变得直观、形象、简单。

教学案例的解读与分析

“点阵中的规律”是新世纪（北师大版）小学数学教材五年级上册“数学好玩”单元“图形中的规律”的内容。其中，引导学生探索和概括点阵中的规律是本课的学习重点；从不同的角度进行观察、发现“点阵”不同的排列规律，并用算式表示出来是本课的学习难点。

我曾先后两次执教这一内容。第一次教学时，我关注的是如何通过点阵图的规律，归纳总结出三种算式之间的联系，将“1＋2＋3＋4＋5＋6＋7＋8＋7＋6＋5＋4＋3＋2＋1”“1＋3＋5＋7＋9＋11＋13＋15”这种较复杂的算式转化为“8×8”进行计算，课后老师们在一起研讨，认为教学中数形结合思想方法被忽视，造成学生只停留在一招一式的模仿上。在第二次教学时，我将重点放在关注学生经历探索规律的过程和思路上，利用数形结合使“数”和“形”统一起来收到了较好的教学效果。

下面是我对两次教学的一些回顾和反思，与大家分享。

（一）第一次教学（设计与实施流程）

1. 算一算。

1＋2＋3＋4＋5＋6＋7＋8＋7＋6＋5＋4＋3＋2＋1＝？

1＋2＋3＋…＋20＋…＋3＋2＋1＝？

1＋3＋5＋7＋…＋39＝？

2. 提出问题。

我们一起研究下面图形的规律，就可以快速计算出这些算式的结果。

如图1，这是一组点阵，仔细观察可以发现一些规律。你能用算式表示每个点阵的点数吗？

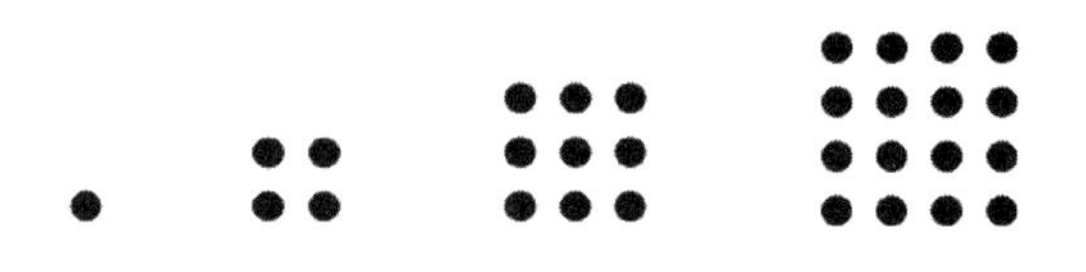

图 1

(1) 横(纵)向划分点阵

1×1,2×2,3×3,4×4,边长×边长。

教师提问:按照这样的规律,第 6 个点阵有多少个点?第 9 个点阵呢?第 n 个点阵呢?

总结规律:$n\times n$ 称为平方数。

(2) 斜线划分点阵

教师提问:斜着看,可以得到什么新的算式呢?(如图 2)

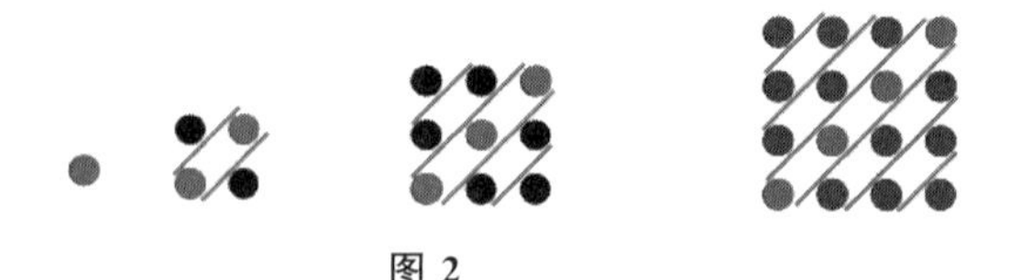

图 2

1,$1+2+1$,$1+2+3+2+1$,$1+2+3+4+3+2+1$。

总结规律:第 n 个点阵的点数是从 1 开始加到 n,再反过来加到 1。

(3) 折线划分点阵

教师提问:用折线这样分,你有什么发现?(如图 3)

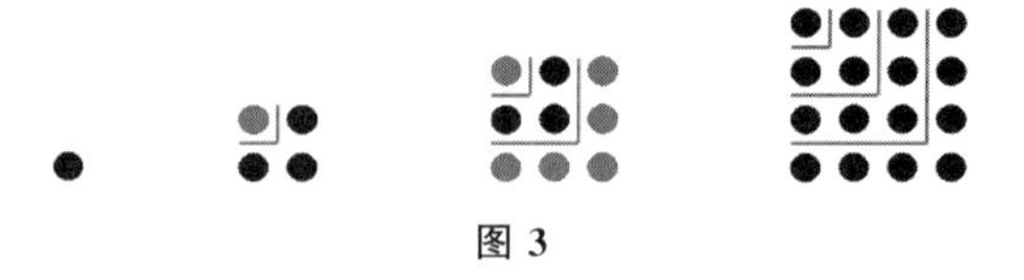

图 3

1,$1+3$,$1+3+5$,$1+3+5+7$。

总结规律:第 n 个点阵的点数是从 1 开始的 n 个连续奇数的和。

(4) 建立算式之间的联系

教师提问:同样的点阵,因三种不同的划分,得到三个不同的算式,但都表示一个平方数,所以,这三个算式可以用等号连接,其中哪个算式最简洁?其他两个算式经过怎样的变化就可以转化成这个算式?

3. 现在,你能快速计算出下面算式的结果吗?你是怎么想的?

1＋2＋3＋4＋5＋6＋7＋8＋7＋6＋5＋4＋3＋2＋1＝？

1＋2＋3＋…＋20＋…＋3＋2＋1＝？

1＋3＋5＋7＋…＋39＝？

【教学反思】

第一次教学时，我把重点放在了“计算”上，试图通过规律来寻找计算的捷径。但是，在引导探索点阵规律时发现，学生的困难还是不小的，特别是折线看点阵中的规律，很多学生无从下手，根本不知道要干什么，最后只能通过教师演示来发现规律。我想，我可能是忽略了什么重要的东西，使得探索的过程弱化，让计算成为一种追求的结果。在讨论中我们发现，忽略的恰是最重要的数学学习的本质，即渗透数形结合思想来发现规律的过程。于是，我们修改教学设计进行了第二次教学。

（二）第二次教学 （教学实录片段）

教师出示下图并提问：如图 4，这些点阵图中，点的个数有规律吗？如何用数学的方法表达这个规律？

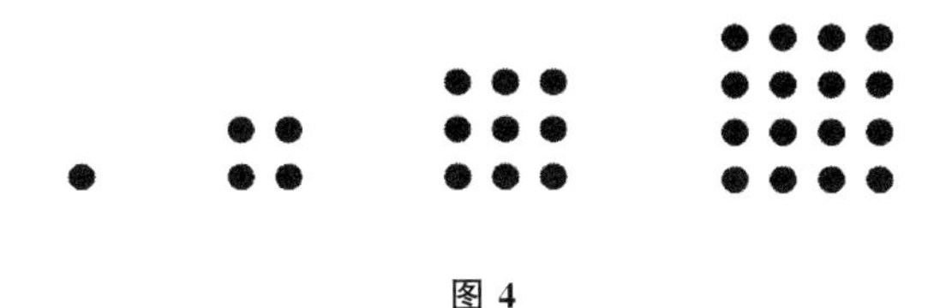

图 4

生 1：这些点阵，点的个数分别是 1，4，9，16。

生 2：我看着这些图，发现除了第一个图外，其他都是正方形，我就把它们这样表示（如图 5），用数学方法表示出来就是：1×1，2×2，3×3，4×4。

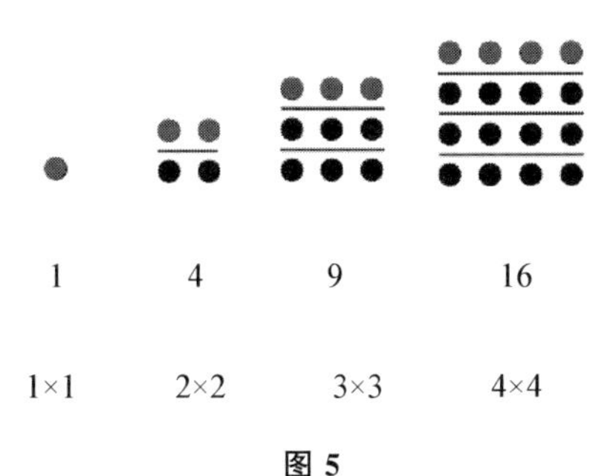

图 5

师：那么，推理一下，第 5 个点阵是什么样子的？用数学方法如何表达呢？第 6 个、第 100 个、第 n 个呢？

生 3：第 5 个点阵还是一个正方形，每行 5 个点，有 5 行，可以用 5×5 表示。

生 4：第 100 个点阵还是一个正方形，用 100×100 表示，第 n 个还是一个正方形，每行 n 个，有 n 行，行与列数相同，用 $n\times n$ 表示。

师：同学们利用正方形这个图形的特点来发现其中蕴含的规律，并且用数学算式表达出这个规律，你还能发现什么？

生 5：我把这些点阵斜着分（如图 6），也可以发现规律，用数学方法表达出来就是：1，1+2+1，1+2+3+2+1，1+2+3+4+3+2+1。

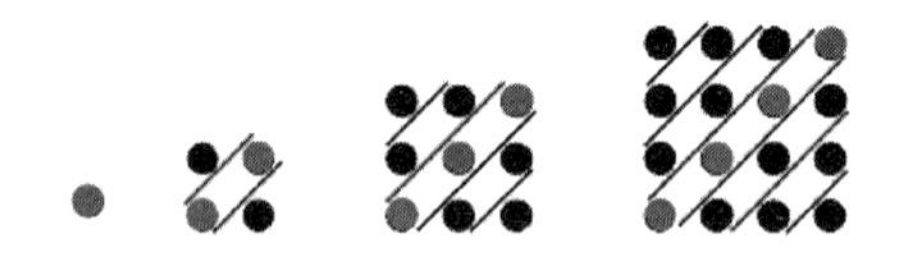

图 6

生 6：第 5 个点阵就是 1+2+3+4+5+4+3+2+1。

生 7：第 n 个就是 $1+2+3+\cdots+n+(n-1)+\cdots+3+2+1$。

师：思路非常清晰，利用图形，换一个角度来思考，发现规律，用数学算式表示规律。

师：请同学们回顾刚才发现规律的过程，你有什么想法？

生 8：可以利用正方形图形的特点发现规律。

生 9：换个角度，斜着分，也能发现规律。

师：请用这样的思路，四人小组继续探究这组点阵图。

（学生小组交流后，全班交流。）

师：谁来和大家分享一下你们组的想法？

组 1：我们是这样划分点阵图的（如图 7），也发现了规律，用算式表示就是：1，1+3，1+3+5，1+3+5+7。如果画出第 5 个点阵图（如图 8），算式就是 1+3+5+7+9。

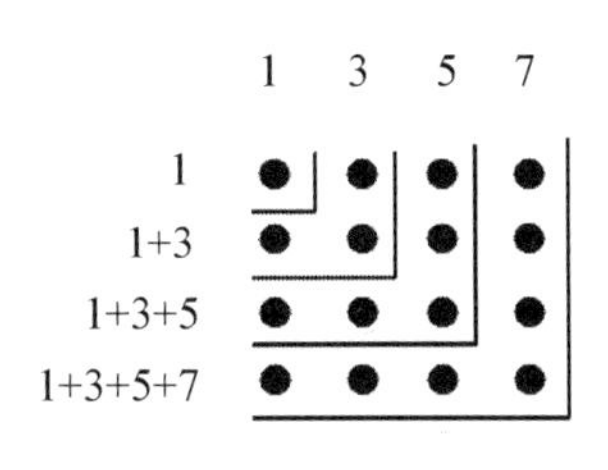

图 7

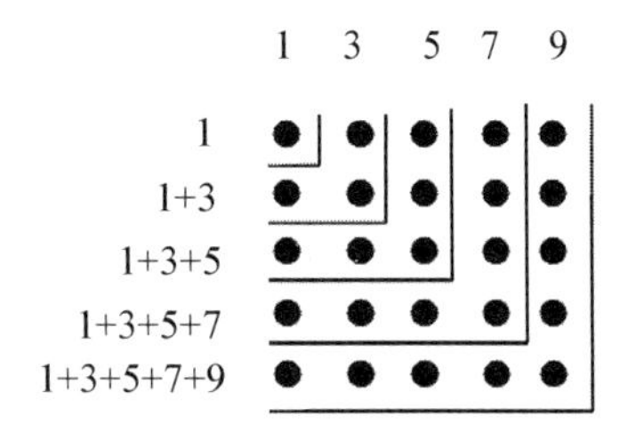

图 8

组 2：我们发现，根据算式可以画出这个点阵图，如 4×4 可以每行画 4 个点，一共 4 行。

组 3：1＋3＋5＋7 也可以画出来，（边画边说）1 个点，这样画 3 个点，实际就是 2×2 点阵图，再这样画 5 点，实际就是 3×3 点阵图，再画 7 个点，就是 4×4 点阵图了。

师：我们可以发现点阵图中隐藏的规律并用算式表示出来，反之，还可以借助算式用图来表示。现在，我们总体回顾一下，你有什么发现？

生 10：我发现这些算式可以用等号连接，就是 2×2＝1＋2＋1＝1＋3，3×3＝1＋2＋3＋2＋1＝1＋3＋5。

师：（出示图 9）像 1，4，9，16，25 这样的数，可以写成两个相同数的积的形式：4＝2×2，9＝3×3，16＝4×4，25＝5×5，通常称这样的数为完全平方数。

	横着看	斜着看	折线看
1	=1×1 =	1	=1
4	=2×2 =	1+2+1	=1+3
9	=3×3 =	1+2+3+2+1	=1+3+5
16	=4×4 =	1+2+3+4+3+2+1	=1+3+5+7

图 9

生 11：我发现，完全平方数还可以写成另外的形式，16 可以写成 4×4，还可以写成 1＋2＋3＋4＋3＋2＋1 或 1＋3＋5＋7。

生 12：一个是连续自然数的和，一个是连续奇数的和。

师：对，我们可以利用点子图来研究它们为什么有这样的关系。（如图 10）

1+2+3+4+5+6+7+8+7+6+5+4+3+2+1= 64

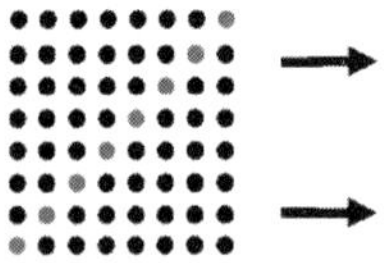

8 × 8

1+3+5+7+9+11+13+15

图 10

【教学反思】

第二次教学，我不再关注计算问题，而是引导学生借助点子图去发现规律，并用算式表达规律，渗透数形结合的思想和方法，使学生充分经历观察、分析、发现、归纳的探究过程。这样的放手给我们带来了很大的惊喜，学生不仅利用图来发现规律并用算式表达出规律，而且反过来去用图来表达出算式，这不正是我们所期望得到的“成果”吗?

四 教学案例的启示

1. 注重教材的重组和整合，便于学生有效探究

在教学中，我设计了一份学生活动卡，将这三种方法整合到一起，引导学生从“横着、斜着、折着”三个角度自主探究点阵中蕴含的规律，并尝试用“数”来表达规律，最后则将三种探究结果联系起来，归纳总结三种算式之间的联系，使抽象的、枯燥的学习内容变得形象有趣，让学生在动态变化中感受数学的美妙。

2. 注重数学思想的有机渗透，促使学生思维品质提升

数学思想方法是数学的精髓，在教学中加强数学思想方法的渗透是实现数学教育目标的一个重要措施。本课的教学特色之一就是在教学中渗透数学思想。在自主探究阶段，不管是对点阵横着观察、斜着观察还是折线观察，都是一个由“数”到“形”，再由“形”到“数”的思想转换过程。我想，如何在课堂上落实数学思想，这个案例是个很好的尝试。

借助点子图的直观，渗透数形结合思想，化难为易，学生不仅清晰地

发现了规律：在教师的引导下分析发现三种算式的相同之处——计算结果相同，这是一个从形到数的过程。学生概括规律归纳推理出下一个点阵图的点数后，再画出点阵图，这是一个从数到形的过程。然后教师有意识地将“数”“形”“式”联系到一起，充分体现“数形结合”的思想方法。

在这个过程中，通过数形结合，化“抽象”为“直观”，使原本比较复杂烦琐的数学问题变得更加简单易懂，尽显数形结合的魅力。

3. 注重学法的指导和活动经验的总结，培养学生的学习能力

在本课教学中，我注重让学生充分参与到发现规律的过程中来，引导学生通过观察、探究等活动，归纳、概括出点阵中蕴含的规律，切实落实知识和方法并行，在简单中挖掘“不简单”，通过组织学生讨论、汇报研究成果，归纳总结三种算式之间的联系，加强对活动经验的总结，注重学法的指导。如将“1＋2＋3＋4＋5＋6＋7＋8＋7＋6＋5＋4＋3＋2＋1”这种较复杂的算式转化为“8×8”进行快速结算，巧妙地渗透了“化难为易、化繁为简”的化归思想，使学生的思维品质得到提升。既开阔了学生的视野，又拓宽了知识的深度和广度，使原本简单的教学变得厚重而饱满，做到不仅仅“授之以鱼”，更是“授之以渔”，培养学生的学习能力。

参考文献

[1] 刘坚，孔企平，张丹．义务教育教科书·数学 教师教学用书（五年级上册）[M]．北京：北京师范大学出版社，2014.

[2] 唐彩斌编著．怎样教好数学——小学数学名家访谈录 [M]．北京：教育科学出版社，2013.

成长寄语

姚冬梅老师的文章与廖敏老师、谢光玲老师的文章有点类似，侧重点放在对于有多少个连续奇数相加就等于那么多奇数的平方，如 $1+3+5+7=16$，4 个奇数相加，16 就等于 4^2，即 $1+3+5+7=4^2$，通过数形结合，让学生看到这样的一种规律。

从某种意义上来讲，姚冬梅老师的文章与廖敏老师、谢光玲老师的研究是同一种类型，以问题解决、问题策略为主，我想表达的是这三位老师

可以进行合作，相互间取长补短，各自的侧重面不一样，一起来进一步共同提高。

目前呈现的案例还是不错的，姚冬梅老师有很深的体会。从成长的角度来讲，我想从两个方面来进行评述。

一是姚冬梅老师可否在有了目前 $a \times a$ 这样的点阵图以后，给出一个更加有挑战性的题目，如在蔡金法老师的《中美学生数学学习的系列实证研究——他山之石，何以攻玉》一书中，曾经用过一个类似的题（如图 1），这个题目稍微难一些，这样的图有什么好处呢？可以让学生在多一种的情境中去看，有多少个白点，多少个黑点，观察学生能否把目前得到的规律迁移到别的情境当中。建议姚冬梅老师可以在题目的设计上，换一种不同的变式，加强一点难度，来考查学生能否自主地运用结论、利用数形结合来探索规律。

观察下图：

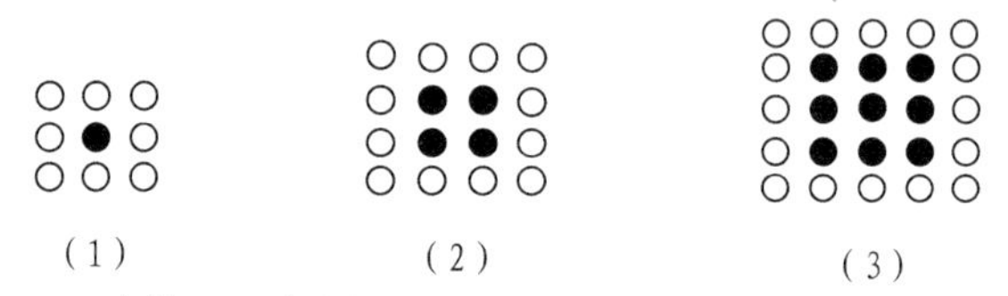

1. 画出第（4）幅图。
2. 第（6）幅图中有多少个黑点？为什么？
3. 第（6）幅图中有多少个白点？为什么？
4. 图（1）中有8个白点，图（3）中有16个白点，如果一幅图中有44个白点，它是哪幅图？为什么？

图 1

二是数形结合作为一种教学方法，教学之后在多大程度上学生能把数形结合这样一种解题策略迁移到别的情境当中。如果姚冬梅老师在今后的研究当中，能够提供一些证据，那是非常好的，这样就可以直截了当地得出结论：数形结合的教学，在多大程度上能帮助学生掌握这种策略，并且能够帮助他们运用到类似的问题当中。

不妨用一些前测和后测的办法，就以这个题目为例，可以先让学生数有多少个点，看看学生是如何数的，观察有多少学生是借助数形结合做的，再看课堂教学中数形结合到底对学生掌握这种办法有什么好处，借助后测中类似的题目观察到底有多少学生是借助数形结合来做的，是用什么策略来做的。

如果姚冬梅老师今后再来教同样类型的题目的话，不要把图放得那么工整，可以试着把图斜着放（如图 2），不是学生熟悉的、习惯看到的那样的图，提供给学生进行观察，课堂也许会呈现另一种景象。

图 2

促进学生解决问题策略形成的案例研究

——以“比赛场次”为例

廖敏（四川省成都市泡桐树小学（天府校区））

一 问题提出

（一）课堂中经常发生的事

2014年10月，在执教新世纪（北师大版）小学数学教材六年级上册“比赛场次”前，我将“乒乓球比赛问题”让学生独立思考完成，问题如图1。

乒乓球比赛。

六（1）班10名同学进行乒乓球比赛，每两名同学之间要进行一场比赛。

1. 一共要比赛多少场？

图1

教师不做任何提示，结果发现，全班42人中，有40人正确，且能用多种方法进行解答。这让我产生了困惑，这节课还有必要上吗？这个调查也让我想到，像这样，新课还没有开展，有的学生已经掌握了方法，其中有的学生是真正理解，有的是一知半解，有的则完全不懂。面对学生不同的起点，如何展开教学，才更能促进学生的发展呢?

（二）调研我校教师发现的现状

带着这样的疑问，我访谈本校数学组 14 位教师后，发现每一位教师都曾遇到过类似情况：讲解的知识部分学生已经会解答，有时甚至是多数学生都会。他们采用的方法一般有：按常规教学继续讲解（照顾后进生，巩固正确率）；直接进行练习，通过练习发现问题再讲解；整合前后的内容，融合在某一节课共同学习；将此内容进行拓展，加深难度。

（三）我的思考

以上方法都是教师在长期的教学中积累下来的宝贵经验，以知识保底为基本目标，以加深或拓展知识为延伸，更多地指向以问题解决为终点。它们的存在有其自身的价值所在。可我更希望，不仅能站在经验的基础上进行教学，更能站在学生的角度，让不同起点的学生有自身的发展。既然这样的情况在教学中并非个例，能否尝试着去了解学生的学习现状，发现发展学生问题解决水平的一些方法呢?

鉴于以上的思考，我以“比赛场次”中的“乒乓球比赛问题”为例，从提高学生解决问题策略的角度进行探索。

二 文献综述

为了能更好地研究此问题，我聚焦解决问题的策略和帮助学生形成策略两个方面进行文献查找。

波利亚在《怎样解题》中认为，解决问题的策略有普遍化、特殊化、类比、猜想和检验、画一张图、建立方程、倒着干等[1]。加拿大有的数学教材中将解决问题的策略分为 10 种。浙江省特级教师朱德江认为，解决问题的策略有尝试和检验、画图、操作、找规律、制表、从简单的情况人手、整理数据、从相反的方向思考、列方程、逻辑推理、改变观点 11 种[2]。新世纪（北师大版）小学数学教材编排的解决问题的策略有画图、列表、猜想与尝试、从特例开始寻找规律等。新世纪（北师大版）小学数学教师教学用书六年级上册中这样说："数学家之所以比一般人更快地得到一个问题的解答，原因之一就是因为他们掌握了许多解决问题的方法，我们称这样的方法为解题策略。"[3]可见，解决问题的策略分类尽管不一，但只要是解决问题的方法都可以视为解决问题的策略，而同一种解决问题的策略可以用不同的方式进行表达。以本节课所涉及的从简单情形开始寻找规律为例，教材呈现了列表、画图等方式。

同时，徐文彬认为，数学"解决问题的策略"的根基是其所蕴含的数学基本思想与方法，对数学"解决问题的策略"的理解就是要把握住这个根基。[4]笔者赞同这样的观点，数学解决问题策略、数学基本思想、数学思维、数学文化熏陶在教学过程中是整体呈现，逐步渗透的。后三者都可以通过显性的解决问题策略进行体现，教师通过对学生解决问题策略的分析了解学生思维水平、对数学基本思想与数学文化的渗透状况。由此，笔者认为一节重点在于解决问题策略的课堂，与其说在教知识，不如说在学习思想，学习解决问题的方式。

那么，如何帮助学生形成解决问题的策略呢？

小学数学教学网在"有关解决问题的策略思想与方法"中提到形成解决问题策略有三个重要的阶段。

一是走出潜意识的阶段。在这个阶段，学生往往关注具体的问题是否得以解决，对解决问题的策略处于朦朦胧胧、似有所悟的状况，缺乏应有的思考。

二是步入明朗化阶段。如呈现新问题后，组织学生思考可以用什么策略解决问题，使学生具有明确的应用策略的意识；解决问题后，再组织学生交流解决问题的过程。

三是走向深刻化阶段。即在学生比较充分地感知了解决问题的策略、明确了解决问题的思路后，教师要安排一定的练习，对相关策略进行集中强化，以加深学生对策略的理解与掌握，使学生对策略的认识更深刻，逐步达到运用自如的境界。

从上面的三个阶段来看，学生能解决出问题，并不代表学生已经形成解决问题的策略，步入深刻化阶段。作为教师，有必要了解清楚学生解决问题的策略处于什么样的状况，并运用一定的教学方法帮助学生形成并发展解决问题的策略。

基于以上的认识，在学生正确率如此高的情况下，我认为这节课的研究，有助于帮助教师站在数学本位的角度思考课堂的定位，站在学生发展的角度理性地对待学生的作品。由此，我们开展了以下的案例研究。

案例研究

（一）从解决问题策略的角度解读学生作品

1. 学生作品统计

课前让学生独立思考教材的问题，借助学习单，使学生思维路径可视化，并在学习单的下方，专门设置了“学生困惑”一栏，以便减少教师的主观臆断，客观了解学生想法。

调查群体：五年级（1）班共42人。（当时我校没有6年级，只好用5年级进行调查。）

调查时间：2014年10月9日。

调查题目：

乒乓球比赛。

六（1）班10名同学进行乒乓球比赛，每两名同学之间进行一场比赛，一共要比赛多少场？

（1）如果你能解答这道题，请将你的解答过程写在下面。（有几种方法就写几种，最好能将你的方法取一个名字。）

（2）我还存在的困惑是________________________________。

调查方式：教师不做任何提示，由学生独立完成，并填写学习单。

完成时间：20 分钟。

调查结果：从正确率、解决问题的策略、学生所用策略种数、学生困惑四个方面进行统计。(如表 1、表 2、表 3、表 4)

表 1　正确率统计表

问题	全班人数	正确人数	正确率/%
一共要比赛多少场？	42	40	95.24

表 2　解决问题策略统计表

策略	画图		列表		举例		从简单情形开始寻找规律	算式表达规律	文字表达规律
	穷举	画图找规律	穷举	列表找规律	穷举	举例找规律			
人数	27	7	5	0	15	3	0	39	12
占全班人数的百分比/%	64.29	16.67	11.90	0	35.71	7.14	0	92.86	28.57

表 3　学生所用策略种数统计表

所用策略种数	1 种	2 种	3 种	4 种
人数	4	13	20	5
占全班人数的百分比/%	9.52	30.95	47.62	11.90

表 4　学生困惑统计表

学生困惑	人数
还有别的方法吗？	4
如果是 100 人（50，1 000，200），有简便的算法吗？(共有多少场比赛？)	8
这些方法有什么联系？	5
为什么要学习这么简单的题呢？	2

2. 新的困惑

从全班统计情况来看，学生已初步形成用画图、列举、找规律等解决问题的策略，并会用算式进行正确表达，体现了模型思想。但通过表 2，我产生了新的困惑：为什么用穷举法的人数比寻找规律的人数多得多？是因为他们没有找规律的意识吗？为什么没有一名学生使用教材中所呈现的从简单情形开始寻找规律的表达方式，是他们不会这种策略吗？

从学生作品来看，学生尽管能列出正确的算式，但算法中有一半的学生仍使用凑整的方式进行计算。(如图 2)

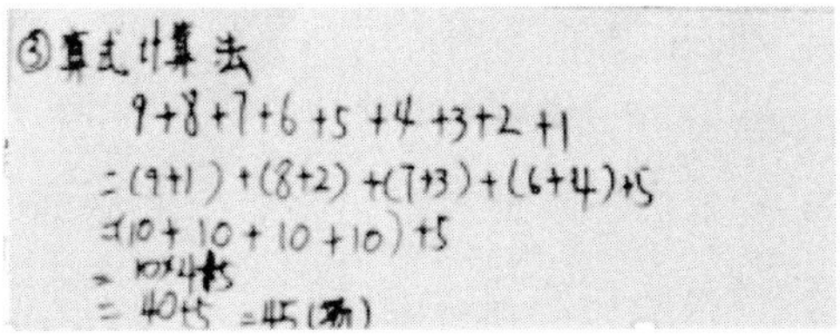

③算式计算法
9+8+7+6+5+4+3+2+1
=(9+1)+(8+2)+(7+3)+(6+4)+5
=(10+10+10+10)+5
=10×4+5
=40+5 =45

图 2

由此，我打算对部分学生进行访谈。

3. 再次调查

根据平常学习情况我选择优秀、良好、学习困难的学生各 2 名，共 6 名学生进行访谈。

（1）访谈题目：

你为什么要列举完呢？能不能不列举完呢？

调查结果：这 6 名学生都能发现规律，只是因这里数据较小，认为列举完也不费事。

那么，数据太小真的是学生进行穷举的原因吗？数据变大，是否会出现找规律的人更多，是否会出现从简单情形开始寻找规律的方法呢？

带着这些思考，我对另一个平行班进行调查，并将数据改为了 40 人，发现学生只有 2 名学生在画图中使用穷举法，别的学生只进行部分列举。可见数据变大，学生更易产生寻找规律的需求。但同时我也发现了另一种现象，即学生表达的方法单一了，他们更多地使用算式（用公式解决）与画图进行解决，且画图形式比较单一（线段图），从简单情形开始寻找规律还是没有。

（2）访谈题目：

你想过用从简单情形开始寻找规律的方法吗？

调查结果：学生不知道什么是从简单情形开始寻找规律。

我又将教材上的方法呈现给学生看，学生表示能看懂，但太麻烦了，觉得能用一幅图表达清楚，为什么要画几幅图表示呢。

针对学生不知道什么是从简单情形开始寻找规律的方法，我访谈了这个班的数学教师（男，从教6年）。他告诉我在找规律的题目中曾使用了这种方法，但并没有告诉学生名字，使用时多数时候都是直接给学生表格。

4. 我的思考

通过对学生作品的分析，以及对学生与教师的访谈，我认为学生对于画图、列举、列表等解决问题的策略有较清晰的认识，可以视为步入解决问题策略的明朗化阶段，但对于“从简单情形开始寻找规律”学生没有明确的意识，其实学生的列举就是从简单情形开始的，但学生没有清晰的认识，更不清楚从简单情形开始寻找规律对于解决问题有什么帮助。

综合学生目前的情况，我认为在教学中发展学生解决问题的策略，可以从以下三个方面进行。

一是能理解“从简单情形开始寻找规律”的策略，并正确运用。

这是为了帮助学生走出潜意识的阶段，能对“从简单情形开始寻找规律”的策略有清醒认识，了解这种策略对于解决问题的帮助。

二是丰富学生对不同策略的认识，能理解这些策略之间的联系。

单一地了解策略，学生对策略的理解是散点式的，不容易帮助学生形成策略背后的模型化思想，但寻找不同策略之间的联系，能沟通学生对不同策略的认识，让学生不仅对单一的策略有深刻的理解，更对不同策略形成网络化认识，构建模型，形成程序化理解。

三是能与以前知识建立纵向联系，会选择适当的策略解决生活中遇到的问题。

（二）教学实践，发展学生对策略的认识

1. 理解“从简单情形开始寻找规律”的策略实践

基于学生对“从简单情形开始寻找规律”没有人能清晰地表达，并对这种策略不了解，第一次执教中我打算采用自学的方式进行。

【第一次执教教学片段】

师：如果从简单情形开始寻找规律，你会怎样做？

生 1：老师，什么是从简单情形开始寻找规律？

师：请阅读教材第 85 页的第二个问题，说说你是如何理解从简单情形开始寻找规律？

生 2：我认为它就是一步步地推理。

生 3：我觉得它是从最简单开始的，将过程一步步写下来。

生 4：老师，我有个疑问，我们能用一幅图就表示出来，为什么要画这么多步呢？

师：是个好问题，你们怎么想这个问题？

生 5：我觉得没有这个必要。

师：如果真的没有必要，为什么书上会给我们介绍这种方法呢？

生 6：我发现这样我不用全部画完，只需要画几步就行。

生 7：是啊，只要画 2 人、3 人、4 人的就可以了，不用再往下画了。

师：想一想，为什么不用往下画了？

生 8：因为能找到规律了。

……

教学中，通过自学，学生了解了什么是从简单情形开始寻找规律，但在这个过程中，气氛比较沉闷，学生兴趣不浓，并且因为前面策略的分享是逐一呈现的，花了不少的时间，没来得及让学生尝试使用这种策略。基于此，在第二次执教中，我们对教学方式进行了调整。

【第二次执教教学片段】

师：如果从简单情形开始寻找规律，你会怎样做？

生 1：什么是从简单情形开始寻找规律？

（学生讨论，教师巡视。）

生 2：我们觉得是用比 10 小的数据开始找规律。

师：小到什么程度，从几人比赛开始找规律呢？

（5人、2人、1人……下面的学生开始小声猜测。）

师：你们觉得从几人开始推理是简单的？

生3：还是2人吧。1个人，无法比赛。

师：2人比赛几场？（画图写“1”。）

师：增加1人呢？

生4：增加2场（板书：+2）。

师：请你在作业单上试着将自己的方法调整成用简单情形开始寻找规律。

（学生完成，教师巡视。）

师：对比着书上的做法，看看自己的作品。

师：现在你们觉得从简单情形开始推理怎么样？

生5：挺简单。

生6：更能看懂规律。

生7：不用全部列举完了，如果计算100人，我也可以用这种方法了。

教学中，通过教师带着画，学生自己尝试，对比教材上的方法进行修正，并谈谈自己的感受，使学生对之前的方法进行分解或重建，对从简单情形开始寻找规律有明确的认识，并通过后面的联络问题对这种策略进行运用。

2. 建立策略之间联系的实践

（1）不同策略之间的联系

【第一次执教教学片段】

师：同学们，课前大家通过独立思考，解决了乒乓球比赛场次的问题。请你们在四人组内分享自己的方法。

（小组分享后，全班交流，教师呈现学生的方法。）

师：想一想，这些方法之间有什么联系与区别呢？

生1：它们都解决了同一个问题，只是表达方式不同而已。

生2：我发现我们组内的方法有的列举完了，有的没有，但最终答案都是一样的。

这个教学过程用时 18 分钟，没时间交流“从简单情形开始寻找规律”。而且教学中，学生情绪不高，通过课后访谈，学生认为这些方法自己已经会了，老讲没有趣味。基于这种情况，第二次教学中我们将学生作品调整成整体呈现，提高问题难度，直接探讨这些方法之间的联系与区别。

【第二次执教教学片段】

师：同学们，课前大家通过独立思考，解决了乒乓球比赛场次的问题。我们来看看大家的方法。（教师推送学生作品，学生在平板上进行观看，如图 3）

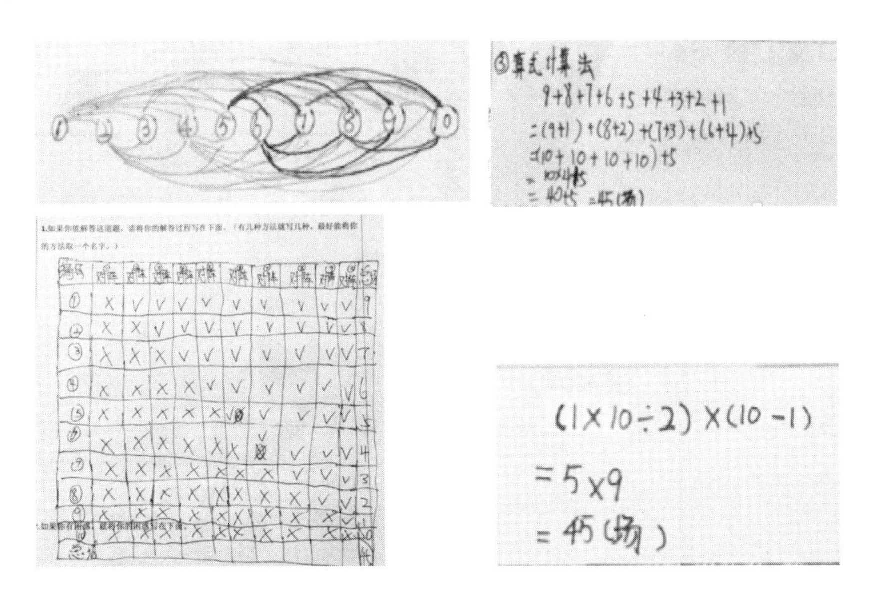

图 3

师：这些方法有什么区别和联系呢？在小组内讨论。

师：哪个小组的同学来跟大家分享下？

生 1：我觉得第一幅图运用找规律的方法，比较简单，而且图文并茂，让人直接了解。

师：请你再说说他是怎样图文并茂地找出规律的？

生 1：大家看，第一个人与其他每人都赛 1 场，共赛 9 场，他连了 9 条线；第二个人又与其他 8 人都赛 1 场，共赛 8 场；第三个人就是 7 场，所以，后面依次是 6，5，4，3，2，1 场。加起来一共就是 45 场了。

生 2：我觉得你说得很好，我来说说这个表格图吧。尽管他用的是表格，其实是与连线的方法是一样的，都是按第一人赛 9 场，第二人赛 8 场……这样的规律进行下去的。

生 3：我有不同的想法。刚才你说的是分别赛了 9 场、8 场，我认为不是这样的，其实每个人都赛了 9 场，8 场只是第一个人赛了后，第二个不能与第一个重复比赛，所以是增加了 8 场。

生 2：谢谢你，我知道我哪儿理解错了。

生 4：我觉得算式中的 1＋2＋3＋…＋9 与表格、连线的方法是一样的。

……

这个教学过程用时 8 分钟，节约了不少时间，并因为问题对于学生而言，有一定的挑战性，学生的注意力与兴趣也比第一次执教有了改观。

(2) 从简单情形开始寻找规律的纵向联系

【第一次执教教学片段】

师：从简单情形开始寻找规律这种方法以前见过吗？

生：见过，与我们以前找规律的方法很像。

师：（播放图片）这些能帮助你理解吗？（如图 4，图 5）

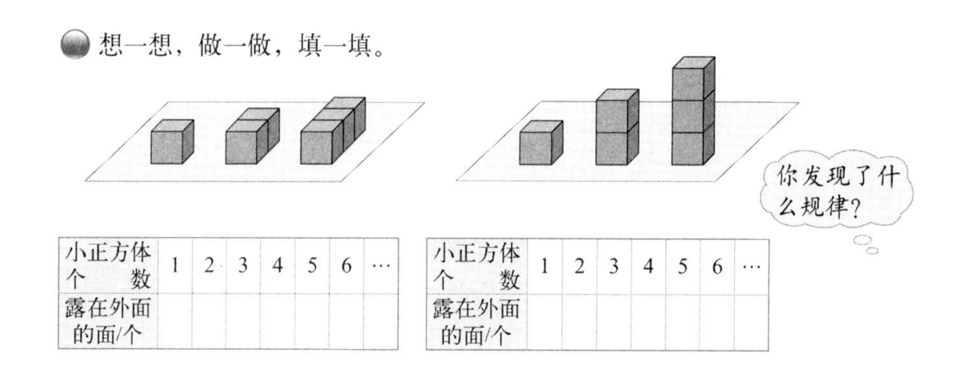

小正方体个数	1	2	3	4	5	6	…
露在外面的面/个							

小正方体个数	1	2	3	4	5	6	…
露在外面的面/个							

图 4

(1) 2，3，4，…，n只小熊表演节目，分别有多少只脚着地？

(2) 如果共有26只脚着地，那么有多少只小熊在表演节目？

图 5

……

听课的教师反馈，尽管呈现了以前所学与现在的联系，但真的唤醒了学生认知，建立起与以前所学知识的联系了吗？所以，还是需要通过学生用语言或可显的方式进行了解。基于此，我们将教学进行了调整。

【第二次执教教学片段】

师：你觉得“从简单情形开始推理”还可以解决什么问题？

生1：数线段。

生2：握手问题。如10个人，每两个人要握一次手，共要握几次手？

师：看看图6、图7中的问题，是否可以用这样的方法？

● 不计算，你能直接写出99999×99999，999999×999999的积吗？

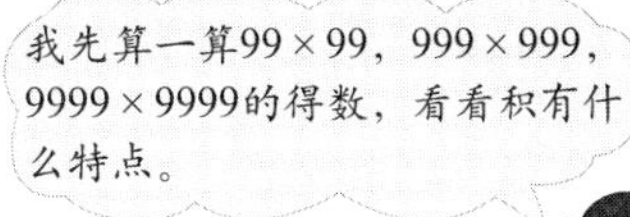

$99 \times 99 =$ ______

$999 \times 999 =$ ______

$9999 \times 9999 =$ ______

$99999 \times 99999 = ?$

$999999 \times 999999 = ?$

● 观察下面的算式和得数分别有什么特点，你能再写出几个这样的算式吗？用计算器验证结果。

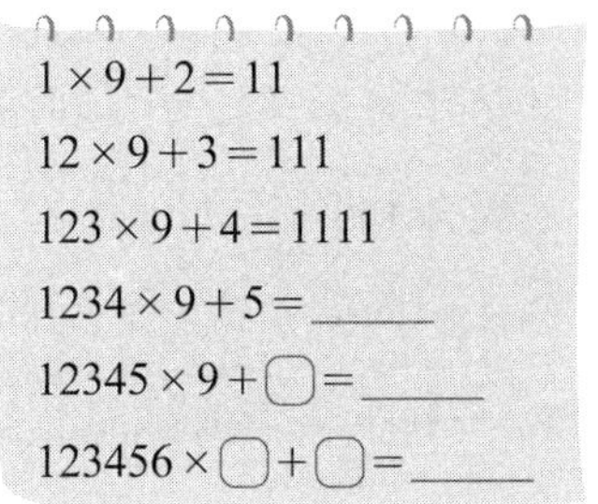

$1 \times 9 + 2 = 11$

$12 \times 9 + 3 = 111$

$123 \times 9 + 4 = 1111$

$1234 \times 9 + 5 =$ ______

$12345 \times 9 + \square =$ ______

$123456 \times \square + \square =$ ______

图 6

想一想，做一做，填一填。

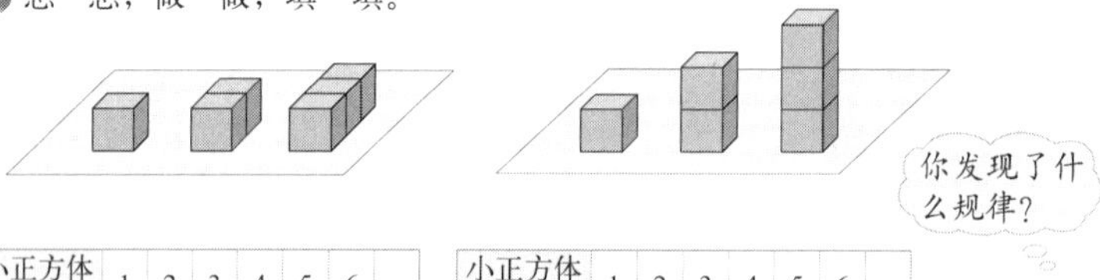

你发现了什么规律？

小正方体个数	1	2	3	4	5	6	…
露在外面的面/个							

小正方体个数	1	2	3	4	5	6	…
露在外面的面/个							

图 7

生 3：老师，我明白了，只要是寻找规律，都可以用这种方法。

师：能具体说说吗？

生 3：五年级时候学的，数三角形的个数也可以。

生 4：还有计算中也行。如 $1+3+5+7+9+\cdots+99$，可以先想 $1+3=2\times2$，$1+3+5=3\times3$，可以知道它等于 $50\times50=2\ 500$。

师：想一想，什么情况下可以用这种方法？

生 5：我觉得只要遇到复杂的问题，都可以从简单开始寻找规律。

……

第二次教学中，通过视觉刺激唤醒学生的记忆，学生经历了信息搜索及重组的过程，对从简单情形开始寻找规律的知识与策略进行了纵向联系与总结，有了更加深刻的理解。

四 研究反思

1. 促进学生解决问题策略的形成

一是学生能用自己的语言解释“从简单情形开始寻找规律”，帮助学生走出潜意识的阶段，了解这种策略对于解决问题的帮助。

二是学生能正确表达对各种策略的认识，借助策略之间的联系与区别，逐步形成策略背后的模型化思想，能对不同策略形成网络化认识，构建模型，形成程序化理解。

三是能建立已知、未知与正在学习知识之间的纵向联系。

2. 明确了课的取舍角度

一堂课是否需要继续，不是以学生是否解答正确为终点，而是要了解学生的思维路径，以学生看到学科本质之后是否掌握了数学思想和方法为依据。复杂的问题需要简单化，简单问题也需要细细思量。而这些，都是需要站在学生的角度看待问题。

3. 这次的研究成果是否有推广的价值

在研究中，我将多调研（有时二次、三次调查）、促理解、强反思、重联系的发展解决问题策略的方式运用到平时的课堂教学中，并多次以学生的困惑作为教学的起点，学生提问、总结、反思的意识也逐步增强。

那么，这种方式是否具有推广的价值，还需要细细思量。同时，我们也有困惑，调研的方式目前更多地采用学习单的形式进行。学生独立完成学习单，教师进行批阅，这种方式比较耗时，有没有更简单的方式，能对学情有更佳的方法进行了解？

参考文献

[1] 波利亚．怎样解题［M］．涂泓，冯承天，译．上海：上海科技教育出版社，2011.

[2] 朱德江．小学生数学素养培养策略与案例［M］．北京：北京师范大学出版社，2008.

[3] 刘坚，孔企平，张丹．义务教育教科书·数学 教师教学用书（六年级上册）［M］．北京：北京师范大学出版社，2014.

[4] 徐文彬．数学“解决问题的策略”的理解、设计与教学［J］．课程·教材·教法，2009（1）：52－55.

成长寄语

廖敏老师的文章是一个很典型的提高学生解决问题策略的研究，是关于问题解决的。问题解决有三个层面可以讨论：①把问题解决作为一种教学手段来教学；②通过教学让学生更有效的解决问题；③教学是为了更好地帮助学生掌握解题的策略。这三个方面相辅相成，但又有一点儿微妙的不同。廖敏老师解读的侧重面是教给学生解题策略，更具体地说是通过个案达到一般化的解题策略的认知，这是波利亚的教学策略之一。这个策略的关键是系统性，通过系统地列出各种可能性，以至于学生不会遗忘。

这样的研究是很有意义的，但在这种研究当中有两个挑战：一是通过解题策略的教学，特别是从个体到一般化的策略的教学，到底对学生今后的解题有多大帮助，这一点比较难测出来；二是作为教师怎么去把握，到底告诉学生多少，一点儿都不讲，学生可能摸不着头脑，讲得太多，又全都告诉学生了，不可避免会降低学生的认识水平。

廖敏老师在这方面有一个大胆的尝试，我认为还是很好的，但从个案的角度来讲，可以从以下三个方面进行拓展。

首先，强调系统化。这样的一种教学需要系统化，如何帮助学生选用适合自己的方法，在目前的研究当中，这个方面需要加强。廖敏老师的文章可以再拓展，具体化一些。

其次，我对“学生困惑统计表”中的数据很感兴趣，根据表中数据展示的状况，廖敏老师可以接下来做两三年的工作，如为什么要学习这样简单的题呢？如果100人，有简便的算法吗？这就是推广。如何系统地通过教学的实践，来帮助学生理解这方面的问题，这可能不是一个或两个案例的事情了。本身这节课是教给学生如何系统地解决问题的策略，那么，廖敏老师今后的研究，可以比较系统化地进行教学实践，如何帮助学生回答问题，通过解决这些困惑，让学生更好地掌握这一方面的解题策略。

最后，尽管廖敏老师的文章侧重点是在解题策略，但我个人觉得最重要的是通过问题解决，能够让学生学到数学。意思是说侧重面可以再扩充一些，通过解决这样类型的问题，帮助学生能够系统化地来看各种可能性，以至于不会遗漏，帮助学生提高这样的一种组织思考能力，可能比解决这个题目更重要。当然，如果廖敏老师能够做一些具体数据的测试，试试不同的办法来教这样一种解题策略，也许是一件有趣的事情，如谢光玲老师通过两种方法控制进行的小小的探究性的研究，不妨是一种参考。

帮助小学生有效解决推理问题的教学策略研究

——以“有趣的推理”为例

谢光玲（安徽省六安市城北小学）

一 缘起

（一）推理的地位

《义务教育数学课程标准（2011 年版）》（以下简称“《标准（2011 年版）》”）指出：“推理是数学的基本思维方式，也是人们学习和生活中经常使用的思维方式。”并强调要让学生在“观察、实验、猜想、证明”等活动中发展“合情推理能力”和“初步的演绎推理能力”。史宁中教授指出：“通过抽象，把外部世界与数学有关的东西抽象到数学内部，形成数学研究的对象；通过推理，得到数学的命题和计算方法，促进数学内部的发展；通过模型，创造出具有表现力的数学语言，构建了数学与外部世界的桥梁。”

而“有趣的推理”这节课是新世纪（北师大版）小学数学教材三年级下册“数学好玩”单元的一节课，属于“综合与实践”领域的内容，“综合与实践”的实施是以问题为载体、以学生自主参与为主的学习活动，它有别于学习具体知识的探索活动，更有别于课堂上教师的直接讲授。它是教师通过问题引领、学生全程参与、实践过程相对完整的学习活动，是实现“积累数学活动经验、培养学生应用意识和创新意识”的有效载体。

（二）来自其他执教者的问题

“有趣的推理”是2012年我市优质课比赛的课题之一。听课中，我发现学生很少参与探究，执教者都采用传统的问答方式完成课堂教学。为什么会这样？通过访谈授课教师得知，教师们认为学生的差异性特别大，教学节奏难把握，所以，教学时不敢放手……不难发现，这样的教学方式直接导致学生活动空间小、积极性低、主动性差。

通过这样的教学，我们发现教材中呈现的两个推理问题（3名学生选兴趣小组、给6个玩具找家），第一个问题有80%以上的学生能借助列表得出正确的结论，但第二个问题在课后却有近45%的学生无法有理有据（叙述不清）地得出正确的结论。这让我不禁反思：这节课我们到底要让学生经历什么？我们要实现的目标到底是什么？是否有更有效的帮助小学生解决推理问题的教学策略呢？

（三）我的尝试

2013年，我对这节课做了全新的尝试，大胆放手给学生充足的时间亲自实践、探究（具体设计见文中），多次的教学实践都让我发现，学生对教材第二个问题的理解增强了，正确率显著提高。这样的发现让我忍不住进一步想知道：让学生经历自主探究和传统的“小步子”引导式教学，究竟能带给学生什么？这两种教学策略还导致学生出现了哪些变化和差异？哪种更利于小学生解决推理问题能力的发展？

问题的提出

鉴于以上的发现，我想做深入、细致的研究，因此，把研究的问题聚焦在以下几个方面。

（1）小学生已有的问题解决能力能否直接帮助解决推理问题？

（2）影响小学生推理问题解决的难点在哪？

（3）如何实施教学才能有效帮助小学生成功解决推理问题？

三 研究方法

这里主要对案例对比研究分析做出说明（如图 1）。

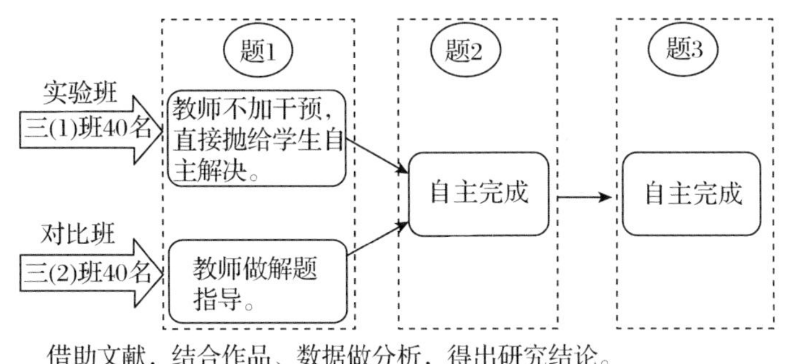

图 1

首先，为了保证调研数据的客观性，选取了同一教师所带的两个班级进行对比分析。两个班各 40 名学生，成绩相近、数学整体水平一致。

其次，对教材中的情境重新设计，题 1 仍选用教材中的 3 人选兴趣小组。题 2 是补充的，是 3 个球选宝盒，不同于题 1 的是题 2 只给一个大前提和两个小前提，仍是 3 个元素的推理，但推理长度更长一些。题 3 是教材中的“给 6 个玩具找家”作为实施教学后的后测，意在检验学生经历不同教学策略后解决推理问题的能力能否获得发展。

四 文献综述

（一）“问题解决”的界定

问题解决：在一定的问题情境中开始，要求教师根据问题的性质、学生的认识规律和学生所学知识的内部联系，创造一种教学中的问题情境，以引起学生内部的认知矛盾冲突，激发起学生积极、主动的思维活动，再经过教师启发和帮助，通过学生主动地分析、探索并提出解决问题方法、检验这种方法等思维活动，从而达到掌握知识、发展能力的教学目的。“问题解决”既是数学教学的目的，又是数学教学的方法与手段。

解决问题的过程：问题表征、选择操作、实施操作和评价当前状态四个阶段。

美国数学家和数学教育家波利亚在《怎样解题》中将解题过程分成了四个步骤：第一，弄清问题（引入适当的符号，如画图，把条件的各个部分分开，你能否把它们写下来）；第二，拟定计划（找出已知数与未知数之间的联系，如果找不出直接的联系，你可能不得不考虑辅助问题，你应该最终得出一个求解的计划）；第三，实现计划（实行你的计划）；第四，回顾（验算所得到的解）。

（二）“问题解决”部分的教学要求

《标准（2011 年版）》对教学提出如下建议：教师要放手让学生参与，启发和引导学生进入角色，组织好学生之间的合作交流，并照顾所有的学生。教师不仅要关注结果，更要关注过程，不要急于求成，要鼓励引导学生充分利用“综合与实践”的过程，积累活动经验、展现思考过程、交流收获体会、激发创造潜能。

（三）关于“有效”

“有效教学”的“有效”，主要是指通过教师在一种先进教学理念指导下经过一段时间的教学之后，使学生获得具体的进步或发展。“有效教学”的“教学”，是指教师引起、维持和促进学生学习的所有行为和策略。它主要包括三个方面：一是引发学生的学习意向、兴趣。教师通过激发学生的学习动机，使教学在学生“想学”“愿学”“乐学”的心理基础上展开。二是明确教学目标。教师要让学生知道“学什么”和“学到什么程度”。三是采用学生易于理解和接受的教学方式。

由此，结合文献和《标准（2011 年版）》，对“有趣的推理”的“有效教学”界定如下。

（1）问题得到解决；

（2）积极、主动寻求解决策略、方法；

（3）解题过程思维活跃、多元，方法多样；

（4）符合教学、学生认知规律。

五 研究过程

题 1　学校有足球、航模和电脑兴趣小组，淘气、笑笑和奇思根据自己的爱好分别参加了其中一项，他们 3 人都不在同一个组。笑笑不喜欢踢足球，奇思不是电脑小组的，淘气喜欢航模。

你知道 3 人分别参加了哪个兴趣小组吗？

两个班级教学设计如表 1。

表 1

三（1）班　实验班	三（2）班　对比班
教学设计	教学设计
1. 先想一想，再把自己想的过程写下来。 2. 与同桌交流你是怎么想的、怎么得出结论的？ 3. 作品互换，看别人的作品，猜猜他是怎么想的。 4. 同桌互相讨论，怎么表达才能使推理过程更完整？ 5. 借助学生作品，引导学生运用表格整理信息。 6. 利用学生作品，让学生自己表述推理过程，引导学生整理、组织信息，记录成表格的形式。 7. 学生独立尝试运用表格进行推理。 8. 展示作品，让学生互相解读从他人作品中读到了什么？并互相验证解读的对不对。 9. 反思这个问题的解决和以往的问题解决有什么不同，从而得出什么是推理。 10. 观察、对比选出的作品，你有什么发现？ 11. 反思推理过程，你有哪些好的建议能帮助推理问题的解决？	1. 读懂了哪些信息？怎么读懂的？ 2. 教师有意识地摘录信息形成表格雏形。 3. 你能独立解决这个问题吗？请用你认为最简洁的方式把想法过程表达出来。 4. 对比学生作品，发现表格的特征，为什么表格中每行每列只有一个“√”。 5. 反思推理过程，说说对推理的感受，并说说什么是推理。

【设计分析】

实验班三（1）班的教学，先放手让学生自主实践，进行个性化探究解决问题，再让学生互换作品互相读懂、验证过程，让学生明白解决问题不仅是得出正确的结论，还要寻求合适简洁的数学表达，让他人能读懂自己的解决问题的过程，问题才得以真正的解决。在讨论、交流中，使学生自然而然地萌发进一步学习、探究、交流的热情和兴趣。

对比班三（2）班则采用传统的教学方式，先让学生读懂题意，在教师的带领下一步步进行推理。这种“小步子”逐步引导的方式进行教学，能迅速帮助学生读懂题意、梳理信息，特别是教师有意识地摘录信息形成表格的雏形，为学生迅速扫清了表征问题的障碍，大大降低了学生的解题难度，从而帮助所有学生把问题得到快速解决。

在没有教师干预的情况下，实验班三（1）班学生解决问题的方法是多样的（如图 2）。

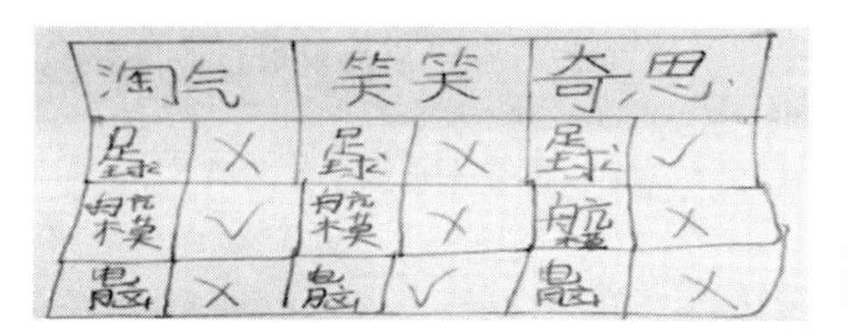

图 2

对比班三（2）班学生解决问题的方法相对比较单一（如图 3）。

图 3

【数据统计】

两个班解答情况数据统计如表2、表3。

表2　三（1）解答题1情况统计表

解答情况	有理有据得出正确结论	理由叙述不清但得出正确结论	完全无法解决
人数	11	26	3
百分比/%	27.5	65.0	7.5

表3　三（2）解答题1情况统计表

解答情况	有理有据得出正确结论	理由叙述不清但得出正确结论	完全无法解决
人数	37	2	1
百分比/%	92.5	5.0	2.5

从问题解决角度看，放手让学生利用已有知识经验，独立尝试解决推理问题，发现小学生已有的问题解决能力不能直接帮助推理问题的解决。自主探究问题解决教学方式下的正确率（27.5%），远远低于引导传授式教学的正确率（92.5%）。对照波利亚《怎样解题》第一步弄清问题，发现小学生在解决较大量信息问题时，读懂题意、能把已知信息进行重组、能运用简洁的方式表征都是直接影响学生成功解决问题的首要条件，也是学生能否成功解决推理问题的难点所在。因此，在课堂教学中，应当帮助学生寻找合适的已知条件表示形式，如表格，帮助学生理解题意、梳理信息、表征问题，把抽象变直观，化抽象为形象，扫清影响推理问题解决的障碍，使已知信息导向问题解决。

从解题方法、策略多样性看，让学生独立思考，经历个性化探究的问题解决的方法和策略是多样而丰富的。而教师引导后则会大大限制学生思维的多样性，绝大多数学生会按照教师预设的列表法解决问题，即使没有明白列表的内在含义，学生也会生搬硬套，从最后的反思质疑环节就能明显看出没有经历个性化探究、主动寻求的过程，学生对推理的本质及推理问题的理解有明显缺陷。从探究热情、积极参与状态看，教师给的探究空间越大，学生的积极主动性表现越好。在三（1）班的课堂教学中，所有教学环节都是在生生对话、师生对话、交流中共同完成的，主动思考、主动寻求解决策略，有的学生看到别人用列表整理信息进行推理，立刻表示喜欢这种方法，并提出自己的见解让列表更简洁。不仅如此，还能主动寻求新的策略——抓住确定信息为解决推理问题的突破口，从而更快速地解决了问题。因此，教师适当给学生提供一些思维的生长点，能引领学生走得更远。而三（2）班的课堂则太安静，稍有沉闷，每名学生按部就班地完成问题解决，即使很快解答也从学生的脸上看不到成功的喜悦、探究的热情。

从问题解决后，对推理问题的本质理解上看，两个班学生的理解差异特别明显，三（1）能够结合实例准确说出“推理就是有理有据地得出正确结论的过程”，而三（2）班则只有少数人说“利用表格肯定画‘√’，否定画‘×’就是推理”。

通过学生访谈发现，影响学生不能快速解决推理问题的原因有三：一是不能运用以往的加减乘除来计算，所以不会解决；二是因为“题目特别难读懂”（学生语）；三是能猜到淘气、笑笑和奇思分别参加了哪个兴趣小组，但是写不好。

经历了以上两种不同的教学实践，我们不禁产生质疑：

（1）运用列表是帮助学生成功解决推理问题的唯一途径吗？有了表格会对小学生后续问题解决产生哪些影响呢？

（2）经历探究过程和直接传授，究竟对学生推理问题的解决产生怎样的影响呢？究竟哪种教学更有效，能促进学生成功解决推理问题呢？

题 2　①②③号宝盒中分别装有绿、红、白三种颜色的球，且每个盒中分别只装有一种颜色的一个球。①号装的不是红球；②号装的不是白球；③号装的是绿球。三个盒中分别装的是什么颜色的球？

【设计意图】

此题与 3 人选择兴趣小组很相近，但小前提少了一个，难度增加不大，但推理的长度变长了。

学生解答典型作品如图 4。

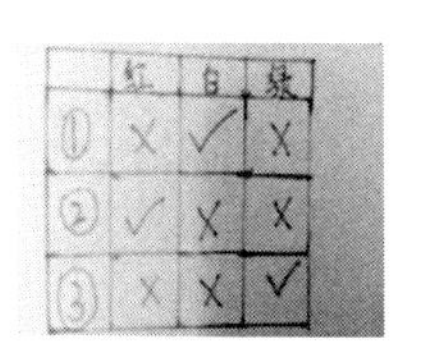

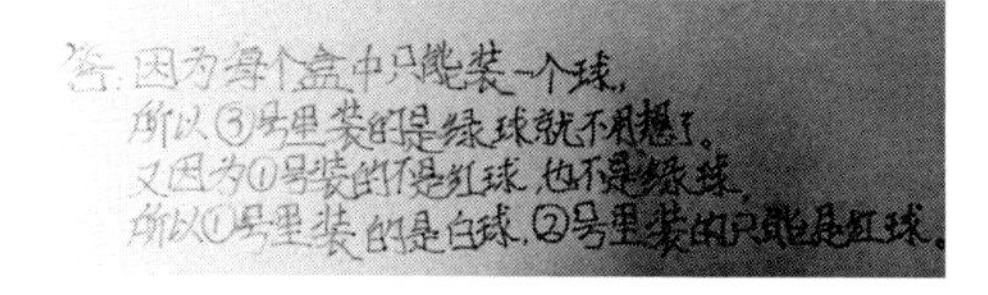

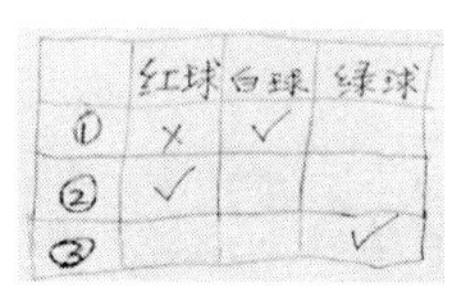

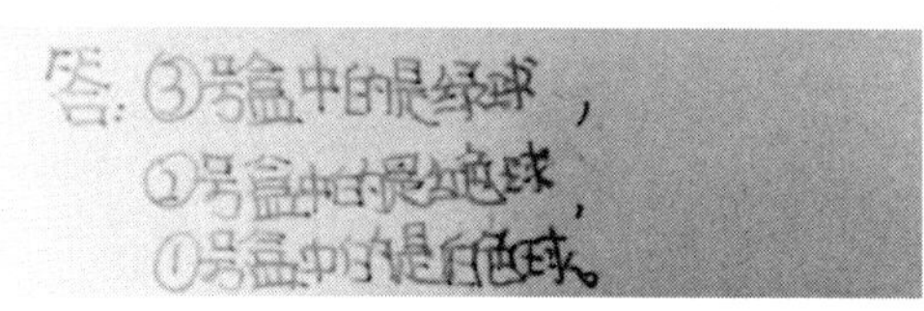

图 4

【数据统计】

两个班解答情况数据统计如表 4。

表 4　解答题 2 情况统计表

解答情况		列表、有完整过程	文字叙述、有具体过程	列表、抓住关键信息	文字表述、无过程	无法解决
人数	三（1）班（百分比%）	2 (5.0)	1 (2.5)	15 (37.5)	22 (55.0)	0 (0)
	三（2）班（百分比%）	27 (67.5)	2 (5.0)	10 (25.0)	0 (0)	1 (2.5)

【现象分析】

观察统计数据发现：两个班基本上都能完整表达解决问题的过程。但也发现一个现象：三（1）班运用列表解决问题的人数，远远小于三（2）班的人数，而且只有结论没有过程的人数较多。

为什么体验了列表策略能成功解决推理问题好处以后，学生仍然不运用列表来解决问题呢？通过访谈发现，学生认为题目简单，在脑中已经画好表格了，不用再画表格就能够有理有据得出正确的结论了。另有 3 人喜用文字表达，觉得用尺子画表格比较麻烦。而三（2）班的学生依旧按部就班运用表格进行推理解决问题。

对比中发现，“让学生经历的挑战越大，思维收获越多”，经历自主探究的三（1）班学生对表格的理解是深刻的，学生思维活跃，能迅速从依赖表格的具象到抽象，立刻能够灵活运用。而三（2）班学生仍旧停留在记忆的层面，在解决推理问题时仍然不能抽象概括。所以教学中，让学生经历自主探究、交流讨论、对比总结、反复经历个性化和社会化的过程，有利于学生积累活动经验，掌握问题解决方法，能够有效帮助学生解决推理问题，推动学生推理能力、解题能力的发展。

题 3　飞机模型分别放在了柜子的什么位置。（如图 5）

航模小组有 6 个飞机模型：淘气号、奇思号、妙想号、笑笑号、乐乐号和教练号，放在柜子里。请你根据下面的信息，找到它们的位置。

淘气号和乐乐号都放在柜子的左侧，淘气号在乐乐号的上面。

教练号在最上面一排左侧。

妙想号不在最上面，也不在最下面。

奇思号没有放在教练号的旁边。

图 5

【设计意图】

基于教学实践，两个班学生都已经掌握运用表格、抓住确定信息为突破口进行推理问题解决，所以，本题只要求学生运用自己喜欢的方法进行推理。

【教学设计】

（1）独立思考后小组合作完成，同时思考提出的问题。

（2）交流思考：你想从哪个信息开始推理？按什么顺序推理出每一个玩具的位置的？

（3）议一议：你能让推理更简便吗？

（4）展示、交流作品。

（5）反思：通过给飞机模型找家，你对解决推理问题又有了哪些新的想法？

学生解答题 3 的典型作品如图 6。

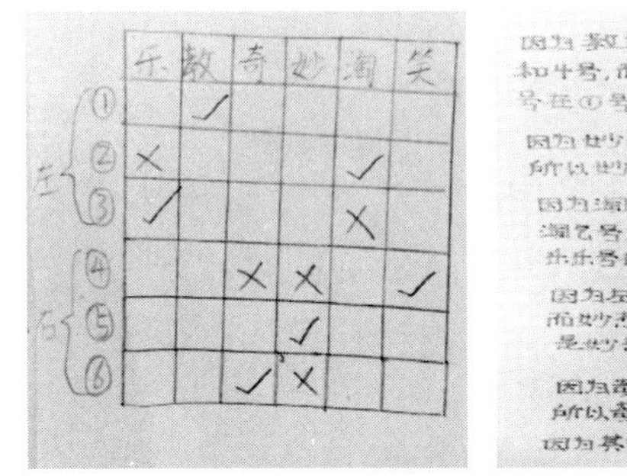

图 6

【数据统计】

两个班解答情况数据统计如表 5。

表 5　解答题 3 情况统计表

解答情况		利用表格推理	先分类再抓关键信息得出正确结论	抓关键信息得出正确结论	完全无法解决
人数	三（1） （百分比/%）	5 （12.5）	29 （72.5）	6 （15.0）	0 （0）
	三（2） （百分比/%）	0 （0）	5 （12.5）	23 （57.5）	12 （30.0）

【现象分析】

“给玩具找家”是复杂的位置推理，考查学生在掌握解决三个元素的推理问题后，是否具备解决一般推理问题的能力。从数据中不难发现，三（1）班学生解决复杂推理问题的能力明显优于三（2）班的学生，这些学生不仅能独立解决推理问题，而且会主动寻求策略——先左右分类、化繁为简。

对比分析发现：三（1）班学生在不断的问题解决中经历了心中没“表”—探究有“表”—脑中有“表”的过程。这个教学过程符合小学生的年龄特点，借助直观的表格，架起了具体到抽象之间的桥梁，从而学会解决这一类问题的方法、策略，提升解决问题的能力。

六 研究结论

1. 合理定位，找准基点是有效教学的前提

通过案例对比研究发现，小学生利用原有的知识经验、问题解决能力是很难完成推理问题解决的。对照波利亚的《怎样解题》发现学生不能把条件分开、合理梳理信息、科学表征信息，这也是直接影响、制约小学生推理问题成功解决的难点。教学中，只有把握住这个难点，才能提升课堂教学的有效性，促进学生的发展。

2. 留足探究的时间、空间，鼓励学生经历个性化和社会化探究过程，是有效教学的基本要求

两种不同的教学方式，虽然都帮助学生解决了推理问题，但差异是明显的。首先，表现在问题解决时学生思维丰富、多样性上的差异。其次，表现在学生遇到类似问题时，能否积极主动寻求策略的差异。三（1）班经历了题1的“自主探究—合作讨论—独立思考—问题解决—反思质疑”的学习过程后，遇到题2、题3时，不是生搬硬套列表去解决，而总是积极思考，主动寻求更合适更科学的策略去解决问题；而三（2）班在题3的解决上明显落后于三（1）班，说明让学生经历实践探究比教师直接传授引导更能促进学生的发展。最后，差异性还表现在学生的学习热情上，放手让学生实践探究更能激发学生学习的兴趣和热情，获得成功体验。

七 有待思考的问题

1. 研究数据小，如果数据更大，其他区域的学生会有这样的情况吗？

2. 所有新一类问题解决都要让所有学生经历个性化与社会化相结合的过程吗？

像廖敏老师的文章一样，谢光玲老师的文章主要是帮助小学生掌握解决推理问题的教学策略。廖敏老师的策略是系统化地把所有可能性说出来，以至于不会遗漏，而谢光玲老师的策略是列表，这是一个非常好的小型的实验研究。

通过列表开展两种教学方法：一种是将表格直接给学生；另一种是不给学生表格，由学生自己来探究。在有表格、没有表格两种情况下，学生解决后面同样的问题时，效果如何？借助具体的实践，让学生来探究，表格都让学生自己来发现，这是一种高水平的掌握。在有表格、没有表格两种情况下，学生解决同样的数学问题时，对成功的影响有多大？通过小型的实验研究，谢光玲老师得出通过探究，正迁移来的多一些，意思是说在解决后续问题时成功率高，也就是说让学生探究，对帮助学生理解列表法怎样在不同的情境下应用，是有很大帮助的。这就是探究的好处，让学生在大脑里建立了更多的联系。

谢光玲老师作为一线教师，既是一个教学者，又是一个研究者。谢光玲老师这篇文章所采用的教学策略，还是非常值得肯定的。

在这方面可以拓宽的是什么呢？因为也有很多其他的教学内容或解决问题的策略，我觉得可以很自然地推广，希望谢光玲老师可以将同样的教学实践的方法推广到学习别的数学概念，或者用别的解决问题的策略来进行类似的探究性教学的实验。这样就能很系统化地把这样一种方法概括出来。

“鸡兔同笼”教学案例研究

——兼述“鸡兔同笼”的教学价值

叶建云（广东省深圳市宝安区官田学校）

一 研究内容

新世纪（北师大版）小学数学教材五年级上册第99～100页“尝试与猜测”。

二 关于研究内容教学的文献分析与思考

（一）“鸡兔同笼”教学内容的文献分析

新世纪（北师大版）小学数学教材是最早将“鸡兔同笼”这一传统数学经典内容纳入教材的，后来，陆续有其他多个版本的教材也将这一内容纳入小学数学教材。在“维普资讯”网，以“鸡兔同笼”为关键词进行查找，可以找到公开发表的有关“鸡兔同笼”教学的相关文章200多篇，由此可见本课题研究的普及性。但是分析起来，主要有以下三种情况。

1. 解法的多样

近一半的研究文章是在介绍不同的解法。其中，大部分都是在谈如何指导学生用各种各样的方法去解决这一问题，如列表法、画图法、假设法、列方程法等；一部分是在解读历史文献中的关于“鸡兔同笼”的解法分析，如部舒竹的“‘鸡兔同笼’算法源流”一文（发表于《教学月刊（小学版）》2012年第Z2期），全面介绍《孙子算经》《算法统宗》中的“雉兔同笼”的详细解法及解读。此外，还有小部分对“鸡兔同笼”问题的拓展方面的研究，如杨忠的“关于‘鸡兔同笼’问题的教学思考”（发表于《教育实践与研究》2013年第6期）就“拓展”出如支付问题、装载问题、比赛问题等问题。其中，装载问题的具体描述是有大小两种瓶，大瓶可以装水5千克，小瓶可装水1千克，现在有100千克水共装了52瓶。问：大瓶和小瓶相差多少个？

2. 教法的多元

不少研究文章关注具体的教法的选择。如邵丽芳在“用列表法解决‘鸡兔同笼’教学实践与反思”（发表于《教学月刊（小学版）》2011年第12期）一文中强调用“列表法”解决这一问题，这也是北师大版教材倡导的教学方式；王常辉在“引导学生用好假设法——‘鸡兔同笼’教学实践与反思”（发表于《教学月刊（小学版）》2011年第12期）一文中着重从“假设法”的角度进行阐述；陶彦敏在“基于图形表征的‘鸡兔同笼’问题教学实践”（发表于《小学教学研究》2013年第20期）一文中重视在“图形表征”的框架内进行教学，重视图形与实物的模拟运用。

3. 关于教材设计与教学的把握

何素伟、张桂芳、陈朝东老师合作撰写的“教师要比教材走得远——由‘鸡兔同笼问题’引发的思考”（发表于《小学教学参考（数学版）》2013年第20期），里面谈到需要引领学生辨别鸡兔同笼问题的本质。如文中通过题目“盒子里装着5分和2分的硬币，一人从盒中任意取出硬币若干，并说出硬币的个数和总钱数，另一人来猜其中5分硬币有几个”，帮助学生获得进一步的精细化认识。尽管这里的“5分”不是一个偶数（鸡和兔的脚数都是偶数），但它仍然适用类似的解决方法，可以延伸出例题当中的“腿数”可以是任意整数的认识，这样就排除了奇（偶）数这个非本质信息。由此，我们需要让学生明白，解决此类问题，关键在于如何辨别问题中与例题中的“鸡”“兔”相对应的量，以及与“鸡腿”“兔腿”相对应的量，并能够将例题中的数量关系迁移到新的问题情境中。而只有“鸡”“兔”相对应的量，以及与“鸡腿”“兔腿”相对应的量，这四个量之间的关系及其联结着的结构，才是这类数学问题的本质结构。

（二）一个调查带来的思考

关于“鸡兔同笼”的解法（教法），研究者们更多的是凭借自己的感觉或经验来进行选择，如“这样学生会更喜欢一些”“教法变一变，乐趣多一些”，往往没有从心理学上进行深入的解析，没有从教材编写者的思路进行梳理，没有从真正读懂学生的需求入手进行思考。

曾经，这些困惑一直困扰着我。北师大版教材强调列表法解决这一问题的重要性，建议不用教其他方法。经过调查 110 位教师，近年来共听到的 286 节“鸡兔同笼”课题的课，选择列表法解决策略的有 33 节，选择还介绍其他方法的有 253 节。是教材的编排和教师的期待有距离，还是教师对教材的理解意识还不够强？

同时，有一些学者提出，作为中国古代数学名题的“鸡兔同笼”，可以分年级、分层次加以使用，如三四年级时，可以数字小一些（如 6 个头、14 条腿），引导学生用画图法解决；五年级时，引导学生用列表法解决；六年级时用假设法解决或方程法解决。这些都带给我很多的思考，究竟该如何介入学生的学习呢？当我重读王永老师的“从三个小故事，谈谈我的教学主张”一文中关于“鸡兔同笼”的教学时，他这样表述自己的观点：教学的重点不在于学会列表法解“鸡兔同笼”问题，也不在于这个方法是不是学生自己想出来的，而是必须想明白为什么“鸡兔同笼”问题可以用列表法解答？什么样的问题可以用列表法解答？“鸡兔同笼”问题之所以可以用列表法解答，是因为条件数据与解答之间存在确定性的关系（即函数关系），也就是说，如果知道鸡的只数，就可以求出兔的只数，从而就可以确定鸡与兔的腿的总数。例如，鸡兔同笼，共有头 20 个，腿 54 条，鸡、兔各有几只？

用列表法如表 1。

表 1

鸡的只数	兔的只数	腿的总条数
1	19	2+4×19=78
2	18	2×2+4×18=76
10	10	2×10+4×10=60
11	9	2×11+4×9=58
12	8	2×12+4×8=56
13	7	2×13+4×7=54

所以，鸡 13 只，兔 7 只。

如果说未知数是要捕捉的猎物，那么上述这张表就是使猎物无法逃遁的网。这张网还可以进一步数学化：设鸡有 x 只，则兔有（$20-x$）只。可得 $2x+4(20-x)=54$。这个方程其实就是对上述表格进一步数学化的结果。方程就是通过建立已知量与未知量之间的相等关系并用来寻找未知量的数学模型。解方程的基本方法也是猜测与尝试法。

上述思路具有一般性，把鸡的只数看成自变量，把鸡与兔的腿的总数看成鸡的只数的函数，寻找使函数值符合一定要求的自变量，这个思路能解决很多问题。其实，方程就是函数的逆运算。

王永老师的分享，让我感悟到不同解法之间的数学上的关系。作为一名小学数学教师，理解和把握这种关系是很重要的，而在研读教材的过程中，我越来越清晰体会到，作为通性通法的列表法，所展现的数学价值，可能才是“鸡兔同笼”的教学价值所在。带着这样的思考，我们开始进行研究。

关于学情调查情况

为了了解学生的学习基础和生活感知水平，课前，我们对一个班的 51 名学生的学习情况进行了前测。前测的题目如下。

（1）你听说过“鸡兔同笼”的问题吗？

（2）把 3 只鸡、2 只兔子关在同一个笼子里，小明数了一下，共有几个头、几条腿？

（3）把鸡和兔关在同一个笼子里，小明数了一下，共有 6 个头，16 条腿。你知道笼子里鸡、兔各有几只吗？

第（1）题，51 名学生中共有 16 名学生听说过，但不能进一步进行解释。

第（2）题，共有 36 名学生正确解答。不能正确解答的学生，我们进行了访谈，主要是不懂题意，有的则是生活经验造成的障碍，不知道鸡的腿数和兔的腿数，从而无法正确解答这一问题。

第（3）题，共有 17 名学生正确解答，正确解答的情况主要有以下几种。

①直接写答案。访谈后得知，有的是通过草稿纸上计算，有的是尝试推算出来的，就直接写答案了。(如图 1)

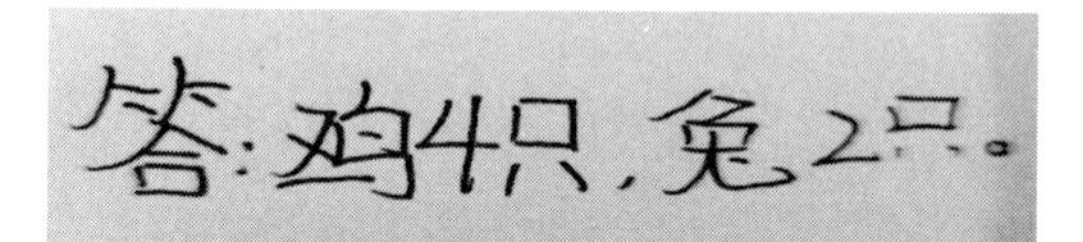

图 1

②通过计算鸡、兔的腿数，从而得出结论。(如图 2)

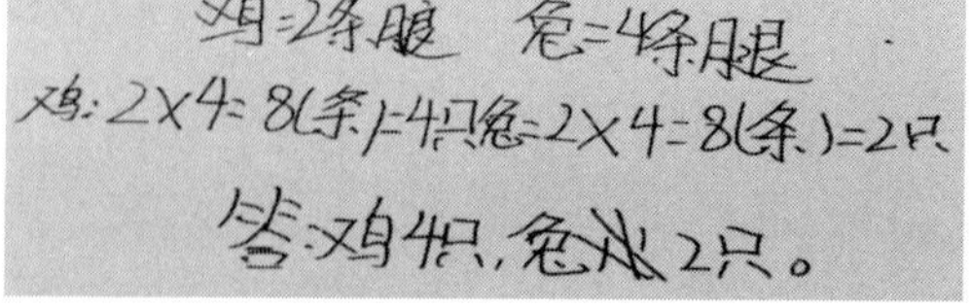

鸡=2条腿 兔=4条腿
鸡:2×4=8(条)=4只 兔=2×4=8(条)=2只
答:鸡4只,兔2只。

图 2

③通过画图的方法，先画鸡，再画兔子，得出结论。(如图 3)

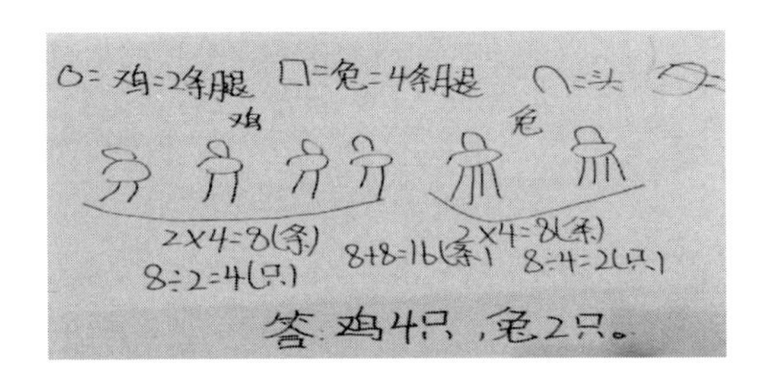

图 3

④通过画图的方法，画出所有的鸡和兔，得出结论。(如图 4)

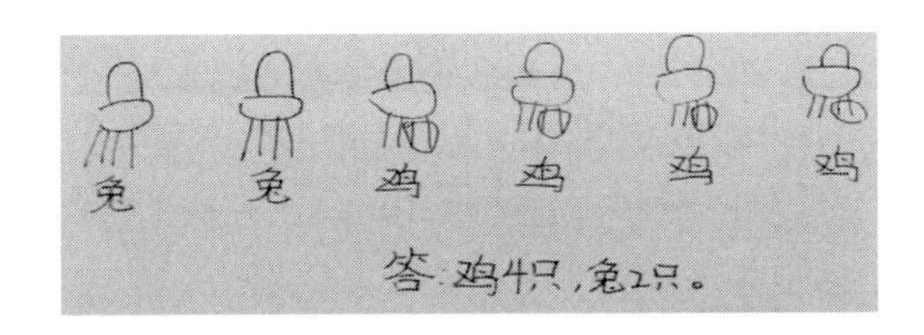

图 4

四 教学实践与研究

基于以上调查与分析，我们确立了学习目标，并进行实践研究。

（一）学习目标

1. 结合解决“鸡兔同笼”的问题，体验借助列表进行尝试与猜测的解题策略。

2. 通过自主探究、合作交流，了解尝试与猜测、列表策略适用于哪些问题。

3. 知道与“鸡兔同笼”有关的数学史，进行数学文化的熏陶和感染。

4. 明白列表法在生活中的广泛应用，激发学生学好数学、用好数学的兴趣与信心。

（二）第一次教学过程

1. 创设情境，初步感知

师：王大妈从市场里买回一些鸡和兔。王大妈数了一下，共有 9 个头、

26条腿。请问：王大妈分别买了几只鸡和几只兔子？

师：想一想，1只鸡有几条腿？1只兔呢？

生1：1只鸡有2条腿，1只兔有4条腿。

师：现在，大家能不能知道有几只鸡、几只兔子？

(学生有的说1只鸡、8只兔；有的说2只鸡、7只兔。)

师：如果是1只鸡、8只兔的话，共有几条腿呢？

(学生计算后得知，是34条腿，所以不对。)

师：如果是2只鸡、7只兔的话，共有几条腿呢？

(学生计算后得知，是32条腿，也不对。)

师：为了让每一种情况都能清楚地看出来，还不至于遗漏，你有好办法吗？

生2：用画图的方法。

生3：用列表的方法。

师：这个方法好！请大家将表格填写好，看谁又快又对找到答案。

学生独立将表格补充完整。(如表2)

表2

鸡的只数	兔的只数	腿的总条数
1	8	34
2	7	32
3	6	30
4	5	28
5	4	26

师：认真观察表格，你有什么发现？

生4：从上往下看，我发现鸡一次比一次多1只。

生5：从上往下看，我发现兔子一次比一次少1只。

生6：我发现鸡多1只、兔子少1只，腿就少2条。

2. 名题激趣，导入新课

师：今天老师给大家带来了一部1 500年前的数学名著《孙子算经》

（课件出示），在这里记载着许多有趣的数学名题，其中有这样一道题请看：今有雉兔同笼，上有三十五头，下有九十四足，问雉兔各几何？

（师生一起解读问题，明白题意：现在有一些鸡和兔子关在同一只笼子里，从上面看，共有35个头；从下面看，共有94条腿。问：有多少只鸡、多少只兔子？）

师：通常，我们把类似于这样的问题称为“鸡兔同笼”。今天，我们就来研究中国历史上著名的数学趣题“鸡兔同笼”。（板书课题：鸡兔同笼。）

3. 自主探究，构建新知

师：你能用列表法进行解决吗？试试看！

（学生独立尝试列表，有问题可向同桌或小组同学请教。）

教师巡视，大部分学生的做法如表3。

表3

鸡的只数	兔的只数	腿的总条数
1	34	138
2	33	136
3	32	134
4	31	132
5	30	130
6	29	128
…	…	…
23	12	94

少数学生的做法如表4。

表4

鸡的只数	兔的只数	腿的总条数
1	34	138
3	32	134
5	30	130
7	28	126
9	26	122

续表

鸡的只数	兔的只数	腿的总条数
11	24	118
…	…	…
23	12	94

下课铃声响起，许多学生还没有做完。

【第一次教学反思】

本次教学的问题可能在于，学生在完成“有 9 个头、26 条腿”的“鸡兔同笼”问题时，直接感受到鸡和兔 1 只 1 只的变化就可以找到答案，这在一定程度上体现了用列表法解决问题的合理性。但学生在用这一方法迁移到“有 35 个头，94 条腿”的“鸡兔同笼”问题时，遇到了新问题，由于数字比较大，不少学生在尝试过程中，还是按鸡和兔 1 只 1 只的变化这种方法去尝试、寻找正确的答案，花费了较长的时间，导致部分学生下课还没有完成。

该如何解决此问题呢？我们进行了第二次教学尝试。

（三）第二次教学过程

1. 创设情境，初步感知

师：王大妈从市场里买回一些鸡和兔。王大妈数了一下，共有 20 个头、54 条腿，请问：王大妈分别买了几只鸡和几只兔子？通常，我们把类似于这样的问题称为“鸡兔同笼”。（板书：鸡兔同笼。）

师：想一想，1 只鸡有几条腿？1 只兔呢？

生 1：1 只鸡有 2 条腿，1 只兔有 4 条腿。

师：现在，谁来猜猜看，可能有几只鸡、几只兔子？

生 2：可能是有 1 只鸡、19 只兔。

师：我们一起来看一下，这样的话，那应该是几条腿？

（学生计算后，教师根据学生的汇报，板书出计算过程：$1\times2+19\times4=78$（条）。）

生 3：比题目中已知的共有 54 条腿多了好多。

师：现在，谁再来猜猜看，可能有几只鸡、几只兔子？

生 4：可能是有 2 只鸡、18 只兔。

师：我们也一起来看一下，这样的话，那应该是几条腿？

(学生计算后，教师根据学生的汇报，板书出计算过程：2×2＋18×4＝76（条）。)

生 5：腿还是多了好多。

师：我们接下来要猜的是鸡 3 只、兔 17 只吗？

生 6：可以的，这样 1 只 1 只的变化，是能求出来的。

生 7：老师，没必要那么麻烦，因为可以看出，多 1 只鸡、少 1 只兔子，就少 2 条腿，我们可以跳开数的。

师：谁明白他的意思？

生 8：也就是说，可以把鸡 2 只 2 只地增加，兔子 2 只 2 只地减少。

生 9：也可以把鸡 3 只 3 只地增加，兔子 3 只 3 只地减少。

师：为了不遗漏，我们用列表的方法来解决问题，请试着将表格补充完整。

(学生独立完成，教师巡视，选择不同的方法进行展示。)

生 10 做法如表 5。

表 5

鸡的只数	兔的只数	腿的总条数
1	19	78
2	18	76
3	17	74
4	16	72
5	15	70
6	14	68
…	…	…
13	7	54

师：我们可以把这种方法叫作逐个列表法。

生 11 做法如表 6。

表 6

鸡的只数	兔的只数	腿的总条数
1	19	78
3	17	74
5	15	70
7	13	66
9	11	62
11	9	58
13	7	54

师：我们可以把这种方法叫作小步跳跃列表法。

生 12 做法如表 7。

表 7

鸡的只数	兔的只数	腿的条数
1	19	78
5	15	70
9	11	62
13	7	54

师：我们可以把这种方法叫作大步跳跃列表法。

生 13 做法如表 8。

表 8

鸡的只数	兔的只数	腿的总条数
10	10	60
12	8	56
13	7	54

师：我们可以把这种方法叫作取中列表法。

师：鸡兔问题，除了用列表方法解决外，还有其他的方法吗？请大家课后多多思考，还可以上网查阅一些资料进行学习。

2. 名题激趣，巩固新课

师：今天老师给大家带来了一部1 500年前的数学名著《孙子算经》(课件出示《孙子算经》)，在这里记载着许多有趣的数学名题，其中有这样一道题请看：今有雉兔同笼，上有三十五头，下有九十四足，问雉兔各几何？

(师生一起解读问题，明白题意：现在有一些鸡和兔子关在同一只笼子里，从上面看，共有35个头；从下面看，共有94条腿。问：有多少只鸡、多少只兔子？)

师：下面，我们就用今天学习的方法——列表法来解决。

学生独立完成，并解释，从学生完成的情况来看，大部分学生选择取中列表法，完成作业。(交流略)

3. 适度应用，拓展延伸

在学生完成了解决“鸡兔同笼”的问题后，我们出示了下列的拓展问题，学生独立完成后，全班交流。

(1) 龟鹤问题

有龟和鹤共40只，龟的腿和鹤的腿共有112条。龟、鹤各有几只？

(2) 购物问题

小明买了6角和8角的两种铅笔共7支，花了5元，两种铅笔各买了多少支？

(3) 运动问题

学校开展一次象棋和跳棋的比赛，象棋和跳棋学校共有31副，恰好可让150人同时进行棋类比赛，象棋2人一副，跳棋6人一副，象棋和跳棋各有多少副？

(4) 运输问题

地震后要用大小卡车往灾区运29吨食品，大小卡车共7辆，大卡车每辆每次运5吨，小卡车每辆每次运3吨，大小卡车各用几辆能一次正好运完？

(5) 硬币问题

小东有1元的硬币和5角的硬币共50枚，共42.5元。1元的硬币和5角的硬币各有多少枚?

【第二次教学反思】

本次教学，学生在完成“有20个头、54条腿”的“鸡兔同笼”问题时，经历了提出猜想(可能是有1只鸡、19只兔)、验证猜想(那应该是几条腿? $1\times2+19\times4=78$(条))，发现“多了”；第二次又提出猜想(可能是有2只鸡、18只兔)、验证猜想(那应该是几条腿? $2\times2+18\times4=76$(条))，还是“多了”；学生进而发现“多1只鸡、少1只兔子，就少2条腿”的规律，为他们用不同的方法列表(逐个列表法、小步跳跃列表法、大步跳跃列表法、取中列表法)打下基础。举一反三中，轻松解决了“鸡兔同笼”的历史命题，还适度进行了与“鸡兔同笼”问题相类似的问题的拓展，不仅仅是让学生的视野得以开阔，更为重要的是从不同的问题情境中寻找共同的本质，提高学生的应用能力。

成长寄语

在最早期的课题选择中，蔡金法老师不鼓励叶建云老师选择这样一个课题，理由有二：一是叶建云老师用其作为教学案例的目的不是太清楚；二是这方面的课太多，不知道叶建云老师有什么样的新意可以做出来。但我非常赞赏叶建云老师的执着。尽管在每次交流当中，都对这个课题的选择似乎有点儿异议，但他还是坚持继续做这个研究。这样一种研究的态度是非常好的，只有坚持下来才能挖掘出新的东西来。他把研究定位在挖掘“鸡兔同笼”的教学价值，最后在论文当中的呈现也非常漂亮。当然，如果在文献综述中把自己要做的工作与其他文献的不同之处描述得更清楚一点，效果会更好。

叶建云老师的切入点也非常的不错，他查阅了200多篇文献，分析了286节课，通过课例的分析看到不同教师侧重面不同，提出：为什么绝大多数教师和教材建议背道而驰？什么样的教法更有价值？能否把这样的教育价值最大限度地在课堂教学当中体现出来？

为了探求教学的价值，叶建云老师注重在问题中展现一种数学上的关系，并把这种关系淋漓尽致地表达出来，让学生不仅能懂得这些关系，学会如何去分析这些关系。所以，整篇文章当中，叶建云老师的重点是如何帮助学生理解、分析“鸡兔同笼”问题中的数量关系，这成为这篇论文的重点，也就是凸显的教学价值。

从叶建云老师的文章来看，他的重点是要通过列表法所展现的数学价值，可能才是“鸡兔同笼”的教学价值所在，他是以这样的一个出发点来进行的。我觉得这也是很好的切入点，因为这个问题可以用多种方法来解。在对 286 节课的分析当中可以看到，大部分教师为了多种解而多种解，到底多种解法的教学价值在哪里？学生在不同年级所能接受的侧重点在什么地方？所以，在这个方面的挖掘成为叶建云老师这篇文章的亮点，就是如何帮助学生来分析、找出“鸡兔同笼”问题中的数量关系，特别是把侧重点定位为想明白为什么“鸡兔同笼”问题可以用列表法解答，什么样的问题可以用列表法解答的实证研究。

叶建云老师的教学设计也是不错的。创设不同的情境鼓励学生找数量关系，如果一定要从今后可以改进的方面来考虑，叶建云老师再来教这样的课或类似的课，可以凸显下面两点。

一是如何帮助学生分析“鸡兔同笼”这样的问题当中所涉及的数量关系。传统问题一直经久不衰，能够传承下来，一定有其价值，在这里有几个方面的价值，如头与头之间的相加关系，腿与腿之间的相加关系，每种动物头和腿之间的比例关系，这些关系的展现，其实是教给了学生解决问题、分析问题的工具，这是一个主要的教育价值所在。我觉得叶建云老师再教这节课时，用了多个不同情境下的问题，可以再突出一点这种关系。这种关系的表达正好说明用不同的解题策略是如何把关系表达出来的，如列表法、画图、代数方法等。其实这些不同的策略到最后都相通的，如果把“相通”这一点教给学生，这在同类课中是一个很高的境界。

二是叶建云老师有一些反思，我本人觉得今后再发展的话，可以在反思上下大功夫。反思可以考虑教学的价值在多大程度上体现出来了，是什么原因没有凸显应有的教学价值；反思的方向可以再明确一些，当然反思的方向是在教学价值明确的基础上进行思考的，意思就是教学价值在多大程度上体现出来了，希望能引起老师们的重视。

我们能够看到很多关于“问题解决”的问题，其实都是为了如何恰当地把一个或几个数学关系表达出来，这才是一个根本，这才是教学的价值。

借助“画图策略”提高学生问题解决能力的研究

王丽萍（新疆维吾尔自治区乌鲁木齐市八一中学附属小学）

一 问题的提出

20 世纪 80 年代以来，问题解决已成为国际数学教育的一种发展趋势，并一直在影响和推动着我国小学数学应用题的教学改革。21 世纪初，以问题解决为重要目标的新课程标准的颁布，向我国小学数学应用题教学改革展现了新的理念，如反对“对题型、教套路”的做法，鼓励学生对问题形成自己的数学思考与数学理解，提倡借助画图、列表等多样化的策略，去探索、发现，去分析、解决问题。以新世纪（北师大版）小学数学教材六年级上册“解决分数应用问题”为例，教材重视借助具体的问题情境，在解决有关分数乘除混合运算的具体问题的过程中，鼓励学生用画图的策略直观呈现数量关系，培养学生解决有关分数混合运算的简单实际问题的能力，发展分析问题和解决问题的能力。

然而，因应试压力，或教师对“问题解决”理解的偏差，在“解决分数应用问题”的教学过程中，仍有许多教师沿用课程改革前的做法，要求学生记忆方法、套用类型。教学中，教师形成了一套方法：从带有分率的那个条件中判断谁是单位“1”，找准已知量和对应分率。如果单位“1”已知，就用乘法计算；如果单位“1”未知，就用除法或方程解决。于是，教学的任务就变为“熟悉类型→识别类型→套用解题方法”。由于突出的是类型的对比与归类，学生就会特别关注题目中的特征词和数据特点，遇到问题马上去想题型、套题型，而减少了对数学意义的理解，思考空间很小。加上模仿式练习和考试，容易形成记类型、套公式的学习方法，这样的学习可能发展了学生的解题技能，但发展数学理解与数学思考的作用削弱了。

那么，到底丢掉“对题型、教套路”，借助“画图策略”帮助学生理解题目所蕴含的运算意义和数量关系，发展其解决问题能力的方式行不行？在学习过程中，学生会有怎样的表现？又会遇到哪些困难？等等。为解决这些问题，我们尝试以新世纪（北师大版）小学数学六年级上册教材“分数混合运算”单元为例，开展借助“画图策略”提高学生解决分数问题能力的研究。

二 文献综述

（一）如何理解画图策略

江尧明在“数学教学中画图策略的应用研究”一文中说：在数学教学中经常把问题呈现的信息通过图画的方式表示出来，通过直观、形象的符号信息展示寻找问题答案。我们把这种用画图策略的方法理清思路、展示思维策略过程解决问题的方法，称为“画图策略”。

学会用图形思考、想象问题是研究数学，也是学习数学的基本能力。《义务教育数学课程标准（2011 年版）解读》指出：图形有助于发现、描述问题，有助于探索、发现解决问题的思路，也有助于我们理解和记忆得到的结果。图形可以帮助我们把困难的数学问题变容易，把抽象的数学问题变简单，对于数学研究是这样，对于学习数学也是如此。

孙国平在“凸显画图价值优化思维品质——小学生画图策略使用的调查与思考”中提到：在小学数学中，充分利用“形”把题中的数量关系形象、直观地表示出来，如通过作线段图、树形图、长方形面积图、集合图、数轴等，帮助学生理解抽象的数量关系、数学概念，使问题简明直观，甚至使一些较难的问题迎刃而解。刘志敏在“图示表征策略对小学生数学问题解决能力的影响”中给出了更为清晰的证据：Willis 等人（1988）和 Lewis（1989）分别采用了图式图画法和线段图法去训练学生对应用题进行有效的表征，结果发现采用这两种方法的训练能有效地提高学生表征应用题的效率。Krutetskii 和 Usiskin 的研究认为，在许多数学问题中，视觉表征能够加强解题者对问题的知觉性理解，因而它对数学问题的成功解决就显得非常重要。正如方玲在“小学数学中‘画图’策略解题的有效应用”一文中提出：“画图策略是众多的解题策略中最基本的也是一个很重要的策略。它是通过各种图形帮助学生把抽象问题具体化、直观化，从而使学生从图中理解题意和分析数量关系，搜寻到解决问题的突破口。”从这个意义上讲，学生画图能力的强弱也反映了解题能力的强弱。所以，培养学生的画图意识，提高学生利用画图分析、解决问题的能力，让学生感受到画图对于解决问题的价值，对于教学质量和学生能力的提高都是很重要的。

（二）画图策略的教学现状

教师的教育理念决定教育行为，最终决定教育结果。“熟悉类型→识别类型→套用解题方法”或许不会影响学生通过“解题关”和“考试关”，但为了使学生学会数学思考，使学生积累思维的经验，确实提高问题解决的能力，借助“画图策略”，更是行之有效的手段。所以，一定要让画图成为习惯，成为学生解决问题的好帮手。

“画图策略”如此重要和有效，在教学中又是怎样的现状呢？首先是没有得到足够重视。江尧明在“数学教学中画图策略的应用研究”一文中的调查表明：教学中 85%的教师认为遇到有些难度的数学题，会运用画图策略来解题，但具体对学生进行有意识的画图策略指导的只有 15%。究其原因，通过调查问卷和访谈，他认为主要有以下几点原因。(1) 教师主观上的忽略；(2) 教师急功近利的结果；(3) 教师画图技能的缺失；(4) 教师惰性心理在作祟。其次是教师理念上对“画图策略”理解得不到位。正如赵平定在“浅谈培养学生运用画图方法解决数学问题”中提到：在传统的应用题教学中，提到画图，教师们想得更多的是线段图，教师把画图作为一个知识教给学生，而不是把它看成帮助学生解决问题的一个策略来进行教学，所以，学生不愿意按照教师的要求来画图。

因此，进行本次研究教师理念很重要。要使教师理解义务教育阶段数学学习的目标及其内涵；要使教师理解“画图策略”的内涵及其教育价值，从而促进学生用画图的策略解决数学实际问题，增进学生的思考力、理解力以及创造力。正如孙国平在“凸显画图价值 优化思维品质——小学生画图策略使用的调查与思考”中说：作为小学数学教师，要努力增强学生的画图意识，首先要使学生想画和要画，认识到画图的价值，其次通过合作交流，主动探索，让学生会画图，提高画图的能力。作为策略教学的关键还要让学生“知画”，学会辨别、选用策略，达到准确、灵活的运用，使学生用画图的策略解决数学问题的能力得到进一步提高。

同时，教学要真正做到培养学生运用画图策略解决问题的能力。所以，在我们的研究过程中，要为学生提供充分的画图研究的时间，鼓励学生画喜欢的、便于自己理解的图解决问题；并对学生画出的图进行充分的交流和评价，帮助学生体会画图的价值，从而主动借助画图策略解决问题。

研究过程

（一）教材内容说明

新世纪（北师大版）小学数学教材六年级上册“分数混合运算”单元包括三个内容，教材的教学内容展开对于三个内容而言，基本一致，每个内容安排了由三个问题构成的问题串及“试一试”。三个问题体现了学生读题、审题、分析和解决问题的一般步骤。第一个问题展现了学生读题、审题的一般思考过程，并让学生尝试提出解决问题的基本思路。第二个问题是引导学生用不同的直观图表示数量关系，同时突出了对分数乘法意义的理解。第三个问题是要求学生明晰数量关系或等量关系，列式解决问题。

这样的学习过程强调了让学生根据问题情境进行独立思考，经历探索的数学学习过程，加强了数学知识和学生生活经验的联系，使得学生的学习具有更大的开放性。同时，借助一个具体的问题情境，在解决有关分数混合运算的具体问题的过程中，鼓励学生用画图的策略直观呈现数量关系，培养学生解决有关分数混合运算的简单实际问题的能力，发展分析问题和解决问题的能力。

（二）画图在课堂学习过程中的体现

下面是“分数混合运算（三）”刚上课时的教学实录片段。

师：你了解了哪些数学信息？需要我们解决什么问题呢？

生：我了解的信息有小刚家九月份用水12吨，九月份比八月份节约了$\frac{1}{7}$。要解决的问题是八月份用水多少吨。

师：八月份的用水量是多少吨？说一说你们是怎样思考的。

(学生有些犹豫，教师补充，可以先独立思考，再在四人小组内交流。)

学生交流后教师组织全班交流。

生1：九月份比八月份节约了$\frac{1}{7}$，就相当于八月份比九月份少了$\frac{1}{7}$，所以，在九月份的基础上减去九月份的$\frac{1}{7}$。

生2：可以用$12-12\times\frac{1}{7}$或$12\times(1-\frac{1}{7})$。

生3：不对。九月份比八月份节约了$\frac{1}{7}$，是把八月份作为比较的标准，应该是九月份比八月份节约八月份的$\frac{1}{7}$。

【评析】可以看出，学生在初遇这样的问题时，对数量关系的理解容易产生疑惑，特别是刚刚学习过“分数混合运算（二）”，学生容易将两者混淆。而在之后，教师引导学生先画图理解数量关系，在针对“你是如何画图的”“能看懂他是怎么画图的吗”进行充分交流后，学生对数量关系的理解有了明显进步。

师：我们在刚才的交流中，特别是借助画图，理解了数量之间的关系。现在，你们能解决这个问题吗？先独立思考。

师：谁来说一说，你是怎么想的？

生1：我先写了 $12-12\times\frac{1}{7}$，不过好像错了。

生2：可以用 $x-\frac{1}{7}x=12$。

师：怎么想的呢？

生2：九月份在八月份的基础上减少了八月份的 $\frac{1}{7}$，所以，八月份的用水量－八月份用水量的 $\frac{1}{7}$＝九月份的用水量。如果用 x 表示八月份的用水量，$\frac{1}{7}x$ 表示八月份用水量的 $\frac{1}{7}$，就是 $x-\frac{1}{7}x=12$。

师：怎么想到要用方程的？

生2：因为八月份的用水量不知道，八月份的用水量的 $\frac{1}{7}$ 就算不出来。如果设了，就都解决了。

师：对。这个 x 用处还真大，既能表示八月份的用水量，还能表示八月份用水量的 $\frac{1}{7}$。这个问题不就解决了吗？同学们同意吗？

（学生都表示认同。）

师：可还有同学写 $12-12\times\frac{1}{7}$。行吗？

生3：不行，那是用九月份的用水量减去九月份用水量的 $\frac{1}{7}$。

师：现在，能说说这个问题中的等量关系吗？

生4：八月份的用水量－八月份用水量的 $\frac{1}{7}$＝九月份的用水量。

生5：九月节约了八月份的 $\frac{1}{7}$，所以，八月份是7份，九月份是6份，九月份相当于八月份的$\frac{6}{7}$。八月份的用水量$\times\frac{6}{7}=$九月份的用水量。

生 6：$\frac{6}{7}$就是$1-\frac{1}{7}$。

师：能根据这个等量关系列方程吗？

生 7：$\frac{6}{7}x=12$。

生 8：$\left(1-\frac{1}{7}\right)x=12$。

【评析】可以看出，大多数学生已经在画图的帮助下，理解了数量关系，但学生自己还没有意识到，还要根据数量关系解决问题。这是后期的学习过程中需要加强的。但是，毋庸置疑的是，画图帮助学生很好地理解了数量关系，这是解决问题的关键。

（三）学生多样化的画图方式

教学过程中，我们为学生提供了充分的画图研究的时间，并鼓励学生画自己喜欢的、便于自己理解的图解决问题。本次尝试中，我们尊重了学生个性的思考和多样化的表达，学生画出了线段图、条形图、圆圈图等呈现数量关系，并解决问题。比如，有不少学生并不喜欢画线段图，而喜欢画圆圈图（如图 1）。

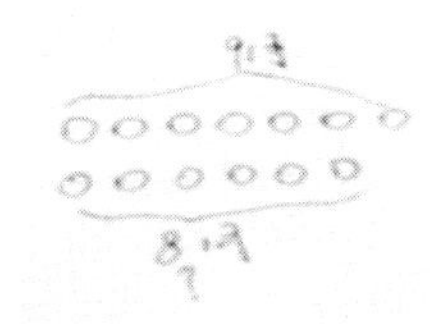

图 1

借助访谈知道：学生认为，“画线段图太麻烦，要用尺子，要想办法表示平均分等，而画圆圈图就简单多了。”

以下是学生在上课过程中展示的作品。

分数混合运算（一）（如图 2）。

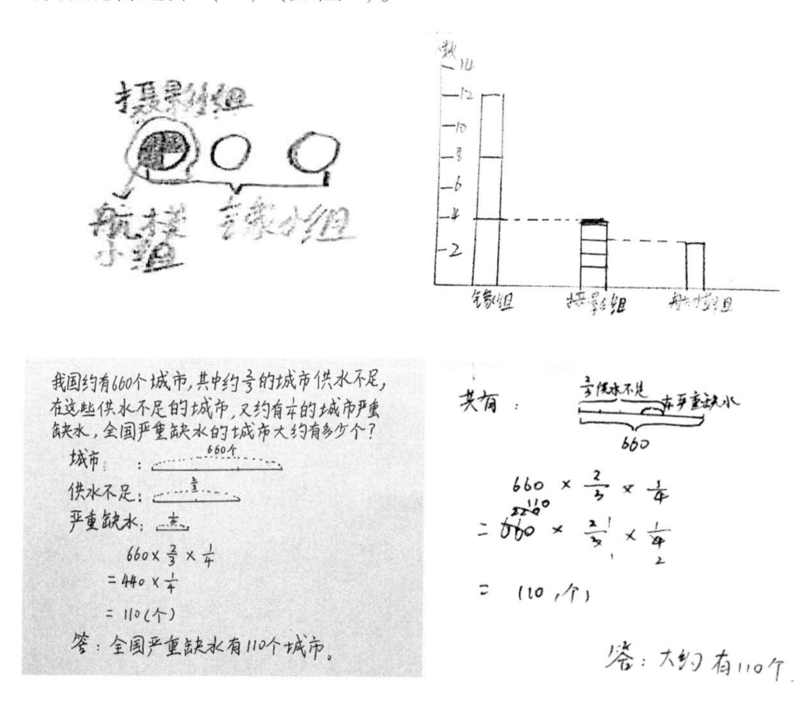

图 2

分数混合运算（二）（如图 3）。

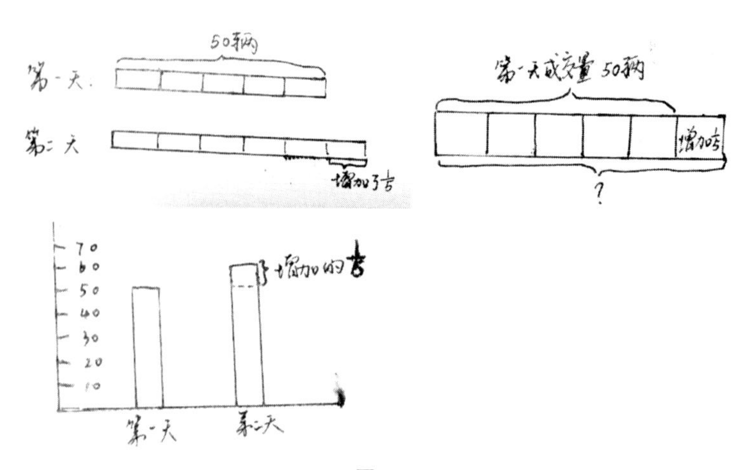

图 3

分数混合运算（三）（如图 4）。

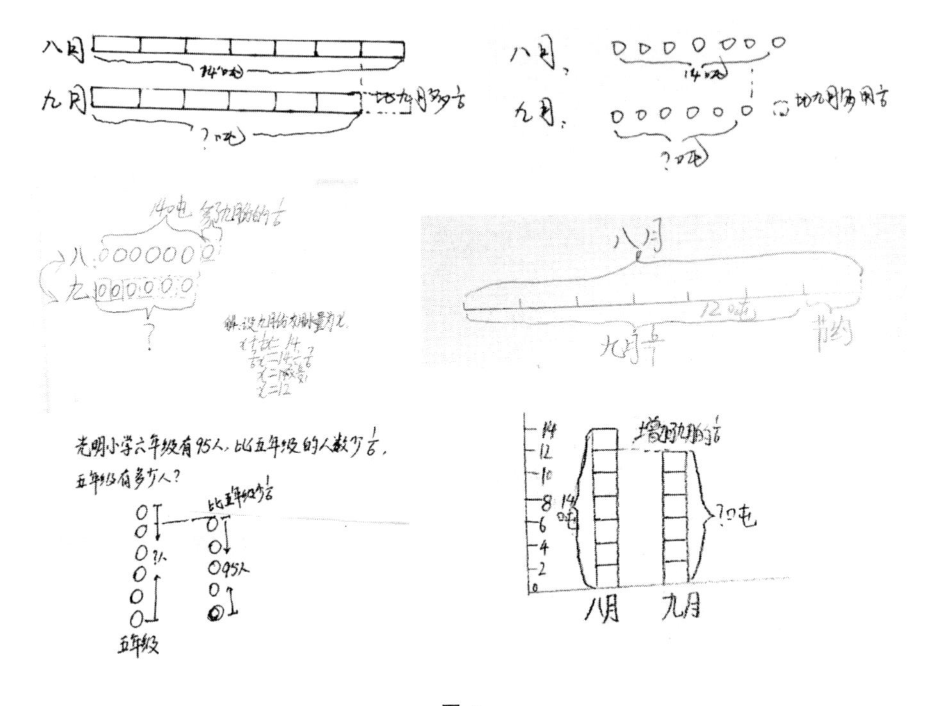

图 4

（四）学生是如何针对图进行交流的

画图过程中，我们也注意针对学生画出的图进行充分的交流，学生在针对“这幅图，我是这样理解的……”“画图时，我是这样想的……”“我想先画……表示……”等过程进行交流后，既增加了画图的经验，提高了画图的能力，也理解了题目中数量之间的关系。这样的时间投资是值得的。

以“分数混合运算（三）”为例，当学生借助画图，进一步理解“九月份和八月份用水的数量关系”后，教师组织学生及时进行了交流，以下是教学片段。

师：这幅图是谁画的？（如图 5）能说一说你是怎样想的吗？

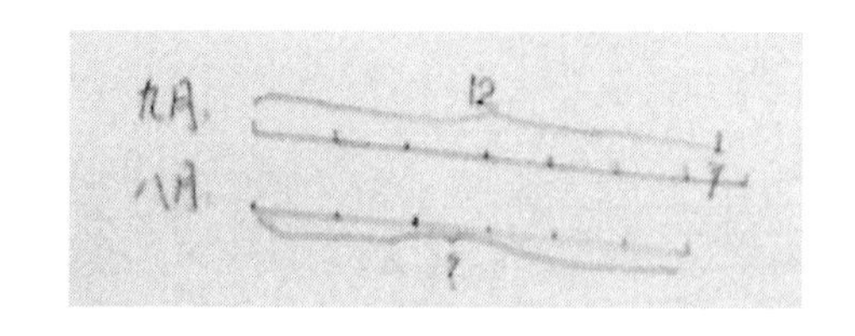

图 5

生 1：九月份用水 12 吨，所以我用一条线段表示九月份的用水，九月份比八月份节约了$\frac{1}{7}$。所以，平均分成 7 份，少画 1 份，就是八月份的。

生 2：老师，不对，这样就变成八月份少，九月份多了。

生 3：应该是九月份在八月份的基础上减少了八月份的$\frac{1}{7}$。

生 4：应该先画八月份的，因为要在它的基础上减少$\frac{1}{7}$才是九月份的。

生 1：我画错了，应该先画八月份的。

生 5：确实是应该八月份用的多，九月份用的少。

师：下面这幅图也是线段图，是谁画的？（如图 6）来说一说你是怎么想的。

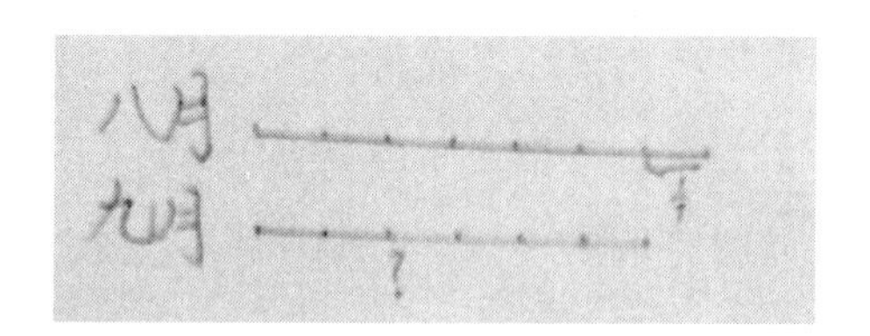

图 6

生 6：我是看九月份在八月份的基础上减少了八月份的$\frac{1}{7}$，所以，我先画了八月份的用水量，用一条线段表示。九月份是在它的基础上减少$\frac{1}{7}$，所以要少画 1 份。

师：大家认为呢？这么画对不对？

生 7：对。符合九月份在八月份的基础上减少了八月份的$\frac{1}{7}$。

师：对照已知的信息，比较图 5 和图 6 的图，想一想，两幅图有什么不同？

生 8：图 5 是先画九月份的用水量，图 6 是先画八月份的用水量。

生 9：图 5 是先画九月份的用水量，再少画九月份用水量的$\frac{1}{7}$，就是八月份的用水量。图 6 是先画八月份的用水量，再少画八月份用水量的$\frac{1}{7}$，就是九月份的用水量。

生 10：图 5 表示八月份比九月份少九月份的$\frac{1}{7}$。图 6 表示九月份在八月份的基础上减少了八月份的$\frac{1}{7}$。

（学生纷纷点头，表示理解。）

师：其实，我刚才看到，有不少同学都是像图 5 这么画的。对照已知的信息，再结合图 6，请你们反思一下，能不能这么画呢？

生 11：不能。八月份反而少了，不对。

生 12：要先画八月份的。

生 13：我们的画法变成了八月份比九月份少九月份的$\frac{1}{7}$。

师：那么，你们当时是怎么想的？

生 14：我一看“九月份用水 12 吨”就画了。

生 15：还是要看到底是谁比谁多几分之几。

【评析】可以看出，虽然之前对数量关系已经有了讨论，但在独立画图时，仍然有不少学生采用如图 5 的画法。学生习惯中，先画已知的数量，又缺少回头对照已知信息反思的习惯。所以，交流过程中，先针对这种情况进行交流，并引导学生结合已知的信息进行反思，有利于帮助学生正确画图。

四 学习后的调研与分析

经过一个单元的学习，学生对所学内容的掌握情况如何？画图意识和画图能力有怎样的提高？画图是作为理解问题的辅助手段或工具，还是一个需要学生掌握的知识点？如果学生只在面对一个新问题时画图，在练习中不画图，说明什么？原因又是什么？带着一堆的问题，我们随机选取了六年级50名学生进行了单元学习后的调研。

（一）调研题目

1. 一筐水果中，苹果有40个，梨的个数是苹果的$\frac{3}{4}$，香蕉的个数是梨的$\frac{2}{3}$。

（1）香蕉有多少个？

（2）解决上题时，你是否画图帮助自己思考？如果有，请将图画在题目旁边。

（3）用画图的策略，对自己解决问题是否有帮助？有哪些帮助？

2. 一件西服原价480元，现在的价格比原来降低了$\frac{1}{5}$。

（1）算一算，现在的价格是多少元？

（2）解决上题时，你是否画图帮助自己思考？如果有，请将图画在题目旁边。

（3）用画图的策略，对自己解决问题是否有帮助？有哪些帮助？

3. 某地区去年的降水量是427 mm，比前年的降水量减少了$\frac{2}{9}$。

（1）这个地区前年的降水量是多少毫米？

（2）解决上题时，你是否画图帮助自己思考？如果有，请将图画在题目旁边。

（3）用画图的策略，对自己解决问题是否有帮助？有哪些帮助？

（二）调研分析

1. 画图能够帮助学生解决问题

以下是学生正确完成3道分数混合运算问题的情况。(如表1)

表 1

题目	正确人数	正确率/%
1（1）	50	100
2（1）	46	92
3（1）	40	80

可以看出，学生解决问题的正确率还是可喜的。学生纷纷表示：解决分数混合运算的实际问题，借助画图，可以感觉到问题变得更直观，便于分析，可以化复杂为简单，能更好地解决问题。

当然，有学生出错是很正常的，重要的是要分析错误的原因。

针对解决问题错误的学生，我们也进行了进一步的访谈。

第 2（1）题有 4 人错误。其中有 1 人，画图正确，却选用了方程完成本题。在访谈中了解到他表示没有认真看题，之后，能独立改正。没有画图解决的学生中，有 2 人表示“想成了原来的价格比现在降低了$\frac{1}{5}$，还是应该画图再想想”；有 1 人表示“没有画图，以为和前两天的一道题一样，用方程解决”。画图后，都能正确改正。

第 3（1）题，画图的学生中有 4 人错误，其中 1 人计算错误；1 人没有正确理解所画图的意思，没有找对前年降水量与去年降水量之间的关系，导致使用方法错误；2 人画图错误。(如图 7)

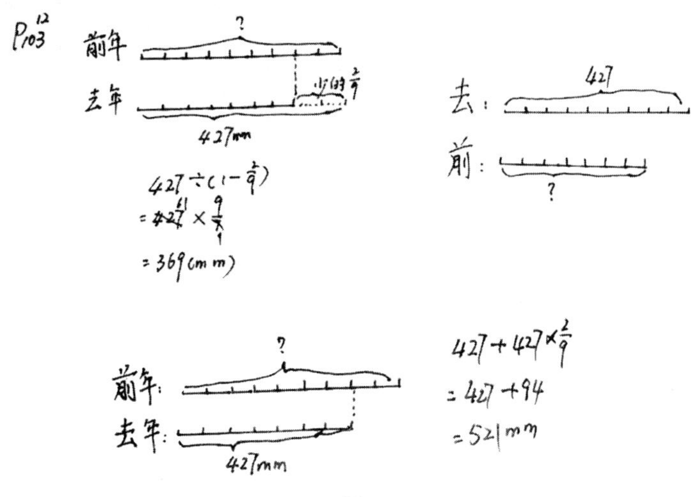

图 7

没画图的学生中有 6 人错误，其原因是没有正确理解数量关系，导致方法错误。例如，

$$427\times\left(1-\frac{2}{9}\right)$$
$$=427\times\frac{7}{9}$$
$$=\frac{2989}{9}(\text{毫米})$$

在要求画图或对画图进行指导后，学生都能正确改正。

2. 多数学生意识到画图是有帮助的

学生对画图的认识如表 2。

表 2

调研题目	认为画图对解决问题有帮助的人数	百分比/%
1	42	84
2	42	84
3	42	84

学生认为用画图的策略，对自己解决问题有帮助，主要的帮助是能帮助理解题意，理解数量之间的关系。

画图策略就是利用“图”的直观来对问题中的关系和结构进行表达，从而帮助人们分析问题和解决问题的。学生的学习过程中，“画图”使问题直观化，起到了很好的作用，一方面用画图的方法表示已知数与未知数之间的数量关系，根据几何直观寻找解决问题的思路，再列式计算解决问题；另一方面，把画直观图直接作为解决问题的工具或手段，用画图的方法直接表示解决问题的思考过程与结果。所以，画图的价值显而易见：帮助理解问题、解决问题、促进反思、交流和发现。

同时使用画图策略可以激发学生的学习兴趣，可以让学生体会到画图解题的快乐。

3. 针对不同题目，少数学生认为没有必要进行画图

调研中，我们发现，大多数学生意识到画图是有帮助的，但并不是所有的学生都画图。表 3 是三道题目中，选择画图帮助解决问题的学生的情况。

表 3

调研题目	画图解决的人数	百分比/%
1	14	28
2	32	64
3	36	72

可以看出，选择画图的学生并不是全部，甚至达不到大多数。经过访谈，不画图的有以下几种情况。

（1）以第 1 题为例，除了用画图解决的 14 人以外，还有 28 人虽然没有画图解决，但认为用画图策略对自己解决问题有帮助，只是因为学习过程中，已经画了不少图，学生对于这样的题目已经很熟，所以，认为不用画图就能正确解决。

（2）每题中，都有学生认为“太简单，没必要”。当然，不乏学生真的不画图就能正确解决，但也会有学生认为简单而没有画图，从而导致结果错误。以第 2 题为例，有 1 人错误解答。经访谈，该生表示“不想画图，太麻烦，以为和前两天的一道题一样，用方程解决”。

4. 学生的画图能力、画图意识有待提高

从调研结果可以看出，对于“分数混合运算（三）”的内容，学生的学习效果还有待进一步提高。究竟是什么问题呢？我们于本内容教学完成 4 个月后，对这个班的学生再一次进行了调研。

调研题目：

兄弟俩集邮，哥哥的邮票比弟弟多$\frac{1}{4}$，哥哥有 20 张邮票。

（1）弟弟有多少张邮票？

（2）解决上题时，你是否画图帮助自己思考？如果有，请将图画在题目旁边。

结果如表 4。

表 4

答题情况		人数	百分比/%
画图解决	正确	7	14
	错误	3	6

续表

答题情况		人数	百分比/%
不画图解决	正确	28	56
	错误	12	24

从学生完成情况来看，分数混合运算（三）与（二）混淆严重。不清楚题目中给出信息中的基准量是谁？从画图解决、不画图解决，均能发现这样的问题（如图8）。

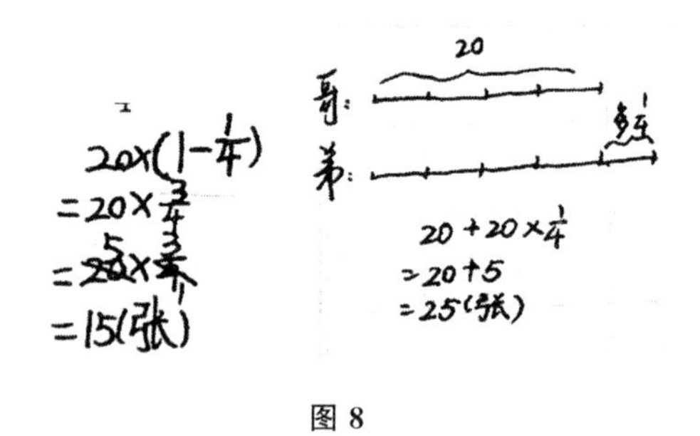

图 8

另外，80%的学生没有选择画图的策略帮助理解问题，经访谈，学生表示“忘了”“没想到要画图”。因此，学生没有画图的意识。

因此，如何画正确图，如何帮助学生形成画图意识，是借助“画图策略”提高学生解决问题的能力的关键所在。

五 研究思考

（一）如何帮助学生正确画图

凸显“画图策略”解决问题，学生感受到借助直观图解决问题会更加简洁、清楚，所以，在本单元的学习中，学生能够用线段图、条形图、圆圈图等来表达自己的想法。

但是，在“分数混合运算（三）”的学习中，学生在画直观图时，部分学生往往画错图。原因在于不清楚题目给出信息中的基准量是谁，比如，“九月比八月节约了$\frac{1}{7}$”，学生不清楚是应该先画九月份的线段呢，还是八月份的，结果画图成为解决问题时遇到的首要困难。

因此，如何正确画图，也需要投入更多的时间指导学生进行交流。

具体思考如下。

（1）上课时，要及时抓住学生画图错误的典型案例，与正确的画图进行对比。“两幅图有什么不同?”“各表示什么意思?”“画图时，应当先画哪种量？为什么?”“怎样理解‘比前年的降水量减少了$\frac{2}{9}$’?”等等。借助这样的对比，使学生重视在画图时先找基准量，画图前要先考虑画出哪种量。另外，要给正确画图的学生更多地展示想法的时间和机会，使他们能结合自己的理解谈画图的经验。

（2）“分数混合运算（三)”学习结束后，建议增加与“分数混合运算（二)”的对比练习课。借助对所画的图、所选的方法的不同，使学生进一步增强寻找基准量的意识。

（3）两种量比较时，是需要首先关注标准，或者说基准量的，但学生没有这样的意识。这不是在这一单元强加就可以的。建议在一年级“比较”单元、二年级“倍的认识”单元、“倍的应用”单元、五年级“一个数是另一个数的几分之几”单元、“分数乘除法”单元等，教师能引导学生关注理解数量关系，即使不用“标准”“基准量”这样的名称，也需要使学生在应用的过程中得到体会。

（二）如何帮助学生形成画图意识

实践中的困惑，也是尝试中令我们最不满意的状况，是学生意识不到需要画图。而还有相当一部分学生，看到题目，就认为简单，认为不需要画图，但往往与“分数混合运算（二)”混淆，错误地解决问题。

虽然在教学本单元的过程中，我们每节课都在要求学生画图解决问题，但当教师不再明确要求时，学生即使遇到了困难，也缺少主动画图的意识。反思我们的教学，我想，我们可以在以下几方面进行思考与改进。

（1）教学过程中，教师为了使学生正确画图，组织交流、进行指导的较多，学生似乎将“画图”作为了一个“知识点”，而非解决问题的策略。这与我们原本的意图是不同的。

教学时，除了关注如何借助“画图策略”帮助解决问题以外，应当有更多的时间针对“画图策略”本身进行交流。要通过多种途径和方法使学生体会到画图对寻求解题思路的益处：如用图形语言能刻画问题，用图形语言能寻找解决问题的思路，用图形语言能解决问题，用图形语言能刻画问题的结果等。使学生充分感受画图的目的，其实质是将相对抽象的思考对象“图形化”，把问题、计算、证明等数学对象或过程变得直观，变得与学生的已有经验相联系。当学生真正体会到“画图”带给他们的益处后，才能调动学生“画图”的积极性。

(2) 除了本单元解决问题中需要凸显画图策略以外，学生对分数意义的理解、分数乘除法意义的理解等，借助画图，对学生都有很好的帮助。所以，可以尝试在分数意义、分数乘除法等教学中，更多地借助画图策略进行理解。

(3) 没有解题策略是一次就学会的，也没有解题策略适用所有的问题情境。所以，要在培养学生解决问题能力的过程中，重视“解决问题策略”的教学。比如，教学中要重视对学生分析问题和解决问题策略的指导，适时地将“隐性”的策略“显性化”。要以分析问题和解决问题策略的学习为线索，鼓励学生形成一些基本策略。可以鼓励学生逐渐建立一个解决问题的策略库，并针对这些策略进行持续的交流，从而积累解决问题的经验。

参考文献

[1] 程明喜. 小学数学问题解决策略的研究 [D]. 长春：东北师范大学，2006.

[2] 方玲. 小学数学中“画图”策略解题的有效应用 [J]. 新课程学习（上），2012 (3)：75.

[3] 江尧明. 数学教学中画图策略的应用研究 [J]. 数学教学通讯（初等教育），2013 (10)：36－37.

[4] 刘志敏. 图式表征策略对小学生数学问题解决能力的影响 [D]. 济南：山东师范大学，2007.

[5] 孙国平. 凸显画图价值 优化思维品质——小学生画图策略使用的调查与思考 [J]. 数学学习与研究（教研版），2013 (20)：118－119.

[6] 杨姝. “画”出来的精彩——浅议画图策略在小学数学中的应用 [J]. 小学教学参考（综合版），2013（3）：48.

[7] 赵平定. 浅谈培养学生运用画图方法解决数学问题 [J]. 学周刊，2012（1）：160—161.

成长寄语

到底丢掉“对题型、教套路”，借助“画图策略”帮助学生理解题目所蕴含运算意义和数量关系，发展其解决问题能力的方式行不行？这是一个令许多一线教师感到困惑的问题。王丽萍老师通过她的研究，为我们展示了学生画图解决问题的过程以及画图策略在解决问题过程中的价值，同时，学生多样化的画图方式——线段图、条形图、圆圈图、也给我们带来了惊喜。不讲抽象的“单位1”的概念，借助画图学生对于题目中所蕴含的数量关系将有更好的理解。因此，这样的研究对于帮助一些教师解惑将会产生积极的影响。

进一步，教师通过“说说你是怎么想的”“大家认为呢”等引导语，鼓励学生画自己理解的图，并对图的意思进行交流与分享，这是一个让学生想明白、说清楚的过程。这个过程不仅体现了学生对于题目所蕴含数量关系的理解，也体现了学生独立的数学思考、想象力与数学表达的能力，长此以往的交流，更会丰富学生解决问题的思路，促进其思维灵活性的发展。

同时，研究也让我们冷静地体会到，与任何一种能力的发展一样，画图意识的形成与画图能力的提高需要一个逐步的发展过程，不是经过一节课、一个单元的学习之后，学生就能自觉画图和熟练运用画图策略解决问题的。

需要讨论的一个问题是，王丽萍老师利用后测题目分析学生的画图意识值得推敲。因为当一种数量关系经过学习和充分的练习之后，学生已经熟练地掌握用计算的方法解决问题时，再去做常规性的题目，学生不选择画图，不一定代表他没有画图意识。虽然也会有一些学生即便熟悉计算的方法后，仍然善用画图的方法解决问题，但我们不能要求所有的学生都是这种状态，学生都有自己的学习特点和习惯。因此，说一个学生有无画图意识，可能更重要的是看他面对新的情境或数量关系时，当他遇到用常规的计算方法不能解决的问题时，他对解决问题的方法是如何选择的。如果遇到困难时，他仍然想不到画图，说明他真的没有画图意识，而如果每当他遇到困难时，都会想到画图，说明他是有画图意识的。

学习卡片对于促进学生数学问题解决的研究

张辛欣（吉林省长春市宽城区天津路小学）

一 问题的提出

1. 学生差异化发展、个性化学习的需要

《义务教育数学课程标准（2011年版）》指出："数学课程应致力于实现义务教育阶段的培养目标，要面向全体学生，适应学生个性发展的需要，使得：人人都能获得良好的数学教育，不同的人在数学上得到不同的发展。"

学生学习是一个生动活泼的、主动的和富有个性的过程。而我们所面对的每一名学生，都是千差万别的，是一个个富有个性的、具有潜能的学生。他们存在着学习上的差异性和多样性。虽然教师承认学生的差异是一种教学的必然，但并没有多少研究是针对学生差异的教学策略实施的。

2. 卡片是学生熟悉和喜欢的

在班级授课中促进不同的学生进行有意义的数学思考是一件困难的事情，因为在班级中，不同的学生在进行数学问题解决时，面对的是相同的教材、相同的进度。如何在问题解决的过程中照顾学生的个体差异呢？我想到了利用学习卡片。卡片是小学生比较熟悉和喜欢的，经常在游戏中出现，卡片灵活，大小自定，根据难易程度可以自由选择。以学习卡片为载体能促进不同学生进行数学思考，解决问题。

二 文献及概念界定

1. 文献

20 世纪 90 年代以来，关注学生个性化、差异性发展的差异教学成为教育理论界和实践界关注的课题。差异教学是适应学生差异性的教学，教学活动具有多元性和复杂性，它要求教师必须敢于承认学生的差异，敢于根据学生差异组织教学，实现学生的差异化发展、个性化发展。

华国栋在主编的《差异教学论》和《差异教学策略》两本书中，主张在班集体教学中，不仅要关注学生的共性，而且还要关注学生的个体差异，并且在教学中将共性和个性辩证地统一起来，从而促进学生优势、潜能的开发。

东北师范大学附属小学赵艳辉校长所在的学校将教师的三种指导形式（个别指导、分类指导和全体指导）与学生的五种学习形式（独学、对学、群学、请教教师和合作学）有机地统一在教学过程中，在学生独学的基础上，充分运用一切教学条件，利用学习卡来组织教学活动，达到高效率地进行自主探究、自主学习的目的。

1988 年发表的美国《21 世纪的数学基础》报告认为，问题解决是把前面学到的知识用到新的和不熟悉的情境中的过程，而学习数学的主要目的在于问题解决。最近 20 年来，世界上几乎所有的国家都把提高学生的问题解决能力作为数学教学的主要目的之一。英国 1982 年的 Cockcroft 报告认为问题解决是那种把数学用之于各种情况的能力，并针对当时英国教育界的情况，呼吁教师要把“问题解决”的活动形式看作教或学的类型，看作课程论的重要组成部分而不应当将其看成课程附加的东西。不论是教学过程，还是教学目的，也不论是教学方法，还是教学内容，作为国际数学教育的核心和数学教育改革的一种新趋势，数学问题解决已成为当前数学教育研究的重要课题。

在内容方面，《义务教育数学课程标准（2011 年版）》所提到的“问题”

不限于纯粹的数学题，特别是不同于那些仅仅通过“识别题型、回忆解法、模仿例题”等非思维性活动就能够解决的“题”。这里所说的问题既可以是纯粹的数学题，也可以是以非数学题形式呈现的各种问题。但无论是什么类型的问题，其核心都是需要学生通过“观察、思考、猜测、交流、推理”等富有思维成分的活动才能够解决的。学习卡片是针对差异教学的课堂教学模式探索，利用不同类型的学习卡片，在班级授课制的条件下，进行差异教学。在课堂教学中，学生原有的个体差异是教学活动的起点或前提。这种差异也可以作为一种教学资源，依据学生的差异，改进教学，提高教学质量。

在具体内涵方面，《义务教育数学课程标准（2011 年版)》的要求是多方面的，包括“初步学会从数学的角度提出问题、理解问题，并能综合应用所学的知识和技能解决问题”。

很多专家、学者对学生的差异以及数学问题解决进行了关注，但专门针对学习卡片对于促进学生数学问题解决的研究没有找到，基于这样的现状，我借助新世纪（北师大版）小学数学教材六年级上册“生活中的比”一课，通过对实验班和对比班的对比分析，从前测开始，发现学生解决问题时的差异，并根据学生的差异研究设计学习卡片，利用设计的卡片上课，最后进行跟踪后测。旨在开发并实施适应学生学习差异的学习卡片，从学生的个性出发，帮助每个学生制订具有挑战性的学习目标。根据不同类型的学习卡片，记录学生数学学习的情况，了解学生如何思考问题，如何解决问题，以便教师指导学生独立思考，质疑问难，促进学生个性化学习，满足学生学习和发展的不同需要，为促进学生的问题解决以及实施差异教学提供保障。

2. 概念界定

本研究在教学中主要运用了以下学习卡片进行教学干预。(如表 1)

表 1

名称	用法	目的
任务卡	皮亚杰认为儿童越是积极的思考，他就越是可能成功。任务卡就有这样的作用，促进学生积极思考，主动解答。教师为学生提供的学习卡片，将教材中的主题图以大问题任务驱动的形式呈现在卡片上，直接提供给学生。为了避免人云亦云或受其他同学的思考方式影响，课堂伊始采用任务驱动，借助任务单来让学生自主探究，自主思考。	明确的学习任务，改变教师讲授的、集体看情境图的学习方式，实现由学习者面向学习资源，直接进行独立思考。不受其他同伴的影响和制约。不同的个体有不同的思维方式。在学习中，每名学生都会运用自己的学习方式、方法来解决问题。
帮助卡	给学生提供的解决任务时的一些思考方式、方法。至少会有两种或者有两种以上的帮助卡，供学生根据自己的情况进行自由选择。	为差异迥异的学生提供了一个温馨的个别求助学习的方式。个别学习是教学组织形式之一，最能体现学生的差异性和独特性，最能用来检验教学设计的差异性和适切性，以及教师指导的针对性和效果。帮助卡就是个别学习的体现。
工作单	小组合作时使用。	把学生的小组合作过程变成一个明确的交流流程，实现从个体建构到同伴交流的集体建构过程。
自由进度卡	自由进度卡是新课结束后，练习时用的一种学习卡片。以通关的形式让学生根据自己做题的情况灵活机动地选择。做完第一关自己核对答案，对了进入下一关，做错了进入同关练习。	充分考虑学生的差异，设计练习要有层次，力求让所有的学生通过努力能完成练习，让学生感受到练习的愉悦，使不同层次的学生都能得到应有的发展。

三 研究过程

在主题研修的过程中主要采用的是行动研究，具体过程如图 1。

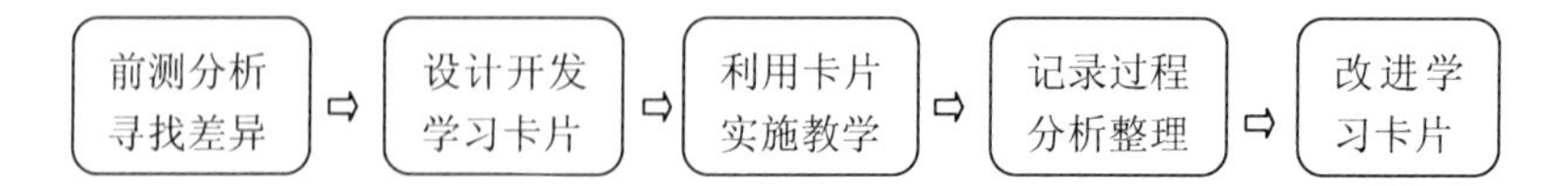

图 1

（一）前测

教学久了，很多教学经验中的想当然式的思考会影响对学生学情的掌握，因此，本研究是从两次前测开始的。

1. 单元前测

单元前测由 130 人完成，分别是实验班 41 人，平行班 89 人。平行班 89 人中包括我执教的对比班 39 人，同年级其余 5 个班各随机选取 10 人。

单元前测题目如下。

“比的认识”知识前测

______年______班　　姓名：__________

1. 哪一杯水更甜一些？请你通过计算说明。

第一杯　　第二杯

糖 10 克　　糖 20 克
水 80 克　　水 120 克

2. 下图是一个大圆和一个小圆组成的，O 是大圆的圆心，观察这个图，你能发现哪些比？把你发现的比写出来。

3. 在下面方格图中画出两个大小不同的三角形，使它们的底和高的比都是3∶2。

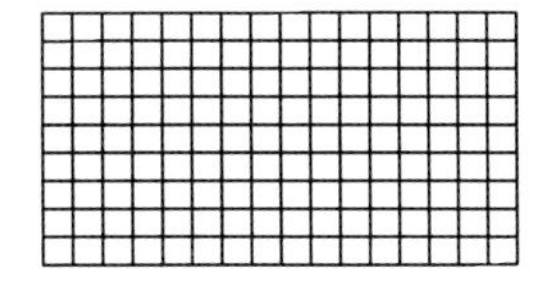

4. 填空。

$(\quad):15=(\quad)\%=(\quad)\div10=\frac{12}{(\quad)}$

5. 求下列的比值。

5∶9　　0.16∶0.6　　$\frac{2}{3}:\frac{6}{7}$　　$0.8:\frac{1}{2}$

6. 化简下面的比。

63∶27　　4.5∶1　　0.07∶4.2　　$\frac{3}{5}:\frac{4}{7}$

7. 调制 210 克牛奶，如果奶粉和水按照 1∶6 调配，需要奶粉多少克？水多少克？

8. 笑笑读一本故事书，已读的和未读的页数之比是 1∶5，如果再读 30 页就读完了该书，这本书一共有多少页？

计分方法：

0 分——对所有问题不知道如何解答，对“比”的概念完全不理解。

1 分——对于题目能想出一些思路，但不能清晰地表达自己的思考。

2 分——对于问题能够借助已经学过的知识进行解释，基本能解释清楚。

3 分——能够借助画图、除法等办法来进行解释，并能解释得很透彻。

4 分——能够借助比的办法直截了当地阐明观点，并能解释得很透彻。

测试结果如表 2。

表 2

班级	实验班					平行班				
人数 / 分数 / 题目	0	1	2	3	4	0	1	2	3	4
1	12	15	6	6	2	11	49	21	4	4
2	16	13	5	5	2	10	46	10	14	9
3	13	18	4	6	0	27	28	25	6	3
4	12	17	3	7	2	43	23	15	6	2
5	11	11	9	6	4	49	20	10	8	2
6	16	12	10	2	1	30	29	11	10	9
7	13	14	7	4	3	55	18	12	4	0
8	17	12	5	6	1	59	19	9	1	1

在单元前测中，与“比”有直接关系的第 1 题、第 2 题，发现问题如下。

(1) 学生对于用“比”的知识来解决问题有很大的难度，有相当大的一部分学生是借助已经学过的分数和除法知识来解答的。(如图 2)

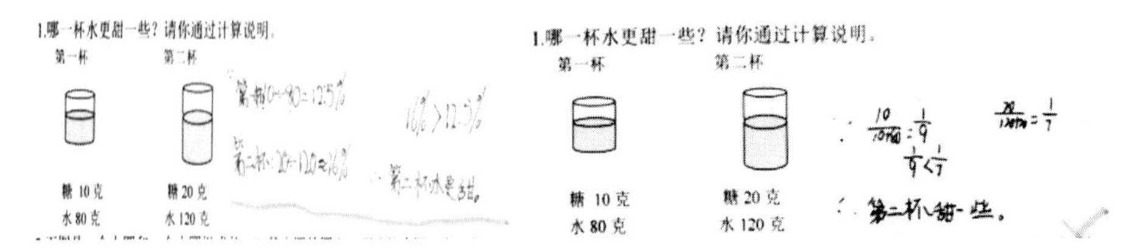

图 2

（2）学生对于“比”的认知停留在比大小、比多少的层面上。(如图 3)

2.下图是一个大圆和一个小圆组成的，O 是大圆的圆心，观察这个图，你能发现哪些比？把你发现的比写出来。

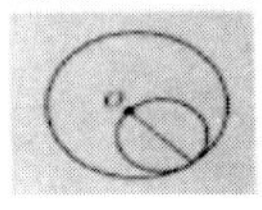

大圆比小圆大

图 3

2. “生活中的比”前测

为了进一步有针对性地了解学生对于“比”的意义的认知，我又对实验班和对比班两个班级的学生进行了有针对性的前测，测试题目如下。

“生活中的比”知识前测

1. 下面这些图形中的长和宽有什么关系？你能写出几个比吗？

2. 你能写出一个 2∶5 表示的情境吗？

3. 根据下列信息写出比。

（1）六（1）班有 40 名同学，其中男生 19 人，女生 21 人，女生人数与全班人数的比是________，女生人数和男生人数的比是____________。

（2）正方形周长和边长的比是________，正方形面积与边长的比是________。

2 cm

（3）甲正方形和乙正方形边长的比是__________，比值是__________。
甲正方形和乙正方形周长的比是__________，比值是__________。
甲正方形和乙正方形面积的比是__________，比值是__________。

12 cm　　10 cm

甲　　乙

测试结果如表 3。

表 3

班级	实验班					对比班				
分数 人数 题目	0	1	2	3	4	0	1	2	3	4
1	12	15	6	6	2	13	14	5	5	2
2	16	9	5	9	2	9	12	8	5	5
3	13	10	9	6	3	8	13	5	10	3

通过两次前测发现问题如下。

(1) 实验班和对比班学生对于描述书的长和宽出现了差异，学生所描述的长和宽不一样，有的认为水平为长，有的认为长边为长。若长、宽不一致，就会影响教学时的交流。为了知道这是不是这个年级学生普遍存在的问题，又对参加单元前测的其他班级选取的 50 名学生进行了面对面访谈，发现他们也存在着同样的问题。汇总调研的 130 名学生，在 83 名可以写出“比”的学生中，有 48 名学生认为水平为长，35 名学生认为长边为长。(如图 4)

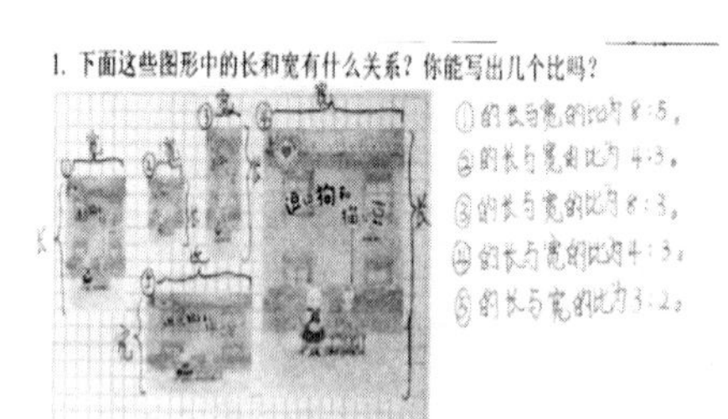

图 4

这样对学生描述图形中的长和宽的比有一定的影响。

(2) 对“比”的理解仅仅停留在“比”的形式，并没有真正理解“比”的意义。(如图 5)

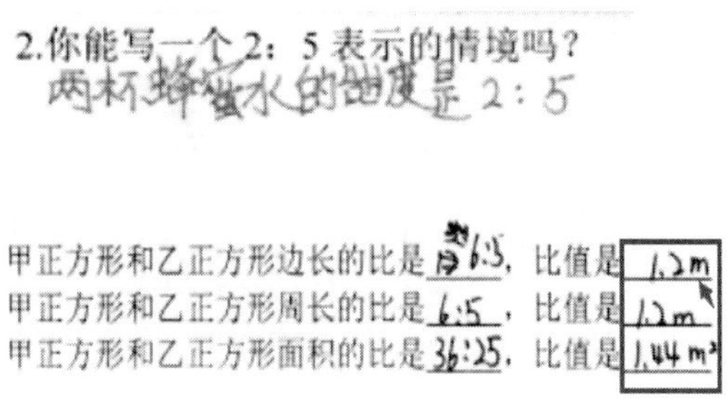

2.你能写一个2：5表示的情境吗？
两杯蜂蜜水的甜度是2：5

甲正方形和乙正方形边长的比是6:5，比值是1.2m
甲正方形和乙正方形周长的比是6:5，比值是1.2m
甲正方形和乙正方形面积的比是36:25，比值是1.44m²

图 5

在能写出“比”的学生中，有62%的学生无法描述一个情境是用2：5来表示的，也有67%的学生在计算比值时加上了单位名称，原因是学生不理解“比”的数学本质。

(3) 有17%的学生无法解决此类问题。

3. 两次前测的思考

两次前测，观察实验班和对比班的数据，我们不难得出结论：

(1) 学生有认知上的差异，更有解决问题的差异，值得每一位教师重视；

(2) 学生对于比的本质并不是很了解。如何在教学过程中抽象出比的概念值得深思。

(二) 研究干预：让不同的学习卡片在课堂上照顾差异，促进学生问题解决

作为教师，不管是谁，都希望所有的学生能够理解学习内容，能够参与到教学活动中来，希望每名学生都能解决数学问题。但这只是教师的期望。不同的生活背景，让学生产生不同的生活、学习经验，不同的学生有不同的思维方式，不同的兴趣爱好和不同的发展潜质，这必将对学生的数学学习产生不同的影响。教学应该从学生的生活经验和已有知识出发，为每名学生提供充分从事数学活动和交流的均等机会，为学生提供问题解决的空间。与此同时，教师关注学生的个体差异，关注个体内的差异，从而促进他们优质潜能的发展。

1.“任务卡”给学生提供了独立解决问题的空间

“任务卡”是以任务驱动的形式，给学生问题情境，把某一学习内容呈现给学生，学生依据问题展开自主学习，为学生的思维性行动提供有效保证。“任务卡”是分成不同层次的，学生根据自己的起点不同选择要求不同的“任务卡”进行思考。这样，大问题虽然相同，但是细节问题不同，让持有不同“任务卡”的学生都可以进行独立思考。卡片上包括：研究的内容、问题解决所需要的形式、完成学习任务所需要的时间、学习步骤或流程。

基于前测，把教材中的问题情境由扩大或缩小照片改为扩大或者缩小红旗，并设计了a，b级两级“任务卡”。(如图6)

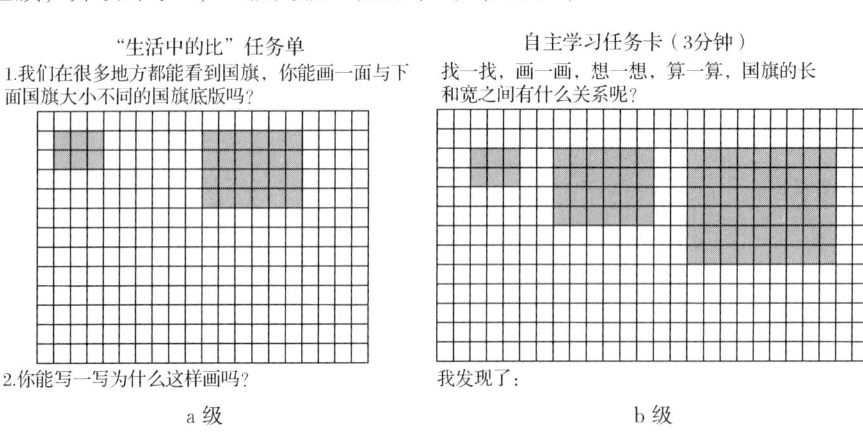

图6

在教学中使用a，b级“任务卡”情况如表4。

表4

	a级	b级
纸质版	14人	6人
电子书包版	13人	8人

2.“帮助卡”帮助学生进行动态学习

“帮助卡”作为一种综合性的学习资源，在实施差异教学、满足学生个性化学习需求中发挥了巨大的作用，在学生解决任务卡时，它使教学流程更加灵活，它为想不出办法的学生提供自助寻找到解决问题的路径，既保护了学生的隐私，又满足了学习需要。(如图7)

帮助卡一

我们一起研究不同的红旗之间有什么关系吧！

请和我一起来，为了便于研究，先把三面标准的红旗标上序号，最小的红旗是A，中间的是B，右面的是C。标记好了吗？

A红旗的长一共是3个格子的长，B红旗的长有6个格子的长，C红旗的长有9个格子的长。

同样，A红旗的宽是2，B红旗的宽是4，C红旗的宽是6。A红旗最小，把它作为标准比较：

B红旗的长是A红旗长的2倍。（把算式写下来吧！）

B红旗的宽是A红旗宽的2倍。（把算式写下来吧！）

C红旗的长是A红旗长的3倍。（把算式写下来吧！）

C红旗的宽是A红旗宽的3倍。（把算式写下来吧！）

不难看出，B红旗的长和宽都是A红旗长和宽的2倍，C红旗的长和宽都是A红旗长和宽的3倍。如果按照这样，我还可以画出长是12，宽是8的红旗，这面红旗的长和宽都是A红旗的4倍；还可以画出长是18，宽是12的红旗，这面红旗的长和宽都是A红旗的6倍；缩小也是可以的，只要所画的红旗长和宽都同时扩大或者缩小A红旗长和宽相同的倍数就可以了。你明白我的做法了吗？快去试试吧！

帮助卡二

同一面红旗的长和宽之间有什么关系呢？

请和我一起来，为了便于研究，先把三面标准的红旗标上序号，最小的红旗是A，中间的是B，右面的是C。标记好了吗？

A红旗的长一共是3个格子的长，B红旗的长有6个格子的长，C红旗的长有9个格子的长。

同样，A红旗的宽是2，B红旗的宽是4，C红旗的宽是6，

A红旗的长是3，宽是2，长是宽的$\frac{3}{2}$，列算式哦。

B红旗的长是6，宽是4，长是宽的$\frac{3}{2}$。

C红旗的长是9，宽是6，长是宽的$\frac{3}{2}$。

如果按照这样的特征，我还可以画出长是12，宽是8的红旗，这面红旗的长是宽的$\frac{3}{2}$。

可以画出长是18，宽是12的红旗，这面红旗的长是宽的$\frac{3}{2}$。

可以画出长是21，宽是14的红旗，长也是宽的$\frac{3}{2}$。

当然也可以画出长是1.5，宽是1的红旗，这样的红旗的长依然是宽的$\frac{3}{2}$。

发现只要长是宽的$\frac{3}{2}$，宽是长的$\frac{2}{3}$就可以制作标准的红旗。

你明白我的做法了吗？快去试试吧！

图7

课堂上使用“帮助卡”情况如表5。

表5

	帮助卡一	帮助卡二
纸质版	4人	5人
电子书包版	5人	5人

3. 利用“工作单”进行小组学习，促进学生的交流思考

“工作单”给了学生一条学会小组合作学习的途径，在既定的交流中寻找解决问题的办法，发现不能达成共识的问题，在相互质疑和交流中，学生很快进入角色，交流、思考，从而对问题进行归纳、总结，得出共性或者个性的方法。

4. “自由进度卡”让学生用自己的能力解决不同层次的问题

在完成一个具体学习任务后，检验学生是否达到学习目标而使用，学生从第一关开始，根据自己的情况进行选择，教师巡视同时统计学生的答题情况。学生答题流程如图8。

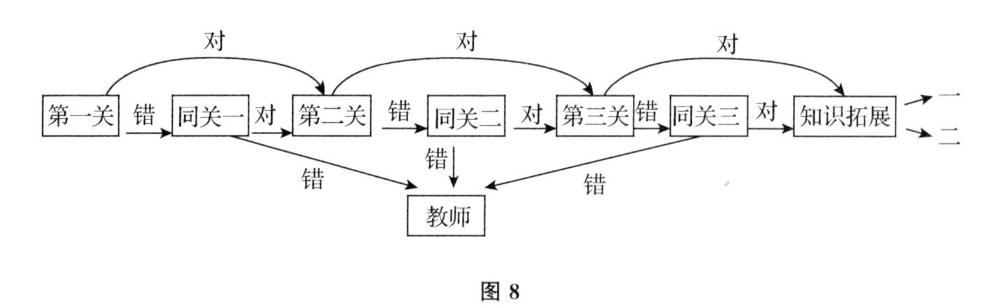

图8

课堂中“自由进度卡”的关卡如下。

第一关

六年级（3）班有22名男生，19名女生。

1. 男生人数和女生人数的比是（　　）：（　　）。
2. 女生人数和男生人数的比是（　　）：（　　）。
3. 男生人数和全班人数的比是（　　）：（　　）。
4. 女生人数和全班人数的比是（　　）：（　　）。

第一关同步练习

第一小组有5名女生，6名男生。

1. 男生人数和女生人数的比是（　　）：（　　）。

2. 女生人数和男生人数的比是（　　）∶（　　）。

3. 男生人数和全班人数的比是（　　）∶（　　）。

4. 女生人数和全班人数的比是（　　）∶（　　）。

第二关

这个人的头和身高的比的比值是（　　）。

A. 1∶7　　B. $\frac{1}{7}$　　C. 1∶8　　D. $\frac{1}{8}$

第二关同步练习

1. 妈妈把10毫升蜂蜜放入80毫升的水中配制蜂蜜水。蜂蜜和蜂蜜水的比是（　　），蜂蜜和水的比值是（　　）。

A. 1∶9　　B. 1∶10　　C. 10∶9　　D. 10∶1　　E. $\frac{1}{8}$

2. 淘气把5毫升洗洁精倒入15毫升的水中配制泡泡水，洗洁精和泡泡水的比是（　　）。水和洗洁精的比值是（　　）。

A. 1∶3　　B. 4∶1　　C. 1∶4　　D. 3　　E. 2∶1

第三关

想一想：下面哪个比是说明A牌洗衣粉与普通洗衣粉的份数比是1∶4?

A. 用量少1∶4

B. 去污强1∶4

C. 省水电1∶4

D. 省力气1∶4

E. 时间短1∶4

第三关同步练习

你能表示出一个3∶5的情境吗？把你的想法或者写或者画在下面。

课堂中学生使用“自由进度卡”情况如表6。

表6

	第一关	同关一	第二关	同关二	第三关	同关三	知识拓展一	知识拓展二
纸质版	20人	4人	20人	5人	16人	2人	8人	6人
电子书包版	21人	2人	21人	3人	20人	1人	13人	6人

（三）课堂观察的结果

为了了解学习卡片的方式在学生的学习中有没有起到作用，究竟起到了什么作用，在主题研修过程中，也进行了课堂观察，让数据为学习卡片的介入说话。(如表7)

表 7

使用情况	实验班纸质版				实验班电子书包版			
	任务卡	帮助卡	工作单	自由进度卡	任务卡	帮助卡	工作单	自由进度卡
人数	20	15	20	20	21	16	21	21
学习卡片使用情况描述	能独立进行思考，但有7名学生不知道如何思考，剩下的13名学生有11名学生想到了除法，有2名学生想到了比。	学生使用语言叙述的帮助卡，一边读一边画，多数学生费时5分钟左右。	学生能借助工作单和任务卡来进行小组合作，但有的学生交流时看不懂对方的办法。	每个学生进行自由进度练习的时候能按照要求做，但用纸质的核对答案，以及进行下一关测试时有拿错进度的现象发生。	能够借助任务卡进行独立学习、思考。有6名学生遇到了困难。还有2名学生想的办法不对，有10名学生借助除法来解决问题。	能够借助有图有声音的微课进行帮助，很快地了解了办法，并能根据帮助卡的提示解决问题。	学生能够借助电子工作单进行分发图片、批示，有效地合作、交流。	有19名同学通关结束，并根据自己的兴趣学习了黄金分割等知识拓展的内容。有2名学生通关中出现了问题，做了同关练习。
学生使用卡片效果描述	1. 学生能够自主地选择任务卡进行独立思考。不会的同学会自助式寻找帮助。 2. 学生根据工作单的要求，有序交流，结合自己独立思考的结果交换自己的思考，同学之间有倾听、有质疑，能梳理出结果，也有的发现了问题。 3. 不同的学生可以根据自己完成的情况随时调整自己的学习进度，这样的学习也让学生不感到压力，反而为自己能解决问题而愉快地学习，更激发了学生自己解决问题的自信心，培养了学生独立问题解决的能力。							

（四）教学后测的结果与前测结果的对比

1. “生活中的比”后测

为了了解利用学习卡片是否对学生解决问题的能力有一定的促进作用，我对“生活中的比”又进行一次后测。后测仍采用前测的题，其结果如表8。

表 8

班级	实验班					对比班				
分数 / 人数 / 题目	0	1	2	3	4	0	1	2	3	4
1	0	0	0	5	36	1	3	5	5	25
2	1	1	1	4	34	3	4	5	7	20
3	0	0	2	3	36	4	2	7	7	19

从后测的得分情况可以发现，后测中，实验班和对比班的学生每道题的5段得分是不一样的，在同一个教师所教授的两个班级中，实验班学生的得分要高于对比班。

2. 前、后测差异检验

前、后测差异检验是通过提供的实验班和对比班课前测和课后测的数据进行的t检验。t检验过程，是对两样本即实验班和对比班的均数差别的显著性进行检验。

（1）实验班前、后测差异检验

结果如表9。

表9　成对样本检验

	成对差分					t	df	Sig.（双侧）
	均值	标准差	均值的标准误	差分的95%置信区间				
				下限	上限			
前测－后测	−2.618	1.121	0.063	−2.741	−2.494	−41.719	318	0.000

通过t检验结果显示，在实验班教学中使用学习卡片对促进学生数学问题解决的前、后测有显著差异（t＝−41.719，df＝318，p＜0.001）。说明使用学习卡片有助于提高学生数学问题解决的能力。

（2）对比班前、后测差异检验

结果如表10。

表10　成对样本检验

	成对差分					t	df	Sig.（双侧）
	均值	标准差	均值的标准误	差分的95%置信区间				
				下限	上限			
前测－后测	−1.775	0.952	0.036	−1.845	−1.705	−49.695	710	0.000

通过t检验结果显示，在对比班教学中不使用学习卡片，学生数学问题解决的前、后测也有显著差异（t＝−49.695，df＝710，p＜0.001）。说明不使用学习卡片也有助于提高学生数学问题解决的能力，但和实验班级的差异检测比较，检测结果不如使用学习卡片效果明显。

四 研究结论和反思

（一）研究结论

学生的差异是客观存在的，在实施教学中不能无视于这种现实。教师需要关注学生，也就是要求教师要及时对学生的差异性作出反应，把学生的差异作为资源来开发，这是对重视个性、尊重个性的一种超越。在对学习卡片对于促进学生数学问题解决的教学进行研究的过程中 ，得出如下结论。

1. 学习卡片的开发是促进学生问题解决的一种有效方式。学生通过独立思考、小组合作，再到自由进度练习，充分给学生进行问题解决的空间，让学生自己发现问题，自己解决问题。

2. 学习卡片的灵活使用，使得个性化教学得以顺利实施，学生学习的主动性得到提高。哪怕是一个任务也要根据内容给学生布置不同的学习任务，由于学生学习任务不一样，在解决学习任务的过程中，学生不能不独立思考问题，也不能不去交流，学生没有机会抄袭，只能先独立思考，再集体交流，增强了学习的主动性。

（二）研究反思

1. 前测样题如何选择？最初研究使用了教材以及教师用书中的题目作为前测和后测的题目，在汇报时专家和教师提出了质疑，究竟什么样的测试样题合适？这是值得接下来不断省思的问题。

2. 仅从自己的研究来看，使用学习卡片是需要教师花费心思、花费时间去制作的，需要教学团队来一起努力，把研究的卡片作为一种资源使用。

3. 学生的个性化需求呈现动态化，也许课堂上学生的问题出现得会更多，是教师在课前准备的时候也没有预设到的，教师要怎样面对这样的个性化需求？基于学生差异的学习卡片课堂教学策略有待进一步开发和完善。

4. 教学评估包括学生的跟踪评价需要完善。

参考文献

[1] 华国栋．差异教学论［M］．北京：教育科学出版社，2001.

[2] 田立莉．田立莉与小学数学差异教学——为学生所需而教［M］．北京：中国林业出版社，2009.

[3] 许晓博．小学数学利用学习卡片进行差异教学的探索［D］．长春：东北师范大学，2012.

[4] 中华人民共和国教育部制定．义务教育数学课程标准（2011 年版）［S］．北京：北京师范大学出版社，2012.

成长寄语

班级教学中，学生差异问题一直都是一线教师必须面对的现实而又重要的问题。这个问题解决不好，慢慢地就会出现班级上的差生，就会出现两极分化等状况。因此，张辛欣老师选择研究如何利用学习卡解决学生在解决问题中的差异性问题是非常有意义的。

关注学生差异，做到因材施教并不容易，它不仅需要教师有意识，还需要教师有经验积累，有方法策略。在张辛欣老师的研究中，她首先通过前测找到学生的差异，然后有针对性地设计了“任务卡”“帮助卡”“工作单”“自由进度卡”4 种学习卡，而且，如其中的“帮助卡”，是根据前测数据因人而异的。研究不仅清晰地介绍了 4 种学习卡的功用、特点和使用方法，还通过对比实验的数据展示了学习卡的使用效果。因此，可以有把握地说学习卡对学生的学习是确有帮助，而且是具有可操作性的。

对于本研究还有以下几个方面值得商榷。

第一，关于单元测试。如果在一个单元的内容尚未学习之前，就对学生进行单元前测，对于多数学生来说很容易因为题目难度过大出现天花板效应，这样，也就失去了前测的意义。比如，在本研究中，学生还没学习什么是比的时候，就让学生去做比的化简，用比解决实际问题，这些题目的测试结果对于甄别学生的个体差异是令人质疑的。

第二，关于实验对象。“单元前测由 130 人完成，分别是实验班 41 人，平行班 89 人。平行班 89 人中包括我执教的对比班 39 人，同年级其余 5 个班各随机选取 10 人”。这里只是描述了实验对象的人数，并未说明这些实验样本有什么特点或是处于一个什么样的学习水平，特别是从另外班级抽取的 50 人，是一个什么样的抽样标准等，并没有说清楚。所以，这种情况下就不好说清楚实验干预确实与测试结果有因果关系。

第三，如何看待调研数据。比如，在研究分析中讲到“在单元前测中，与‘比’有直接关系的第 1 题、第 2 题，发现问题如下。(1) 学生对于用‘比’的知识来解决问题有很大的难度，有相当大的一部分学生是借助已经学过的分数和除法知识来解答的。(2) 学生对于‘比’的认知停留在比大小、比多少的层面上”。其实，这些可能不宜看作“问题”，而更应该看作学生学习的一个自然的起点。比如，没有认识“比”之前，学生借助分数和除法解决问题是再正常和自然不过的事情，这就是他们的学习基础，所以，因此判断学生“用比来解决问题有很大的难度”是不合适的。

利用思维导图提高小学数学复习课效率的实践研究

苏晗（四川省成都市金牛区教育研究培训中心）

一 问题的缘起

长期以来，许多教师对复习课缺乏深入的研究思考，导致复习课的效率不高。那么，是什么原因使小学数学复习课效率不高呢？制约教师课堂教学效率的具体原因又是什么呢？

我区于2013年开始进行“金牛区义务教育学校教师课堂教学行为有效性调查研究”，调查了包含复习课在内的课堂教学行为有效性，历时两年。

调查分三种形式进行：第一种为问卷调查（4套），其中1套有效问卷为1 218份，有效问卷的回收率为82%；第二种为课堂观察，观察者中教研员32人、管理者25人、研究者4人，被观察者近500人，两年观察课节500多节；第三种为访谈，访谈对象有校长、副校长10人，教师30人，学生20人。

（一）调查研究结果及分析

关于复习课效率的调查从教师的课堂教学行为入手，主要包括调控、呈现、指导、交流、倾听、自读和达成7个维度。最后，经过数据分析和处理，课题组形成如下调查结果。

1. 总体情况

选取样本量 1 218 人，结果统计如图 1。

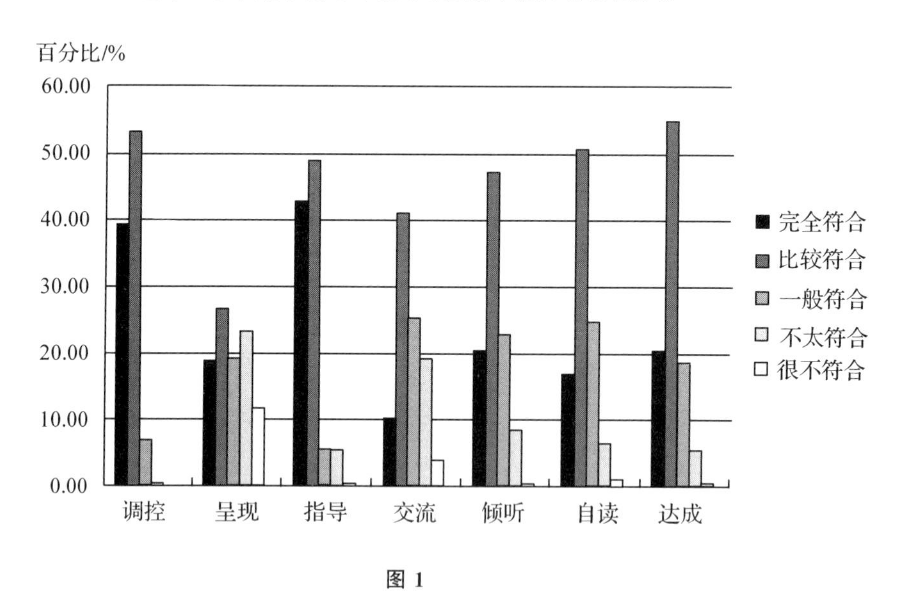

图 1

从图 1 可以看出，我区小学数学复习课教师课堂教学行为有效性在调控维度、指导维度和达成维度总体情况较好（各维度完全符合和比较符合百分比相加均在 70％以上），但是复习课中学生在交流、倾听、自读、呈现维度存在不足（交流方面完全符合和比较符合百分比相加约为 52％，倾听方面完全符合和比较符合百分比相加约为 68％，自读方面完全符合和比较符合百分比相加约为 68％，呈现方面完全符合和比较符合相加约为 45％）。因此，需进一步改革课堂教学，加大学生自主学习能力的培养，加强学生学力发展和思维培养。

2. 调查情况反馈出的主要问题

问题 1：教师对复习课缺乏研究和设计，学生不感兴趣。

访谈 20 位教研员，将所听的课堂分为“100％的课堂满意”“80％的课堂满意”“50％的课堂满意”“20％的课堂满意”：中学教研员对“80％的课堂满意”的占 10％；小学教研员对“80％的课堂满意”占 30％，其中对复习课的满意度最低。观察和访谈了解原因：一是复习课的教学设计不够优化，不注重不同板块的学习内容、要求与学生不同学情的合理配置；二是复习课教学内容设计没有挑战性，学生参与度不高；三是复习课的重难点不够清晰，70％的教研员在课堂观察中发现，教师只是在公开课中才对课堂中的重、难点突破性问题进行精心设计。

问题2：教师课堂教学方式仍相对单调、陈旧，复习课上成练习课。

复习课中学生学法单一，问卷调查中有82％的教师“上复习课时，很少与学生进行对话交流”，有58％的教师上复习课是以练习为主，以提高效率。课堂观察中发现，教师在教学中特别重视基础知识和基本技能，轻视数学活动体验，喜欢采用“练习—讲评—再练习—再讲评”的教学程序。所以复习课教学手段单调，约有45％的教师能够综合使用PPT、范读、声像材料等，“多角度”呈现复习内容。学生访谈时发现：不少学生对复习课不断练习感到枯燥、乏味，更反感题海战术。

问题3：学生自主整理的能力不足，给学生自主学习的时间和空间不够。

就复习课目标达成的角度来看，只有约17％的学生能够自主梳理知识、独立思考、记录疑难问题、借助相关的资料复习整理，有约80％的学生不能积极参与复习课，不能主动建构知识网络。在对高年级“整理与复习”的课堂观察中发现：教师常忽视学生主动参与整个知识归纳、整理的过程，要么是将整个知识板块预先整理好，在课堂上滔滔不绝地讲，学生则听得昏昏欲睡；要么是将某本教辅资料中整理的树状图投影展示出来，供大家浏览。试想，学生被动接受教师或教辅资料中的整理结果，其整理和复习的效果何谈高效。

（二）反思常态复习课中一些常见现象

图2是常态复习课中教师常采用的方法，结合师生活动和课堂表现来看，一些司空见惯的方式背后存在着严重误区，使当前复习课教学陷入困境。

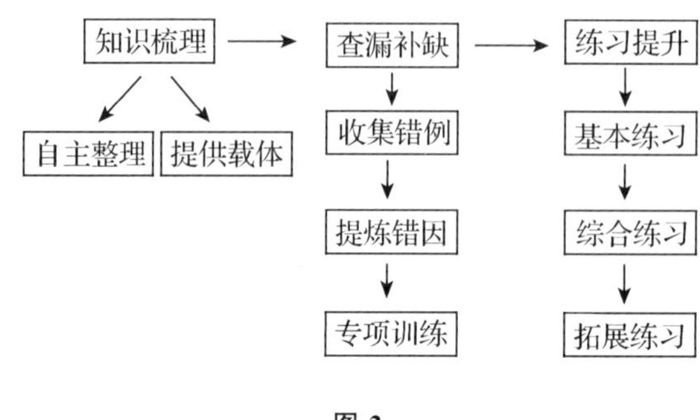

图 2

1. 学生自主进行知识整理的背后是机械的抄写

从下面常态复习课中抓拍的学生作品来看（如图 3），不难发现，由于教师缺乏对学生学法的指导，学生缺乏系统梳理知识的方法和技能，大部分学生对单元知识进行自主整理，其实是抄写知识要点，很少主动地建构知识网络。

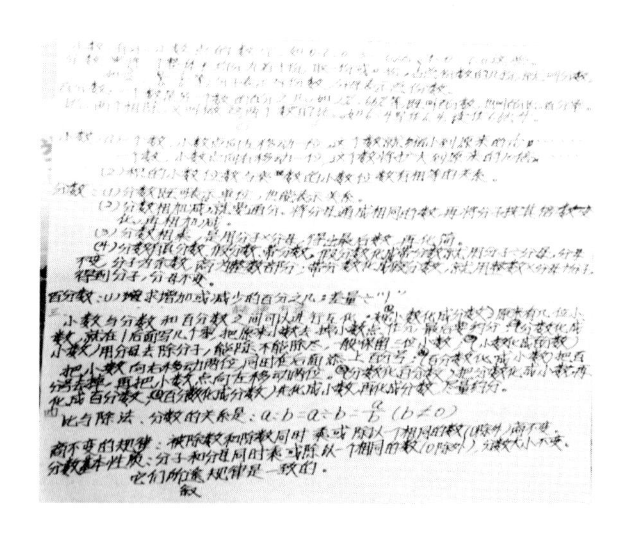

图 3 采用知识罗列的方式

2. 学生合作学习中的汇报分享背后是机械的读

复习课教学应该具有丰富的学习活动，把学生的认知起点、知识掌握情况作为重要的教育资源，学习活动应该是一个学生自主梳理知识、转化能力的过程，需要理清知识之间纵向和横向的内在联系，将“点”连成

“片”，内化成学生的东西。但在复习课中，教师重学生的“汇报”，轻思维的“碰撞”。从下面学生常见的汇报环境中可以看出，学生的汇报不过是把自己前面抄写在题单上的知识点，埋头读给同学听，很少关注听众的感受。(如图 4)

图 4　学生汇报场景

二　寻求改变

上述复习课的教学困境，不得不让我们重新审视当前的教学，必须对复习课教学进行一场革新，那么如何来进行这场革新呢？思维导图的介入无疑为这场革新注入了活力。

(一) 思维导图形成的背景

思维导图是 20 世纪 60 年代末由英国人托尼·巴赞创造的一种做笔记的方法，和传统的直线记录方法完全不同，它以关键词和直观形象的图示建立起各个概念之间的联系。它利用色彩、图画、代码和多维度等图文并茂的形式来增强记忆效果，使人们关注的焦点清晰地集中在中央图形上。思维导图完整的逻辑架构及全脑思考的方法已被应用到各行各业，其中 IBM、微软、甲骨文、惠普、波音公司等世界 500 强企业是最早引入思维导图咨询和培训的机构。而国外教育领域，美国哈佛大学、英国剑桥大学的学生都在使用思维导图；在新加坡，思维导图已经基本成为中小学生的必修课。

（二）引入思维导图的依据

大量实验研究证据表明，在各类信息汇总中图像信息的传递效率最高，大概是声音信息传递效率的 2 倍，纯文字信息效率传递的 10 倍。这表明了思维导图的重要学习价值。

脑科学研究认为“左脑＋右脑”的“全脑”思维模式是一种创造性思维模式。而思维导图利用“左脑＋右脑”的“全脑”思维模式，有利于激发大脑的潜能，并使大脑平衡协调发展 。无论是在效率、效果还是效益上，思维导图都比传统的学习方法更有效。“可以让复杂的问题变得简单，简单到可以在一张纸上画出来，让你一下子看到问题的全部。它的另一个巨大优势是随着问题的发展，你可以几乎不费吹灰之力地在原有的基础上对问题加以延伸。”（英国管理学作家 Dr. Tony Turrill）（如图 5）

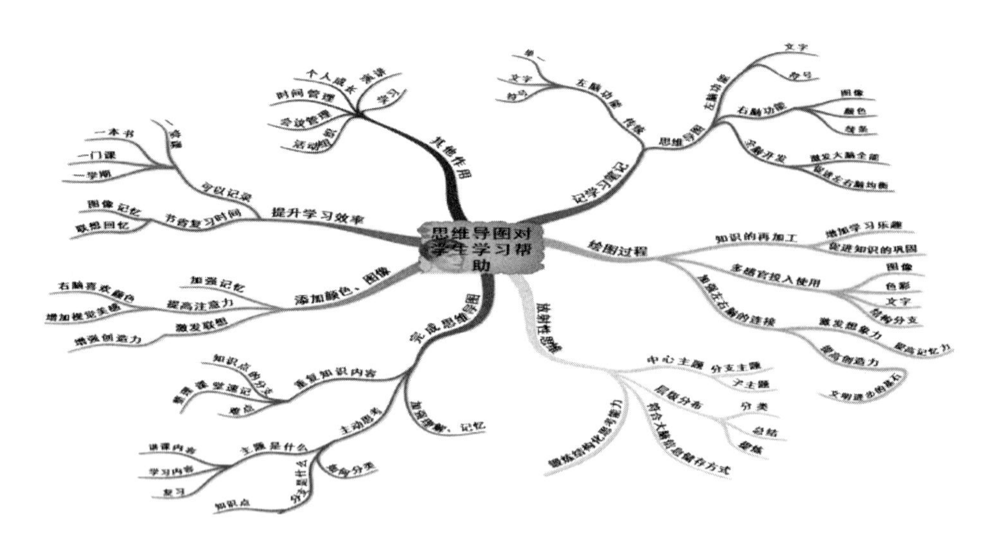

图 5　思维导图对学生学习的帮助

（三）我国发展现状分析

近些年，我国关于思维导图的应用和探索也日益活跃起来，许多教师也在尝试利用思维导图对教育中的某些问题进行变革，赵国庆等人首先对思维导图和概念图进行了深入的辨析；陈云辉将思维导图引入医学课程教学中，解决了目前一些医学课程教学中存在的问题；李静雯将思维导图引入化学教学中，为化学新课程实验教材的实施、学生的有效学习和科学素养培养提供了参考和借鉴；五邑大学的李林英老师也正在将思维导图全面的引入教学实践中。

对于思维导图的研究，国内的研究还处于初级引进阶段，有待进一步的深入，而把思维导图引入小学数学课堂，则需要在课堂教学中边探索边实践。

实践研究过程

成都市马鞍小学、成都市第七中学八一学校、成都市蜀汉小学、成都市双林小学等学校参加了思维导图的课堂实践，积累了大量的经验，最关键的是一方面教会学生做思维导图，另一方面引导学生用思维导图。

（一）研读教材找准知识点，前置学习尝试独立画思维导图

对于小学生来说，大多数学生都存在复习方法不得当，甚至于个别学生不知道该如何进行复习。而对于数学这门学科而言，复习不仅仅只是单一地做大量的练习，练习的前提应是对所学知识点清晰，能找到知识点之间的联系，建立知识网络。教学中，教师要鼓励学生先自己通过看书，找知识点，并把这些知识点用自己设计的思维导图呈现出来，形成思维导图初稿。

图 6 是学生思维导图初稿作品。

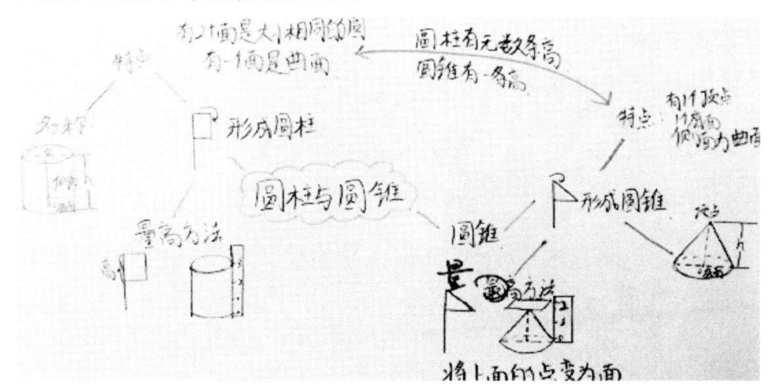

图 6　学生清楚地呈现出圆柱与圆锥的特点

在初始教学实践中，可以看到部分学生在使用思维导图时，存在一些误区。(如图 7)

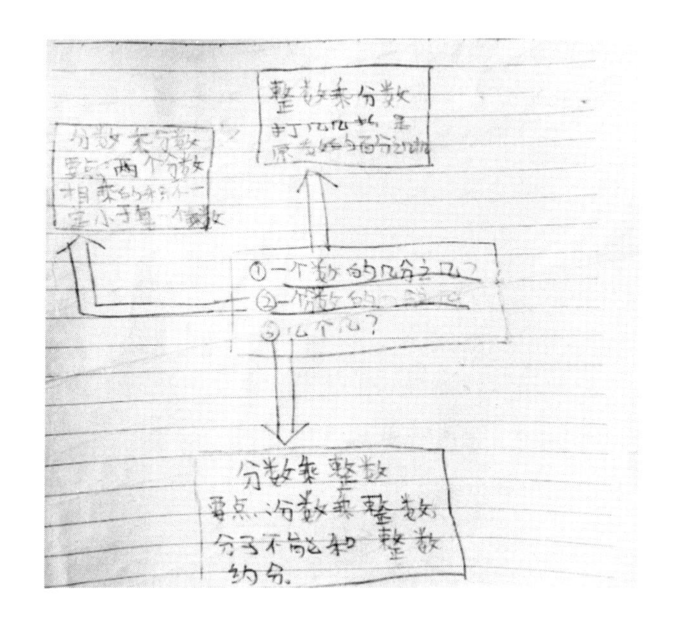

图 7　学生对分数乘法的意义理解不准确

这个时候，教师要指导学生如何绘制思维导图，例如，如何找准知识点，如何建立知识结构。通过批阅学生作品，引导学生做思维导图来进行复习。

（二）找准知识间联系构建知识体系，分享交流引领学生完善思维导图

针对学生独立绘制的思维导图，我们采用两种方式进行引领示范：一是课堂分享。鼓励学生将自己的思维导图在小组内进行分享，再通过全班展示交流的方式，找出各自的优缺点，提供多元、个性的整理方式，供参考借鉴。二是教师引领。对某些知识点来说，学生独立寻找知识的内在联系可能会有困难，在交流中，教师适当引导以帮助学生准确把握知识之间的联系。通过这两种方式的分享交流，学生再对初稿进行修改与补充，形成最终的思维导图。(如图 8)

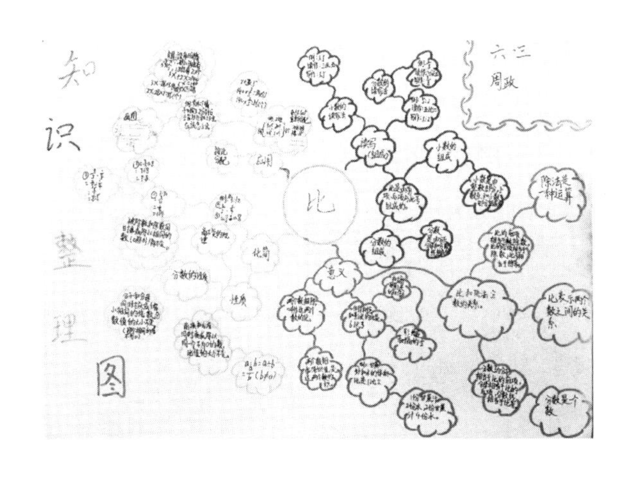

图 8　分享后修改的思维导图，知识结构框架清晰，制图精美

（三）找准错误的根源，在思维导图中使易错点可视化

首先，为了能清晰反映出学生在实际运用知识点解决问题时，哪些知识未能掌握或灵活运用，找准自己错误的根源，我们采用标错的方式，让学生将自己在练习中出错的知识点，标注在思维导图中对应的知识点上。图中错题符号越密集之处，就是学生学习最薄弱之处。这样，错误可视化，师生、家长对于数学学习都能做到心中有数。

其次，结合整个数学知识体系，以及各个知识点之间的联系，顺藤摸瓜，逐步追溯错误的根源，找准错误的源头。

最后，当我们找准了错因，再辅以有的放矢的补漏练习。将学生错误和思维导图紧密地结合起来，能有效提高学生改错的效率，提高数学学习的效果。(如图 9)

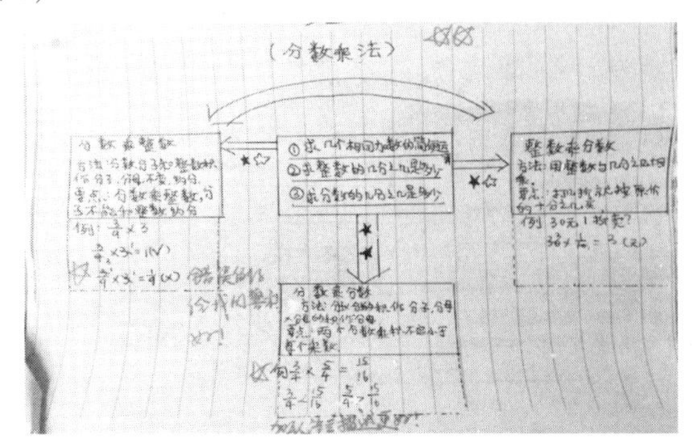

图 9　错题标注，并举出错题实例

（四）根据知识间的联系，在思维导图中灵活勾连，提升学生思维，发展学生学力

在数学学习中，如何将学生头脑中大量的疑惑、丰富的变式练习、深入的知识拓展更好地联系起来呢？

首先，学生在制作思维导图时，必定将数学知识在脑海中反复品读、多次揣摩，努力寻找知识点间的内在联系，再以各种单向箭头、双向互逆箭头等表达自己对于数学知识的理解，将其将隐性、模糊、零散的知识点交织成为显性、清晰、系统、结构化的知识网络。思维导图将学生的这种“化零为整”思维可视呈现，展现思维过程，引导学生有效思考。(如图 10)

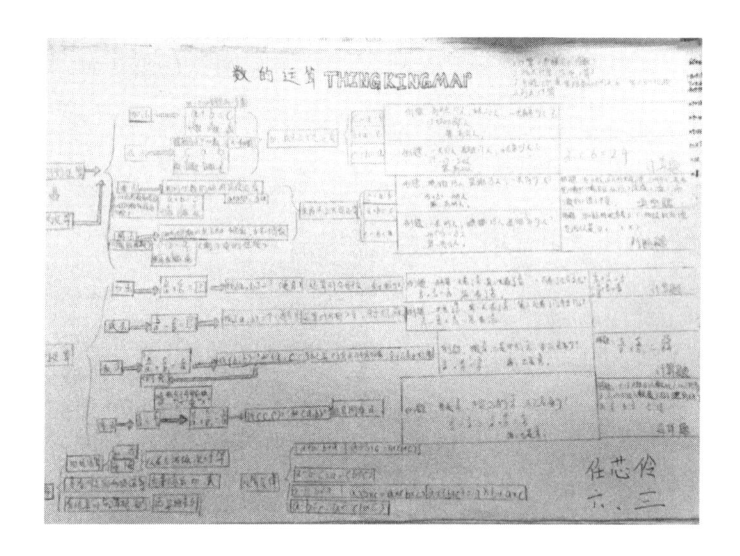

图 10　每一种运算配应用题，数量关系与运算的意义联系

其次，学生将自己在数学学习中的疑惑、有趣的变式练习补充在相应的知识点旁边，找准课外提高练习在课内知识中的生长点，二者融合、勾连，从而形成完整的、独具学生个体特色的知识网络。在结网过程中，数学知识更易被理解和记忆，学生学会更加有效地思考，从而发展学生思维力及提高学生的学习兴趣。

四 教学模式

经过一段时间的实践探索，我们利用成就学堂理念，建构了思维导图复习课——3＋N 教学模式。该模式根据学习理论将教学活动划分为“发现—探究—提升”三个环节。其中，发现环节的核心是学生制作思维导图来发现知识间的联系，教师观察学生，发现他们对知识板块的掌握情况；探究环节的核心是学生在汇报完善思维导图的过程中，进一步建构知识网络，使知识系统化、结构化，提炼数学思想方法，提高思维策略水平，学会复习方法；提升环节的核心是在关注学生群体的同时，关注学生的个体差异，借助相应的数学活动，让学生进一步熟练掌握基本技能，促使技能类化，让能力得到提升。

案例：圆的整理与复习。

授课教师　成都市第七中学八一学校　赵婷

授课班级　成都市第七中学八一学校六年级（4）班

教学模式　思维导图复习课 3＋N 教学模式（如图 11）

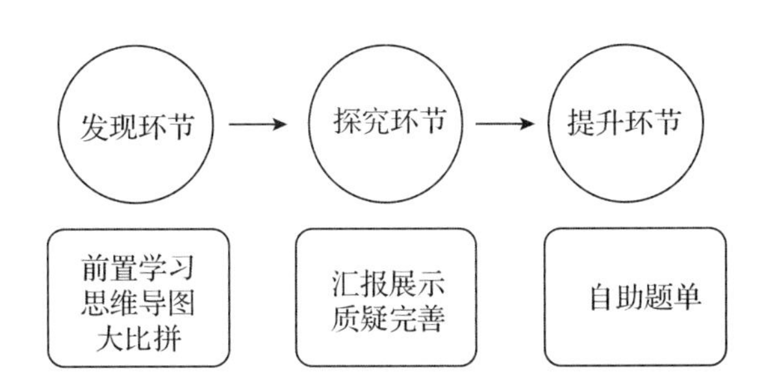

图 11　思维导图复习课的模式——3＋N 模式

教学环节

教学设置了以下四个教学环节：前置作业、思维导图大比拼、汇报展示质疑、自助题单。

（1）前置作业

本节课前置作业定为小组合作绘制“圆的整理复习”思维导图。这项任务对于学生而言需要花很多时间和精力，但由于成都市第七中学八一学校是住宿制学校，小组成员可以利用晚自习时间完成圆的思维导图。通过反复思考、交流、讨论、修改到最后思维导图的成型，学生倾情投入。前置作业的完成使学生经历了知识梳理、自主建构知识结构的过程，这为本课的教学奠定了基础。(如图 12)

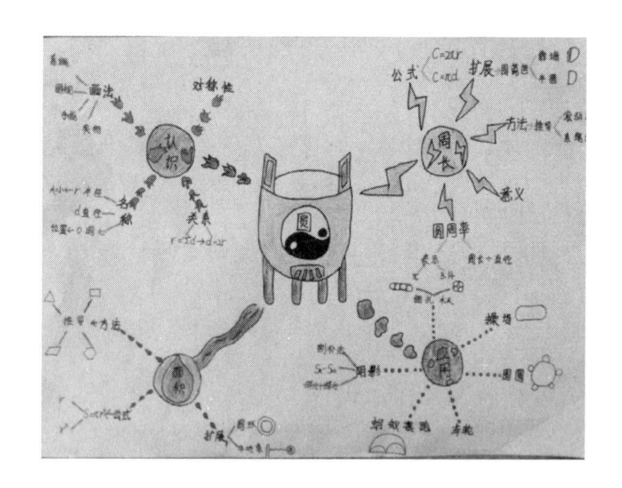

图 12　“圆的整理复习”思维导图

(2) 思维导图大比拼

教学过程中，教师把选择权交给了学生，鼓励学生选出自己最喜欢的一张思维导图，并讨论得票最高的思维导图有哪些特点，一定是主题明确、色彩鲜明、框架清晰的，从而引导学生掌握思维导图的使用方法。

而在思维导图大比拼时，学生欣赏了其他组的作品，深深体会到思维导图的发散性和富有个性，并且从中再次熟悉圆的知识网络体系。(如图 13)

(3) 汇报展示质疑

此环节中学生之间对圆的知识进行互补、纠错，课堂完善思维导图，从而完成了让学生亲历知识梳理、自主建构知识结构的学习目标。

在这个过程中，学生完全是课堂的主角，勇于表达自己的想法，大胆质疑他人的观点，课堂处于动态生成的状态。这样不仅拓宽了圆的知识学

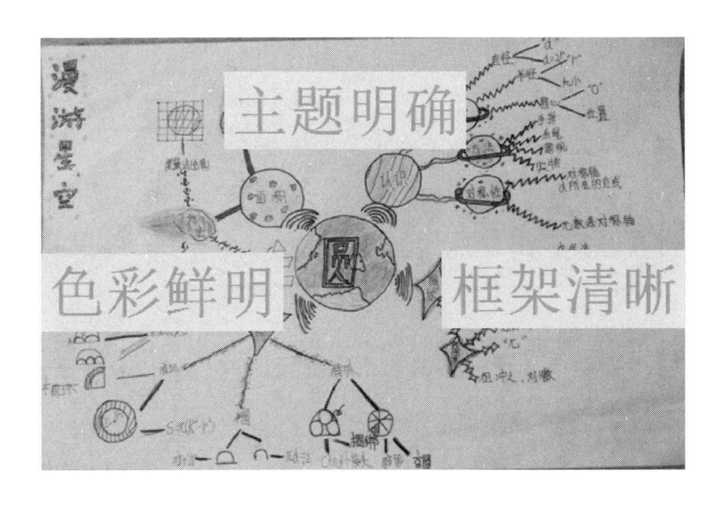

图 13　学生对思维导图作品的评价

习的深度和宽度，同时学生的个性特点和自信也充分表现出来，突破本节复习课的重难点。

（4）自助题单

在课堂练习中，设计了自助题单的环节。自助题单遵循“梯度设计”，按照班级学生的学习实际进行分层设计，分为基础题——直接代用公式解决的问题；能力提升题——运用综合法解决圆的外接正方形的面积问题；潜能开发题——运用割补法求阴影部分的面积。学生可根据自己的学习能力自主选择题做。自助题单拓宽了学生视野，增强了学生对知识点的理解和应用。

五　研究结论

1. 学生的学力得到显著的提升

学生的学力由三大要素组成，即学习的动力、潜力和能力。学习动力包括学习的兴趣、目标、动机和态度等；学习潜力包括创新精神、学习习惯、精神意志、智力和价值观等；学习能力指学生发现问题提出问题能力、分析问题解决问题能力，主要包括观察力、感知力、记忆力、思维力、想象力等。思维导图可以作为一种教学的策略，促进学生学力的提升。

不仅如此，分享交流思维导图的过程，不仅梳理了知识结构，还利于学生沟通、交流能力的提升。

2. 自主构建知识体系的过程有利于学生整体把握知识体系，提升思维能力

思维导图具有“梳理”和“压缩”的功能。它仅用关键词、图形和连线等，就可以把一个单元、一本书的内容“梳理”并“压缩”成由关键信息及其联系所组成的一张图，删除了冗余杂乱的信息，保留了关键内容，便于学生在整体上建构和把握知识点，理清复习的思路和重难点。

3. 思维导图提高了复习课的效率

思维导图是一种高效表达思维轨迹的思维工具。从本质上讲，思维导图和常规的文字、图形、歌曲、电影一样，都是人类表达思想的工具和方法。思维导图是发散性思维的表达，因此，也是人类思维的自然功能，这是一种非常有用的图形技术。学生在收集、整理、制作思维导图的过程中，不仅梳理了知识点，更丰富了学习的知识。从教师的情况反馈来看，使用思维导图后明显地提高了复习课的效率，他们也非常喜欢使用思维导图。(如图 14)

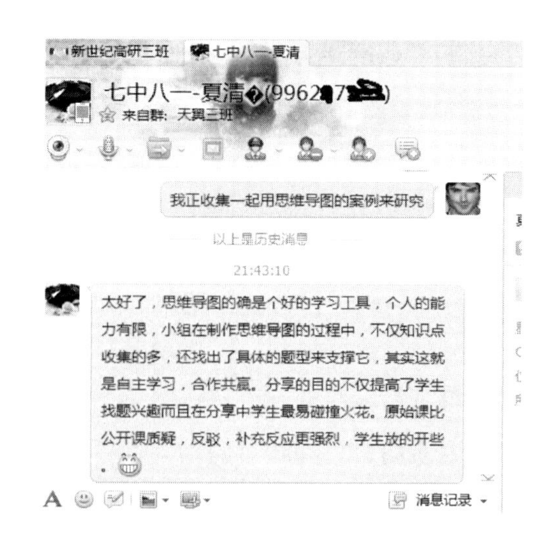

图 14　教师在微信中交流思维导图

4. 促使教师研究教学模式，构建思维导图的复习课新模式

在与学生一起绘制思维导图提升复习课效率的过程中，教师也收获颇丰，促进了自己研究能力的提升，逐步建立了复习课的新模式。

例如，在“前置学习”教学环节中，教师设计学生感兴趣的热身题单，以学生个体为单位收集整理练习题；“汇报分享”教学环节中，小组汇报补充思维导图的过程，引发了师生、生生思维共振与思想争鸣，使课堂信息量大大增加，师生的互动频率增强，将知识表征图形化和可视化，为学生掌握数学知识的全貌打下基础；“自主菜单”教学环节中，教师根据学生收集的练习题和之前设计的有层次性的基础题、知识提升、能力拓展题三大模块，抽选出具有代表性的题目，供学生自主选择进行练习，有效地做到了分层教学。

成长寄语

苏晗老师作为教研员，他做了很多工作，在高研班的两年研究中，他的题目有很大的变化，最后定为“利用思维导图提高小学数学复习课效率的实践研究”，这个也是很好的。利用思维导图来进行复习，把知识串起来，这是在各个国家广泛使用的办法，是一个已经得到证实的、很有效的办法。

他的理论基础也是很扎实的。因为复习的目的就是为了加深理解，其中一个很好的办法就是加强各个概念之间的联系，通过思维导图把不同的概念联系起来，这是一个很好的尝试和做法。

苏晗老师利用他做教研员的优势，在各个学校进行了实验，也收集了大量的学生绘制的思维导图样例，从文章的呈现来看，效果还是不错的。我想提两个建议，苏晗老师可以在这两个方面进行扩展和提高。

一是思维导图怎么来进行分析，如何评分？学生A和学生B的思维导图是可以进行评判的，哪个思维导图更加好？在国外的文献当中，已经有不同的研究者，包括教师在内，对思维导图进行评分有不同的标准，这方

面我们可以借鉴国外的研究。苏晗老师亦可以根据自己的状况，开发思维导图评判的评分标准。评分标准可以基于联系到底有多大，从以下两个方面来考虑。①概念的大小。思维导图中思维的知识点可大可小，如可以说三角形与正方形、平行四边形的联系，也可以说角的联系、边的联系。有很多概念的大小、知识点的大小，需要思考选择什么样的知识点最为合适。②如何判断联系。不同的联系该如何给分，联系的紧密度如何，这方面有很多工作可以做，对老师的帮助会很大。

苏晗老师已经在图13中从三个层面来讲：主题明确、框架清晰、色彩鲜明。这个还是有点儿笼统，需要具体化一些，如主题明确到什么程度，如果以5分来评分等级，主题明确到什么程度得4分，主题不明确到什么程度得0分，这些都是需要具体化。我非常期待苏晗老师能够把评分标准做出来。

二是关于第五部分的研究结论，目前苏晗老师写的研究结论有点儿空，缺乏一些数据的支撑。我觉得苏晗老师在今后的研究中可以从以下三个方面提供证据。①教师的感受。在使用思维导图的过程中，帮助学生加深理解、巩固复习方面的感受如何。②从实际的学生成绩的提高来看，苏晗老师有很多资源，许多学校可以做，不妨找几个单元做前测和后测，观察有了思维导图之后，对学生加深理解的层次有多大。③可以用思维导图本身作为一种测试工具来看，有了思维导图之后，学生的理解加深了多少，结合上面所说可以提供评分标准。

学生数学课外阅读策略的实践研究

宋君（河南省郑州市金水区实验小学）

一、课题的背景及意义

阅读是收集处理信息、认识世界、发展思维和获得审美体验的重要途径，是学生的个性化行动。具备良好的阅读理解与表达交流的基本能力，是现代社会对公民的基本要求。一谈到阅读，人们想到的往往是语文阅读，然而，随着社会的发展、科技的进步及“社会的数学化”，现代及未来社会要求人们具有的阅读能力已不再只是语文阅读能力，而是一种以语文阅读能力为基础，包括外语阅读能力、数学阅读能力、科技阅读能力在内的综合阅读能力。

数学是一种语言，“现在数学已成了所有科学——自然科学、社会科学、管理科学等的工具和语言”。美国著名心理学家布龙菲尔德说：“数学是语言所能达到的最高境界。”苏联数学教育家斯托利亚尔也曾指出：“数学教学也就是数学语言的教学。”而语言的学习是离不开阅读的。数学阅读不仅是数学表达的语言性、工具性，也是学生学习时借助数学课外阅读资源来拓展数学知识、引发数学思考的基础，这是基本的数学事实。

数学课外阅读一方面是解决学习过程中遇到问题的重要途径，是提高数学思考的有效手段；另一方面学习新知识依赖已有的智力背景。苏霍姆林斯基的教学经历，“30 年的经验使我相信，学生的智力发展取决于良好的阅读能力”。他从心理学的视角分析，“缺乏阅读能力，将会阻碍和抑制脑的极其细微的连接性纤维的可塑性，使它们不能顺利地保证神经元之间的联系。谁不善于阅读，他就不善于思维”。数学课外阅读扩大了学生的视野，拓展了学生的想象力，这些对于学生的成长极为重要。

我利用名师工作室研修学员对所在的 6 所小学的师生进行了访谈（访谈提纲见附录 1、附录 2），我们梳理了近 100 名小学生和 30 名小学数学教师的访谈结果。(如图 1、图 2)

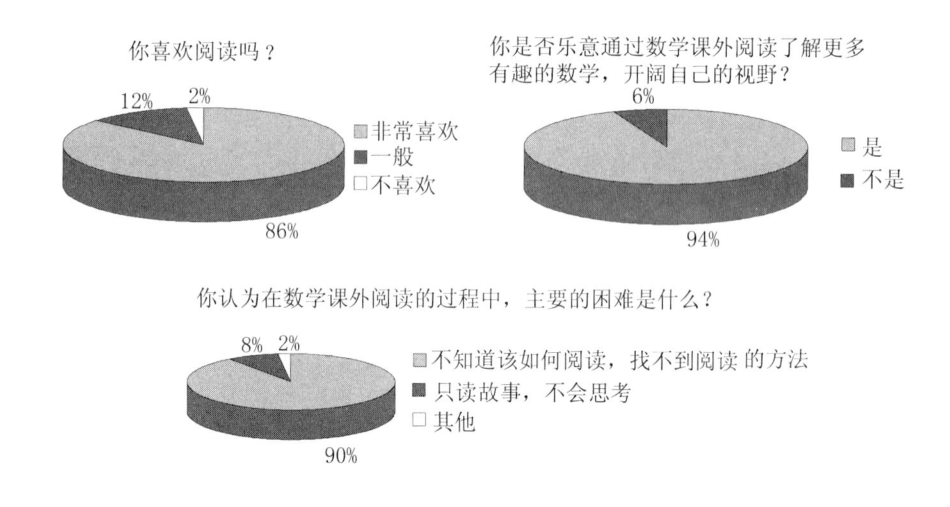

图 1　学生访谈结果

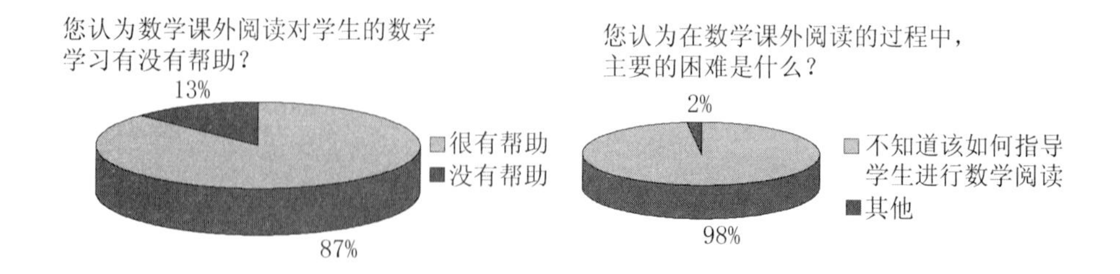

图 2　教师访谈结果

通过学生访谈，我们发现，94％的学生乐意通过数学课外阅读了解更多有趣的数学，开阔自己的视野，只有 2％的学生不喜欢阅读。90％的学生认为在数学课外阅读中，主要的困难是不知道该如何阅读，找不到阅读的方法，8%的学生认为数学课外阅读只读故事，不会思考。学生数学课外阅读更多的是习题类的内容，偶尔布置“看书”的阅读作业。真正意义上的数学课外阅读几乎为零。

在30位小学数学教师的访谈中，我们发现：13%的数学教师认为数学课外阅读对学生的数学学习没有帮助，98%的教师认为开展数学课外阅读的主要困难是不知道该如何指导学生进行数学阅读。教师不注重数学阅读，不会阅读，缺乏对学生数学课外阅读进行必要的阅读策略的指导。

由此可见，数学课外阅读是一个被忽视了的课题。我认为开展数学课外阅读策略的实践研究，对学生成长意义重大。本研究重在通过实践研究，从学生的角度出发，将在具体掌握数学课外阅读的可行性操作方法方面进行深入探讨。

二 文献综述及必要的概念界定

数学语言是数学知识的载体，也是数学思维的工具。学生学习数学的过程，就是数学语言不断内化的过程。从一定意义上讲，数学语言能力的高低决定了数学学习水平的高低，因此，数学语言掌握的多少、好坏，运用的是否自如、熟练，对数学学习都有着重要意义。然而语言的学习是以阅读为基础的，所以，数学的学习更应该以阅读为本。

“数学阅读”同一般阅读过程一样，是一个完整的心理活动过程，包含语言符号（文字、数学符号、术语、公式图表）的感知和认知、新概念的同化和顺应、阅读材料的理解和记忆等各种心理活动因素。同时它也是一个不断假设、想象、推理、验证的积极能动的认知过程。由于数学语言的简练性、严密性、精确性、理想化、通用性的特点，“数学阅读”又有不同于一般阅读的特殊性，要求大脑建立起灵活的语言转换机制，这正是“数学阅读”区别于一般的阅读之处。

喻平教授把数学阅读的心理过程分为内化、理解、推理和反省四个层次，他认为对数学材料的阅读，要经过从局部到整体的加工过程，即先对局部的信息进行内化，然后找出各信息之间的联系，对信息进行整体的加工。阅读过程是个推理过程，反省贯彻整个阅读过程。只有不断地反省，才可能对材料深入理解。

数学课外阅读是数学教学中不可缺少的一部分。重视数学课外阅读，抓好数学课外阅读，既是数学本身的需要，也是更好地为学生的数学自主学习提供基础，为学生的主动发展提供可能，为全面提高学生的综合能力提供条件。

斯托利亚尔指出："数学教学也就是数学语言的教学。"而数学阅读正是丰富学生语言系统、提高学生语言素养的有效途径。小学生数学课外阅读是课内阅读的延伸，是学生阅读能力训练的重要组成部分。教师应根据学生不同年龄段的特点，提供适合其阅读的读物，形成良好的课外阅读习惯，促进学生数学素养的提高。

由于目前对数学阅读的理论研究不是很深入，对数学阅读的定义也不是很明确，综合国内外学者对数学课外阅读的研究，笔者针对数学课外阅读的特点，借助对一般阅读内涵的理解，尝试对数学课外阅读的定义作如下界定。

数学课外阅读是指围绕数学问题或相关材料，以阅读经验为基础，以数学知识为媒介，使用数学语言感知和认读数学阅读材料，并对材料加以理解和应用、推理和想象、反思和总结等一系列活动的总和。

小学数学课外阅读方法指导是指通过研究，积极探索数学课外阅读有效的指导方法，从而不断激发学生学习数学的兴趣，提升数学教学的效率。

三 课题研究的成果

我和名师工作室的研修教师，围绕数学课外阅读的学习策略进行深入研究，我们先后成立课题研究组，在前期广泛学习、收集资料，酝酿并初步制订研究方案，对研究方案组织论证，修改、完善方案，进行开题。

我们先后开展了数学阅读导读课展示、数学阅读交流课分享、数学课外阅读教师讲坛等活动，逐步形成了如下的数学课外阅读策略。

（一）批注

阅读不能只是用眼浏览，而应是眼、口、手、脑等多种感官充分协同参与。在数学课外阅读中，倡导学生运用各种符号把重要内容做好记号，如用“～”标明主要信息，用“?”标出有疑问的地方，用“……”表示注意等。引导学生学会寻找“批注点”进行数学阅读时批注，批注点可以是难点之处、独特思考之处、情感共鸣之处、思维困惑之处……

在批注时，可以采用眉批、首批、侧批和尾批等形式用小段文字注明自己的认识和思考，用具有典型意义的图例或实例解释阅读内容中抽象的表述等。可以说，批注是数学阅读的有效策略，借助批注，培养学生“边阅读，边思考”的习惯。(如图 3)

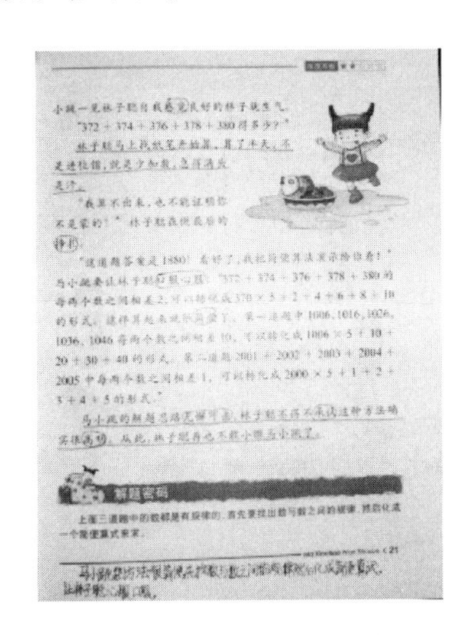

图 3

例如，一名学生在阅读《马小跳玩数学（6 年级)》中的“图书馆的新书”一课时，抓住“文艺书的$\frac{4}{5}$和科技书的$\frac{1}{3}$相等”进行有效思考，批注如图 4。

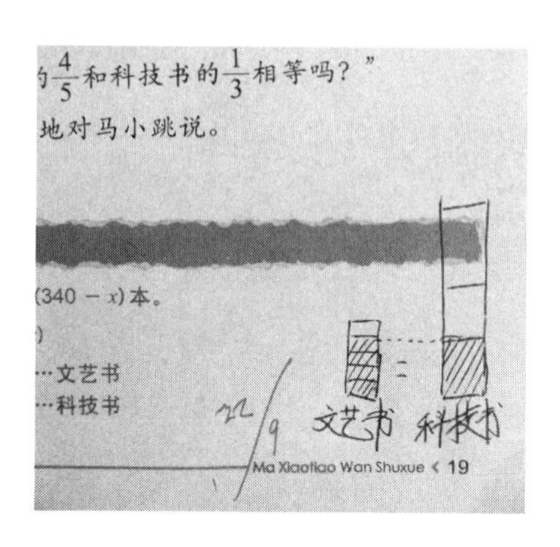
的$\frac{4}{5}$和科技书的$\frac{1}{3}$相等吗？”
地对马小跳说。
(340 − x)本。
…文艺书
…科技书

Ma Xiaotiao Wan Shuxue < 19

图 4

这样的批注虽然简单，但学生却在用自己的思考方式解决问题。画图，使解决问题更加简单，原本非常复杂的分数题目，一下子变得简单。

再如，一名学生在阅读《马小跳玩数学（4 年级)》中的“神童马小跳”一文时，在解决“2 001＋2 002＋2 003＋2 004＋2 005＝?”的过程中，这名学生的批注如下：1＋2＋3＋4＋5＝15，2 000＋2 000＋2 000＋2 000＋2 000＝10 000，10 000＋15＝10 015。还有一名学生的批注是：2 003×5＝10 015。这些批注突出了数与数之间的规律，然后求出结果。(如图 5)

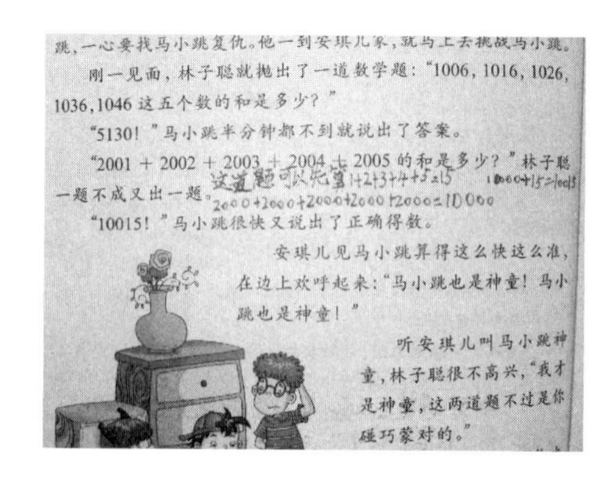
跳，一心要找马小跳复仇。他一到安琪儿家，就马上去挑战马小跳。
刚一见面，林子聪就抛出了一道数学题：“1006，1016，1026，1036，1046 这五个数的和是多少？”
“5130！”马小跳半分钟都不到就说出了答案。
“2001 + 2002 + 2003 + 2004 + 2005 的和是多少？”林子聪一题不成又出一题。

“10015！”马小跳很快又说出了正确得数。
安琪儿见马小跳算得这么快这么准，在边上欢呼起来：“马小跳也是神童！马小跳也是神童！”
听安琪儿叫马小跳神童，林子聪很不高兴，“我才是神童，这两道题不过是你碰巧蒙对的。”

图 5

进行数学课外阅读批注，是学生个性化数学阅读的具体体现，是以书面形式表达阅读体验的数学阅读活动，是对阅读内容全面的分析、深刻的理解。

（二）绘制数学连环画

由于数学课外读物编写的逻辑严谨性及数学“言必有据”的特点，在课外阅读时，要对每个句子、每个图表等进行细致分析，领会其内容、含义。连环画采用多幅画面连续叙述一个故事或事件的发展过程，是个非常好的表现载体，学生将数学阅读文本经过大脑思考产生构思、想象、创造再现出来，通过简洁的线条概括，情节生动、夸张，可读性强，深受学生的喜爱（如图 6）。

图 6

绘制数学连环画是数学阅读的有效策略。通过绘制数学连环画，有利于学生深入理解数学阅读的内容，在绘制数学连环画中理解数学、感受数学，促进学生数学思维的发展。

（三）数学阅读交流会

数学阅读重在理解领会，而实现领会目的的行为之一就是“内部言语转化”，即把阅读交流内容转化为易于接受的语言形式。因此，数学阅读常要灵活转化阅读内容，需要把一个用抽象表述方式阐述的问题转化成用具体的表达方式来表述的问题，即用你自己的语言来阐述问题，把用符号形式或图表表示的关系转化为言语。

在班级数学阅读一段时间后，我们会举办数学阅读交流会，在讲数学故事的过程中加深学生对数学阅读内容的理解，也强调了数学阅读过程中的思想和方法。

（四）数学故事展演

数学故事展演是学生以故事为线索展开的表演活动。学生根据数学阅读内容和情节，以小组为单位，通过角色扮演，运用语言、动作和表情进行展演。学生将阅读内容进行分解和内化，通过表演的形式呈现出来，加深对阅读内容的深入理解。

（五）数学故事的改编和续写

进行数学故事的改编和续写，也是我们进行数学课外阅读的一个重要策略。在改编和续写时，要先确定中心，再根据中心构想数学故事情节，并进行创作，最后以文字或表演的形式展现出来。不仅如此，这样的改编和续写需要在读懂原来数学故事的基础上，以原来数学故事的结局为起点，展开充分的想象与联想，做到合情合理、真实生动，写出原来故事情节的发展和变化。

例如，我在引导学生阅读了《从比萨开始——变量、表达式和方程》后，学生根据阅读的内容进行了改编和续写（如图 7）。从续写的内容，不难看出学生对数学阅读的兴趣和热爱。

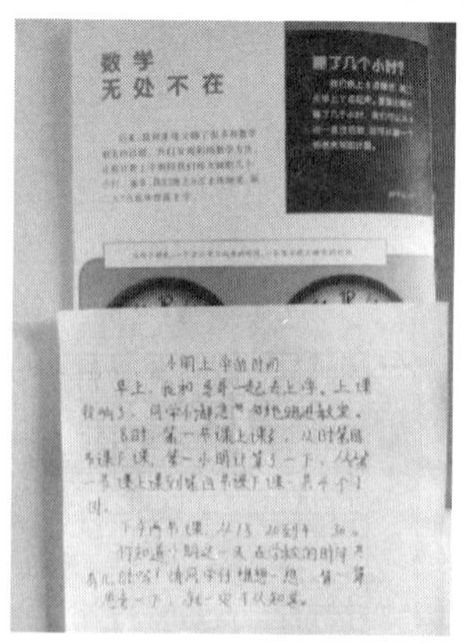

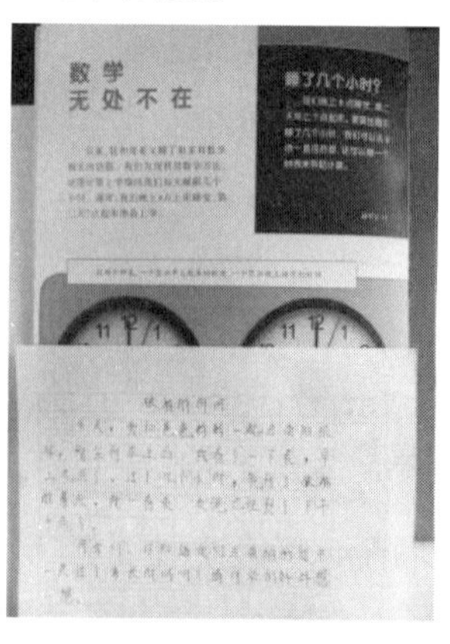

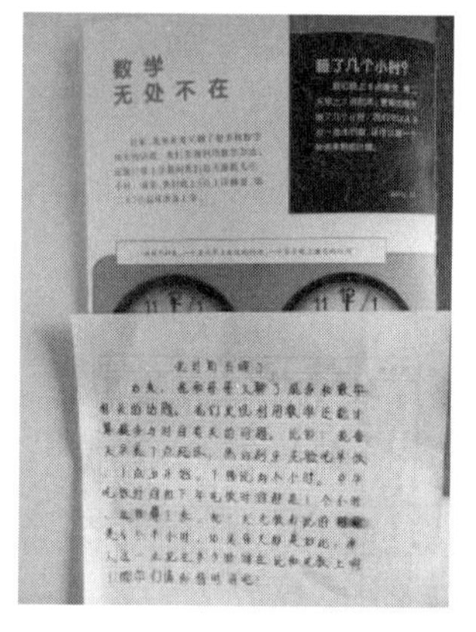

图 7

（六）读后感

阅读数学课外读物的读后感，可以是从书中领悟出来的数学知识或数学思想，可以是受书中的内容启发而引起的思考和策略，可以是因读书而激发的学习数学的信心和理想等，表达方式灵活多样。在此过程中，促进学生对数学的感悟，在不断的思考中提升学生的数学思维能力。

四 研究反思

在研究的过程中，我们发现数学课外阅读有其特殊性，权当作本次研究的反思，具体表现在如下几个方面。

（一）数学是一门语言

不同于文科类的语言学习，数学语言对学生的理解能力提出了更高的要求。数学由于其言语的简洁性、无歧义、符合多样，以及高度的抽象性，特别是符号语言和图示语言的特殊性，要求学生在进行数学课外阅读的时候，能灵活转换语意，这就给数学语言的学习带来一定困难。数学的阅读过程是学生对新知识的同化和顺应过程。另外，数学课外阅读能力还包括对定义和定理的理解能力。

（二）数学课外阅读沟通了数学与生活的联系

《义务教育数学课程标准（2011 年版）》强调："数学教学要从学生的已有经验出发。""使学生获得对数学知识的理解。""初步学会用数学的思维方式去观察分析现实社会，去解决日常生活中和其他学科学习中的问题，增强数学的应用意识。"现行教材把枯燥乏味的数学内容融入了生活现实，受到了学生的欢迎，发展了学生的数学思维。生活化的数学课外读物从学生的生活场景和感兴趣的事物出发，让更多的数学信息走进学生的视野，数学学习内容变得具体、可感，学生学会用数学的眼光观察周围世界的教育目的得以实现。

（三）数学课外读物激发了学生的问题意识

在数学活动中，教师的教、学生的学都离不开问题的发现、问题的解决，培养学生的问题意识是培养学生分析问题、解决问题的先行条件。在学习中，引导学生发现一个问题、提出一个问题远比让他们解决一个问题更重要，从某种意义上来说，创造力的形成源于学生的问题意识，学生在问题的探究中深化了数学思想方法。如张景中在《数学家的眼光》一书中提倡教给学生用研究的态度、研究的方法来学习数学，“在弄清定位规律的过程中，要提出问题，试验特例，形成猜想，约定表达方式，建立概念，证明结论，然后进一步提出更一般的问题。麻雀虽小，五脏俱全。问题是小问题，但思考的过程，却正反映了学习和研究数学的一般的方法”。借助优秀的数学课外读物，激发问题意识，让学生按照不同的途径和方式发现带有个性色彩的独特问题，对于提高和扩展学生的思维具有很好的帮助作用，符合发展性教育原则和开放性教育原则。

（四）数学课外读物能够提升学生的数学素养

数学素养是指学生运用已经掌握的数学知识、方法、概念去观察、分析、解决现实世界中数学问题的能力，是学生形成了一定的“数感”和“数学头脑”后的一种能量释放，具备一定的数学素养将使学生终身受益。优秀的数学课外读物，能将学生平时学习到的数学知识与故事融为一体，浸润学生的心灵，使学生发现数学知识的趣味性，有利于学生将学到的数学思维方法运用到解决问题的过程中去，润物细无声中领略蕴含于数学课外读物中的数学思想、数学方法，内化为一种数学能力。

（五）必须科学地指导学生阅读数学课外读物

由于课内时间有限，因此教师要重视学生数学课外阅读的指导，提升学生的数学阅读能力。鼓励学生借助已有的知识经验，充分利用闲暇时间进行各种独立的阅读活动，通过阅读数学材料建构数学意义和方法，提高学生的阅读能力，为学生的终身学习奠定基础。

参考文献

[1] BROWNE M N，KEELEY S M. 学会提问——批判性思维指南［M］. 赵玉芳，等译. 北京：中国轻工业出版社，2006.

[2] 蔡金法．中美学生数学学习的系列实证研究——他山之石，何以攻玉［M］．北京：教育科学出版社，2007.

[3] 蔡金法，聂必凯，许世红．做探究型教师［M］．北京：北京师范大学出版社，2015.

[4] 范良火．教师教学知识发展研究［M］．上海：华东师范大学出版社，2013.

[5] 房元霞，姜晶，王艳华．加强数学阅读指导，培养学生的数学自学能力［J］．曲阜师范大学学报（自然科学版），2008（3）：126—128.

[6] 弗赖登塔尔．作为教育任务的数学［M］．陈昌平，等编译．上海：上海教育出版社，1995.

[7] 弓爱芳．数学阅读及数学阅读能力培养的研究［D］．武汉：华中师范大学，2006.

[8] 李光树．小学数学教学论［M］．北京：人民教育出版社，2003.

[9] 林崇德．学习与发展——中小学生心理能力发展与培养［M］．北京：北京师范大学出版社，2003.

[10] 沈菊萍．对中学生数学阅读能力培养的实践研究［J］．数学学习与研究（教研版），2010（12）：18.

[11] 沃建中．小学数学教学心理学［M］．北京：北京教育出版社，2001.

[12] 郑毓信，梁贯成．认知科学、建构主义与数学教学［M］．上海：上海教育出版社，2002.

附录1：数学课外阅读学生阅读策略的行动研究访谈提纲（学生）

同学们：

你们好！为了使老师更多地了解同学们对有关数学阅读方面的情况，请同学们根据自己的实际情况做出真实的回答。本次访谈没有对错之分，对你的访谈结果我们会严加保密，希望你们能将真实的情况和想法告诉老师。谢谢！

1. 你喜欢阅读吗？

A. 非常喜欢　　B. 一般　　C. 不喜欢

2. 你是否乐意通过数学课外阅读了解更多有趣的数学，开阔自己的视野？

A. 是　　　　　　　B. 不是

3. 你认为在数学课外阅读的过程中，主要的困难是什么？

附录 2：数学课外阅读学生阅读策略的行动研究访谈提纲（教师）

各位老师：

你们好！为了了解学生的数学课外阅读现状，我们开展此次访谈活动，谢谢您参与。我们此次访谈，希望您根据自己的实际情况如实作答，我们将对您的访谈内容保密，谢谢您的配合。

1. 您认为数学课外阅读对学生的数学学习有没有帮助？

A. 很有帮助　　　B. 没有帮助

2. 您认为在数学课外阅读的过程中，主要的困难是什么？

成长寄语

数学阅读是我国数学教学的一个较少研究的领域。很显然，宋君老师对数学课外阅读做了很长时间的研究，题目抓得非常好，首先数学阅读对于培养学生的学习兴趣，激发学生的问题意识，提升数学素养等都有极为重要的作用；其次阅读是很重要的一方面，相对于别的国家来说，我国公民的阅读量相对是比较少的，我们学校的学生，尽管家庭作业很多，但在阅读量上，特别是数学的阅读上到底有多少，不是特别清楚，但我个人觉得阅读量可能是比较少的。如何指导学生来阅读确实是很重要的课题，值得研究。我觉得宋君老师愿意在这方面下功夫，是相当好的一件事情。

从宋君老师呈现的内容来看课外阅读的话，尽管宋君老师提出了数学阅读五个方面的特殊性，但他还是从阅读的角度为着眼点来思考数学阅读，这篇文章主要讲了六个策略，从第一个的批注到后面的绘制数学连环画，我相信这六个策略是宋君老师根据多年实践的经验得出来的。从学生的样例不难看出，学生是很感兴趣来做这件事情的。

我想是否可以从以下几个方面进行拓展，并进行进一步的研究。

第一是宋君老师提出的数学课外阅读的六个策略，并不是学生很快能掌握的，如何帮助学生掌握这六个数学课外阅读的策略，本身是一个很好的研究课题。

第二是关于学生的兴趣，因为在校内外的学习中学生已经很忙了，在这种情况下又让学生进行阅读，学生是否有足够的兴趣？这需要宋君老师在以后的工作当中，能够把具体的经验进行积累、提升，方便别的老师进行借鉴，并在各自的课堂中使用。这是值得提炼、拓展的事情，意思是说有了这么好的六个策略，具体怎样实施呢？万一学生不愿意阅读，怎么办？实施这个方面非常重要。

第三是宋君老师要考虑课外阅读与平时的课堂教学、课外作业之间怎样进行协调，如何让家长进行配合？在学业负担本来很重的情况下，又让学生对数学阅读感兴趣，通过数学阅读得到更多的东西，同时又不增加他们的负担，这是一个很实在的需要。建议宋君老师在这方面进行拓展，为其他老师提供更多可借鉴的经验。

第四是宋君老师可以思考不同阅读种类所使用的策略。因为阅读的材料会很不一样，目前在宋君老师的论文中，没有对小学生可能遇到的阅读的种类进行概括，不同种类的阅读内容是否可以用不同的策略来做，在这一方面可以进行进一步深入的研究。

第五是六个策略的使用方面，因为批注也有好坏，老师怎样进行批改？怎么给学生反馈的意见？如何帮助学生在这方面不断改进？这些都是需要进行讨论的。这将有助于学生选择合适的策略进行阅读。从这个意义上来讲，这个工作潜力很大，有很多的工作值得进一步去做。

第六是宋君老师在操作之前做了一次调查，这对于了解学生十分必要，建议是不是在开展完活动后再进行一次调查，比较两次调查中学生的学习兴趣、符号感和问题意识等问题，提高文章的说服力。